# Stollen- und Tunnelbau

## Eine Einführung in die Praxis des modernen Felshohlbaues

Von

Dipl.-Ing. Dr. techn. **Walter Zanoskar**
Dozent an der Technischen Hochschule in Graz

Zweite, neubearbeitete Auflage

Mit 122 Textabbildungen

Wien
Springer-Verlag
1964

ISBN-13:978-3-7091-8117-1          e-ISBN-13:978-3-7091-8116-4
DOI: 10.1007/978-3-7091-8116-4



Titel Nr. 9109

# Vorwort zur ersten Auflage

Die Kriegsjahre 1939 bis 1945 brachten neben allen anderen Ingenieurbauten auch eine Fülle von Felshohlbauten aller Art. Zur Erzeugung von Magnesium und Aluminium wurden gewaltige Strommengen gebraucht, welche einen weitgehenden Ausbau von Wasserkraftwerken und den damit zusammenhängenden Stollenbauten erforderten. Der Festungsbau brachte Felshohlbauten ganz großen Umfanges; für die Erschließung von Ländern wurden umfangreiche Eisenbahnbauten mit den zugehörigen Tunnelbauten ausgeführt. Ohne einer kommenden Statistik vorgreifen zu wollen, kann schon heute gesagt werden, daß die Ausbruchsmenge aller Felshohlbauten der letzten sieben Jahre ein Vielfaches derer betrug, welche im 20. Jahrhundert insgesamt vor dem zweiten Weltkrieg geleistet wurden.

Den drängenden Wünschen der Bauherrschaft standen verhältnismäßig wenig leistungsfähige Bauunternehmer gegenüber, welche ausreichendes Gerät und genügend geschulte Mitarbeiter für den Felshohlbau hatten.

Auch ich hatte in diesen Jahren ebenfalls wie alle anderen Bauleiter Stollen- und Tunnelbauten auszuführen und mußte wie sie trachten, bestmöglichste Leistungen zu erzielen. Anderseits mußte der Bauherrschaft klargemacht werden, was überhaupt in einer bestimmten Zeit leistungsmöglich ist, um die meist sehr hoch gestellten Wünsche und Befehle möglichst mit den nüchternen Wirklichkeiten in Einklang zu bringen. Bauunternehmer, welche sich sonst nur nebenher mit Felsarbeiten beschäftigt hatten, mußten, den jeweiligen Verhältnissen entsprechend, erst mit den richtigen Geräten ausgerüstet und die meist mehr oder weniger fachfremden Mitarbeiter auf den Stollen- und Tunnelbau eingeschult werden.

Aus den Aufzeichnungen für diese Schulungskurse, den Aufstellungen für die Bauherrschaft bezüglich Gerätebedarf und möglichen Leistungen ist das vorliegende Buch entstanden. Neben den wichtigsten Werken über Stollen- und Tunnelbau wurden auch die neueren technischen Zeitschriften zu Rate gezogen. (Ein Literaturverzeichnis findet sich am Schlusse des Buches.) Selbstverständlich wurden vor allem eigene Erfahrungen, die planmäßig gesammelt wurden, herangezogen. Der Leser findet insbesondere über Schichtfortschritt, Preise und Verbrauchszahlen für alle Baustoffe, Hilfsstoffe, Energie, Geräte, Preßluftbetrieb, Bewetterung usw. brauchbare neue und in der Praxis erprobte Zusammenstellungen in Tafeln und Nomogrammen.

Das Buch gliedert sich in zwei Abschnitte: die Stollen- und Tunnelarbeiten im festen Fels und die Vortriebsarten im nicht standfesten Gebirge. Sonderfälle, wie der Schildvortrieb, das Lösen des Gebirges mit Schrämmwerkzeugen wurden nur gelegentlich gestreift. Diesbezüglich muß auf das Fachschrifttum verwiesen werd, da die Fälle bei diesen Bauweisen örtlich so verschieden liegen, daß allgemeine Richtlinien nicht gegeben werden können.

An vielen Stellen dieses Buches findet man einfache Dinge oft recht ausführlich behandelt, Dinge, die dem erfahrenen Praktiker meist selbstverständlich erscheinen. Der von der Hochschule kommende junge Ingenieur und der im Fach mehr oder weniger fremde Schachtmeister und Vorarbeiter wird aber gerade hier die wichtigsten Hinweise finden. Bei meinen ausgedehnten Bauvorhaben habe ich immer wieder die Erfahrung gemacht, daß durch das Nichtbeachten recht einfacher Dinge bei sonst guten Geräten und willigen, intelligenten Leuten die Bauleistung ganz gewaltig abgesunken ist.

Geschichtliche Angaben und veraltete Bohr- und Sprengmethoden sind im vorliegenden Werk nicht zu finden, da diese für ein neuzeitliches Bauvorhaben ziemlich wertlos sind. Wie etwa das Bohrbild beim Mont-Cenis-Tunnel war, bei dessen Durchschlag noch mit Schwarzpulver gesprengt wurde, ist für einen modernen Stollen- und Tunnelbauer wenig bedeutungsvoll.

Mit der Herausgabe dieses Buches soll dem Fachmann also eine Sammlung von neueren Erfahrungen und damit eine Hilfe für die Planung der Baustelle, richtige Preisgestaltung und richtige Abschätzung der Fertigstellungsfristen in die Hand gegeben werden. In erster Linie aber wendet sich dieses Werk an den praktisch ungeschulten Ingenieur.

Bei den kommenden Bauaufgaben wird immer wieder die Forderung gestellt werden, mit einem Mindestaufwand an Menschen, Geräten und Stoffen bei Einhaltung annehmbarer Fristen Stollen- und Tunnelbauten fertigzustellen. Sollte dieses Buch dabei mithelfen und dabei insbesondere dem jungen Ingenieur als treuer Helfer und Kamerad zur Seite stehen, so ist sein Zweck erfüllt.

Es obliegt mir noch die angenehme Pflicht, allen Helfern dieses Buches meinen Dank abzustatten. An erster Stelle danke ich für die kameradschaftliche Hilfe unseres leitenden Geologen, Herrn Dr. v. K a h l e r, Herrn Dr.-Ing. M ü l l e r der Bauunternehmung Polensky & Zöllner und Herrn Bau-Ing. B a u m g a r t e n. Für Mitteilungen über Vermessungsaufgaben, besonders über die photographische Vermessung von

Stollenquerschnitten, bin ich Herrn Dipl.-Ing. Werner C z u b a besonders verpflichtet. Von den österreichischen Bauunternehmungen Mayreder, Kraus & Co. sowie der Stuag, der Universale Hoch- und Tiefbau AG fand ich bei den verschiedenen Schulungskursen und Versuchen stets die beste werktätige Unterstützung. Bei der Durchsicht der Aufschreibungen und Zeichnungen und beim Lesen der Korrekturen hat mein Bruder, Prof. Hubert Z a n o s k a r, wertvolle Mitarbeit geleistet. Schließlich danke ich noch dem Verlag für sein verständnisvolles Eingehen auf meine Wünsche und sein freundliches Entgegenkommen für das Zustandekommen der Drucklegung und für die gute Ausstattung des Buches. Allen Helfern sei an dieser Stelle nochmals der wärmste Dank ausgesprochen.

S a l z b u r g, im Juli 1950

**W. Zanoskar**

## Vorwort zur zweiten Auflage

Die erste Auflage war zur Zeit des Erscheinens, 1950, weitgehend dem Stande der damaligen Technik angepaßt. Inzwischen ist mehr als ein Jahrzehnt verstrichen und war es gerade diese Zeit, in der besonders viele neue Erkenntnisse im Stollen- und Tunnelbau gewonnen und in der Praxis erprobt wurden. Eine Neubearbeitung erschien daher geboten.

In der nun vorliegenden zweiten Auflage finden sich die neuen Vortriebsarten im standfesten Gebirge mit Beschreibung der hiezu notwendigen Spreng- und Zündmittel, neue Vortriebsarten in gebrächem, rolligem und wenig standfestem Gebirge, die Bodenfestigungsverfahren, ein Kapitel über Lüftung von Autotunnel, die Neubearbeitung der wasserdichten Abdeckung, Rekonstruktionen und Besonderheiten beim Bau von Triebwasserstollen für Kraftwerke, wobei bei letzteren Ausführungen vielfach auf schon vorhandenes gutes Fachschrifttum verwiesen werden mußte, sollte der Buchumfang nicht zu groß werden. Wie in der ersten, wurden auch in der zweiten Auflage jene Erkenntnisse und Bauweisen aufgenommen, die in der Mehrzahl vom Verfasser selbst beurteilt und erprobt werden konnten.

Nach reiflicher Überlegung wurde von der Streichung vieler Ausführungen der ersten Auflage abgesehen, wenngleich die dort beschriebenen Arbeitsgattungen und die dabei verwendeten Baustoffe und Werkzeuge nur mehr in kleinem Umfange Anwendung finden. Aus diesem Grunde findet man auch in der zweiten Auflage alle Holzrüstungen, die Handbohrung und Schutterung, das Zünden mit gewöhnlicher Zündschnur usw.

vor, da diese Dinge nach wie vor zu den Grundkenntnissen eines Stolleningenieurs gehören und zu Arbeitsbeginn und im Zuge der Baustellenerschließung nach wie vor beherrscht werden müssen.

Viele der im Schrifttumverzeichnis angeführten Verfasser sind mir persönlich bekannt. Ihnen sei mein aufrichtiger Dank für ihre Anregungen und Ausführungen ausgesprochen. Dem Springer-Verlag sei für sein Entgegenkommen und die wie immer vorbildliche Ausstattung bestens gedankt.

Die zweite Auflage soll den Studenten und den fachverbundenen Ingenieuren einen Überblick über den jetzigen Stand der Stollen- und Tunnelbautechnik geben. Ist dies gelungen, so hat das neue Buch seinen Zweck erfüllt.

Salzburg, im Juli 1964

**W. Zanoskar**

# Inhaltsverzeichnis

Inhaltsverzeichnis

IX

## Zweiter Abschnitt

### Stollen- und Tunnelbau im nicht standfesten Gebirge

## Dritter Abschnitt

### Sonderkapitel des Tunnelbaues



## Anhang

# Tunnel- und Stollenbau im standfesten Fels

Entgegen der Laienmeinung ist es jedem Fachmann bekannt, daß der Stollen- und Tunnelbau im härtesten Granit wesentlich leichter auszuführen ist als im gebrächen oder rolligen Gebirge[1], wo das Material mit einfachen Werkzeugen lösbar ist. Nachdem es immer zweckmäßig ist, bei Vertiefung in eines der Kapitel des Bauwesens mit den einfacheren Dingen anzufangen, wird auch hier zuerst der Vortrieb im standfesten Gebirge erläutert und erst in einem zweiten Abschnitt der ungleich schwierigere und unübersichtlichere Vorgang im gebrächen und rolligen Gebirge geschildert. Überdies gelten die Ausführungen des ersten Abschnittes weitgehend für die Überlegungen des zweiten.

Der Stollen- und Tunnelbauer hat seinerzeit die wichtigsten Kenntnisse von den Facharbeitern des Bergbaues übernommen. Trotzdem wäre es falsch, einen Bergbau mit Leuten zu betreiben, welche zeitlebens Eisenbahntunnels gebaut haben; ebenso aber auch, einen Eisenbahntunnel nur mit Bergleuten durchzuschlagen. Die Zielsetzung des Bergmannes ist von der des Tunnelbauers zu verschieden: Der Bergmann hat lediglich das Interesse, wertvolle Stoffe aus dem Berginnern zutage zu fördern, wobei der Zugangsstollen eine mehr oder weniger untergeordnete Rolle spielt. Den reinen Tunnelbauer interessiert dagegen nur der Stollen selbst; er ist gewohnt, das geförderte Gut als mehr oder weniger wertlos anzusehen.

Die Arbeiten beim Vortrieb eines Tunnels oder Stollens setzen sich zusammen aus den Arbeiten, welche zur Lösung des Felsens, und denen, welche zu dessen Abfuhr nötig sind. Dabei muß bei den Lösearbeiten bereits auf die Abfuhrarbeiten Rücksicht genommen werden. Die Abfuhr des Felsens wird auch oft Schutterung genannt; dieser Ausdruck findet

---

[1] Gebräches Gebirge ist ein solches, welches sich beim Antreffen mehr oder weniger fest erweist, also vielfach mit Sprengung zu lösen ist, später aber entweder durch Verwitterung oder Vorhandensein von Klüften und Lassen druckhaft wird.

Rolliges Gebirge besteht aus Teilen, welche abrollen, also mehr oder weniger festen Sand oder Schotter, deren letzter Zusammenhang durch die Abbauarbeit vollends zerstört wird. Rolliges Gebirge ist in der Regel noch druckhafter als gebräches.

sich in den folgenden Ausführungen. Der Tunnelbau ist ein Kapitel des Tiefbaus, bei dem sich immer wieder verschiedene Forderungen übergreifen. Es wird daher bei den Lösungsarbeiten von der Schutterung gesprochen werden müssen, und umgekehrt wird bei Erläuterung der Schutterung auf das Kapitel der Spreng- und Bohrarbeit rückerinnert.

Es sind recht brauchbare Geräte entwickelt worden, welche durch Schrämmen den standfesten Fels in befriedigender Weise lösen. Ist das Gebirge sehr klüftig oder weist es Einschlüsse von Härtlingen auf, versagt die Schrämmethode[1].

Es gibt auch Verfahren, welche den Fels durch Verbrennen lösen, doch hat sich das wegen der Hitzeentwicklung nicht durchgesetzt. Nach wie vor erfolgt das Lösen des Felsens in der Regel durch Sprengarbeit.

## A. Vortriebsarten im Tunnel- und Stollenbau

Ob ein Tunnel für Verkehrs- oder Wasserwege im vollen Querschnitt oder in Teilquerschnitten vorgetrieben wird, ist von folgenden Punkten abhängig:

1. Größe des Stollens;

2. Art des Gebirges;

3. Beschaffenheit der Geräte und Hilfsmittel, welche auf der Baustelle vorhanden sind;

4. Verwendungszweck des Stollens oder Tunnels;

5. gewünschter Baufortschritt.

Zu 1. Stollen von einer Größe von etwa 9 m² abwärts können ohne besondere Hilfsmittel in der Regel in einem Arbeitsgang vorgetrieben werden. Arbeitet man dabei in festem Fels, so wird man lediglich zum Abbohren der Firstlöcher ein einfaches Bockgerüst brauchen, das mit Baumitteln jederzeit einfach herzustellen ist und dessen Auf- und Abbau keine besonderen Mühen verursacht. Man wird auch, wenn nicht andere Erwägungen der Punkte 2 bis 4 dem entgegenstehen, den Stollen in einem Arbeitsgang vortreiben, da dies in der Regel wirtschaftlicher ist.

Zu 2. Im vollkommen standfesten Gebirge kann man bei Vorhandensein der notwendigen Geräte den Stollen oder Tunnel in praktisch beliebig großem Querschnitt in einem Arbeitsgang vortreiben. Bestehen über die Standfestigkeit des Gebirges Zweifel oder weiß man, daß mit gebrächem oder rolligem Gebirge zu rechnen sein wird, so ist es vorteilhaft, den

---

[1] O. Fabricius: Betriebsversuche mit Ankerausbau im Braunkohlentiefbau. Geologie und Bauwesen, *23* (1957), Heft 1. — Harald Lauffer: Die neuere Entwicklung der Stollenbautechnik. Österr. Ingenieur-Zeitschrift, *3* (1960), Heft 1.

Querschnitt in Teilen abzubauen. Die einzelnen Teilquerschnitte werden dann um so kleiner ausfallen, je schlechter das Gebirge ist. Stehen beim Abbau nicht standfesten Gebirges Stahlrüstungen zur Verfügung, so wird man größere Querschnitte in einem Arbeitsgang abbauen können, als wenn nur Holz als Rüstbaustoff vorhanden ist. Das Vorgehen in Teilquerschnitten bei zweifelhaftem Gebirge bietet immer eine Sicherheit. Der erste Stollen, welcher in das Gebirge vorgetrieben und *Richtstollen* genannt wird, gibt über den Bau des Gebirges in der Regel ganz sichere Aufschlüsse, nach welchen man die weiteren Arbeiten mit Erfolg einteilen kann.

Zu 3. Der Vortrieb von Stollen von über 9 m² Querschnitt — die Grenze liegt da nicht ganz fest — erfordert in der Regel besondere Hilfsmittel in Form von Bohrwagen oder Bohrgerüsten, welche manchmal als Zusatzgeräte noch Hebezeuge für die Schutterung tragen. Steht nur Holz an der Baustelle zur Verfügung, so wird dieser Umstand gewöhnlich dazu zwingen, den Abbau eines größeren Querschnitts in Teilquerschnitten vorzunehmen.

Zu 4. Tunnel und Stollen, welche zur Triebwasserführung dienen, müssen wasserdicht sein. Baut man einen größeren Querschnitt in einem Arbeitsgang ab, so muß man in der Regel, um wirtschaftliche Fortschritte zu erzielen, mit größeren Sprengladungen arbeiten. Diese größeren Sprengladungen bilden aber die Quelle von verschiedenen Auflockerungszuständen und Rissen, welche später bei wasserführenden Stollen mühsam durch Mauerwerk aller Art oder Zementeinspritzung gedichtet werden müssen. Man wird daher bei Wasserstollen in der Regel doch mit einem kleineren Richtstollen vorgehen und den Vollquerschnitt in vorsichtiger Nacharbeit mit kleineren Ladungen ausbrechen.

Zu 5. Der Abbau eines größeren Tunnelquerschnittes in Teilabschnitten bietet die Möglichkeit, örtlich getrennt mehrere Arbeitsrotten anzusetzen und damit einen schnelleren Baufortschritt zu erzielen. Baut man hingegen im Vollquerschnitt ab, so muß man den vorhin geschilderten Vorteil durch reichlichen Einsatz von Bohrwagen und Ladegeräten wettmachen.

## I. Vortrieb des Tunnels in Teilquerschnitten

Der Vortrieb des Tunnels in Teilquerschnitten hat nach Vorgesagtem so viele Vorteile, daß diese Arbeitsart nach wie vor gebräuchlich ist.

### 1. Vortrieb mit First- und Sohlstollen

Eine der ältesten und heute noch gebräuchlichen Methoden ist der Abbau des Tunnels mit Sohl- und Firststollen. Aus Abb. 1 ist der Arbeitsvorgang und die Bezeichnung der einzelnen Stollenteile zu ent-

nehmen. Bei Bauten im standfesten Gebirge wird in der Regel der Sohlstollen als Richtstollen ausgeführt; dieser eilt den übrigen Abbauteilen

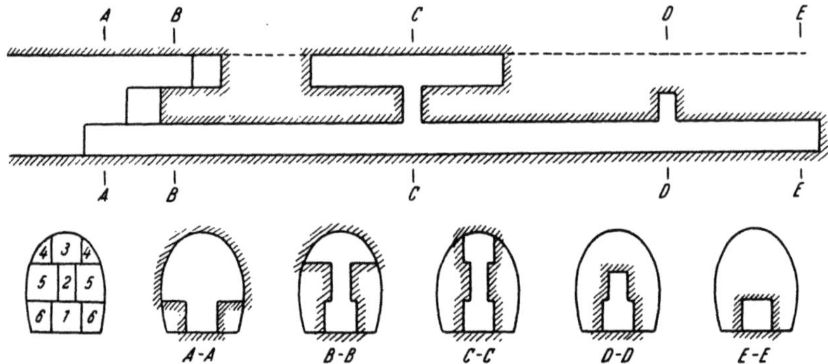

Abb. 1. Vortrieb mit First- und Sohlstollen

*1* Sohlstollen; *2* Aufbruch; *3* Firststollen; *4* Kalotte; *5, 6* Strossen

voraus. Dies hat den Vorteil, daß das Fördergleis, die Preßluft- und
Wetterleitung bis zur Erreichung des Vollausbruches an Ort und Stelle
bleiben, was sehr viel Arbeit erspart.

### a) Größe des Richtstollens

Der Richtstollen soll keinen kleineren Querschnitt als 4 m² haben.
Dies ist ein Minimum, bei dem man noch bequem aufrecht gehen, bei
eingleisigem Betrieb mit gewöhnlichen Stollenloren bei 60 cm Spur im
Lokomotivbetrieb fahren kann und bei dem die Preßluft- und Wetter-
leitungen gut zugänglich und bequem verlegt werden können. Überdies
steigen, wie in einem späteren Abschnitt ausführlich behandelt, der
Sprengstoffverbrauch und sonstige Verbrauchszahlen bei kleineren Querschnitten beträchtlich an, so daß man die Ausführung von Richtstollen
unter 4 m² glatt als Unsitte bezeichnen kann.

### b) Voreilen des Richtstollens

Der Richtstollen soll gehörig dem übrigen Ausbruch voreilen; im
laufenden Betrieb wird da wenigstens eine Länge von 200 m zweckmäßig
sein. Damit erreicht man, daß sich die einzelnen Arbeitsrotten nicht behindern und man rechtzeitig Aufschluß über die Gebirgsbeschaffenheit
bekommt, nach welchem man dann die Arbeitseinteilung trifft.

### 2. Firstschlitzbauweise

Eine Abart des vorhin geschilderten Abbaues ist der Vortrieb mit
Firstschlitz (Abb. 2). Die Firstschlitzbauweise braucht etwas weniger

Sprengstoff als der Vortrieb mit First- und Sohlstollen, dafür kann man bei dieser Bauart etwas weniger Leute gleichzeitig einsetzen. Beide ge-

Abb. 2. Firstschlitzbauweise

*1* Sohlstollen; *2* Firstschlitz; *3* Kalotte; *4, 5* Strossen

schilderten Bauweisen wurden beim Bau der Alpentunnels mit Erfolg angewendet.

### 3. Vortrieb mit größerem Richtstollen

In gutem, standfesten Gebirge kann man mit Erfolg einen Richtstollen von 9 m² vortreiben und erreicht damit beachtliche Vorteile. Der Sprengstoffverbrauch je Kubikmeter gelösten Fels sinkt wegen des großen Querschnittes bedeutend. Der große Querschnitt gestattet den wirtschaftlichen Einsatz von Lademaschinen und kann z. B., wie in Abb. 3 gezeigt ist,

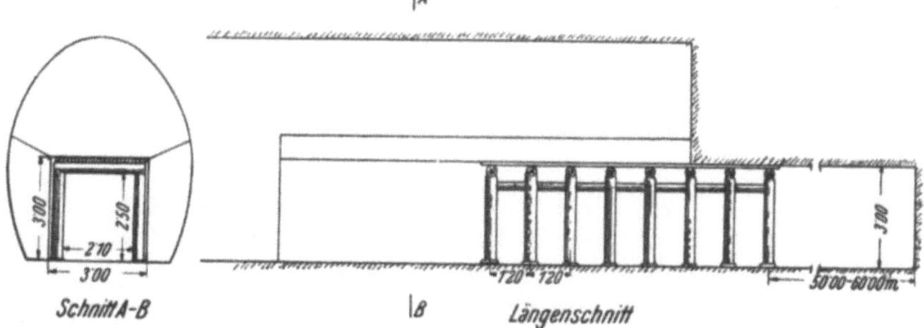


Abb. 3. Vortrieb mit großem Richtstollen

der Querschnitt eines regelspurigen, eingleisigen Eisenbahntunnels in drei weiteren Abschnitten ausgebrochen werden, welche wieder wegen der Großflächigkeit einen kleineren Verbrauch an Bohrmetern und Sprengstoffen je Kubikmeter gelösten Fels haben. Ein Nachteil ist die Notwendigkeit eines Schuttergerüstes, doch ist dabei der Holz- und Arbeitsstundenverbrauch bei einigermaßen geschulten Arbeitern nicht sosehr ins Gewicht fallend.

### 4. Vorgehen mit Richtstollen in voller Breite des endgültigen Tunnelquerschnittes

In standfestem, gutem Gebirge wurde mit bestem Erfolg der Richtstollen als Sohlstollen in voller Breite des endgültigen Tunnels vorgetrieben. Bei den dabei anfallenden großen Flächen sinken der Sprengstoffverbrauch und die übrigen Verbrauchszahlen je Kubikmeter gelösten Fels ganz bedeutend. Hat man dabei nicht zu knappe Baufristen, so kann man den Richtstollen vollkommen durchschlagen und den Vollausbruch in einem zweiten Arbeitsgang unter Verwendung von langen Bohrlöchern und Einsatz von Lademaschinen durchführen. Sind die Baufristen kurz, so muß der Vollausbruch dem Richtstollenvortrieb früher folgen; man benötigt dabei ein Schuttergerüst. Die Art des Arbeitsvorganges ist aus Abb. 4 zu entnehmen.

Für größere Querschnitte, die über die Ausmaße eines eingleisigen, regelspurigen Eisenbahntunnels hinausgehen, eignet sich die vorhin geschilderte Arbeitsart nicht mehr so gut. Der Holzaufwand erreicht zu

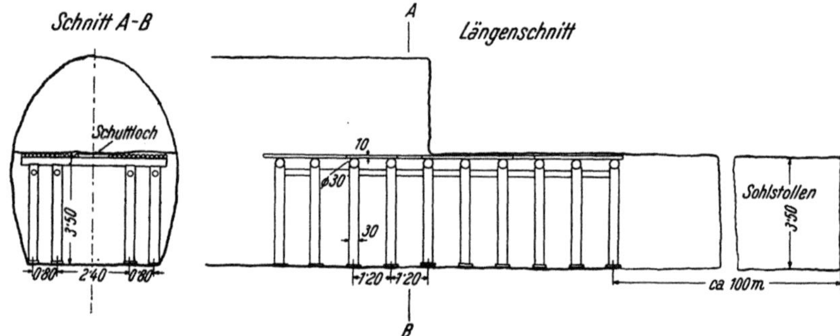


Abb. 4. Vortrieb mit Schuttergerüst

große Werte, der Abbau der Gerüste wird zu umständlich und die Schuttermannschaft hat bei der Arbeit in der Kalotte zu weite Wege zurückzulegen.

Verwendet man Schuttergerüste, so begibt man sich teilweise des Vorteils der großen freien Fläche unter der Kalotte. Man wird hier nicht so lange Bohrlöcher machen können, als wenn kein Schuttergerüst da ist. Die langen Bohrlöcher ergeben zu grobes Haufwerk, dessen Niederbrechen das Schuttergerüst nicht aushält.

Die Versuche, fahrbare stählerne Schuttergerüste zu bauen, sind, soweit dem Verfasser bekannt und von ihm selbst erprobt, gescheitert. Der Schlag der durch die Sprengladung auf das Gerüst geworfenen Steine war so stark, daß alle Federungen und sonstigen Dämpfungsvorkehrungen nach einigen Abschlägen versagten und die fahrbaren Schuttergerüste mehr in der Werkstätte als im Tunnel waren.

## II. Vortrieb im vollen Querschnitt

Wird ein größerer Tunnelquerschnitt in einem Arbeitsgange vorgetrieben, so benötigt man dazu eigene Gerüste bzw. werden in der Regel besondere Gerüstwagen verwendet.

Man findet dabei Bauarten, bei denen das Bohrgerüst mit besonderen Hebezeugen versehen ist, welche die etwa eingesetzten Lademaschinen unterstützen, sonst aber die Bohrarbeit von der Schutterarbeit *zeitlich* trennen, und Bauarten, bei denen die Bohrarbeiten von der Schutterarbeit *räumlich* getrennt sind und grundsätzlich gleichzeitig geschuttert und gebohrt wird, was die Arbeit beschleunigt, falls ausreichend Arbeitskräfte zur Verfügung stehen. Ist dies nicht der Fall, schuttert die Bohrmannschaft, welche aber über besonders leistungsfähige Lademaschinen verfügen muß, soll der Schichtfortschritt gleich jenem mit gleichzeitiger Bohr- und Schutterarbeit kommen. Zu der ersten Bauart gehört das Baugerüst des norwegischen Ingenieurs Rian, das mit gutem Erfolg bei den Tunnelbauten der norwegischen Staatsbahnen verwendet wurde.

Die generelle Anordnung eines fahrbaren Bohrgerüstes mit *räumlicher* Trennung von der Bohr- und Schutterarbeit ist in Abb. 5 zu sehen.

Bei dieser Anordnung ist der Einsatz von leistungsfähigen Lademaschinen unerläßlich. Die Verwendung von Lademaschinen verbietet den Anfall von allzu grobem Haufwerk, welches wieder bei den Hebezeugen der Bohrgerüste Bauart Rian leicht bewältigt werden

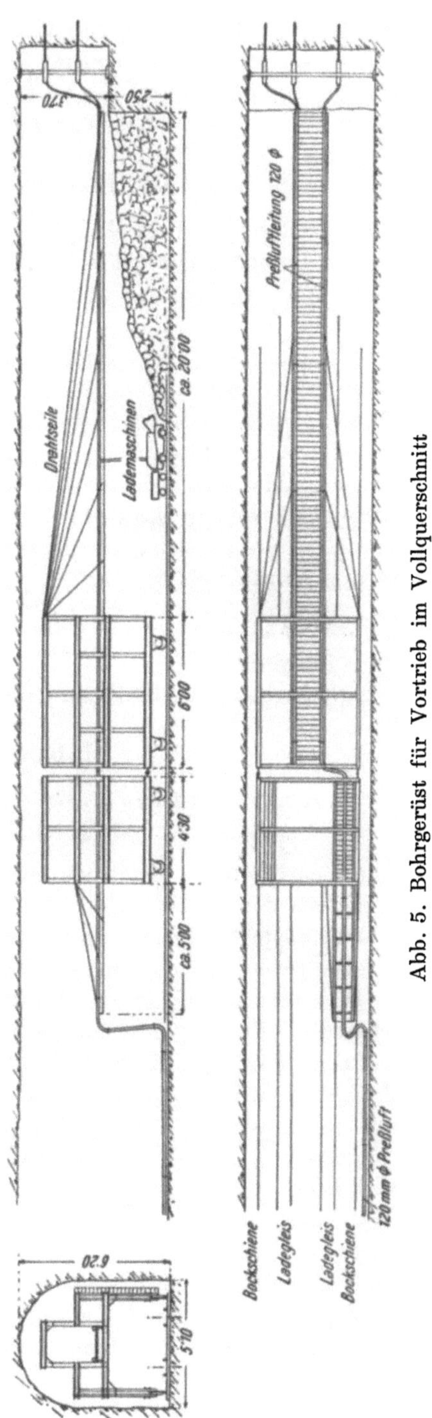


Abb. 5. Bohrgerüst für Vortrieb im Vollquerschnitt

kann. Der Sprengstoffverbrauch und die übrigen Verbrauchszahlen sind bei RIAN kleiner als bei anderen geschilderten Abbaumethoden, dafür war nach den Erfahrungen des Verfassers der Baufortschritt wieder beim Bohrgerüst mit räumlicher Trennung der Hauptarbeiten ein besserer.

## B. Lösen des Felsens beim Stollenvortrieb

In der Regel wird der Fels des standfesten Gebirges unter Verwendung von Sprengmitteln gelöst. Das *Auflegen* einer Sprengladung hat so geringe Wirkung, daß es überhaupt *nicht* in Frage kommt. Für die Sprengladung muß vielmehr ein Laderaum vorhanden sein.

Verhältnismäßig selten finden sich im Gebirge natürliche Laderäume in Form von Lassen oder Klüften. Letztere kommen beim Abbau des Vollquerschnittes, hervorgerufen durch die Sprengarbeit im Richtstollen, etwas öfter vor, bilden aber auch da die verschwindende Ausnahme. In der Regel bildet den Laderaum das Bohrloch oder der Kessel, der durch vorsichtiges Erweitern des Bohrloches mittels Sprengladung erzeugt wird. Beim Lösen des Felsens sind bei Verwendung von Sprengmitteln demnach drei Arbeiten erforderlich:

1. Bohrabeit;
2. Sprengarbeit;
3. Nacharbeiten und Nebenarbeiten.

### I. Bohrarbeit

#### 1. Entscheidung über die Bohrart, Hand- oder Maschinbohrung

Bei dem heutigen Stand der Maschinentechnik scheint die Handbohrung bereits der Vergangenheit anzugehören und das einzig zweckmäßige die Maschinenbohrung zu sein. Immerhin können auch heutzutage Umstände eintreten, die das Bohren von Hand aus durchaus rechtfertigen. Dies ist immer dann der Fall, wenn der Tunnelbau für sich nicht entscheidend die Baufristen beeinflußt, man also nur kurze Tunnels hat und die übrigen Bauten, z. B. große Brücken, wesentlich mehr Zeit beanspruchen. Ebenso wird man sich die Handbohrung überlegen, wenn die Beschaffung, Einrichtung und Zufuhr einer Preßluftanlage schwierig und in Anbetracht des Umfanges der Tunnelarbeiten unwirtschaftlich ist. Zuweilen kann auch das Bohren von Hand aus eine Füllarbeit für sonst schwer ausnutzbare Hilfskräfte auf der Baustelle darstellen.

Ist die Fertigstellung der Tunnel- oder Stollenbauten für die Einhaltung der Vollendungsfristen des Gesamtbauwerkes entscheidend, was mehr oder weniger bei allen *langen* Tunnels der Fall sein wird, so kommt selbstverständlich nur Maschinbohrung in Frage.

Bei den ausgedehnten Tunnelbauten der Eisenbahnlinie Mo-i-Rana-Narvik in Nordnorwegen wurden einige kurze Tunnels, zu deren Fertigstellung genügend Zeit vorhanden war, im Handbetrieb durchgeschlagen. Das wirtschaftliche Ergebnis war befriedigend, da der Aufbau und die Zufuhr der Preßluftanlage sehr teuer gekommen wäre und viel Zeit beansprucht hätte.

## 2. Handbohrung, Handbohrstahl

Nachdem die Bohrgeschwindigkeit im Hartgestein bei Handbohrung immer sehr gering sein wird, muß man trachten, mit möglichst wenig Bohrmetern das Auslangen zu finden. Dies erreicht man bei Vorgehen im vollen Querschnitt und durch Kesselschüsse. Über die Art dieses Felssprengverfahrens wird später (s. S. 42 ff.) noch berichtet.

*Handbohrstahl.* Für das Bohren von Hand aus kommen nur kleine Bohrkaliber in Frage, da sonst die Bohrarbeit zu langsam vor sich geht und einen zu großen Arbeitsaufwand braucht. Der richtige Durchmesser des Bohrstahles für Handbohrung vor der Bearbeitung liegt zwischen 19 und 21 mm.

Als Schneidenform kommt nur die einfache Meißelschneide in Frage, da hiebei die Gefahr des Bohrerklemmens sehr gering ist. Der Mann, der den Bohrer führt, merkt sogleich jede Unregelmäßigkeit und kann daher ein Klemmen rechtzeitig verhindern.

Vielfach herrscht die Meinung vor, daß das Niederbringen eines *lotrechten* Bohrloches am leichtesten ist und am wenigsten Arbeitskraft braucht. Wenngleich die Schwerkraft die Schlagwucht des lotrecht geführten Hammers vermehrt, muß eben dieser auch immer wieder gehoben werden, was zusätzliche Leistung verlangt. Weit weniger anstrengend ist die Bohrlochführung schräg nach aufwärts, wobei der ganze Körper des Mannes bei der Bohrarbeit eine rhythmisch schwingende Bewegung ausführt, die verhältnismäßig wenig ermüdet. Aus dieser Art des Bohrens, welche die italienischen Tunnelarbeiter meisterhaft beherrschen, hat sich der nach oben gehende Fächereinbruch im Stollenbau entwickelt, der auch heute noch in Anlehnung an vorige Tatsache *italienischer* Einbruch genannt wird.

Genau so wie bei Maschinbohrung mit gewöhnlichem Bohrstahl muß auch bei Handbohrung mit einem großen Kaliber der Schneide begonnen und mit einem kleinen Kaliber geendet werden. Würde man versuchen, mit einer einzigen Schneidenbreite das Auslangen zu finden, so bliebe man unweigerlich mit dem Bohrer stecken.

Man beginnt das Bohrloch mit einem kurzen Bohrer, der eine breite Schneide hat, und endet mit einem langen Bohrer mit schmaler Schneide. Die einzelnen Schneidenbreiten ändern sich um 2 bis 3 mm. Der Bohrlochanfang hat dann etwa einen Durchmesser von 30 mm und das Bohrlochtiefste von 20 mm. Man benötigt einen ganzen Satz handlicher Bohrer. Die notwendige Anzahl muß man durch Versuche finden; im harten Gestein braucht man wesentlich mehr Bohrer als im weichen. Einen Schnitt durch ein Bohrloch kann man aus Abb. 6 entnehmen.

Der Bohrer soll nicht viel mehr als einen halben Meter aus dem Bohrloch herausragen. Überschreitet man dieses Maß bedeutend, so besteht die Gefahr, daß der Bohrer abknickt. Auf jeden Fall federt ein zu langer, frei herausragender Bohrer bei jedem nicht genau mittig geführten Schlag ganz bedeutend, was wieder verlorenen Arbeitsaufwand ergibt.

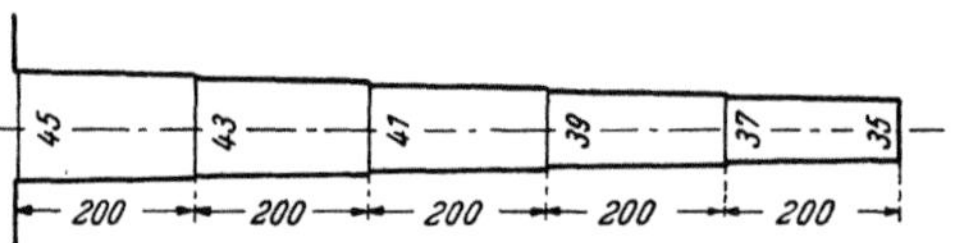

Abb. 6. Längenschnitt durch ein Bohrloch
Maschinbohrung, Bohrstahl. Maße mm

Die Fäustel (Hämmer) müssen der Bohrarbeit angepaßt sein. Es scheiden alle Hämmer mit zu breiter Aufschlagfläche aus, da mit solchem Werkzeug gut mittige Schläge nicht geführt werden können.

Zur Handbohrung gehört noch der Bohrlöffel, mit welchem das Bohrmehl aus dem Bohrloch herausgehoben wird. Ein Bohrlöffel ist in Abb. 7 zu sehen. Die Mühe des Reinigens des Bohrloches vom Bohrmehl darf

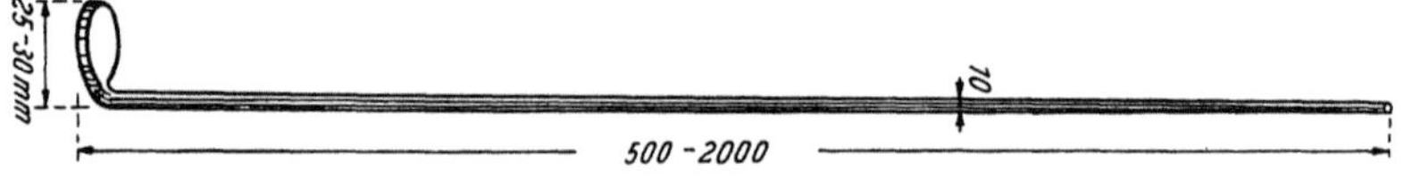

Abb. 7. Bohrlöffel

man nicht scheuen. Ist die Reinigung mangelhaft, so schlägt der Bohrstahl auf ein weiches Polster von Bohrmehl auf; ein Großteil der Bohrarbeit wird somit umsonst geleistet.

Wegen des kleinen Bohrkalibers müssen bei Handbohrung auch Sprengpatronen kleineren Kalibers beschafft werden. Die derzeit handelsübliche Durchmessergröße der Sprengpatrone für Handbohrung beträgt 20 mm.

Das gesamte Werkzeug des Häuers (Mineurs), das zum Lösen des Gesteins gebraucht wird, heißt *Gezähe*.

### 3. Maschinbohrung

#### a) Die Bohrer

Für Maschinbohrung werden heute sowohl Bohrer aus gewöhnlichem Bohrstahl als auch Bohrgestänge mit Hartmetallbohrkronen verwendet. Wenngleich das Bohrgestänge mit Hartmetallkronen in der Anschaffung wesentlich teurer ist als das Bohrzeug mit gewöhnlichem Bohrstahl, so bietet doch das Bohren mit Hartmetallkronen so viele Vorteile, daß es bei einigermaßen guter Leistung vorteilhafter ist als das Bohren mit gewöhnlichem Bohrstahl. Dies gilt besonders für alle Bohrarbeiten im Hartgestein; die Zukunft des Bohrens im Tunnel- und Stollenbau gehört zweifellos der Hartmetallkrone.

Die Hauptvorteile der Hartmetallkrone sind:

1. Mit Ausnahme der außergewöhnlich harten Gesteine (Quarzite) kann eine gebräuchliche Bohrlochlänge mit ein und demselben Bohrer in einem Loch ausgeführt werden.

2. Das Bohrloch ist nahezu zylindrisch, daher die Bohrarbeit für den laufenden Meter Bohrloch wesentlich kleiner als bei den mehr oder weniweniger stark konischen Löchern, welche mit gewöhnlichem Bohrstahl ausgeführt werden.

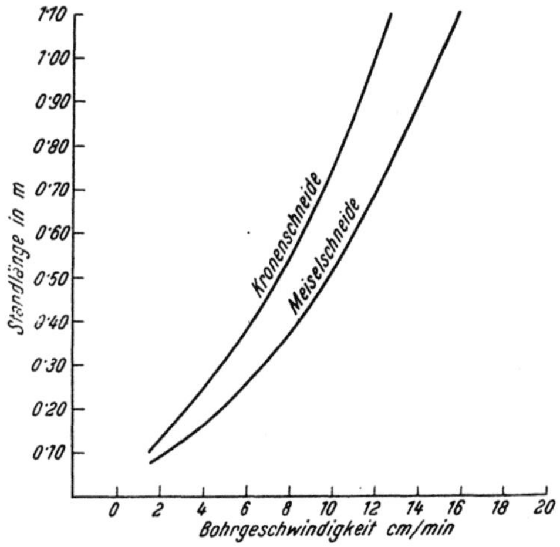

3. Es entfällt zum Großteil oder zur Gänze das Wechseln des Bohrers im selben Loch, was wesentliche Zeiteinsparung bei der Bohrarbeit bedeutet. Man kann also in der Schicht bedeutend mehr Bohrmeter als mit gewöhnlichem Bohrstahl machen.

4. Der Bohrerträger kann erspart werden.

5. Mit auch mindergeübten Arbeitskräften läßt sich auf der Schleifmaschine leicht eine maßhaltige Bohrerschneide erzeugen. Die Schleifarbeit kann durch angelernte Arbeiter besorgt werden und braucht keine ausgelernten Schmiede.


Abb. 8. Standlänge von Stahlbohrern bei verschiedenen Bohrgeschwindigkeiten

Je härter das Gestein ist, um so kleiner wird die reine Bohrgeschwindigkeit und um so rascher wird eine Bohrerschneide aus gewöhnlichem Bohrstahl stumpf und damit unbrauchbar. Die Verhältnisse sind aus der Abb. 8 zu entnehmen. Im Hartgestein ist demnach das Wechseln des Bohrers im selben Loch weit öfter nötig als im Weichgestein mit größerer, reiner Bohrgeschwindigkeit. Unter reiner Bohrgeschwindigkeit versteht man dabei den Fortschritt des Bohrers in m/min oder cm/min, ohne die immer eintretenden sonstigen Zeitverluste bei der Bohrarbeit zu berücksichtigen.

Je härter das Gestein, um so wirtschaftlicher ist die Verwendung von Hartmetallkronen.

Einwandfreie Härtung und Schmiedung vorausgesetzt, ist die reine Bohrgeschwindigkeit bei gutem Bohrstahl nicht geringer als bei Verwendung von Hartmetallschneiden.

Die Bohrgeschwindigkeit, die Leistung in Bohrmetern und die Werkzeugkosten sind wesentlich vom Verschleiß der Hartmetallplättchen abhängig. In ausgedehnten Forschungen der Bergakademie Clausthal-Zellerfeld wurden die Ursachen weitgehend geklärt[1]. Einfache Beziehungen zwischen der Rückprallhärte und dem Verschleiß bestehen *nicht*. Die Rückprallhärte ändert sich in ein und demselben Bohrloch ständig, da der Bohrer abwechselnd auf verschieden harte Kristalle trifft.

Wichtige Ergebnisse der Forschung sind: Der günstigste Schneidenwinkel beträgt 110 Grad. Die Bohrgeschwindigkeit sinkt mit den geleisteten Bohrmetern ab. Der Kaliberverschleiß ist proportional der Bohrzeit. Bohren mit stumpfer Schneide führt zu erheblichem Kaliberverschleiß. Unter der Voraussetzung, daß die Hartmetallplättchen der Beanspruchung gewachsen sind, erhöht hoher Luftdruck die Standlänge des Hartmetalls und ist für das sonstige Bohrgestänge günstig. 90 % des Hartmetalls werden bei der Schleifarbeit verbraucht. Bohren mit stumpfen Schneiden erhöht die Werkzeugkosten des sonstigen Bohrgerätes.

Die derzeit in Verwendung stehenden Hartmetallkronen bestehen in der Hauptsache aus Wolframkarbid, dem noch Zusätze von Kobalt, Nickel und Kupfer beigegeben sind. Dabei hat jede Erzeugerfirma ihre

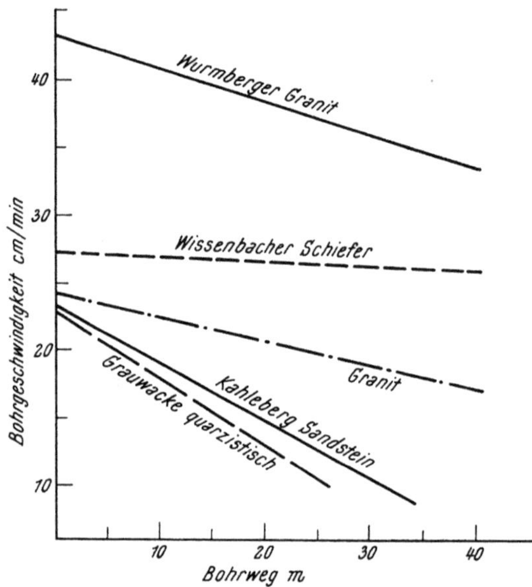


Abb. 9. Beziehungen zwischen Bohrgeschwindigkeit und Bohrweg bei Hartmetallkronen (Abbildung aus Veröffentlichung siehe Fußnote)

---

[1] G. JOHNSSON: Über den Hartmetallverschleiß beim schlagenden Bohren. Mitteilungen der Gesellschaft zur Förderung der Forschung auf dem Gebiet der Bohr- und Schießtechnik e. V. 11. Folge, Essen 1962.

eigenen Zusammenstellungen. Die Hartmetallschneide ist in der Regel mit Kupfer in einem Tragkörper, welcher die Form eines gewöhnlichen Bohrers hat und welcher auch die Spüllöcher trägt, eingelötet.

Alle Bohrer, welche für Maschinbohrung gebraucht werden, dabei für Luft- oder Wasserspülung eingerichtet sind, erkennt man an der zylindrischen Bohrung von etwa 2 bis 3 mm Durchmesser, welche durch den ganzen Bohrer aus gewöhnlichem Bohrstahl geht. Diese Bohrung dient zur Führung der Spülluft oder des Spülwassers, wobei in beiden Fällen das Auslangen mit derselben Bohrungsweite gefunden wird.

Das Gestänge des Bohrzeuges für die Verwendung von Hartmetallkronen besteht in der Regel aus Bohrrohren; schon dadurch ist ein Weg für das Spülwasser oder die Spülluft gegeben. Die Spülluft oder das Spülwasser tritt möglichst nahe der Bohrerschneide aus.

Ausreichende Bohrlochspülung ist bei jeder Art von maschineller Bohrung für einen guten und wirtschaftlichen Arbeitsfortschritt unerläßlich. Ein Versagen der Spülung bringt unweigerlich ein starkes Nachlassen der Bohrgeschwindigkeit oder gar ein Festklemmen und damit den Verlust des teuren Bohrers mit sich. Die Ursachen liegen genau so wie bei einem schlecht gereinigten Bohrloch, das von Hand aus vorgetrieben wird. Der arbeitende Bohrer zermalmt das Bohrgut zu Staub, der Bohrer löst keine neuen Felsteile. Der aus dem Bohrloch nicht entfernte Bohrstaub schleift die Bohrer ab, was zu dem sehr unangenehmen Kaliberverschleiß der Hartmetallkronen führt und diese vorzeitig unbrauchbar macht. Bei gewöhnlichem Bohrstahl steigt selbstverständlich bei aussetzender Spülung auch der Bedarf an kg Bohrstahl je Kubikmeter gelösten Fels bedeutend.

Die von den Maschinenfabriken gelieferten Bohrmaschinen mit der Bezeichnung „stark blasend“ haben durchwegs ausreichende Spülwirkung.

Die derzeit für die eigentliche Bohrarbeit einwandfreie Luftspülung, deren Einrichtung keiner Zusatzgeräte bedarf, ist für die Arbeit im Freien durchaus zu empfehlen. Im Stollen- und Tunnelbau wird man besser Wasserspülung anwenden. Auch beim gesundheitlich wenig gefährlichen Kalkstaub ist die Staubplage im Stollen recht unangenehm und setzt die Arbeitsleistung herab. Es sind zwar recht gute Absaugeeinrichtungen erfunden worden, sie bedeuten aber immer eine Komplikation beim ganzen Bohrvorgang, sind gegen mancherlei Gefahren des rauhen Bohrbetriebes recht empfindlich und daher in ihrer Wirkung zumeist früher oder später fraglich.

Arbeitet man in quarzhaltigem Gestein, so bildet der feinste Quarzstaub eine sehr ernste Gefahr für die Arbeiter, welche sich im Stollen befinden. Die Staublungenkrankheit (Silikose) zerstört die Lungen der gesündesten Leute. Die Tücke der Krankheit besteht darin, daß sie erst geraume Zeit nach Beendigung der Arbeiten im quarzhaltigen Gestein auftritt und der Arbeiter Schwierigkeiten hat, seine berechtigten Ansprüche an die Fürsorgeeinrichtungen geltend zu machen. Die Wirkung von Atemmasken ist fraglich, überdies werden sie selten getragen. Bei Wasserspülung wird der Staub praktisch zur Gänze gebunden. Man soll in quarzhaltigem Gestein nur mit Wasserspülung arbeiten.

Die Zuführung des Wassers zu den Spüllöchern nahe der Bohrerschneide geschieht durch Spülköpfe, welche sich in der Nähe des Einsteckendes befinden. Wenn die Dichtungen in Ordnung gehalten werden, ist ein einwandfreies Arbeiten gewährleistet.

Hat man Druckwasser von 1 atü aus einem Hochbehälter zur Verfügung, so bietet die Spülwasserversorgung weiter keine Schwierigkeit. Findet sich in der Nähe der Baustelle kein ständig fließendes Wasser, so muß dieses eben auf die nötige Höhe hochgepumpt werden. Als Spülwasser kann man auch gegebenenfalls Meerwasser verwenden. Auch das im Stollen befindliche Bergwasser kann zur Spülung genommen werden. Man braucht dieses nur in einem Kessel zu sammeln und durch Draufleiten von Preßluft auf den notwendigen Druck bringen. Ist die Beschaffung des Wassers schwierig, so wird man das von den Bohrern abfließende Wasser, so gut es geht, wieder sammeln, filtern, unter Druck setzen und den Bohrern neuerlich zuführen. Nur bei ganz besonderen Schwierigkeiten soll man von der Wasserspülung bei Arbeiten in quarzhaltigem Gestein absehen. Die Wasserspülung erfordert eine feste Wasserzuleitung und zu jedem Bohrer eine besondere Schlauchleitung, was eine gewisse Arbeitsbehinderung und Erschwernis beinhaltet. Dies ist auch der Grund, warum die Wasserspülung trotz der bedeutenden Vorteile lange nicht eingeführt wurde.

Durch die Wasserspülung wird der Bohrer besser gekühlt; dadurch steigt seine Lebensdauer. Wichtig ist, daß man bei Wasserspülung *zuerst* das Wasser aus dem Bohrer austreten läßt und dann erst den Lufthahn der Bohrmaschine aufmacht. Geht man umgekehrt vor, so trifft das kalte Wasser auf den durch die Bohrarbeit erwärmten Bohrer und schreckt diesen ab. Dies hat eine unerwünschte, zusätzliche Härtung zur Folge, welche so stark sein kann, daß der Bohrer durch Sprödigkeit zugrunde geht.

Eine Reinigung des Bohrloches vom Bohrmehl kann auch durch schlangenförmige Windungen des Bohrgestänges erzielt werden. Diese Art der Bohrmehlentfernung ist aber nur bei Weichgestein zweckmäßig und wirksam, wogegen die Luft- oder Wasserspülung sowohl bei weichem als auch bei hartem Gestein zuverlässig in der Wirkung ist.

### b) Schmiedearbeit, Schneidenformen

Will man einen guten Arbeitsfortschritt beim Bohren mit gewöhnlichem Bohrstahl erzielen, so ist die beste Schmiede- und Härtearbeit gerade gut genug. Hat man größere Bohrarbeiten unter Verwendung von

Bohrmaschinen auszuführen und Preßluft auf der Baustelle, so ist die Anschaffung einer Bohrerschärf-, Stauch- und Schmiedemaschine unbedingt zu empfehlen. Die von den Maschinenfabriken Kraus, Demag,

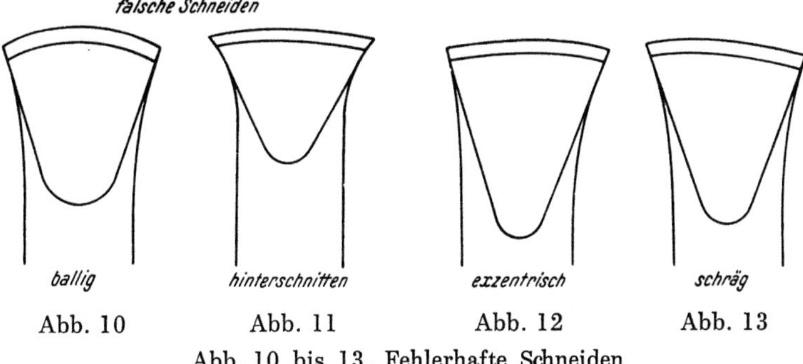



Abb. 10          Abb. 11          Abb. 12          Abb. 13

Abb. 10 bis 13. Fehlerhafte Schneiden

Atlas-Diesel, Flottmann u. a. gelieferten Maschinen sind nach allen Erfahrungen der Praxis durchgebildet und gewährleisten von Haus aus die richtigen Schneidenformen und Schneidenwinkel. Die Schmiedematrizen müssen dabei immer in Ordnung gehalten und von Zeit zu Zeit mittels Lehren auf ihre Maßhaltigkeit geprüft werden.

Bei Verwendung von Bohrerschärf- und Stauchmaschinen kann ein ungeschickter Arbeiter höchstens exzentrische Bohrer liefern. Solche Bohrer sind von der Verwendung unbedingt auszuschließen. Sie erzeugen unrunde Löcher, werden einseitig beansprucht, begünstigen sehr das lästige Bohrerklemmen und gehen vorzeitig zu Bruch.

Neben den exzentrisch geschmiedeten Bohrern sind noch die in den Abb. 10—13 gezeigten Schmiedefehler häufig. Fehlerhafte Bohrer dieser

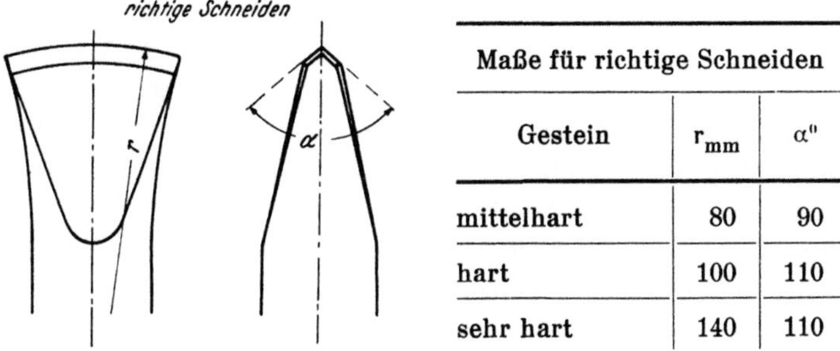



| Maße für richtige Schneiden | | |
|---|---|---|
| Gestein | $r_{mm}$ | $\alpha''$ |
| mittelhart | 80 | 90 |
| hart | 100 | 110 |
| sehr hart | 140 | 110 |

Abb. 14. Richtige Schneiden

Art haben dieselben schlechten Eigenschaften wie die exzentrischen Bohrer; man tut am besten, sie gar nicht erst in Verwendung zu nehmen. Eine richtig geschmiedete Meißelschneide ist in Abb. 14 zu sehen.

Ist man gezwungen, die ganze Schmiedearbeit von Hand aus zu machen, so wird man gut tun, wenigstens eine Matrize einer Schmiedemaschine zu beschaffen. Diese Matrize dient dann als Lehre für die handgeschmiedeten Bohrer. Alle Bohrer, die etwa um 2 mm nicht in die Matrize passen, sind als falsch geschmiedete Stücke von der Bohrarbeit auszuschalten.

Was die *Schneidenformen* anbelangt, so kommt man bei Handarbeit mit der einfachen Meißelschneide aus, da der Arbeiter meist in der Lage ist, auch bei klüftigem Gebirge ein Bohrerklemmen zu vermeiden.

Auch bei Maschinbohrung wird man trachten, mit einfachen Schneidenformen auszukommen, falls die Schmiedearbeit nur von Hand aus möglich ist. Hat man hingegen eine Schmiedemaschine zur Verfügung, so ist die Herstellung einer Kronenschneide nicht schwieriger als einer einfachen Schneidenform.

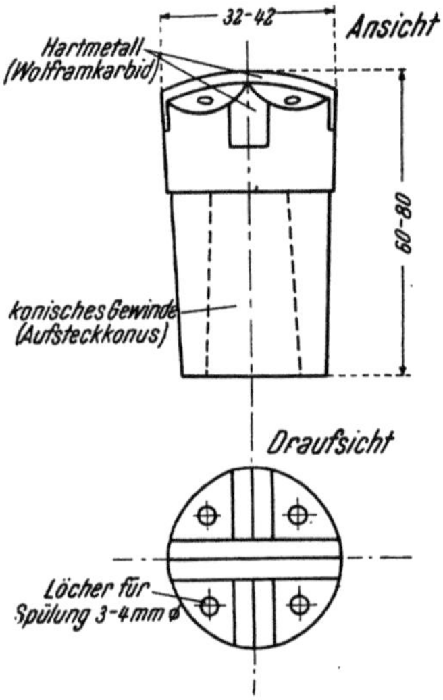

Abb. 15. Hartmetallkreuz-
schneide

Bei Hartmetallkronen ist die Herstellung einer einfachen Schneidenform viel leichter zu erzielen als der Schliff einer verwickelten Form. Bei Hartmetallkronen kommen daher nur die einfache und doppelte Meißelschneide und die einfache Kreuzschneide in Frage.

In Abb. 15 ist eine Hartmetallkrone mit Kreuzschneide dargestellt, Schneidenwinkel $110^0$, Radius wie bei gewöhnlichem Bohrstahl.

Bei gewöhnlichem Bohrstahl ist die doppelte Meißelschneide und die sechsstrahlige Kronenschneide gebräuchlich.

Die doppelte Meißelschneide, die Kronenschneide und die einfache Kreuzschneide verhindern in weitgehendem Maße bei sonst richtiger Führung das Klemmen der Bohrer im klüftigen Gebirge. Ist das Gebirge nicht klüftig, so kommt man bei Maschinbohrung mit der einfachen Meißelschneide aus.

Klüftung im Gebirge erzeugt man sich selbst durch die Sprengarbeit, oft in viel weitgehenderem Maße, als sie etwa von Natur aus vorhanden war. Man wird daher gut tun, nach erfolgtem Abschlag die Stollenbrust sorgfältig nach losen Gesteinsteilen abzusuchen und alles, was locker ist, mit geeignetem Werkzeug endgültig loszubrechen. Unterläßt man diese Vorsicht, so wird man sich sehr viel mit steckengebliebenen Bohrern, verlorenen Kronen ärgern müssen, viel unnötige Zeitverluste haben und wirtschaftlich schlecht abschneiden.

Bei der Schleifarbeit der Hartmetallkronen muß man die Wölbung und den Schneidenwinkel immer und bei jedem Stück mit der Lehre prüfen. Die notwendigen Lehren liefert die Erzeugerfirma der Hartmetallkronen.

Bei jeglicher Schmiede- oder Härtearbeit ist die Einhaltung der richtigen Wärmegrade von ausschlaggebender Bedeutung. Sind die Beleuchtungsverhältnisse in der Schmiede immer dieselben, so kann man aus der Farbe der Glut auf die richtige Schmiede- und Härtetemperatur schließen. Diese Schätzung ist aber auch bei großer Übung recht unsicher und bei Tageslichtbeleuchtung mit noch größerer Ungewißheit behaftet. Es ist durchaus zu empfehlen, die Schmiede- und Härtetemperatur möglichst genau festzustellen. Dafür gibt es Pyrometer aller Art und in Ausführungen, welche für die Baustelle wohl geeignet sind. Neben den Pyrometern geben auch die *Segerkegel* richtigen Aufschluß über die vorhandenen Wärmegrade.

Falsche Härte- und Schmiedetemperatur hat immer eine untragbare Änderung des Feinkristallgefüges des Bohrstahls, meist eine Vergröberung desselben, zur Folge. Dies zieht nach sich, daß der Bohrer entweder zu weich oder zu spröde wird, seine Schneide und Form nur ganz kurze Zeit hält und daher vorzeitig gewechselt werden muß, was Zeit- und Geldverlust bedeutet.

Was für die Bohrerschneide gesagt wurde, gilt sinngemäß für das Einsteckende des Bohrers und für die Schmiedearbeit an den Bohrkronen der Hartmetallbohrer.

Es ist falsch, die Bohrer aus der Frosttemperatur, wie sie im Freien herrschen kann, in das Schmiedefeuer zu stecken. Man tut gut, die zu schmiedenden Bohrer und Bohrgestängeteile so lange in der Schmiede aufzubewahren, bis sie die Lufttemperatur der Schmiede angenommen haben. Es ist immer gut, wenn die endgültige Schmiedetemperatur langsam erreicht wird.

Die richtige Schmiedetemperatur liegt bei den gebräuchlichen Bohrstählen zwischen 850 und 1100 Grad, die richtige Härtetemperatur zwischen 750 und 850 Grad Celsius. Das Stahlwerk, welches den Bohrstahl liefert, wird immer gern bereit sein, die richtigen Schmiede- und Härtetemperaturen anzugeben. Es ist dringend zu empfehlen, sich an diese Angaben zu halten. Die bei richtiger Temperatur geschmiedeten und gehärteten Bohrer oder Bohrgestängeteile haben ganz bedeutend bessere Eigenschaften als alle nach Gefühl und beiläufig geschmiedeten Werkzeuge.

Aus diesem Grunde hüte man sich auch, Bohrstähle unbekannter Herkunft zu verwenden. Deren Schmiede- und Härtetemperaturen muß man erst mühsam durch Versuche ermitteln und hat dann noch immer keine Gewähr, daß der Stahl immer gleichwertig ist. Auch sonst kann man bei unbekannten Stählen recht unliebsame Überraschungen erleben.

Ölhärtung ist bei österreichischen, schwedischen oder deutschen Bohrstählen weder erforderlich noch zu empfehlen. Bei Wasserhärtung soll das Wasser weich sein. Hat man hartes Wasser, so muß man einen zu großen Härtegrad durch die im Handel befindlichen, dem Stahl unschädlichen Enthärtungsmittel herabsetzen. Regenwasser ist für die Bohrerhärtung ausgezeichnet. Sehr wichtig ist es, daß bei der Härtung das Wasser den Bohrer umspült. Unterläßt man dies, so bildet sich um den im ruhenden Wasser stehenden Bohrer eine Dampfhülle, welche den weiteren Härtevorgang sehr beeinträchtigt oder auch ganz verhindert. Hat man kein fließendes Wasser zur Verfügung, so hilft man sich, indem man die Bohrer mit dem Härtegestell im Härtewasserbottich hin- und herbewegt.

Beim Härten wird der Bohrer nur auf die Länge in das Wasser getaucht, auf welche gehärtet werden soll. Diese *Härtelänge* beträgt ungefähr 10 bis 15 cm. Man macht sich ein Härtegestell, in welchem die zu härtenden Bohrer stecken; dadurch erreicht man, daß sie nur auf die bestimmte Länge eingetaucht werden können.

Die Wassertemperatur beim Härten liegt zwischen 20 und 25 Grad Celsius, doch wird im besonderen Falle auch da genau nach den Angaben des Stahlwerkes vorgegangen.

Ein ordentlicher Schmied wird nach Beendigung seiner Arbeit nachsehen, ob die Bohrung des Bohrstahles in Ordnung und nicht durch Hammerschlagteile oder sonstwie verunreinigt oder verstopft ist. Meist genügt ein einfaches Durchblasen mit Preßluft; eine solche Blasvorrichtung kann man sich leicht mit Baumitteln herstellen. Damit entfernt man in der Regel alle Unreinlichkeiten. Unterläßt man die vorgenannte Vorsicht, so stört man die Spülvorgänge und hat dadurch alle bereits geschilderten Mißstände.

Wie die Bohrerschneide muß auch das Einsteckende des Bohrers oder des Bohrgestänges unbedingt maßhaltig sein. Die Form des Einsteckendes ist nach jeder Schmiedearbeit durch eine Lehre zu überprüfen. Schräge und unpassende Einsteckenden führen zu vorzeitigem Bruch derselben. Hat das Einsteckende zu viel Spiel, wackelt der Bohrer, so werden die Bohrlöcher elliptisch; dadurch ergibt sich wieder je laufenden Meter Bohrloch mehr Bohrarbeit, als bei ordnungsgegmäßem Bohren aufgewendet werden muß. Überdies wird durch ein unpassendes Einsteckende die Bohrerhülse der Bohrmaschine vorzeitig ausgeleiert.

Bei schrägen Einsteckenden trifft der Schlagkolben des Bohrhammers nicht die volle Fläche. Das Einsteckende wird dadurch einseitig gehärtet und bald überhärtet, was zum Bruch führt. Durch den ausmittigen Schlag wird auch der Schlagkolben selbst ungleichmäßig beansprucht und geht daher früher zugrunde.

Man soll auch bei guten Schmieden immer mit der Möglichkeit von Schmiede- und Härtefehlern rechnen und daher vor Ort immer eine entsprechende Reserve an Bohrern, Bohrgestängen und Kronen haben. Fehlt eine Reserve, so ist die Mannschaft versucht, auch mit minder gutem Gezähe weiterzuarbeiten und verschlechtert damit den ganzen Arbeitserfolg.

### c) Bohrmaschinen

Bei den Bohrmaschinen unterscheidet man solche, welche durch Schläge auf das Gestein dieses zertrümmern, und solche, welche durch drehende Bewegung in einer Art spanabhebender Weise das Bohrloch erzeugen.

Der Laie sieht, wie sich bei allen Bohrmaschinen der Bohrer dreht, und glaubt, daß die drehende Bewegung das Gestein löst. Die drehende Bewegung des Bohrers kommt durch das wichtige *Umsetzen* des Bohrers eines schlagenden Bohrwerkzeuges zustande.

Unter Annahme einer einfachen Meißelschneide ist der Bohrvorgang folgender:

Der auf das Gestein im Bohrloch aufschlagende Bohrer splittert einen Teil des Gesteins in Form einer mehr oder weniger tiefen Kerbe ab. Durch die Umsetzvorrichtung wird nun die Bohrerschneide um einen Winkel von 45 bis 60 Grad gedreht und der abermals niederschlagende Bohrer macht eine zweite Kerbe und das Gestein bricht dann auch zwischen den beiden Kerben aus und wird in Form von feinem Sand und Staub durch die Spülung entfernt.

Bei den schlagenden Bohrmaschinen unterscheidet man Stoßbohrmaschinen, bei welchen der Bohrer und der schlagende Maschinenteil in einem Stück sind, und die Hammerbohrmaschinen, bei denen ein hin- und hergehender Kolben auf den Bohrer wie beim Handbetrieb schlägt. Die Kleinausgabe der Hammerbohrmaschine ist der bekannte Bohrhammer.

Die Stoßbohrmaschinen sind derzeit im Tunnel- und Stollenbau wenig gebräuchlich, da ihre Vorteile erst bei verhältnismäßig langen Bohrlöchern zur Wirkung kommen, wie sie im Tunnelbau recht selten angewendet werden.

Bohrmaschinen, bei denen durch die Drehung des Bohrers die Abarbeitung des Gesteines erfolgt, sind heute im Hartgestein nicht gebräuchlich, obwohl die seinerzeit bei den großen Alpentunnels verwendete BRANDsche Bohrmaschine, welche mit Druckwasser arbeitet, sehr befriedigende Erfolge aufwies. Die BRANDsche Maschine verlangt eben Druckwasser, das oft nicht leicht zu beschaffen und dessen Einrichtung nur für lange Tunnelbauten wirtschaftlich ist.

Die gebräuchlichsten Bohrmaschinen sind heute die durch Preßluft angetriebenen Hammerbohrmaschinen und Bohrhämmer. Es gibt auch Hammerbohrmaschinen, welche direkt von Benzinmotoren angetrieben werden. Diese handlichen Geräte kommen zwar für die eigentliche Vortriebsarbeit nicht in Frage, finden aber im Zuge der Baustelleneinrichtung beste Verwendung.

Elektrisch angetriebene Hammerbohrmaschinen und Bohrhämmer sind in vielversprechender Entwicklung: die Firma Bosch, Stuttgart, hat da sehr brauchbare Geräte entwickelt. Ebenso sind für Weichgestein sehr gute Drehbohrmaschinen mit elektrischem Antrieb gebaut worden, deren Wirkung sehr befriedigend ist. Unter Verwendung von Hartmetall haben auch Drehbohrmaschinen mit elektrischem Antrieb für Hartgestein eine Zukunft vor sich; die Entwicklung ist aber hier noch nicht abgeschlossen.

Der größte Vorteil aller elektrisch angetriebenen Bohrmaschinen ist ihr sehr geringer Energieverbrauch, der etwa $^1/_8$ bis $^1/_{10}$ der Preßluftgeräte beträgt.

Alle elektrischen Bohrmaschinen sind gegen die Gefahren des rauhen Stollenbetriebes mehr anfällig als die robusten Preßluftgeräte. Dort, wo man billige Energiequellen hat, wird man daher zu den auch bei den Häuern sehr beliebten Preßluftgeräten greifen.

Die großen Alpentunnels wurden fast alle mit mehr oder weniger schwerfälligen Bohrmaschinen gebohrt, welche entweder einen eigenen Bohrwagen oder wenigstens Spannsäulen (s. Abb. 17, 18) für ihre Verwendung notwendig hatten. Die Bohrwagen und Spannsäulen verhinderten, daß die Hauptarbeit des Schutterns während der Bohrarbeit vor sich gehen konnte. Diesen Nachteil haben die leichten Bohrhämmer nicht, die ohne Zusatzgerät von einem Mann bedient werden können.

Schon bei den letzten Alpentunnels wurden im Nachtrieb die leichten Bohrhämmer mit bestem Erfolg verwendet. Nach dem Bau der Alpen- und Apennintunnels beschränkten sich die Stollen- und Tunnelbauten in Mitteleuropa zwischen den beiden Weltkriegen auf kurze Eisenbahntunnels und mehr weniger kleine Wasserkraftstollen. Es schien einige Zeit, als hätte der leichte Bohrhammer ohne weiteres Zusatzgerät das Feld erobert.

In den Gneisen, Graniten und Peridotiten der Alpen erwiesen sich die leichten Bohrhämmer indessen als zu schwach und mußten, um einen annehmbaren Baufortschritt zu erzielen, Geräten mit größerer Schlagwucht und damit auch größerem Gewicht Platz machen. Die Handhabung dieser schweren Geräte ermüdete die Bohrhammerführer recht stark und vor allem zeigte es sich, daß ein Mann auf die Dauer nicht in der Lage war, den notwendigen Anpreßdruck zu erzeugen. Man war in kurzer Zeit wieder beim zweimännigen Bohren angelangt. Allerlei Kunststücke sollten erreichen, den Bohrer samt der Bohrmaschine zu unterstützen und gleichzeitig den notwendigen Anpreßdruck zu erzeugen. Die einfachste Lösung war die, daß Bohrmaschine und Bohrer auf einem Brett vorrückten und dabei die ganze Einrichtung mit einer Brechstange an das

Gestein angedrückt wurde. Vielfach stemmten sich die Arbeiter mit den Füßen gegen die Bohrmaschine und saßen dabei Rücken gegen Rücken. Alle diese Arbeitsarten waren durchwegs mehr oder weniger Notlösungen und wurden auch als solche erkannt. Es hat sich keine Maschinenfabrik bemüht, ihre Bohrhämmer für Vorschub mit Brecheisen und Fußdruck auszugestalten, da solche Versuche von Haus aus zum Scheitern verurteilt waren.

Die weitere Entwicklung ging dahin, Vorrichtungen zu schaffen, die den Bohrhammer richtig vorschoben. Dabei wurden die *Klinkenvorschübe* und alle Preßluftvorschubgeräte gebaut.

Die Klinkenvorschubgeräte beruhen im wesentlichen darauf, daß die rhythmische Bewegung des Bohrhammers zum Vorschub des Gerätes benutzt wird. Die Klinken und die anderen Bauteile verschleißen indessen sehr stark, der Anpreßdruck am Bohrhammer ist *unabhängig* vom Betriebsdruck. Letztere erheblichen Nachteile haben die mit Preßluft betriebenen Vorschubgeräte nicht und dürften daher sie das Feld behaupten und die anderen Geräte nicht mehr nachgebaut werden.

Gute, preßluftgetriebene Vorschubgeräte wurden von Atlas-Diesel, Stockholm, Flottmann und Ingersoll entwickelt. Die Geräte fanden zuerst ihr Widerlager an den Wänden und eignen sich dadurch ohneweiters sehr gut für steigende Bohrlöcher, wie sie bei einem nach oben gehenden Fächereinbruch (italienischer Einbruch, s. S. 44) gebraucht werden. Die FLOTTMANNschen *Bohrknechte* lassen jede Bohrrichtung zu, jedoch ist dabei *ohne* Zusatzeinrichtungen nur eine Unterstützung des Bohrhammers, nicht aber des Bohrers selbst gegeben.

Die mangelnde Unterstützung des Bohrers hat eine mehr oder weniger wacklige Führung desselben zur Folge. Dies gibt weiter unrunde, elliptische Löcher, vermehrte Beanspruchung der Bohrer oder Bohrrohre, was zu vorzeitigem Bruch und erhöhtem Energieverbrauch führt. Überdies begünstigen die unrunden Löcher das Festklemmen der Bohrer, was eine mißliche Sache ist.

Für das Bohren mit Vorschubgerät wurden verschiedene Hilfsmittel erdacht. Allen ist gemein, daß sie sowohl für die Unterstützung der Bohrmaschine als auch für den Bohrer Sorge tragen und dem Vorschubgerät ein Widerlager geben.

Als einfachste Lösung wurde gefunden, daß man Bohrmaschine, Bohrer und Vorschubgerät auf eine Bohle legte und dort dem Vorschubgerät ein Widerlager bot. Eine einfache Ausführung ist in der Skizze Abb. 16 zu finden.

Eine weitere Entwicklung ist die Bohreinrichtung, wie sie von der Unternehmung Heinrich BUTZER, Dortmund, bei den Tunnelarbeiten in Nordnorwegen angewendet wurde. Die wesentliche Anordnung ist aus

der Skizze Abb. 17 zu entnehmen. Die Anlage hat sich sehr gut bewährt,
war genügend robust, um dem rauhen Stollenbetrieb standzuhalten, und

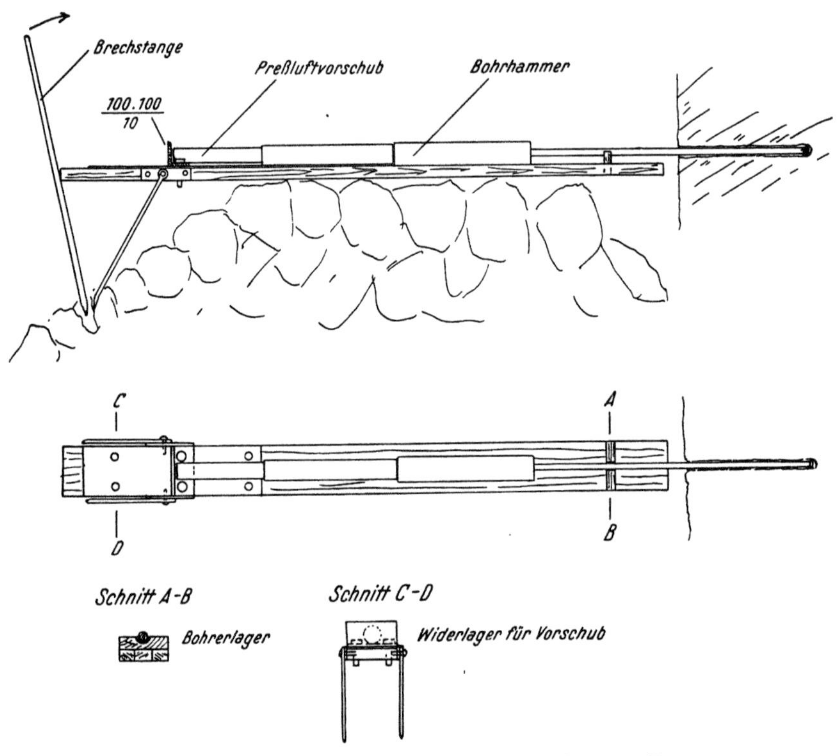


Abb. 16. Führung des Bohrhammers auf einem Brett

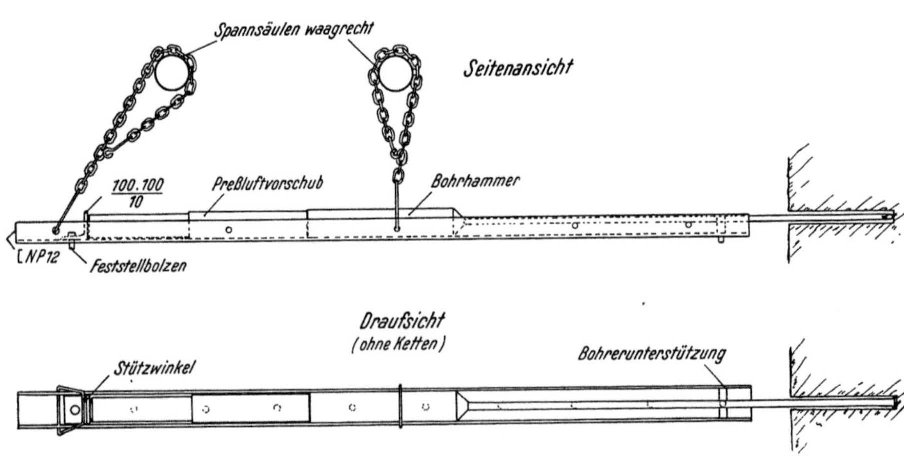


Abb. 17. Bohrvorrichtung Bauunternehmung Butzer

erzeugte vollkommen kreisrunde Bohrlöcher. Die Anlage der Bohrlöcher in Richtung und Höhe konnte mit großer Genauigkeit ausgeführt werden, auch wurde ein richtiges Zusammenbohren der Einbruchslöcher erzielt.

Am besten eignete sich die Vorrichtung für einen waagrechten Keileinbruch, über welchen später (s. S. 46 ff.) noch eingehend gesprochen wird. Die Ausführung von schräg zusammengebohrten Bohrlöchern erwies sich mit der Einrichtung etwas umständlich. Der Auf- und Abbau war soweit einfach und die dazu notwendige Zeit hielt sich in erträglichen Grenzen. Die Spannsäulen hinderten etwas die Schutterarbeit während des Bohrens, jedoch konnte bei guter Arbeitseinteilung dieser Nachteil wettgemacht werden. Für die Anordnung nach Butzer eignen sich alle preßluftgetriebenen Vorschubgeräte.

Unter Verwendung der Flottmannvorschubgeräte hat Herr Dr. Ing. Müller der Bauunternehmung Polenzky und Zöllner die Bohrhilfe *„Bohrmeister"* entwikkelt. Das Gerät wurde

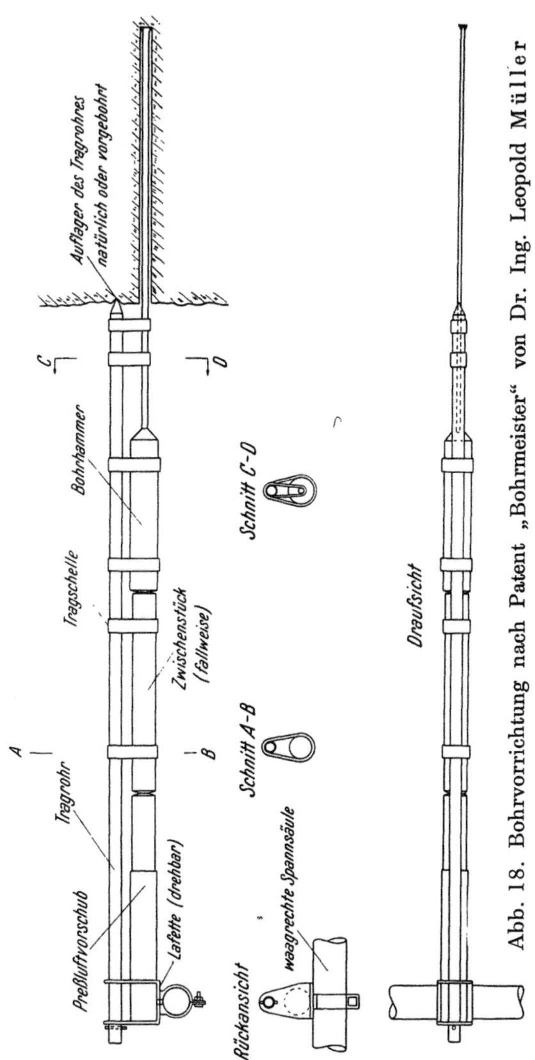


Abb. 18. Bohrvorrichtung nach Patent „Bohrmeister" von Dr. Ing. Leopold Müller

zum Patent angemeldet und stellt eine sehr gut brauchbare Vorrichtung dar. Verglichen mit der Bauart Butzer ist das Gerät wesentlich leichter und hat weniger Spannsäulen notwendig. Der Auf- und Abbau geht schneller vor sich, und da weniger Spannsäulen vorhanden sind, wird die Schutterarbeit praktisch gar nicht gestört. Ein weiterer Vorteil ist, daß

Bohrlöcher beliebiger Schräglage leicht und genau abgebohrt werden können; die Bohrlöcher werden ebenfalls vollkommen kreisrund. Von einer Spannsäule können leicht zwei Bohrlochreihen abgebohrt werden, ohne daß man die Spannsäulen umsetzen muß, was ein Nachteil der Anordnung BUTZER ist. Die Aufstellung des Gerätes von MÜLLER erfordert etwas mehr Sorgfalt, die man aber von einigermaßen guten Mineuren ohneweiters verlangen kann. Die wesentliche Anordnung der Bohrhilfe „Bohrmeister" ist aus der Skizze Abb. 18 zu entnehmen.

Die Leistungen verschiedener Hämmer bei verschiedenem Luftdruck sind aus der Abb. 19 zu entnehmen.

Für die in letzterer Zeit erfundenen, für Großabschläge entwickelten Schießverfahren, Parallel- und Großbohrlöcher, über welche später noch ausführlich berichtet wird, ist eine sehr genaue Bohrarbeit erforderlich. Diesen Bedingungen kommen nur Bohrhämmer- und Hammerbohrmaschinen nach, welche auf Bohrwagen mit geeigneten Lafetten angebracht sind.

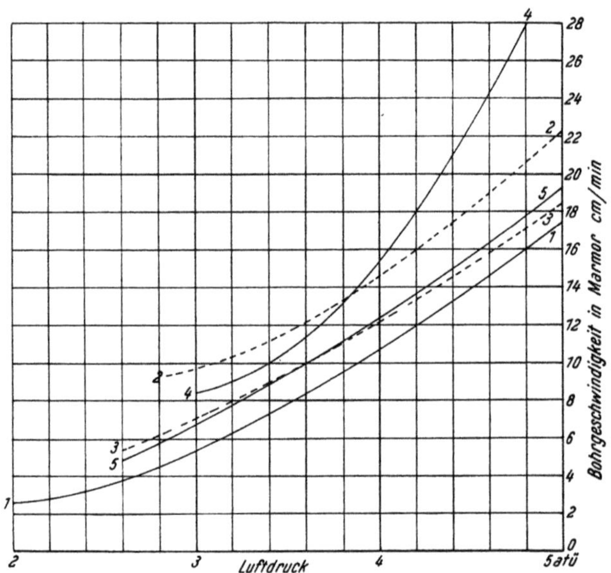


Abb. 19. Bohrhammerleistungslinien (auf der Baustelle ermittelte Bestwerte).
*1* Flottmann AT 18 (5 Jahre alt); *2* Böhler BH 22 (neu); *3* Böhler BH 16 (neu); *4* Ingersoll Rand A 35 (5 Jahre alt); *5* Irmer & Elze (nachgebauter AT 18, neu)

Die Zahl und die Anordnung der Bohrmaschinen richtet sich nach dem gewählten Einbruch. Allen Verfahren ist dabei gemeinsam, daß die Bohrer während ihres ganzen Vorschubes zwangsläufig geführt und der Gesteinsbeschaffenheit sowie der Maschinenleistung entsprechend in der Regel mit Preßluft vorgeschoben werden. Der Bohrwagen wird dabei je nach Bauart mittels Spannsäulen fest an die Stollenwandung verankert, was entweder durch Schraubenspindeln, durch Preßluftzylinder oder durch hydraulischen Druck erfolgt, wobei die Verwendung von Preßluft die verbreitetste Methode ist.

Den verschiedensten Zwecken entsprechend, sind die Querschnitte der heute auszuführenden Stollenbauten sehr wechselnd, es muß praktisch für jeden Stollenbau, der in der Gesteinsbeschaffenheit oder wegen des

Abb. 20. Bohrwagen. Bohrmaschinen und Bohrer auf Lafetten geführt

Querschnittes von vorhergegangenen Bauten wesentlich verschieden ist, ein neuer Bohrwagen gebaut werden. Dies bietet maschinentechnisch keine besonderen Schwierigkeiten und ist auch wirtschaftlich vertretbar, da sämtliche Tunnelbaugeräte ohnehin einem starken Verschleiß unterliegen. Der in der Abbildung gezeigte Bohrwagen eignet sich sowohl für Parallelbohren als auch für schräge Bohrlöcher in verschiedenen Richtungen, wie sie je nach Gebirgsbeschaffenheit gebraucht werden.

Die Verwendung der Bohrwagen gestattet ein gleichzeitiges Bohren und Schuttern nur dann, wenn die Bohrarbeit von der Schutterarbeit räumlich getrennt werden kann, z. B. wenn man die Kalotte ober dem sonstigen Vortrieb voreilen läßt. Die Verwendung der Bohrwagen beschleunigt aber die Bohrarbeit so ausreichend, daß auch bei zeitlich getrennter Bohr- und Schutterarbeit die Abschlagslängen je Schicht zumindest gleich denen wie bei den älteren Verfahren bleiben.

### d) Eigentliche Bohrarbeit

Hat man sich zu einem bestimmten Bohrbild entschlossen, worüber an anderer Stelle (s. S. 44 ff.) ausführlich gesprochen wird, so zeichnet man auf der vorher von losen Steinen befreiten Stollenbrust die Bohrlöcher an. Bei Karbidbeleuchtung kann dies mittels Rußes geschehen, besser nimmt man aber eine gute Fettkreide, die bei elektrischer Beleuchtung unerläßlich ist. Selbstverständlich wählt man dabei eine Farbe, die sich gegen das Gestein recht gut abhebt.

Im Stahlbrückenbau werden die Bohrlöcher für die Nieten angekörnt, damit ihre richtige Lage festgelegt und überdies dem Bohrer eine anfängliche Führung gegeben wird. Ein ähnlicher Vorgang ist beim Bohren im Fels, zumal bei Hartgestein, auch am Platz und hilft viel zu einem guten Bohrfortschritt. Es ist zweckmäßig, die Bohrlöcher mit einem ganz leichten Bohrhammer etwas vorzubohren. Der eigentliche Bohrer findet dann gleich einen Halt und tanzt nicht um das Bohrloch herum. Zum Vorbohren genügt eine Vertiefung von 1 cm. Bei Verwendung von Bohrwagen mit guten Lafetten ist vorbeschriebene Arbeit nicht notwendig.

Die Bohrlochtiefsten aller Bohrlöcher sollen in einer Ebene liegen, welche lotrecht steht und zur Stollenachse einen rechten Winkel einschließt. Ausnahmen bieten da nur die Fächereinbrüche nach RIAN. Zuweilen trachtet man, zur Verbesserung der Einbruchswirkung die Einbruchsschüsse über die vorgenannte Ebene um 10 bis 20 cm hinauszutreiben, doch kann nicht schlüssig bewiesen werden, daß diese Anordnung besser als die vorbeschriebene ist.

Sind vom letzten Abschlag Ecken stehengeblieben, so erhalten diese längere Bohrlöcher, damit die Bohrlochtiefsten in einer Ebene liegen, ein Umstand, den ungeübte Bohrhammerführer oft vernachlässigen.

Die jetzt meist zur Verwendung kommenden Spannsäulen bieten eine gute Meßbasis, um die richtige Länge der Bohrlöcher festzustellen. Lange Bohrlöcher erfordern mehr Sprengstoff. Gibt man in ein zu lang gebohrtes Bohrloch die gleiche Menge Sprengstoff wie in die richtig gebohrten Löcher, so kann man ziemlich sicher sein, daß man dort eine *Büchse* bekommt. Mit „Büchse" bezeichnet man ein nach dem Sprengen erhaltengebliebenes oder nur wenig ausgeweitetes Bohrloch, in dessen Umgebung das Gestein *nicht* weiter zertrümmert ist.

Durch Büchsenbildung wird die ganze Sprengarbeit in ihrer Wirkung bedeutend herabgesetzt, es steht also durchaus dafür, die Länge der Bohrlöcher zu prüfen, welche Arbeit auch von einem gewissenhaften Sprengmeister durchgeführt wird und der auch zu tiefe Löcher mit mehr Sprengstoff besetzt.

Ein guter Bohrhammerführer muß fortwährend auf die Arbeit seiner Bohrhämmer achten. Dies gilt besonders für mehr oder weniger automatische Einrichtungen, die leicht zur Nachlässigkeit verleiten. Fängt der Bohrer an, langsamer fortzuschreiten, so ist dies als Unregelmäßigkeit anzusehen, es sei denn, man hat am Bohrmehl erkannt, daß ein Härtling angefahren wurde. Die Ursache kann in der Herabsetzung des Luftdruckes oder in der Abnutzung der Schneide gelegen sein. Bei vermindertem

Luftdruck sinkt die Schlagzahl, was man sehr deutlich hört. Das Bohren mit vermindertem Luftdruck schadet zwar dem Bohrer nicht, jedoch hat man je Kubikzentimeter Bohrloch bedeutend mehr Arbeit aufzuwenden, als wenn man mit dem richtigen Druck bohrt (s. Abb. 19).

Ist die Schlagzahl die gleiche geblieben und nimmt die Bohrgeschwindigkeit rasch ab, so ist das ein Zeichen, daß der Bohrer stumpf, die Spülung oder die Umsetzung des Bohrers nicht richtig vor sich geht. Man wird auf jeden Fall der Ursache nachgehen. Mangelnde Spülung oder schlechtes Umsetzen ist sehr leicht zu sehen. Erstere zeigt sich durch geringes Austreten von Bohrmehl, letzteres durch ruckweise, langsame Drehung des Bohrers. Ist Spülung und Umsetzen in Ordnung, so bleibt nichts übrig, als den Bohrer rechtzeitig auszuwechseln.

Hartmetallschneiden bohren bei stumpfer Schneide zwar eine längere Zeit noch weiter als etwa Bohrer aus gewöhnlichem Bohrstahl, doch soll man die Mühe nicht scheuen, auch den Hartmetallbohrer sogleich bei stärkerem Nachlassen der Bohrgeschwindigkeit zu wechseln. Hat man eine Hartmetallschneide zu sehr abgestumpft, so ist die nachfolgende Schleifarbeit wesentlich mühsamer, und überdies wird die Anzahl der möglichen Nachschliffe bedeutend vermindert. Es kann die Bohrgeschwindigkeit bei Hartmetallkronen auch dadurch bedeutend sinken, daß Teile der Krone abgesplittert sind. Dies bedeutet eine große Gefahr für die restliche Krone. Bohrt diese auf einem Hartmetallstück, das abgesplittert im Bohrloch liegt, weiter, so wird die restliche Krone fast sicher gänzlich zerstört und ist damit verloren.

Die Hartmetallkronen sind ein recht kostbarer Stoff; es steht dafür, die verbrauchten Kronen zu sammeln. Die meisten Hartmetallerzeugerfirmen nehmen die verbrauchten Kronen in Zahlung.

Beim Bohren mit Hartmetall ist es zweckmäßig, jeder Rotte ein Kästchen mit numerierten Kronen zu übergeben. Über die Gebarung mit den Kronen ist genau Buch zu führen. Damit bekommt man eine Kontrolle über den Verbrauch und ist in der Lage, Schleuderhaftigkeit bei den Rotten abzustellen. Nach jeder Schicht sollen die Hartmetallkronen in die Schleiferei kommen — unbeschadet des von den Bohrhammerführern festgestellten Abnutzungsgrades. Wenig verbrauchte Schneiden lassen sich mit sehr kleinem Arbeitsaufwand und unter sehr kleinem Abtrag des kostbaren Hartmetalls leicht wieder auf die richtige Schärfe und Maßhaltigkeit in der Schleiferei bringen. Der wirtschaftliche Gewinn macht die vorhin geschilderte Aufsichtsarbeit auf jeden Fall vertretbar.

Sämtliche Maschinenfabriken, welche Bohrhämmer erzeugen, haben sich mit Erfolg bemüht, die Bohrhämmer gegen Staub und Fährnisse des rauhen Stollbetriebes weitgehend zu schützen. Trotzdem wird man den Bohrhammer, so gut es geht, sorgfältig behandeln, ihn nicht im Schutt oder gar auf der Kippe (s. S. 91) liegen lassen und ihn regelmäßig reinigen und überholen. Am besten ist es, wenn jeder Drittelführer (Hilfs-schachtmeister) einen Satz bekommt, für den er persönlich verantwortlich ist. Werden in der Schicht z. B. jeweils drei Bohrhämmer gebraucht, so wird man den Drittelführer mit acht Bohrmaschinen beteilen, so daß genügend Reserve da ist. Bei jeder zweiten Schicht wird es zweckmäßig sein, die verwendeten Maschinen gegeneinander abzutauschen, die ruhenden Maschinen in die Werkstätte zur Schmierung, Reinigung und Überholung zu geben. Dabei sollen die Bohrhämmer zerlegt, im Petroleumbad vollkommen gereinigt und dabei leicht verschleißbare Bauteile, wie Sperrklinken, Sperrklinkenfedern und dergleichen, rechtzeitig ausgewechselt werden. Geht man nach diesen Grundsätzen vor, so wird man immer brauchbare Maschinen vor Ort haben, die Lebensdauer der Bohrhämmer bedeutend verlängern und wirtschaftlich arbeiten.

### *e) Kompressoren und Druckluftleitungen*

Die Kompressoren sollen mit Hilfe der angeschlossenen Druckluftleitungen genügende Menge vollkommen reiner Luft von wenigstens 5 atü Druck zu den Preßluftwerkzeugen bringen. Manche schwere Hammerbohrmaschinen und Ladegeräte verlangen auch Luftdrucke bis zu 7 atü; die Anlage ist selbstverständlich auf die größte verlangte Leistung abzustimmen.

Die Entwicklung der Kolbenkompressoren ist zu einem gewissen Abschluß gelangt; die am Markt befindlichen Geräte sind durchwegs gut brauchbar und in ihrem Verbrauch an $PS/m^3$ angesaugter Luft, Schmieröl und sonstigen Verbrauchsstoffen nahezu gleich.

Die Rotationskompressoren sind schon jetzt bei großen Luftmengen den Kolbenkompressoren bezüglich Energieverbrauch und notwendigen Unterhaltungsarbeiten überlegen. Es ist auch eine erfreuliche Entwicklung für Geräte kleinerer Leistung im Gange; es ist heute noch nicht entschieden, welche Art von Kompressoren sich durchsetzen wird.

Die fahrbaren Kompressoren, welche für kleinere, örtlich zerstreute Arbeiten im Freien gebaut wurden, haben im Tunnelbau in der Regel kein geeignetes Betätigungsfeld. Diese Anlagen sind nicht für wochenlangen Dauerbetrieb bestimmt und versagen deshalb. Höchstens für ganz kurze Tunnels unter 50 m Länge und als Reserve für die große stationäre Anlage haben fahrbare Kompressoren mit Leistungen unter 10 $m^3$/min einige Berechtigung.

Damit am Bohrhammer der verlangte Mindestluftdruck von 5 atü da ist, muß am Ausblasestutzen des Kompressors ein höherer Druck da sein. Demnach haben kleinere Anlagen, besonders fahrbare Kompressoren, an der Maschine einen Überdruck von 6 atü, größere Anlagen, wie sie für Tunnelbauten meist in Frage kommen, erzeugen an der Maschine 7 atü. Damit dieser Druck auch erzeugt wird, ist es notwendig, daß die

Kompressoren mit der von der Erzeugerfirma angegebenen Drehzahl laufen. Neue Kompressoren brauchen, wie alle neuen Maschinen, eine gewisse Einlaufzeit, damit sich die mikroskopisch kleinen Unebenheiten in den Zylindern und sonstigen Teilen, bei denen ein Gleiten auftritt, abschleifen. Dies gilt auch für etwa verwendete Verbrennungskraftmaschinen, welch die Kompressoren antreiben. Ist die Einlaufzeit, über deren Dauer die Maschinenfabrik erschöpfende Auskunft gibt, beendet, so soll man die Kompressoren mit der *vollen* Drehzahl laufen lassen. Die Ersparnis, welche man an Treibstoff- oder Stromkosten bei verminderter Drehzahl erzielt, steht in gar keinem Verhältnis zu der bedeutenden Leistungsverminderung, welche bei Bohrarbeiten mit vermindertem Luftdruck entsteht. Wird z. B. ein Bohrhammer statt mit 6 atü nur mit 3 atü betrieben, so ist die Leistung nicht ewa die Hälfte, sondern sinkt stark unter ein Drittel (s. Abb. 19).

Jede Verunreinigung der Luft führt zu verminderter Leistung, stärkerem Verschleiß oder gar Bruch der Bohrmaschinen. Man muß daher trachten, jegliche Unreinlichkeit in den Luftleitungen, so gut es nur irgend geht, zu vermeiden. Die hauptsächlichsten Verunreinigung sind Wasser, Rost und Staub.

Wasser ist in der Luft, wie sie der Kompressor ansaugt, immer vorhanden. Zur Entfernung des Wassers helfen die Luftkessel, vorausgesetzt, daß sie richtige Führung der Luftleitungen haben, und die Wasserabscheider. Sind diese Vorrichtungen in genügender Anzahl und Größe vorhanden, so wird die Luft ausreichend entwässert. Selbstverständlich wird man sich hüten, zusätzliches Wasser und Staub aus dem Freien anzusaugen. Man versieht den Ansaugestutzen mit einer Filtereinrichtung und wird ihn nicht an Stellen, wo Schlagregen hinzu kann, anbringen.

Überdies ist es zu empfehlen, den Ansaugestutzen des Kompressors in den Schattten zu stellen, da die im Schatten kältere Luft kleineren Wassergehalt als die von der Sonne erwärmte hat.

Einen Großteil des Wassers kann man schon im Luftkessel abscheiden. Der Luftkessel, der zum Ausgleich des stoßweisen Betriebes der Bohrmaschinen dient, soll im Schatten möglichst nahe dem Kompressor aufgestellt werden. Die Größen der Luftkessel müssen der Leistung des Kompressors angepaßt werden. Ein großer, vollkommen dicht gehaltener Kessel schadet auch bei kleineren Kompressorleistungen nicht. Die fahrbaren Kompressoren haben ausnahmslos zu kleinen Luftkessel, da die richtige Größe die Beweglichkeit des Gerätes zu sehr beeinträchtigen würde. Für eine Ansaugleistung von 10 m³ wäre ein Luftkessel von wenigstens 2 m³ angepaßt. Damit das Wasser Gelegenheit hat, sich richtig abzuscheiden, wird man immer die Preßluft unten einführen und oben wieder austreten lassen.

Stellt man den Kessel zu weit vom Kompressor auf, so hat das Wasser, welches immer in der Luft vorhanden ist, Zeit, Rost in den Zuleitungen zu bilden, der sich dann in feinen Flocken durch die Leitung bewegt und Ursache zu größerem Verschleiß aller Leitungen und Bohrhämmer bildet.

Ein Luftkessel nahe der Verwendungsstelle macht sich immer angenehm bemerkbar; er ist neben dem Luftkessel beim Kompressor zusätzlich anzuordnen. Dies trifft besonders bei langen Leitungen zu, da ja ein auftretender größerer Luftbedarf nicht so rasch durch die Leitungen herangeschafft werden kann.

Bei sehr langen Druckluftleitungen und hohem Luftverbrauch ist die Einschaltung von elektrisch angetriebenen Zwischenverdichtern sehr empfehlenswert. Die Liefermenge dieser Geräte bewegt sich zwischen 10 und 40 m³/min bei einem Mindestansaugdruck von 3 atü und Maschinenleistung von 30 bis 100 PS.

Die Preßluft verläßt mit einer gewissen Wärme den hinter der Maschine befindlichen Luftkessel und kühlt sich beim Durchströmen der Rohrleitung weiter ab. Dies führt zu neuerlicher Abscheidung von Wasser. Dieses setzt sich vor allem in den Tiefpunkten der Leitung ab; ferner in allen Ventilen, Schiebern und Abzweigungen. Man muß daher alle Tiefpunkte mit Wasserabscheidern versehen und diese auch zweckmäßig bei allen Abzweigungen und Schiebern anordnen. Zapft man eine Preßluftleitung mit einer Abzweigung nach oben an, so wird weniger von etwa noch vorhandenem Wasser in die Abzweigleitung kommen als beim umgekehrten Verfahren. Sind alle Luftkessel und Wasserabscheider in Ordnung und wird das Wasser dort immer rechtzeitig entleert, so wird die Preßluft ausreichend wasserfrei sein; damit ist auch die Gefahr des Einfrierens der Leitung gebannt.

Neben der Reinigung der Luft fällt dem Luftkessel auch die Aufgabe zu, alle Unregelmäßigkeiten des Kompressors auszugleichen und einen Reservebehälter für die Verbrauchsmaschinen zu bilden. Ein genügend großer Luftkessel gestattet etwa, an einen Kompressor mit 6 m³/min Ansaugleistung vier Bohrhämmer mit 2 m³/min Verbrauch anzuschließen: Denn es ist im Tunnelbetrieb selten, daß alle Bohrmaschinen, welche vor Ort arbeiten, die ganze Zeit gleichzeitig laufen. Bei Stillstand einer Bohrmaschine füllt sich dann der Luftkessel wieder auf; den andern Maschinen steht der volle Betriebsdruck wieder zur Verfügung. Fehlt hingegen ein Luftkessel oder ist dieser zu klein, so kann man entweder keine oder zu wenig Luft speichern; die Folge ist verminderter Betriebsdruck an den Bohrhämmern und damit absinkende Leistung.

Ist man in der Wasserabscheidung besonders nachlässig, so kann das Wasser bis in die Bohrmaschinen selbst kommen; dies führt meist zu schweren Schäden, besonders in den Steuerorganen.

Öl schadet den Schläuchen. Im Luftkessel wird das Öl, das durch die Verdichtungsarbeit mit der Luft mitgerissen wird, meist genügend abgeschieden. Meist rührt das Verölen der Schläuche vom unsachgemäßen Schmieren oder Überschmieren der Bohrmaschinen her. Werden die Bohr-

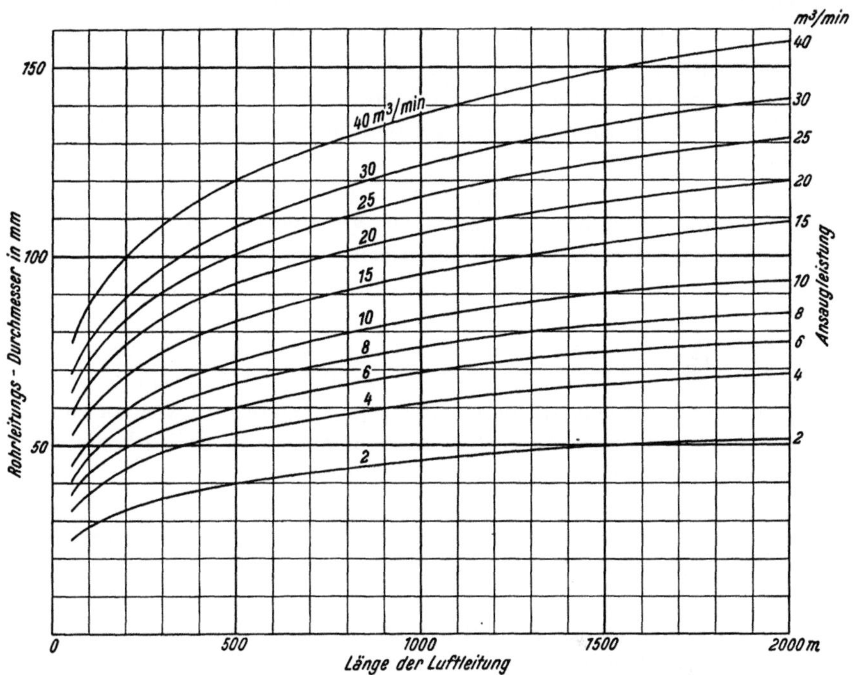


Abb. 21. Bemessung von Preßluftleitungen

maschinen aber in der Werkstätte regelmäßig gepflegt und geölt, so ist ein Nachschmieren während der Schicht meist nicht nötig und damit auch die Gefahr des Verölens der Schläuche weitgehendst herabgesetzt.

Um den Druckabfall in den Leitungen in erträglichen Grenzen zu halten, muß man den Leitungen ausreichende Durchmesser geben und sie möglichst ohne scharfe Ecken mit einer Mindestzahl von Abzweigungen, Schiebern und Ventilen führen. Nicht gebrauchte Abzweigungen, Schieber und Ventile sind ehebaldigst aus der Leitung zu entfernen. Aus Abb. 21 sind die richtigen Abmessungen für Druckluftleitungen zu entnehmen.

Bedeutenden Druckverlust geben die von der festen Preßluftleitung zu den Bohrmaschinen führenden Gummischläche. Bei den üblichen Durchmesser, wie sie bei Bohrhämmern gebräuchlich sind, kann man auf je 20 m Länge mit einem Druckabfall von 1 atü rechnen. Man wird daher die Schlauchleitungen so kurz als irgend möglich machen, dabei an Luftdruck gewinnen und an Schläuchen sparen. Allerdings wird man bei der

Sprengarbeit ein größeres Stück der festen Preßluftleitung bei jedem Abschlag rückbauen und wieder vorbauen müssen, doch fällt diese Arbeit nicht sehr ins Gewicht und lohnt auf jeden Fall. Das letzte Stück der Preßluftleitung vor Ort besteht immer aus gebrauchten Rohren. Gegen etwa weggeschleuderte Steine, wie sie beim Abschlag auftreten können, schützt man die feste Preßluftleitung durch Belegen mit alten Bohlen, Faschinen und dergleichen.

Bei sorgfältiger Arbeit sind Muffenrohre und Flanschenrohre bezüglich Dichtigkeit gleichwertig. Das richtige Dichten von Muffenrohren erfordert einige Fachkenntnis. Die letzten Schüsse (Teile) der Preßluftleitung vor Ort wird man wegen des leichteren Auf- und Abbaues besser aus Flanschenrohren machen; bei sonstiger Verwendung von Muffenrohren muß das nötige Übergangsstück bereit sein.

Der Einhaltung des richtigen Druckes soll der Bauleiter immer seine größte Aufmerksamkeit widmen; ein Schlauchmanometer soll daher sein ständiger Begleiter sein. Wenn man klagen hört, daß sich das Gestein besonders schwer bohren läßt, so wird in 80 % der Fälle nicht das Anfahren von hartem Quarzit die Ursache sein, sondern man wird zu kleinen Druck am Bohrhammer feststellen können. Man wird so rasch als möglich trachten, wieder den vollen Druck zu erreichen.

Die Firma Flottmann hat sehr handliche Schlauchmanometer herausgebracht, die bei einiger Pflege durchaus richtige Angaben liefern. Wie jedes Meßinstrument, muß auch ein Schlauchmanometer ab und zu nachgeeicht werden.

Grobe Fehler in der Preßluftleitung hört man durch Auspfeifen der Luft. Unterdruck hört man in der verminderten Schlagzahl, doch ist dies eine grobe Schätzung und macht ein Schlauchmanometer nicht entbehrlich.

Die Kompressoren sind von den Maschinenfabriken für eine bestimmte Umdrehungszahl gebaut, welche in der Regel an der Maschine angeschrieben ist. Sie kann nicht wesentlich überschritten werden.

Saugt der Kompressor an Baustellen, welche eine geringe Meereshöhe haben, so tritt in den Saugstutzen dichtere Luft ein als bei Arbeiten in großer Meereshöhe. Es ist die Leistung von allen preßluftbetriebenen Maschinen bei gleicher Umdrehungszahl des Kompressors in tiefen Lagen *größer* als in Hochgebirgslagen. Anderseits ist die Luft in hohen Lagen *leichter* als in tiefen, daher die Leistungsaufnahme des Kompressors in der Höhe *kleiner* als im Tal.

Verläuft die Luftleitung vom Kompressor zu den Verbrauchsmaschinen talab, so braucht die Maschine kein Luftgewicht zu heben: die Leistungsaufnahme ist geringer. Kann man bei bergaufführender Luftleitung dem Kompressor genügend Leistung zuführen, so daß er die vorgeschriebene Drehzahl beibehält, so wird man bei den Bohrhämmern bei guter Instandhaltung und Dichtung mehr Leistung haben können, als wenn

Kompressor und Verbrauchsmaschinen auf gleicher Höhe sind. Es können dabei die unvermeidlichen Druckverluste bei steil nach oben führender, kurzer Leitung sogar mehr als wettgemacht werden.

Im allgemeinen wird man aber Druckluftleitungen, die in steilem Gelände führen, vermeiden. Auch die sonstigen Baustellenerfordernisse werden meist verlangen, daß Schmiede, Kompressor und sonstige Bauhütten möglichst beisammen und nicht zu weit vom Stollen entfernt sind. Schon wegen der Unterhaltungskosten wird man in der Regel lange Leitungen vermeiden.

Bei den Anschlagsarbeiten von Stollen im Steilgelände kommt es aber oft vor, daß man zu Anfang die Kompressoren nicht in der Nähe des Mundloches aufstellen kann, sondern daß man die Preßluft von unten hochpumpen muß. Aus den obigen Ausführungen geht hervor, daß eine solche Anordnung nicht immer zu einem Leistungsabfall führen muß. Bergabführung der Luftdruckleitung hat zur Folge, daß im tiefsten Punkt der Leitung immer eine größere Wasseransammlung zu finden sein wird. Diese Tiefpunkte sind daher besonders sorgfältig zu entwässern.

## II. Sprengarbeit

### 1. Allgemeines

Bevor über die eigentliche Durchführung der Sprengarbeit Erläuterungen gegeben werden, ist es notwendig, über die zur Anwendung kommenden Spreng- und Zündmittel sowie über die Wirkung der Sprengschüsse allgemeine Angaben zu machen.

### a) Sprengmittel

Sämtliche Sprengmittel sind Stoffe, welche sich in sehr kurzer Zeit unter Erzeugung von bedeutenden Wärme- und Gasmengen chemisch umsetzen. Einige Sprengstoffe, z. B. Nitroglyzerin, sind regelrechte chemische Verbindungen, während andere Sprengstoffe Gemische aus leicht brennbaren Stoffen und einem Sauerstoffträger sind. Zu letzteren gehört das wohlbekannte Schwarzpulver. Die im Handel befindlichen Sprengstoffe sind ihrerseits wieder in der Regel Gemische aus beiden vorerwähnten Gattungen. Es gibt keinen Sprengstoff, der alle Wünsche erfüllt. Hohe Brisanz muß durch Verminderung der Handhabungssicherheit und des Arbeitsvermögens erkauft werden.

Alle Sprengstoffe, die nur durch Zündkapseln zündbar sind, sonst aber gegen Schlag, Stoß, Reibung und Frost unempfindlich sind, werden *Sicherheitssprengstoffe* genannt. Zu ihnen gehören z. B. Gelatine-Donarit, Alpinit, nicht aber Schwarzpulver.

Je schneller die chemische Umsetzung eines Sprengstoffes vor sich geht, um so höher ist seine *Brisanz*.

In nachfolgender Tabelle 1 werden die wichtigsten Angaben über einige in Österreich und Deutschland gebräuchliche Sprengstoffe gemacht.

*Tabelle 1*

| Sprengstoff | Verwendung | Transport | Detonations-geschwindigk. m/sek | Anmerkung |
|---|---|---|---|---|
| Spreng-gelatine | härtestes Gestein | Feuer-zugsgut | 7800 | |
| Dynamit I | Richtstollen | Feuer-zugsgut | 6300 | bedingt hand-habungssicher; wasserfeste Schieß-baumwolle und Nitroglyzerin; gelatinös |
| Gelatine-Donarit | Hartgestein Richtstollen Vollausbruch | unbeschr. | 6200 | Nitroglyzerin und Ammonsalpeter und gelatinöser Füllkörper; wasser-fest |
| Donarit I | sonstiges Gestein, Vollausbruch | unbeschr. | 4900 | Ammonsalpeter und Füllkörper; körnig; nicht wasserfest |
| Alpinit 50 | mittelhartes Gestein | Feuer-zugsgut | 6600 | Nitroklykolspreng-stoff mit wenig Schwaden; geringe Frost-empfindlichkeit |
| 75 | sprödes Hartgestein | wie vor | 7000 | |
| 100 | zähhartes Gestein | wie vor | 7300 | |

Sprenggelatine und Dynamit I sind frostempfindlich und beginnen bei plus 8⁰ C zu erstarren und ihre gelatinöse Eigenschaft zu verlieren. Im erstarrten Zustand, besonders bei Frosttemperaturen, sind beide gegen Stoß und Schlag sehr empfindlich. Sie müssen daher bei Frosttemperaturen vor der Verwendung in warmwassergeheizten Auftaugeräten erst wieder gelatinös gemacht werden.

Zu den Sprengmitteln gehört auch die flüssige Luft. Richtiger wäre zu sagen: flüssiger Sauerstoff, denn beim Transport der flüssigen Luft verdampft der zur Luft gehörende flüssige Stickstoff weit schneller als der Sauerstoff; letzterer bleibt zurück.

Die Sprengverfahren mit flüssiger Luft wurden in den beiden Weltkriegen erprobt. Jedesmal war der Krieg beendet, bevor das Verfahren vollkommen durchgeprobt war. Man kehrte auch immer gern zu den gebräuchlichen Sprengstoffen zurück, da diese in ihrer Handhabung weit sicherer sind als flüssige Luft.

Das Sprengverfahren besteht im wesentlichen darin, daß ein Brennträger, der Ruß, Korkmehl u. dgl. sein kann, feingepulvert in durchlässige Patronen eingebracht wird. Diese Patronen werden dann mit flüssiger Luft getränkt. Macht man die Tränkung in einem Tauchgefäß außerhalb des Bohrloches, so genügt die geringste Bohrlochfeuchtigkeit, daß die sehr kalte Patrone unweigerlich festfriert und mit keinem Mittel in das Bohrlochtiefste gebracht werden kann. Diesem Übelstand ist abzuhelfen, indem man die Tränkung der Patrone im Bohrloch selbst durchführt. Dazu sind einige recht brauchbare Einrichtungen erdacht worden, doch kam es bisher nicht zu einer abschließenden Entwicklung. Überdies ist die fertige Patrone gegen Funken, Stoß und Reibung sehr empfindlich, was die Verwendbarkeit sehr beeinträchtigt.

Ein weiterer Nachteil des Sprengens mit flüssiger Luft ist schließlich, daß die Schüsse so rasch als möglich abgetan werden müssen, da sonst der Sauerstoff verflüchtigt. Durch diesen Umstand ist man auch nicht in der Lage, die Sprengkraft einer Ladung richtig abzuschätzen, da sich diese mit dem Ablauf der Zeit immer mehr bis auf Null vermindert.

Ein Vorteil dieses Sprengverfahren ist, daß keinerlei giftiger Nachschwaden entsteht und man nur kurze Zeit nach dem Abtun der Schüsse lüften muß.

Hat man größere Arbeiten mit flüssiger Luft durchzuführen, so empfiehlt sich die Einrichtung einer Luftverflüssigungsanlage an der Baustelle, damit die Verdampfungsverluste klein bleiben; außerdem vermeidet man die Transportschwierigkeiten.

Die in Tabelle 1 angeführten gebräuchlichen Sprengstoffe kommen in Patronen verpackt in den Handel. Die Patronen sind wieder in Pakete zusammengefaßt, die etwa 2,50 kg wiegen. Die Verpackung der Patronen und der Pakete geschieht mit rotem, stark gewachstem (paraffiniertem) Papier; sie schützt die Patronen und Pakete vor Feuchtigkeit.

Der Durchmesser der Patronen soll sich nach der Größe des Kalibers der Bohrlöcher richten. Gebräuchlich sind: für Handbohrung Patronendurchmesser 20 mm, für Maschinbohrung 30 mm. Die Länge der Patronen beträgt bei gelatinösen Sprengstoffen 10 bis 12 cm, bei körnigen 12 bis 13.5 cm.

Die Zündung der Sicherheitssprengstoffe erfolgt entweder durch eine Sprengkapsel oder durch detonierende Zündschnur, dabei ist die Zündung durch Sprengkapsel allein die weiter verbreitete und angewandte Art. Die Kapsel wird entweder durch den Zündstrahl einer gewöhnlichen Zündschnur oder durch Elektrizität gezündet. Die detonierende Zündschnur bedarf zur Zündung ihrerseits wieder einer Sprengkapsel. Die Patrone, welche mit der Sprengkapsel versehen ist, wird Schlagpatrone genannt.

Schwarzpulver und Sprengkörper mit flüssiger Luft können sowohl durch den Zündstrahl der gewöhnlichen Zündschnur als auch durch eine Sprengkapsel gezündet werden.

### b) Zündmittel

Die Sprengkapsel besteht aus einer Metallhülse von Kupfer, Aluminium oder Zink. In der Sprengkapsel befindet sich die Sprengladung aus Tetryl oder Trinitrotoluol und die Aufladung. Diese wird dann durch den Zündstrahl der gewöhnlichen Zundschnur zur Detonation gebracht. Die Aufladung besteht aus Bleiazid. Bei den elektrischen Zündern wird durch das Aufglühen des Zünddrahtes in der Kapsel die Zündmasse zum Entflammen gebracht. Bei Momentzündern überträgt sich die Flamme sogleich auf die Aufladung aus Bleiazid, bei elektrischen Zeitzündern zündet

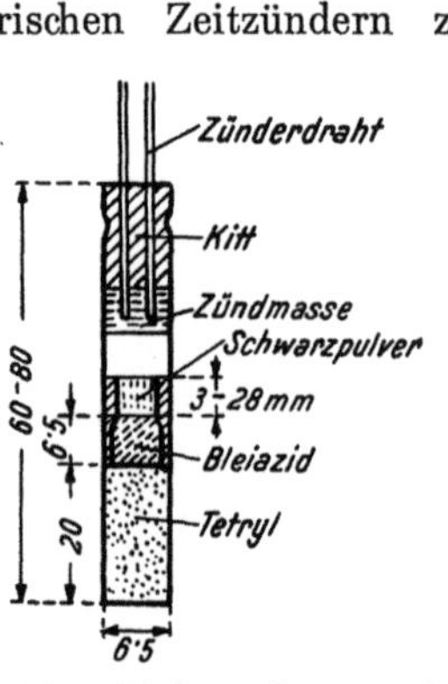


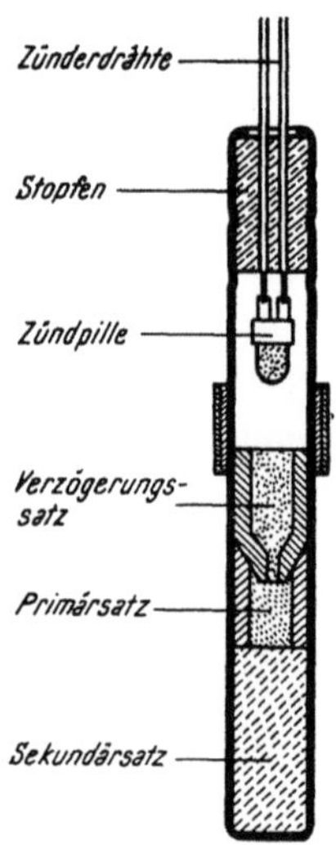


Abb. 22 a. Elektrischer Zünder          Abb. 22 b. Millisekundenzünder

(Aus Nobelhefte)

die Zündmasse zuerst einen Schwarzpulverkörper, der ähnlich wie die Pulverseele der gewöhnlichen Zündschnur abbrennt. Erst durch diesen Feuerstrahl kommt die Aufladung zur Detonation. Ein elektrischer Zünder ist in Abb. 22 a dargestellt. Die elektrische Zündung hat den großen Nachteil, daß durch Fremdströme aller Art eine unkontrollierte und unbeabsichtigte Zündung erfolgen kann. Diese Fremdströme können entweder durch elektrische Leitungen für den Stollenbetrieb oder durch atmosphärische Elektrizität (Gewitter) in die Zündleitung kommen.

α) **Vorkehrungen gegen Fremdströme durch elektrische Leitungen.** Sämtliche Rohrleitungen und Schienen sind, soweit sie aus leitendem Material sind, mit der Schutzerde zu verbinden. Zur Verhinderung der Verschleppung von Strahlströmen und zur Vermeidung induktiver Beeinflussung der Schießleitungen sind sämtliche zur Stollenbrust führenden, elektrisch leitenden Teile, wie Rohrleitungen, Schienen, Telephonleitungen, an ein und derselben Stelle elektrisch isolierend zu unterbrechen. Diese Unterbrechungsstelle soll bei Rohrleitungen und Schienen eine Länge von mindestens 3 m haben. Die Telephonleitung ist durch ein Übertragergerät an dieser Stelle galvanisch zu trennen, welche so beschaffen sein muß, daß auch atmospärische Entladungen nicht in den abgetrennten Teil gelangen können. Die elektrische Stollenbeleuchtung ist beim Verlegen der Schießleitung auf deren Länge entweder abzutragen oder mehrfach zu unterbrechen; der Sprengmeister und seine Gehilfen arbeiten mit Akku- oder Azetylenbeleuchtung.

Der Sprengmeister (Polier, Schachtmeister, Drittelführer) hat sich vor Anschluß der Schießleitungen an die Zünderkette zu vergewissern, ob die vorhin erwähnte Unterbrechung der Schienen usw. vorgenommen wurde.

Die Schießleitungen dürfen von der Stollenbrust aus nur bis zum brustseitigen Beginn der elektrischen Trennstelle geführt werden. Sämtliche leitenden Teile zwischen der Trennstelle und der Brust sind an mehreren Stellen miteinander zu verbinden. Dies gilt besonders unmittelbar vor der Brust und in der Nähe der Deckungsnischen.

Mit den vorerwähnten Sicherheitsmaßnahmen wird die Gefahr der Zündung durch atmosphärische Elektrizität wohl vermindert, aber nicht zur Gänze beseitigt. Eine gute Erdung aller Stahlteile und sonstiger elektrisch leitender Materialien erhöht die Sicherheit. Hingegen werden galvanisch unterbrochene Fernmeldeleitungen von Blitzschlägen ohneweiters übersprungen, so daß damit keine Sicherheit gegeben ist.

Unkontrollierte Zündungen durch elektrische Zünder wurden erstmalig bei Hochgebirgsbaustellen festgestellt. Vielfach konnte dabei atmosphärischen Entladungen einwandfrei die Schuld gegeben werden. Die Zündmittelindustrie hat nun Zünder herausgebracht, welche gegen Fremdströme praktisch unempfindlich sind und gegen atmospärische Entladungen weitgehend Schutz gewähren, es sei denn, daß der seltene Fall eintritt, daß ein Blitzschlag direkt die Zünderleitung trifft, welche Gefahr aber bei fortschreitendem Stollenbau sehr rasch abnimmt.

Bekannt sind die POLEX-Zünder, welche sowohl als Moment- als auch als Zeitstufen- und Millisekundenzünder hergestellt werden. Die POLEX-Zünder haben eine Sicherheitsfunkenstrecke im Zünder eingebaut, welche bei 2000 bis 3000 Volt anspricht. Ein Überschlag zwischen Zündpille und Zünderhülse ist ausgeschlossen. Zündleitung besteht aus Kupferdrähten.

Die Zündspannung ist bei den POLEX-Zündern wesentlich höher als bei den gewöhnlichen elektrischen Brückenzündern und beträgt 3000 Volt. Die Dauer des Zündstromes ist länger als bei Verwendung von gewöhnlichen Brückenzündern. Aus vorangeführten Gründen ist für die Zündung der POLEX-Zünder eine besondere Zündmaschine erforderlich, welche aber bei entsprechender Schaltung auch für das Abtun gewöhnlicher Brückenzünder geeignet ist. Unter Beachtung der notwendigen Vorsichtsmaßnahmen ist die elektrische Zündung so vorteilhaft, daß die Zündung mit gewöhnlicher Zündschnur nur mehr wenig zur Anwendung kommt.

Durch die Detonation der Aufladung detoniert also die Sprengladung der Kapsel, die ihrerseits die Sprengpatrone aus gewöhnlichem Spengstoff zur Detonation bringt. Die Aufladung ist äußerst empfindlich und detoniert sogleich durch Schlag, Reibung oder Feuer aller Art. Als Aufladung verwendet man Knallquecksilber oder Bleiazid mit Bleitrinitrorezozinat. Aluminium- und Zinksprengkapsel haben immer Bleiazid als Aufladung.

Die Aufladung ist bei Sprengkapseln für gewöhnliche Zündschnur von einem durchlochten Innenhütchen umschlossen, damit die Zündschnur nicht direkt an die Aufladung stoßen kann. Im verpackten Zustand ist der verbleibende Hohlraum der Sprengkapsel mit Sägemehl ausgefüllt, das vor Gebrauch aus der Sprengkapsel entfernt werden muß.

An *Zündschnüren* sind zwei Arten in Verwendung: die Zündschnur mit Schwarzpulverseele und die detonierende Zündschnur. Die erstere wird auch gewöhnliche Zündschnur oder Pickfordzündschnur nach dem Erfinder genannt.

Die gewöhnliche Zündschnur besteht aus einem Baumwolle-, Jute- oder Zellwollschlauch, der mit feinkörnigem, vollkommen trockenem, gewöhnlichem Schwarzpulver gefüllt ist. Um diesen Schlauch erfolgt eine Jute- oder Zellwollumspinnung nach rechts, die geteert ist, dann eine gegenläufige Umspinnung, die ebenfalls geteert ist und überdies mit Kaolin eingepulvert wird.

Wird die zweite Umspinnung mit Guttapercha überzogen, so erhält man die Guttapercha- oder Wasserzündschnur, mit der man die nässesten Bohrlöcher sicher zünden kann.

Die gewöhnliche Zündschnur hat eine Brenngeschwindigkeit von zwei Minuten je Meter; diese Brenngeschwindigkeit muß aus Sicherheitsgründen von Zeit zu Zeit überprüft werden.

Bei den detonierenden Zündschnüren besteht die Füllung des Zündschnurschlauches aus Nitropentaerythrit. Ihre Abbrenngeschwindigkeit beträgt 7000 m/sek; es kommen die Schüsse praktisch gleich schnell wie bei elektrischer Zündung.

### c) *Millisekundenschießen*

Eine weitere Entwicklung des Zündvorganges bildet das Millisekundenschießen, dessen Wirkungsweise, grob gesehen, etwa folgende ist:

Durch die Detonation der Ladesäule im ersten Bohrloch wird durch den dabei entstehenden hohen Gasdruck die Bohrlochwandung und damit der benachbarte Fels stark angespannt. Auf diesen unter hoher Spannung stehenden Fels schlägt in einem Zeitabstand von 0,030 bis 0,040 Sekunden der Detonationsschlag des benachbarten Bohrloches. Die Wirkungen der beiden Schüsse addieren sich, es kommt zur stärkeren Zertrümmerung des Felsens. Der Vorgang beim Millisekundenschießen ist ähnlich wie bei einer unter Spannung stehenden Glasplatte, wo bekanntlich ein leichter Ritzer genügt, um die Platte zu zerstören.

Der Effekt des Millisekundenschießens läßt sich auf ver-

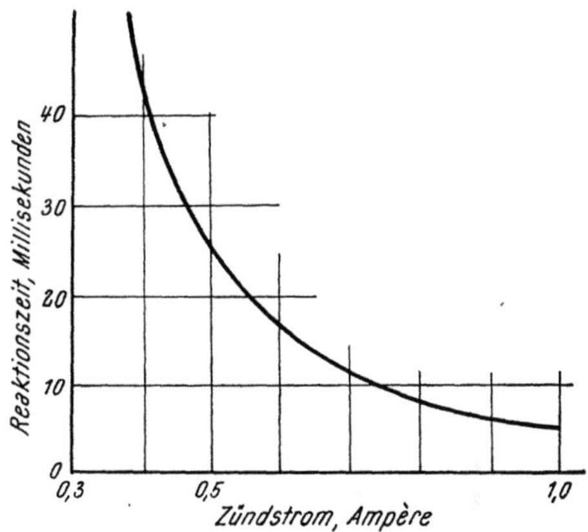


Abb. 23. Reaktionszeit elektrischer Momentzünder (Aus Nobelhefte)

schiedene Weise erzielen, und zwar durch Millisekundenzeitschaltung, Detonationsverzögerer und durch Millisekundenzünder.

α) **Millisekundenzeitschaltung.** Die Millisekundenzeitschaltung kann mechanisch oder elektrisch erfolgen

Bei der mechanischen Zeitschaltung werden die Kontakte der einzelnen Zündleitungen mittels eines Uhrwerkes in den gewünschten Millisekundenzeitabständen geschlossen. Dabei können gewöhnlich elektrische Momentzünder verwendet werden, die Zündung ist bei gutem Gerät sicher und kommt sehr genau. Ein Nachteil ist, daß man eine besondere Zündmaschine braucht, die durch eine etwas längere Zeit Strom abgibt,

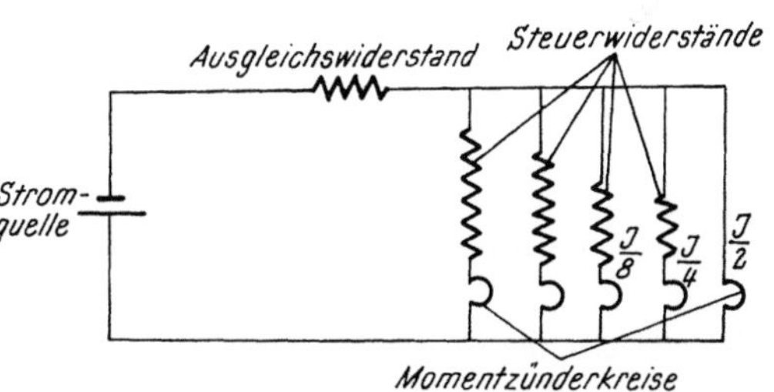


Abb. 24. Schaltskizze für elektrische Steuerung der Millisekundenzündung. (Aus Nobelhefte)

die Anlage erfordert große Gewissenhaftigkeit bei der Anwendung und ist etwas störungsanfällig.

Die elektrische Steuerung der Millisekundenzeitschaltung beruht darauf, daß die Reaktionszeit eines elektrischen Zünders von der Zündstromstärke abhängig ist. Aus der Abbildung sind die Zusammenhänge zu entnehmen.

Die Zündkreise werden laut Abbildung parallel geschaltet und die Stromstärke der Zündkreise durch genau abgestimmte zusätzliche Widerstände geregelt. Erfolgt die Zündung im Zündkreis 1, so wird die dazugehörende Zündleitung unterbrochen und im nächsten Zündkreis 2 die Stromstärke so erhöht, daß auch dort die Zündung erfolgt. Der Vorgang geht dann in den anderen Zündkreisen in gleicher Weise weiter.

Die elektrische Steuerung ist theoretisch einfach, es können gewöhnliche Momentzünder verwendet werden.

Für die elektrische Steuerung des Millisekundenschießens braucht man eine besondere Zündmaschine, welche durch längere Zeit Strom gleicher Stärke abgibt. Durch kleinere Unterschiede in den elektrischen Widerständen der Zünder, wie selbe durch die geduldeten Toleranzen gegeben sind, und durch den sonstigen Aufbau der Zündleitungen kommen die Schüsse *nicht* so genau wie bei der Steuerung durch Uhrwerke. Die Festlegung der Widerstände in den Zündkreisen und den Zündleitungen erfordert sehr sorgfältige Arbeit. Ist diese nicht gewährleistet, muß man mit Störungen rechnen. Der Zündstrom bleibt bei der elektrischen Schaltung hart an der Grenze, bei welcher eine Zündung überhaupt erfolgt, was eine weitere Störungsquelle bedeutet.

β) **Millisekundenschießen mit Detonationsverzögerer.** Zündet man die Schüsse mit detonierender Zündschnur, welche mit einer Geschwindigkeit von 7000 m/sek abbrennt, so kommen die Schüsse praktisch gleichzeitig.

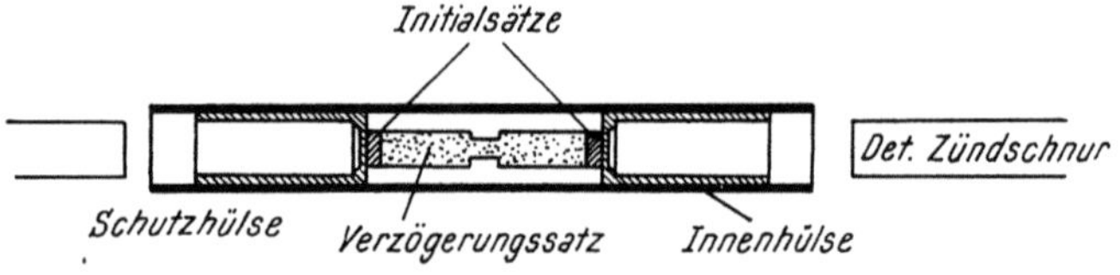


Abb. 25. Detonationsverzögerer. (Aus Nobelhefte)

Unterbricht man die detonierende Zündschnur mit einem Brennsatz, der in den gewünschten Millisekundenabständen abbrennt, so hat man die gleiche Wirkung wie bei der Zeitschaltung erzielt.

Die Zündmittelindustrie liefert für diesen Zweck Detonationsverzögerer. Diese bestehen aus einer Kupfer- oder Weichaluminiumschutzhülse und einer gelochten Innenhülse, welche einen ewas größeren Durchmesser als die detonierende Zündschnur hat. Hinter der Innenhülse befindet sich auf jeder Seite ein Initialsatz, zwischen diesen der Verzögerungsbrennsatz. Die beiden Enden der glatt abgeschnittenen detonierenden

Zündschnur werden bis zum Boden der Innenhülse eingeführt und mit der Sprengkapselzange angewürgt. Die Detonation der Zündschnur durchschlägt die Innenhülse, bringt dadurch die dahinter befindliche Initialladung zur Zündung, welche das Abbrennen des Verzögerungssatzes bewirkt. Der Verzögerungssatz zündet dann die zweite Initialladung, welche die anschließende detonierende Zündschnur zum Abbrennen bringt.

Das Verfahren ist prinzipiell sehr einfach, erfordert aber sehr sorgfältige Arbeit. Zur Verwendung gelangen gewöhnliche Zündkapsel und gebräuchliche Zündmaschinen.

γ) **Elektrische Millisekundenzünder.** Am einfachsten wird der Millisekundeneffekt durch elektrische *Millisekundenzünder* erreicht. Der Millisekundenzünder unterscheidet sich vom gewöhnlichen elektrischen Zünder nur dadurch, daß der Verzögerungssatz zwischen Zündpille und Bleiazidladung schneller, genauer und gasfrei abbrennt. Der Zeitabstand bei den elektrischen Millisekundenzündern beträgt im Mittel 0,034 Sekunden bei einer Streuung von 0,010 Sekunden. Die Handhabung ist die gleiche wie bei gewöhnlichen Schnellzeitzündern oder Momentzündern, eine besondere Zündmaschine ist nicht erforderlich[1,2] (Abb. 22 b).

Beim Millisekundenschießen fällt das Haufwerk kleiner an als bei den sonstigen Schießverfahren. Die Ladetätigkeit wird damit erleichtert. Der Schutthaufen wird länger als beim sonstigen Schießen, was einen gewissen Nachteil bietet, doch ist vorangeführter Vorteil überwiegend.

## 2. Sprengwirkung der Sprengladung

### *a) Allgemeines*

Zur Veranschaulichung der Sprengwirkung stelle man sich folgenden Idealfall vor: In der tiefsten Stelle des Bohrloches ist eine Sprengpatrone ideal eingebracht. Das Bohrloch wird nun mit Beton ausgefüllt und erst nach dessen völligem Abbinden die Patrone zur Entzündung gebracht. Nun zeigt sich folgende Sprengwirkung:

In der Nähe der Sprengpatrone wird das Gestein zu Pulver zermalmt; von der Sprengpatrone weg setzt sich eine starke Erschütterungswelle kugelschalenförmig nach allen Seiten fort. Ist dabei eine Tiefe des Bohrloches im Verhältnis zur Sprengladung klein, so wird die Erschütterung des Gesteins stark genug sein, daß es zerstört wird und daß sich ein

---

[1] Vgl. Nobel-Hefte, herausgegeben vom sprengtechnischen Dienst der Dynamit-AG, Troisdorf, Köln, Heft 1, 1956. — L. HAHN: Das Millisekundenschießen.

[2] Vgl.: L. HAHN und W. CHRISTMANN: Untersuchungen über den Wirkungsmechanismus des Millisekundenschießens. Nobel-Hefte, 24, Heft 1, 1958.

Sprengtrichter bildet, der bei richtiger Größe der Ladung einen Öffnungswinkel von ungefähr 90⁰ hat. Ist hingegen die Sprengladung im Verhältnis zur Tiefe des Bohrloches klein, so bleibt es bei der Zermalung in der Nähe der Sprengpatrone und die Erschütterung reicht nicht aus, das

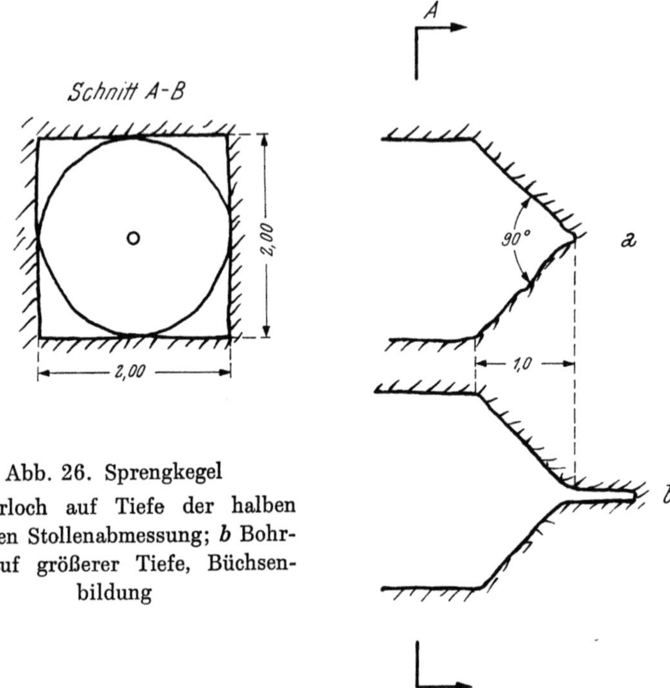



Abb. 26. Sprengkegel
*a* Bohrloch auf Tiefe der halben kleinsten Stollenabmessung; *b* Bohrloch auf größerer Tiefe, Büchsenbildung

Gestein zu zertrümmern. Durch hochbrisanten Sprengstoff und Millisekundenschießen, am besten beides zugleich, kann der Öffnungswinkel des Sprengkegels kleiner als 90⁰ werden (Abb. 26).

Die Ausfüllung des Bohrloches mit Beton bildet eine ideale *Verdämmung*, welche die Wirkung der Sprengladung sehr günstig beeinflußt. Auch im praktischen Gebrauch legt man auf eine gute Verdämmung großen Wert und verzichtet man nur ungern darauf. Sie besteht in der Praxis aus Lehm, Sand oder einem Papierpropfen. Auch die Luftsäule in einem offenen Bohrloch bildet bereits eine gewisse Verdämmung. Sie kann im übrigen um so schwächer ausfallen, je brisanter der Sprengstoff ist.

Der Umstand, daß eine kleine Ladung in einem tiefen Bohrloch lediglich zur Zermalmung des Gesteins in der Nähe der Ladung, jedoch nicht zu dessen Sprengung führt, nützt man bei der Anlegung der sogenannten

*Kesselschüsse* aus. Dabei will man das Bohrloch lediglich zu einer mehr oder weniger kugelförmigen Öffnung erweitern, um im Bohrlochtiefsten eine größere Sprengladung unterbringen zu können. Diese Sprengladung bildet dann eine *geballte* Ladung zum Unterschied von der *gestreckten* Ladung eines gewöhnlichen Bohrloches.

Ein Kesselschuß wird wie folgt angelegt: In das Bohrlochtiefste kommt zuerst eine Patrone eines möglichst brisanten Sprengstoffes (Dynamit I oder wenigstens Gelatine-Donarit). Diese Patrone wird zur Detonation gebracht und das dabei gelöste Gesteinsmehl entweder durch einen kräftigen Preßluftstrahl, der mit einem besonderen Blasrohr erzeugt wird, oder von Hand aus mittels des Bohrlöffels entfernt. Nach entsprechender Abkühlung, die bei Verwendung von Preßluft erheblich beschleunigt werden kann, wird je nach Bedarf und vorhergegangener Wirkung für die Erweiterung des Bohrloches entweder wieder eine oder schon zwei Patronen eingebracht. Nach neuerlicher Entzündung wird der Vorgang unter schrittweiser Vergrößerung der Spengladung so lange fortgesetzt, bis die gewünschte Kesselgröße erreicht ist.

Die Herstellung von Kesselschüssen wird auch *Schnüren* genannt.

### b) Sprengwirkung im Tunnelbau. Anordnung der Ladung

Ein Richtstollen bietet *eine freie Fläche*. Bringt man in der Mitte des Richtstollens ein Bohrloch an und ladet dieses entsprechend, so wird durch die Detonation ein Sprengkegel aus der Stollenbrust herausgerissen. Nachdem bei richtiger Ladung der Öffnungswinkel $90^0$ beträgt, kann zweckmäßig das Bohrloch in der Mitte höchstens die halbe kleinste Stollenabmessung als Tiefe haben.

Ein Bohrloch in der Ecke bringt dagegen nur einen Viertelsprengkegel, da dort das Gebirge gegen die Firste und Ulme verspannt ist. Da man den Richtstollen aber nach den vorgeschriebenen Maßen ausbrechen will, dies aber weder mit einem einzigen Sprengschuß in der Mitte noch durch Eckenschüsse allein schaffen kann, so muß man die einzelnen Schüsse so anbringen, daß nach und nach der ganze Querschnitt, von einem Punkt ausgehend, schalenförmig auf den gewünschten Querschnitt ausgebrochen wird.

Dabei erzielt man durch die ersten Schüsse, die man auch *Einbruchsschüsse* nennt, die zusätzlichen freien Flächen für die nachfolgenden Schüsse. Eine solche Abarbeitung des Stollenquerschnittes erreicht man durch Anordnung von ganz bestimmten Bohrbildern und Einbrüchen, die im nachfolgenden einzeln geschildert werden sollen. Die gebräuchlichen Bohrbilder und Bohrschemata sind in den Abb. 27—32 zu finden. Die in den Abbildungen auftretenden Ziffern geben die Reihenfolge der Schüsse an.

Für die Wahl des Bohrbildes ist die Lagerung des Gebirges von Bedeutung. Das Gebirge kann massig, schieferig, klüftig, dick- oder dünnbankig sein.

Die alten Sedimentgesteine haben in der Regel eine deutlich sichtbare schichtige Lagerung; im Gestein sind die Ablagerungsflächen meist gut ausgeprägt.

Erstarrungsgesteine, welche nicht durch die gebirgsbildenden Vorgänge durchbewegt wurden, haben massige Struktur, ohne sichtbare Flächen und Abgrenzungen. Werden die Erstarrungsgesteine durch die gebirgsbildenden Vorgänge mannigfaltigster Art bewegt oder überwalzt, so bekommen sie ebenfalls schieferige Struktur. Ein Massengestein ist z. B. ungestörter Granit; ein weitverbreiteter Vertreter der schieferigen Gesteine ist der Gneis (Ortho- und Paragneise).

Die Klüftung des Gesteins kann sowohl durch Einwirkung von Frost und Verwitterung als auch durch die Gebirgsbildung hervorgerufen werden und zeigt sich in deutlichen Absetzflächen in der Gebirgsmasse. Die Klüfte verlaufen meist senkrecht zur sonstigen Lagerung des Gebirges. Die Ablösung des Gebirges längs vorhandener Klüfte ist in der Regel durch Sprengwirkung weit ausgedehnter als etwa nach Schieferungsflächen.

Trifft man Gestein an, das nur wenig durch Lagerungs- oder Kluftflächen unterteilt ist, so spricht man von dickbankigem Gebirge; befinden sich in kurzen Höhenabständen ausgeprägte Lagerungsflächen, so wird das Gebirge dünnbankig genannt.

α) **Dreieckseinbruch (Fächereinbruch, Italienischer Einbruch; Abb. 27).** Der Dreieckseinbruch eignet sich dort, wo eine deutliche Schieferung oder Klüftung des Gebirges vorhanden ist. In dickbankigem Gestein, wo eine Schieferung und Klüftung weniger ausgeprägt ist, bringt der Dreieckseinbruch weniger Erfolg. Besonders gut wirkt der Dreieckseinbruch, wenn die Klüftung oder Schieferung gegen den Stollen einfällt. Dabei ist immer die ausgeprägtere Teilung des Gesteins maßgebend, die sowohl die Klüftung als auch die Schieferung sein kann.

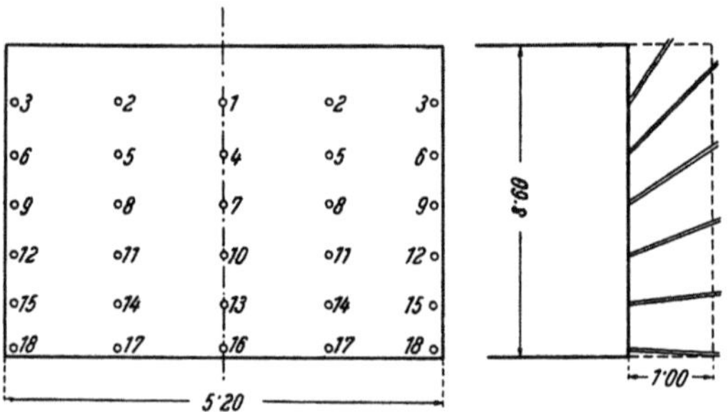

Abb. 27. Dreieck-(italienischer)Einbruch. Die Ziffern bedeuten die Reihenfolge der Schüsse

Schieferung sein kann. Ändert sich die Schieferung oder Klüftung des Gesteins, so muß diesem Umstand durch Änderung der Richtung der Bohrlöcher Rechnung getragen werden. Der Dreieckseinbruch erfordert daher eine fortwährende aufmerksame Beobachtung der Gebirgsverhältnisse und setzt geübte Häuer voraus. Ein Dreieckseinbruch nach oben läßt sich sowohl von Hand aus als auch mit Bohrmaschinen leicht ausführen. Das Verhältnis der schrägen Löcher zu den waagrechten ist verhältnismäßig ungünstig. Das Verhältnis $r$, Abschlagsgüte genannt, ergibt sich zu

$$r = \frac{\text{Abschlagslänge}}{\text{mittlere Bohrlochlänge}}$$

und schwankt zwischen 0,7 und 0,9 und kann bei günstigen Verhältnissen 1 erreichen.

Ulmen und Sohle kommen beim Dreieckseinbruch meist gut maßhaltig, nicht aber die Firste, welche bei dieser Einbruchsart oft erheblichen Überquerschnitt aufweisen. Durch die Richtung der Sprengstöße nach oben wird zwar das Gestein der Firste gut gelöst, aber die Firste oft auch unnötig stark aufgelockert. Dies ist von Nachteil, wenn man die Stollen

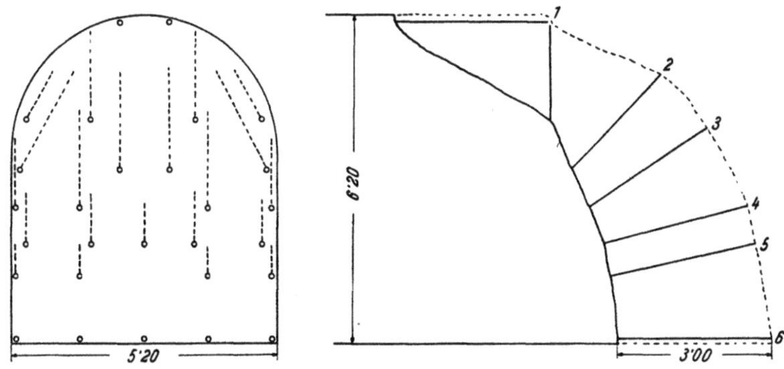

Abb. 28. Bohrbild nach Rian

unausgemauert stehen lassen will oder wenn später Wasserdichtheit des Stollens gefordert wird. Im ersteren Falle muß man mit einigen Nachbrüchen und vermehrter Firstsicherungsarbeit rechnen, im zweiten Falle wird man neben Sicherung der Firste noch einige Mühe mit der Herstellung eines vollkommen wasserdichten Mauerwerkes haben. Beim Dreieckseinbruch ergibt sich meist eine domartige Wölbung der Stollenbrust; eine lotrechte Fläche ist seltener zu erreichen.

β) **Bohrbild nach Rian** (Abb. 28). Dieses Bohrbild stellt nichts anderes als einen großen Dreieckseinbruch über dem vollen Stollen- und Tunnelquerschnitt dar. Die beim Dreieckseinbruch erwähnte Wölbung der Stollenbrust wird dabei bewußt ausgenutzt und das Bohrbild für diesen Ausbruch entworfen.

Das Bohrbild nach Rian wird meist in Verbindung mit Kesselschüssen angewandt. In diesem Fall ist das Verhältnis $r$ (s. S. 45) sehr günstig und kann sogar über 1,0 ansteigen.

Das Abarbeiten des Stollens mit dem Bohrbild nach RIAN bringt bei Verwendung von Bohrlöchern allein schon recht grobes Haufwerk. Dieser Übelstand vergrößert sich bei Anwendung von Kesselschüssen.

Das RIANsche Bohrbild wird meist nur bei Benützung des Rianbockes verwendet. Dieser bietet ein Bohrgerüst, mit welchem die Löcher in die Firste richtig abgebohrt werden können. Der Bock ist mit Hebezeugen versehen (meistens Preßlufthaspeln), welche die anfallenden groben Stücke des Haufwerks auf die Kipper verladen. Das Bohrgerüst ist verhältnismäßig schwerfällig und muß bei jedem Abschlag aus der Gefahrenzone herausgebracht werden. Die Arbeit nach Bohrbild RIAN erfordert eine wohlgeübte Mannschaft, wenn sie guten Erfolg bringen soll.

γ) **Keileinbruch** (Abb. 29 und 30). Der Keileinbruch wie der später zu beschreibende Kegeleinbruch bezweckt die Einbringung einer größeren Sprengstoffmenge, ohne daß ein Kesseln erforderlich ist. Die nahe zusammenlaufenden Bohrlöcher bringen einen ersten Sprengtrichter heraus, der dann die freien Flächen für die nachfolgenden Schüsse abgibt. Alle Löcher, welche wie der Einbruch selbst schräg verlaufen, werden *Helfer* genannt.

Bei sprödem Gestein findet man das Auslangen mit einem zweireihigen Einbruch; bei zähem Gestein empfiehlt es sich, den Einbruch dreireihig vorzusehen. Die schrägen Löcher (Helfer) erhöhen die Wirkung der Einbruchsschüsse. Die Bohrlöcher des Keileinbruches sind leicht von Bohrmaschinen, welche auf waagrechten Spannsäulen ihr Widerlager finden, abbohrbar.

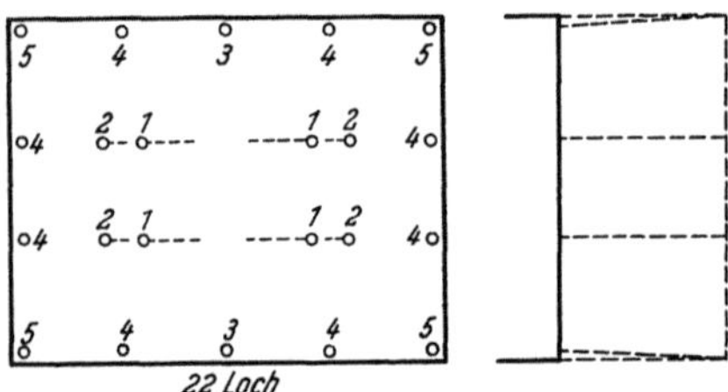


Abb. 29. Keileinbruch für Richtstollen 3,40 × 2,60. Ziffern bedeuten Reihenfolge der Schüsse

BeimKeileinbruch schwankt dasVerhältnis $r$ (s. S. 45) zwischen 0,8 und 0,9.

δ) **Kegeleinbruch (Deutscher Einbruch,** s. Abb. 31, 32). Beim

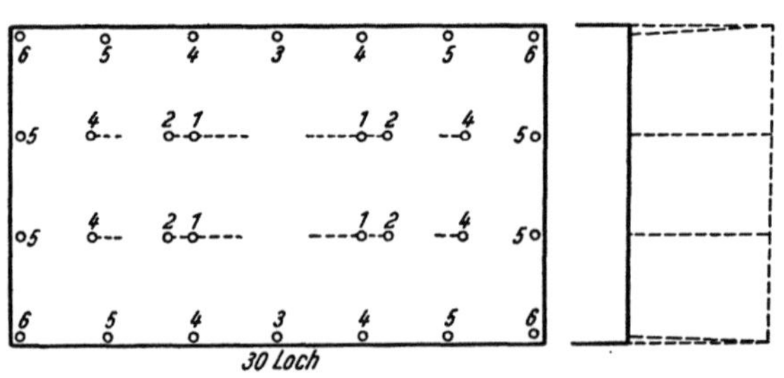


Abb. 30. Keileinbruch breiter Sohlstollen 5,20 × 3,00

Kegeleinbruch laufen drei oder vier Bohrlöcher nach den Seiten einer drei- oder vierseitigen Pyramide zusammen, wobei sich die Löcher weder berühren noch überschneiden dürfen. Beim Kegeleinbruch wird noch mehr

Sprengstoff durch die Bohrlöcher allein auf engem Raum zusammengebracht. Der Kegeleinbruch eignet sich daher auch für zähhartes Gestein und ist überhaupt allgemein anwendbar. Nachdem die schrägen Löcher in verschiedene Richtungen laufen, ist bei Anwendung sowohl des Keil- als auch des Kegeleinbruches die Klüftung und Schieferung des Gesteins von nicht so überragender Bedeutung wie beim Fächereinbruch. Kegel- und Keileinbruch können auch von weniger geübten und gesteinskundigen Häuern mit einiger Erfolgssicherheit ausgeführt werden.

Das Verhältnis $r$ (s. S. 45) ist wie beim Keileinbruch 0,8 bis 0,9.

Bei den nahe beieinander befindlichen Schüssen des Kegeleinbruches besteht die Gefahr, daß früher kommende Schüsse die Sprengkapseln, Schlagpatronen

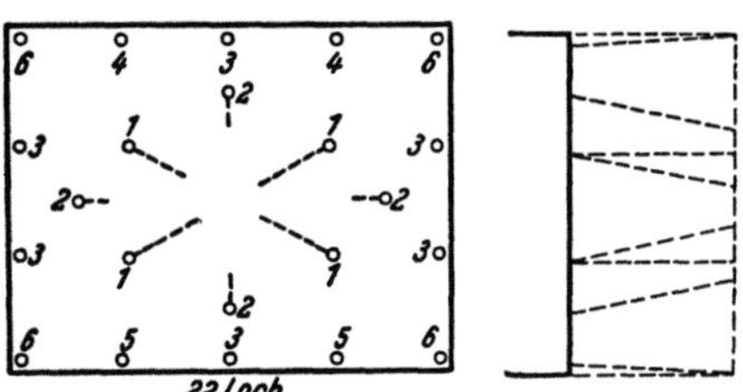

Abb. 31. Kegeleinbruch für Richtstollen 3,40 × 2,60

*1* Einbruchsschüsse; *2* Helfer; *3* bis *5* Kranzschüsse; *6* Eckschüsse. Zündfolge: 1, 2, 3, 4, 5, 6

oder Zündschnüre der später kommenden Schüsse herausreißen. Dadurch kann ein Teil der Schüsse sitzenbleiben; meist ist damit nicht nur der Einbruch, sondern der ganze Abschlag in Frage gestellt. Die geschilderte Gefahr kann vermieden werden, indem man die Einbruchsschüsse entweder mit detonierender Zündschnur oder mit elektrischen Momentzündern abtut.

Die vorhin beschriebenen Einbruchsarten eignen sich nach wie vor für größere Stollenquerschnitte und wenn man gleichzeitig die Bohr- und Schutterarbeit durchführt. Bei großen Querschnitten ist auch die Lei-

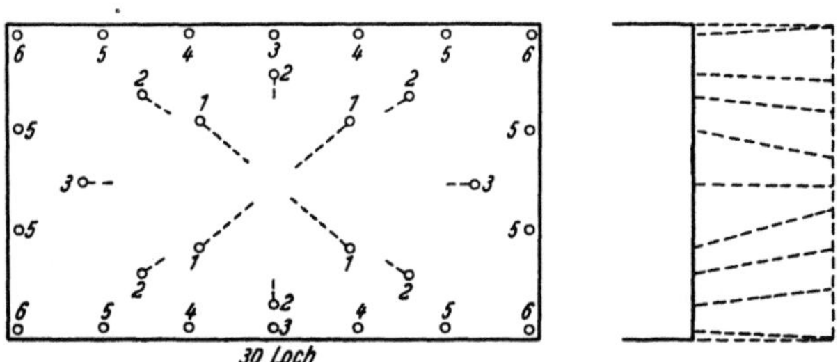

Abb. 32. Kegeleinbruch für breite Sohlenstollen 5,2 × 3,0

stungsfähigkeit der heutigen Bohrgeräte und der Lademaschinen gut ausgenutzt. Die Grenze dürfte zwischen 10 und 12 m² Stollenfläche liegen, genaue Angaben lassen sich da nicht machen, es spielen da sehr viele Einflüsse, wie Härte und Schießbarkeit, Klüftung, Streichen und Fallen des Gebirges eine wesentliche Rolle.

Bei kleinen Querschnitten, wie selbe zur Triebwasserführung bei Kraftwerksbauten gebraucht werden, wird die Leistungsfähigkeit der Bohr- und Schuttergeräte besser ausgenutzt, wenn es gelingt, die Abschläge *größer* als die halbe kleinste Stollenabmessung zu erzielen. Dies kann auf zwei Arten erreicht werden:

a) Öffnungswinkel des Sprengkegels kleiner als 90°;

b) Schaffung von zusätzlichen freien Flächen.

In der Regel werden beide Möglichkeiten ausgenutzt.

Zu a). Der Öffnungswinkel des Sprengkegels wird bei Verwendung hochbrisanter Sprengstoffe, z. B. Alpinit, und bei Millsekunden Zündfolge kleiner als 90 Grad. Auch hier werden in der Regel beide Möglichkeiten gleichzeitig angewandt.

Zu b). Schaffung von zusätzlichen freien Flächen. Die Stollenbrust bietet für die Sprengarbeit die einzige freie Fläche. Gelingt es, in der Richtung der Stollenachse und damit in der Hauptrichtung der Bohrlöcher weitere freie Flächen zu schaffen, so ist die Abschlagslänge durch die

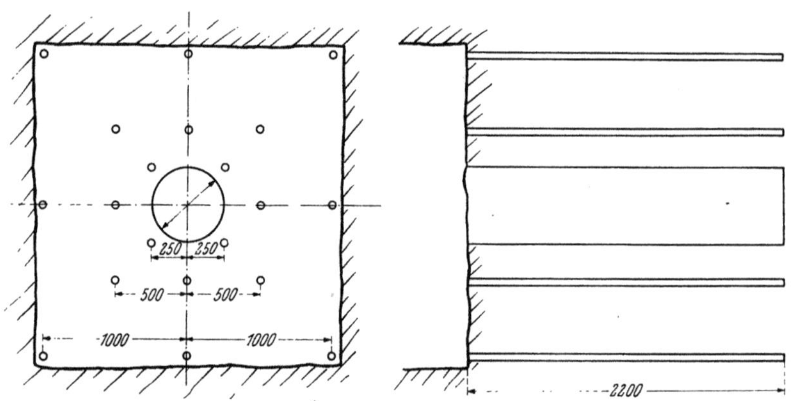



Abb. 33. Einbruch mit Großbohrloch

Länge des praktischen abbohrbaren Bohrloches gegeben. Diese Länge kann mit 3 bis 4 m angenommen werden und ist dabei, z. B. bei einem Stollen 2 × 2 m, das 1,5- oder 2fache der kleinsten Stollenabmessung. Für die Herstellung der zusätzlichen freien Fläche gibt es drei Möglichkeiten:

1. Die Einbruchsschüsse umgeben kranzförmig in kleinem Abstand ein Großbohrloch.

2. Brennereinbruch.

3. Parallelbohrlochverfahren.

Zu 1. Großbohrloch[1]. In dem in der Abbildung gezeigten Einbruch mit Großbohrloch ist ausreichend Freiflächigkeit vorhanden und besteht die Gewähr, daß der Abschlag auf die ganze Länge herauskommt.

Das Verfahren mit Großbohrloch wurde im Bergbau mit bestem Erfolg angewandt. Bei Stollenbauten, wo in der Regel ein anderer Arbeitsablauf als im Bergbau gegeben ist, muß als Nachteil betrachtet werden, daß für die Herstellung des Großbohrloches eine besondere Bohrmaschine notwendig ist, die in der Regel *nicht* mit den anderen Bohrgeräten gleichzeitig eingesetzt werden kann. Das Auf- und Abbauen der Maschine für das Großbohrloch samt der zugehörigen Bohrzeit gibt so viel Zeitverlust, daß der mit dem Großbohrloch erzielbare große Abschlag keinen besonderen Vorteil mehr bietet.

Zu 2. Brennereinbruch. Die Anordnung der Bohrlöcher des Brennereinbruches sind aus der Abbildung zu entnehmen. Die Summe der Oberflächen der *nicht* geladenen, kreuzförmig angeordneten Bohrlöcher des

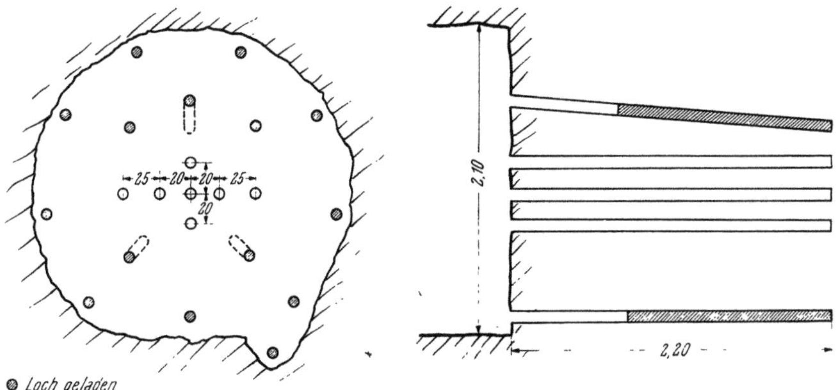


Abb. 34. Brennereinbruch, Prinzipskizze

Einbruches ist ungefähr gleich jener des vorher angeführten Großbohrloches, die Wirkung der Freiflächigkeit eine ähnliche.

Zu 3. Parallelbohrlochverfahren[2]. Aus der Abbildung ist die Bohrlochanordnung zu ersehen. Beim Parallelbohrlochverfahren sind *alle* Löcher geladen. Die Freiflächigkeit wird bei diesem Verfahren dadurch erzielt, daß die Lochentfernung und die Ladungen so bemessen sind, daß

---

[1] Vgl.: O. NIEGISCH: Erfahrungen über das Abteufen von Gesenken mit einem Vorbohrloch von 610 mm Durchmesser. Nobel-Hefte, *23*, Heft 3, 1957.

[2] Vgl.: F. MORHENN, Bonn: Das Auffahren von Strecken im Steinkohlen- und Erzbergbau ohne Einbruch nach dem Parallelbohrlochverfahren. Nobel-Hefte, *22*, Heft 6, 1956.

sich die Zermalmungszonen der einzelnen Schüsse mit Sicherheit überschneiden. Sowohl der Brennereinbruch als auch das Parallelbohrloch-

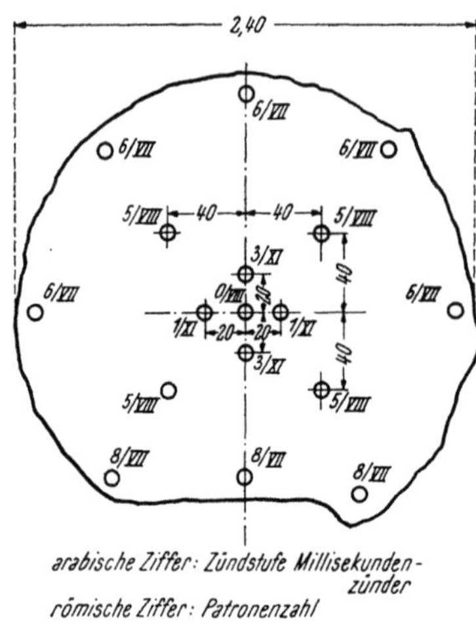



Abb. 35. Parallelbohrlochverfahren

verfahren setzen eine sehr genaue Bohrarbeit voraus. Die heutigen Bohrwagen mit gut verspannten Lafetten bieten hiefür Gewähr, ohne genaue Bohrerführung sind beide Verfahren zum Scheitern verurteilt.

Die Entfernung der Bohrlöcher beim Brennereinbruch und beim Parallelbohrverfahren richtet sich nach der Härte, Sprödigkeit und Klüftung des Gesteins. Bindende Angaben lassen sich nicht geben, man muß von Fall zu Fall die Sache durch Versuche zu klären trachten, wobei die aufmerksame Betrachtung des Bohrfortschrittes Anhaltspunkte geben wird.

Sowohl für den Brennereinbruch als auch für das Parallelbohrverfahren wird die Verwendung von Hochleistungssprengstoffen und die Anwendung des Millisekundenschießens von großem Vorteil sein.

## 3. Durchführung der Sprengarbeit

Die Sprengarbeit erfordert folgende Tätigkeiten:

a) Schaffung des notwendigen Laderaumes;

b) Reinigung des Laderaumes;

c) Ladearbeit;

d) Aufbringung der Verdämmung;

e) Abtun der Schüsse;

f) Nacharbeiten.

### a) Schaffung des Laderaumes

Der Laderaum ist durch die Bohrlöcher oder die zu Kesseln erweiterten Bohrlöcher gegeben. In den vorangegangenen Kapiteln wurde bereits ausführlich davon gesprochen.

### b) Reinigen des Laderaumes

Vor dem Einbringen der Sprengladung muß der Laderaum sorgfältig von Gesteinsmehl, Splittern und dergleichen gereinigt werden. Unterläßt man die Reinigung, so kann sich die Sprengladung nicht innig an das Gestein schmiegen, wodurch die Wirkung der Sprengung bedeutend herabgesetzt wird.

Am besten reinigt man die Bohrlöcher oder Kessel durch Ausblasen mit Preßluft. Ein einfaches Blasrohr, das an einem Ende die gleiche Schlauchkupplung wie an einer Bohrmaschine trägt, kann man sich mit Baumitteln jederzeit leicht herstellen. Der übliche Druck der Preßluft von 5 bis 6 atü genügt, um alle Gesteinssplitter, wie sie durch das Bohren oder Kesseln erzeugt werden, mit Sicherheit zu entfernen.

### c) Ladearbeit

Der Sprengstoff soll in möglichst großer Menge in das Bohrlochtiefste gebracht werden. Dies geschieht dadurch, daß eine Patrone nach der andern mit Hilfe des *Ladestockes,* der aus Holz gefertigt ist, in das Bohrloch geschoben und dort festgepreßt wird. Bei dieser Arbeit reißt in der Regel die Patrone, der gelatinöse Sprengstoff tritt aus und schmiegt sich innig an das Gestein, was die Sprengwirkung sehr günstig beeinflußt. Gelatinesprengstoffe sind in der Regel gegen Nässe unempfindlich, so daß das Reißen der Patronen *nicht* schadet.

Bei pulverförmigen und körnigen Sprengstoffen, zu denen alle nicht mit Nitroglyzerin versetzten Ammonsalpetersprengstoffe gehören (Donarit II), muß man mit Empfindlichkeit gegen Nässe rechnen. Reißt nun eine Patrone aus solchen Sprengstoffen in einem nassen Bohrloch, so wird der Sprengstoff durchfeuchtet, was zu Versagern führt. Man soll daher für nasse Bohrlöcher immer Gelatinesprengstoffe verwenden. Stehen indessen solche nicht zur Verfügung, so kann man die pulverförmigen Sprengstoffe mit bestem Erfolg in Cellophandärme füllen und so einer Durchfeuchtung entgegenwirken. Bei Füllung des Sprengmittels in die Därme hat man überdies die Möglichkeit, die Durchmesser der so gebildeten Patronen genau dem Bohrlochdurchmesser anzupassen. Man erreicht also ein besseres Anschmiegen der Sprengladung an das Gestein und erhöht damit die Sprengwirkung. Befindet sich nämlich zwischen Sprengladung und Gestein ein Luftraum, so sinkt die Wirkung ganz bedeutend, da die Luft wie ein Polster wirkt.

Die Zündung der Ladesäule im Bohrloch oder der geballten Ladung in einem Kessel geschieht in der Regel durch die Schlagpatrone, die ihrerseits durch die Sprengkapsel zur Detonation gebracht wird.

Wird mit detonierender Zündschnur gearbeitet, so muß man keine besondere Schlagpatrone verwenden. Es genügt, wenn die detonierende Schnur durch eine Patrone durch- und bei den anderen Patronen vorbeiführt.

Was das Fertigmachen der Schlagpatrone anbetrifft, so unterscheidet man $\alpha$) die Verwendung gewöhnlicher Zündschnur oder elektrischer Zündung und $\beta$) die Verwendung detonierender Zündschnur.

$\alpha$) **Fertigmachung der Schlagpatrone bei Verwendung gewöhnlicher Zündschnur oder elektrische Zündung.** Bei Verwendung von gewöhnlicher Zündschnur oder elektrischer Zündung öffnet man eine Patrone auf einer Seite und bohrt mittels eins hölzernen Dornes, welcher den Durchmesser der Sprengkapsel von rund 7 mm hat, ein Loch. In diesem Loch findet die Sprengkapsel Platz. Die Kapsel hat man schon vorher durch *Anwürgen* unter Verwendung einer *Sprengkapselzange* mit der Zündschnur verbunden. Bei den elektrischen Zündern ist die Sprengkapsel schon mit Zünderdrähten versehen, welche man nur mehr auf die richtige Länge abschneiden muß.

Die Kapsel ist so in die Schlagpatrone einzusetzen, daß die Zündschnur oder die Zünderdrähte nach *außen* weisen. Verkehrte Anordnung macht die Zündung unsicher; die Zündung kann sogar ganz ausbleiben: denn der Zündstrahl kann auf diese Art eine verkehrte Richtung haben und dadurch nicht in die Patrone hineinzielen.

Nach Einführen der Sprengkapsel wird die Patrone mit Bindfaden fest zugebunden. Bei elektrischen Zündern bindet man die Patrone mit dem übrigen zur Verfügung stehenden Zünderdraht zu. Wenn die Patrone gut zugebunden ist, so bedarf es schon größter Unvorsichtigkeit bei der weiteren Ladearbeit, um die Kapsel aus der Patrone herauszureißen.

Verwendet man gewöhnliche Zündschnur oder elektrische Zündung, so kommen zuerst gewöhnliche Patronen in das Bohrloch; sie werden mittels des hölzernen Landestockes angepreßt. Als vorletzte Patrone kommt die Schlagpatrone und über diese noch eine gewöhnliche Patrone. Diese Anordnung verfolgt den Zweck, daß man, wenn ein Versager auftritt und der steckengebliebene Schuß nochmals gezündet wird, nicht beim Abräumen der Verdämmung mit den Werkzeugen auf die empfindliche Kapsel stößt. Andernfalls bestünde bei dieser Arbeit die große Gefahr, daß die Kapsel detoniert und es zu schweren Unfällen kommt.

Erfolgt die Ladung nach den vorerwähnten Grundsätzen, so geht der Zündstrahl von der Schlagpatrone in das Bohrlochtiefste; der Großteil der Detonationswelle braucht keine Richtungsänderung zu machen, was die Sprengwirkung erhöht und die Gefahr von Versagern vermindert. Die oberste Patrone befindet sich so nahe der Sprengkapsel, daß mit sicherem Detonieren gerechnet werden kann. Lediglich beim Aufbringen der letzten Patrone muß man etwas vorsichtiger sein, damit man nicht etwa die Zündschnur abquetscht, doch ist diese Gefahr bei einigermaßen gut vorbereiteter Schlagpatrone recht gering.

Gibt man die Schlagpatrone als unterste Patrone in das Bohrlochtiefste, so bestehen mehr Möglichkeiten, die Zündschnur abzuquetschen. Überdies geht die Fortpflanzung der Detonationswelle mit Richtungsänderung um $180^0$ vor sich, was die Sprengwirkung vermindert.

Die Sprengkapseln haben Nummern; eine höhere Nummer bedeutet eine größere Sprengladung von Tetryl. Die Aufladung aus Knallquecksilber oder Bleiazid ist immer die gleiche. Heute wird fast nur mehr die

Sprengkapsel Nr. 8 erzeugt, welche sämtliche gebräuchliche Sprengstoffe sicher zündet. Dynamit und Sprenggelatine können auch mit Sprengkapsel Nr. 6 gezündet werden; die Verwendung der Kapsel Nr. 8 erhöht aber die Detonationsgeschwindigkeit und schadet daher nicht. Hat man Ammonsalpetersprengstoffe mit Kapsel Nr. 6 zu zünden, so soll man wenigstens eine Schlagpatrone aus Dynamit verwenden; so erreicht man eine sichere Zündung.

Vor dem Einführen der Sprengkapsel ist das Sägemehl aus dem Hohlraum restlos zu entfernen. Dies geschieht am besten durch leichtes Aufklopfen der Kapsel auf den Handrücken. Vergißt man darauf, so gibt es Versager. Das Ausblasen der Kapsel mit dem Mund ist falsch, da der Atem immer Feuchtigkeit führt und dadurch die Zündung geschwächt oder gar verhindert werden kann.

Bei elektrischen Zündern ist der Zündsatz zwischen dem Glühdraht eingebettet; die elektrische Sprengkapsel braucht nicht gereinigt werden.

Die Teerung der gewöhnlichen Zündschnur genügt, um eine geringfügige Bergfeuchtigkeit und die Nässe, welche nach dem Ausblasen eines Bohrloches mit Preßluft verbleibt, welches mit Wasserspülung gebohrt wurde, abzuhalten. Hat sich aber in einem fallenden Bohrloch richtig flüssiges Wasser angesammelt, so muß man Guttaperchazündschnur oder elektrische Zündung anwenden, da in diesem Fall die Teerung nicht mehr ausreicht. Nasse Löcher sind am besten mit gelatinösen, wasserfesten Sprengmitteln zu besetzen.

Eine gute, gewöhnliche Zündschnur muß vollkommen gleichmäßigen Querschnitt sowohl in der Pulverseele als auch in der Umspinnung haben. Von anerkannten Zündmittelfabriken gelieferte Ware entspricht durchaus diesen Forderungen; solche Zündschnüre brennen auch sehr gleichmäßig ab.

β) **Fertigmachen der Schlagpatrone bei Verwendung von detonierender Zündschnur.** Verwendet man detonierende Zündschnur, so macht man das Loch durch die ganze Patrone, zieht die Zündschnur hindurch und macht am Ende einen Knoten, der ein Herausziehen der Schnur sicher verhindert. Auch hier soll man die Patrone wieder zubinden.

Die detonierende Zündschnur wird mit einer Sprengkapsel gezündet. Dabei kann sowohl eine gewöhnliche Sprengkapsel Nr. 8 als auch eine elektrische Sprengkapsel verwendet werden. Detonierende Zündschnur und Sprengkapsel werden einfach mit Bindfaden oder dem Zünddraht der elektrischen Sprengkapsel zusammengebunden. Damit ist ein sicheres Zünden der Zündschnur gewährleistet.

γ) **Vorbereitung der Zündung.** Zündet man die Zündschnur mittels Streichholz oder einer anderen Flamme, so schneidet man das Anzündende *schräg* ab. Dabei muß man auf das Auslaufen des Schwarzpulvers achten; man läßt daher das Ende nach aufwärts zeigen.

Beim Wabenanzünder stecken alle Zündschnüre in Zellen, welche mit einem Zündsatz gefüllt sind; die Anordnung hat eine gewisse Ähnlichkeit mit einer Bienenwabe.

Das Zündlicht besteht aus einem Zündsatz, der ähnlich wie bengalisches Feuer abbrennt und eine sehr heiße Stichflamme erzeugt, welche auch unverletzte Zündschnur zur Zündung bringt. Wabenanzünder und Zündlichter geben eine sehr sichere Zündung; bei ihrer Verwendung brauchen die Zündschnurenden nicht abgeschrägt werden.

Bei den elektrischen Zündern wird die Sprengladung der Kapsel durch eine Zündmasse gezündet, welche durch das Aufglühen des Zünddrahtes zur Entflammung gebracht wird. In der Länge dieses Zündsatzes hat man es in der Hand, den Zerknall der Sprengladung der Kapsel zeitlich zu steuern. Damit wird auch bei elektrischer Zündung die gewünschte Aufeinanderfolge der Schüsse (s. S. 46) erreicht. Die elektrischen Zünder werden in zehn Zeitstufen geliefert.

Sämtliche elektrische Zünder sind *hintereinander*geschaltet. Wird nun der elektrische Strom durch die Zündanlage geleitet, so glühen sämtliche Drähte in den Kapseln gleichzeitig auf und der Zerknall der einzelnen Kapseln erfolgt, wie schon erwähnt, nach Maßgabe der Länge des Zündsatzes. Elektrische Zünder mit *höherem* Widerstand erzeugen ein stärkeres Aufglühen der Drähte. Sind nun zufällig die Momentzünder oder die der kürzesten Zeitstufe gerade solche Zünder mit hohem Widerstand, so kann es vorkommen, daß diese detonieren und die Leitung zu den übrigen Zündern unterbrechen. Diesfalls bleiben die anderen Schüsse sitzen, was immer eine unangenehme Sache ist.

Die Widerstände der elektrischen Zünder sind genormt, ebenso auch der dabei zu duldende Spielraum, welcher auch vielfach von den Erzeugern voll ausgenutzt wird. Der Widerstand der Zünder ist auf der Packung vermerkt; eine Packung Zünder hat dann tatsächlich den zwischen den geduldeten Grenzen befindlichen Widerstand. Der Widerstand der Zünder beträgt im Mittel 3,8 Ohm.

Verwendet man Zünder aus einer Packung, so wird man keine Versager haben. Ist man gezwungen, Zünder aus verschiedenen Packungen zu verwenden, so muß man genau auf die Angabe der Widerstände achten. Man darf Zünder mit einer Angabe des Widerstandes von 3,7 Ohm nicht mit solchen von 3,9 Ohm zusammenschalten, denn es ist möglich, daß der Spielraum im Widerstand schon vom Erzeuger ausgenutzt worden ist. Beachtet man diese Vorsicht nicht, so muß man Versager befürchten.

Die Zeitfolgen der elektrischen Zünder sind auf den Zünderdrähten durch angeheftete Blechmarken vermerkt. Bei einiger Aufmerksamkeit wird es auch kaum zu Verwechslungen kommen. Die Reihenfolge der

Schüsse kommt bei elektrischer Zündung viel genauer als bei Zündung mit gewöhnlicher Zündschnur, allerdings kommen die Schüsse so rasch hintereinander, daß ein Abzählen der Schüsse, das sonst sehr zweckmäßig ist, nicht erfolgen kann.

Der Gesamtwiderstand der Zündanordnung ergibt sich aus der Summe der Widerstände der einzelnen Zünder, vermehrt um die Widerstände der Zünddrähte und des Schießkabels. Die Widerstände aller Zuleitungsdrähte und Kabel sind proportional deren Länge. Die genauen Angaben sind unschwer vom Lieferwerk erhältlich. Sind solche ausnahmsweise nicht zu beschaffen, so muß der Leitungswiderstand für die Längeneinheit der Zuleitungsdrähte und Kabel sorgfältig bestimmt werden.

Vor dem Anschluß der Zündleitung an die Zündmaschine muß also der Gesamtwiderstand der ganzen Anordnung ermittelt werden. Bei den immer wiederkehrenden gleichen Abschlägen wird sich an der ermittelten Zahl kaum eine Änderung ergeben. Nach der rechnerischen Ermittlung wird der Widerstand zur Kontrolle mittels eines geprüften Ohmmeters gemessen. Rechnung und Messung dürfen höchstens um 10 % differieren.

Wenn sich der Widerstand der ganzen Anordnung bei der Messung als zu klein erweist, so ist ein Kurzschluß in der Leitung, der vor Anschluß der Zündleitung an die Zündmaschine gesucht und behoben werden muß.

Ergibt die Messung einen zu großen Widerstand, so ist irgend eine Verbindung schlecht. Auch diesen Fehler muß man vorher beseitigen, da die Zündmaschine nur einen bestimmten Widerstand überwinden kann. Eine Überlastung der Zündmaschine führt zu minderem Aufglühen der Zünddrähte in der Kapsel und in weiterer Folge zu Versagern.

### d) Aufbringen der Verdämmung

Eine gute Verdämmung erhöht die Wirkung der Schüsse ganz bedeutend, und zwar um so mehr, je weniger brisant der verwendete Sprengstoff ist.

Die beste Verdämmung erzielt man durch Lehm, der für die Größe der Bohrlöcher vorher vorgeformt wird. Dies ist eine Arbeit, welche auf der Tunnelbaustelle auch weniger kräftige Leute ausführen können; ja sogar Leichtkranke können sich bei dieser Arbeit noch ihren Schichtlohn verdienen. Es werden auch eigene Zangen für die Formung dieser Lehmwürste geliefert, die sich recht gut bewähren und das Formen erheblich beschleunigen.

Eine andere Art der Verdämmung bildet Sand in Papierhüllen. Letztere müssen natürlich in ihrem Durchmesser der Bohrlochgröße entsprechen. Leider schmiegt sich diese Art der Verdämmung nicht so innig an das Bohrloch an.

Die Verdämmung wird wie die Patronen mit dem hölzernen Ladestock in das Bohrloch eingebracht und reicht bis zum Bohrlochmund.

Wasser bietet auch eine brauchbare Verdämmung, setzt aber einige Vorsicht voraus. Man muß Guttaperchazündschnur oder elektrische Zündung anwenden und nässeempfindliche Sprengmittel vor der Durchfeuchtung durch Einfüllen in Cellophandärme schützen.

### e) Abtun der Schüsse

Schon während der Ladearbeit wird man alles Gerät vom Ort der Sprengung entfernen und etwa verbleibende Stücke der Preßluft- und Wetterleitung sorgfältig mit Bohlen, Reisig oder Faschinen abdecken. Vor dem Abtun der Schüsse muß man sich von der Räumung der Brust und der Sicherungen aller Leitungen überzeugen.

Die Reihenfolge der Schüsse muß schon früher festgelegt sein. Man zündet die Schüsse zuerst, die zuerst kommen sollen. Bei Zündschnurzündung wird eine Schnur nach der anderen angebrannt.

Man kann die Zündschnüre durch Streichholz oder die Flamme einer Karbidlampe zünden, doch ist diese Art keineswegs zu empfehlen, da man dabei auf die Kontrolle durch eine Uhr angewiesen ist. Dabei kann aber mancher Irrtum unterlaufen; die Uhr kann auch stehenbleiben.

Am besten zündet man die einzelnen Zündschnüre durch eine besondere Anzündeschnur, durch Zündlichter oder Wabenzünder. In diesem Fall kann man eine sichere Kontrolle über die Brenndauer und den Zeitpunkt, in welchem man mit der Zündarbeit unter allen Umständen aufhören muß, ausüben.

Man macht die Anzündeschnur so lang, daß bei ihrem Fertigbrennen der zuerst kommende Schuß noch eine unverbrannte Schnurlänge von einem halben Meter hat. Dies entspricht bei den im Handel befindlichen gewöhnlichen Zündschnüren einer restlichen Brenndauer von einer Minute; somit steht auch eine Minute als Fluchtzeit zur Verfügung, während welcher die Zündmannschaft auf alle Fälle eine sichere Deckung erreichen muß. Brennen die Zündschnüre rascher ab, ist aber der Fluchtweg ein längerer, so muß die Anzündeschnur entsprechend geregelt werden oder die Zündschnur des zuerst kommenden Schusses muß entsprechend länger gemacht werden. Dabei sind die Schnüre der nachfolgenden Schüsse um denselben Betrag zu verlängern.

Ist die Anzünde-Zündschnur bis zu einer gewissen Marke abgebrannt oder das Zündlicht erloschen, so muß unter allen Umständen mit der Zündarbeit aufgehört werden, selbst dann, wenn einige Schüsse noch nicht gezündet sind.

Die im Handel befindlichen Zündlichter brennen mit einer heißen Stichflamme etwa eine Minute lang. Die Stichflamme zündet sicher jede gewöhnliche Zündschnur; ein schräges Abschneiden derselben ist nicht notwendig.

Hat man viele Bohrlöcher zu zünden, so wird man nicht eine besonders lange Anzünde-Zündschnur oder zwei Zündlichter nehmen, sondern wird besser zum Zünden zwei Feuermänner vor Ort arbeiten lassen; sie haben sich vorher über die zu zündenden Schußgruppen zu einigen.

Die Zündung von elektrischen Zündern erfolgt mit der Zündmaschine. Bei den neueren Bauarten wird vorher ein Federwerk aufgezogen, welches die Zündmaschine antreibt. Die Auslösung erfolgt durch einen Zündschlüssel. Diesen hat der Schießmeister stets bei sich zu tragen. Er soll so geformt sein, daß dessen Nachahmung auch in einer guten Werkstatt mit einigen Schwierigkeiten verbunden ist. Die elektrische Zündmaschine ist in der Deckung aufgestellt. Vor ihrer Betätigung hat sich der Schießmeister zu überzeugen, daß kein Mann der Stollenbelegschaft gefährdet ist.

Zündung mit Taschenlampenbatterien oder gar mit Starkstrom aus der Tunnelbeleuchtung ist äußerst gefährlich und strengstens zu verbieten.

Wird mit gewöhnlicher Zündschnur gezündet, so kommen die Schüsse in der Regel getrennt; so ist es leicht möglich, die Anzahl der Schüsse abzuzählen. Dieses Vorgehen ist eine alte, gute Gewohnheit der Schießmeister und durchaus zu empfehlen, da man nach beendeter Schießarbeit auf diese Art sicher weiß, ob kein Versager geblieben ist.

Wird mit detonierender Zündschnur oder elektrischer Zündung geschossen, so ist im ersteren Falle das Zählen der Schüsse unmöglich, im zweiten Falle hört man höchstens die einzelnen Gruppen der Schüsse, wie sie nach den Zeitfolgen der elektrischen Zünder kommen sollen. Die Zündung mit detonierender Zündschnur oder mit guten elektrischen Zündern ist aber in der Regel sicherer als die Zündung mit gewöhnlicher Zündschnur; einige Vorsicht und Aufmerksamkeit ist natürlich Voraussetzung.

### f) Nebenarbeiten und Nacharbeiten

Man kann schon bei Beginn der Zündung die Lüftungsanlage in Betrieb setzen. Auf jeden Fall wird man aber vor Abtun der Schüsse nachsehen, ob die Belüftungsanlage wirklich betriebsbereit ist, um mit dem Lüften sogleich nach dem Abtun der Schüsse beginnen zu können. Vielfach ist es auch üblich, die Hähne der Preßluftleitung aufzudrehen und diese zur Lüftung mitzubenutzen. Indessen ist die Lieferfähigkeit der Preßluftleitung in $m^3$/sek Luft meist nur ein kleiner Bruchteil der Leistung einer ordentlich bemessenen Wetteranlage. Man kann also ruhig auf die zusätzliche Belüftung durch die Preßluftleitung verzichten.

Nach einer gewissen Wartezeit, welche von den Behörden der einzelnen Staaten verschieden vorgeschrieben wird, die aber wenigstens zehn Minuten betragen soll, und nach Entfernung der giftigen Sprengschwaden wird die Brust vom Schießmeister und seinen Gehilfen wieder betreten.

Der Schießmeister hat die Brust nach etwa vollkommen oder teilweise steckengebliebenen Schüssen sorgfältig abzusuchen.

Ist lediglich die Kapsel oder die Schlagpatrone aus einer Ladung herausgerissen worden, so wird man versuchen, die übriggebliebene Ladung neuerlich abzusprengen. Dazu bereitet man mit aller Sorgfalt eine neue Schlagpatrone vor und setzt diese auf die steckengebliebene restliche Ladung. Vorher muß man Reste der Verdämmung vorsichtig entfernen. Nimmt man zum Nachschießen eine Schlagpatrone mit größerer Brisanz, als es die steckengebliebene Ladung war, so wird man die Sicherheit des Nachschießens erhöhen.

Ersoffene Schüsse kommen bei Verwendung von nicht wasserfesten Sprengmitteln, wie Schwarzpulver und reinen Ammonsalpetersprengstoffen, vor. Bei letzteren erkennt man die ersoffenen Schüsse an der roten Farbe der Brühe, welche aus dem Bohrloch heraustritt. Bei ersoffenen Schüssen ist meist jede Mühe umsonst.

Ist das Nachschießen mißlungen, so bleibt nichts übrig, als in wenigstens 20 cm Entfernung neben dem sitzengebliebenen Schuß ein neues Bohrloch anzubringen, dieses sorgfältig zu laden und den Schuß abzutun. Bei der Arbeit muß man peinlich darauf achten, mit dem neuen Bohrloch nicht etwa Sprengstoff des alten Bohrloches anzufahren.

Wird während des Schichtwechsels gesprengt, was übrigens eine sehr gute Arbeitseinteilung ist, so hat man unter Umständen Zeit, zu große Blöcke, welche das Auflegen auf die Schuttwagen sehr erschweren, durch Sprengung zu zerkleinern. Dabei sind die Auflegerschüsse wenig zu empfehlen, da sie bei geringer Wirkung hohen Sprengstoffverbrauch haben. Besser ist es, die zu großen Gesteinstrümmer etwas anzubohren und dort die Sprengladung anzubringen.

Der Hilfsschichtmeister (Drittelsführer) wird mit einigen erfahrenen Häuern (Mineuren) die Firste sorgfältig nach losen Steinen absuchen, alles, was lose ist, mit den Brecheisen herunterbrechen und so die Firste vor herabfallenden Steinen sichern. Nach Fertigstellung dieser Arbeit wird auch die Brust sorgfältig von losen Steinen gesäubert und schließlich die Ulme soweit als notwendig gesichert.

### 4. Ablauf der Arbeiten bei einem Angriff
### (Abschlag, Attacke)

Jeder Tunnel oder Stollen wird in Teilabschnitten vorgetrieben. Jeder solche Teilabschnitt des Vordringens in das Gebirge wird Angriff, Abschlag oder Attacke genannt.

Bei jedem Angriff sind neben den bereits ausführlich geschilderten Arbeiten des Bohrens und Sprengens noch folgende Arbeiten zu leisten:

Nach ordentlicher Sicherung der Firste und Befreiung der Stollenbrust von losen Steinen wird die Achse des Stollens verlängert. Dies geschieht durch einfaches Absehen zwischen zwei Senkelschnüren, deren Aufhängung bereits früher in die Achse eingerichtet wurde.

Auf Grund der feststehenden neuen Achse wird das Bohrbild auf der Stollenbrust angezeichnet und die Bohrlöcher etwas vorgebohrt, was bei gut lafettierten Bohrmaschinen nicht notwendig ist.

Wenn einmal die Firste gesichert ist, so kann mit dem Vorbau der Wetter- und Preßluftleitungen begonnen werden.

Die Schutterbleche hat man schon vor dem Abtun der Schüsse auf die Stollensohle gelegt. Gleichzeitig mit dem Vorbauen der Wetter- und Preßluftleitungen streckt die Gleisrotte das Stollengleis vor, die Mineure mit ihren Helfern befestigen etwa notwendige Spannsäulen für die Bohrmaschinen, schließen die Bohrmaschinen an die Preßluft- und Wasserleitung an und die Bohr- wie auch die Schutterarbeit kann beginnen. Man wird die Mannschaftsbesetzung und die Länge des Abschlages so einteilen, daß die Schutterarbeit etwas vor der Bohrarbeit beendet ist, damit die Sohllöcher ohne Behinderung durch die Schuttermannschaft gebohrt werden können.

## 5. Forderungen bei einer fachlich und wirtschaftlich einwandfrei durchgeführten Sprengarbeit

Im folgenden sollen die Forderungen zusammengefaßt werden, welche man an eine wirtschaftlich und fachlich einwandfrei geführte Sprengarbeit stellen kann; weiters sollen verschiedene Zusammenhänge zwischen den Verbrauchszahlen aller Art mitgeteilt werden.

Eine gut durchdachte, fachlich und wirtschaftlich einwandfrei geführte Sprengarbeit soll folgendes erreichen:

1. Einen Kleinstverbrauch an Spreng- und Zündmitteln je m³ gelösten Fels;

2. einen Kleinstverbrauch an Bohrmetern je m³ gelösten Fels;

3. die Abarbeitung eines möglichst maßgerechten Querschnittes;

4. keine weitgehende Auflockerung und Zerklüftung des Gesteins;

5. möglichst kleinstückiges Haufwerk;

6. möglichst rasche Durchführung der Sprengarbeit.

Eine gleichzeitige Erfüllung aller vorgenannten Punkte gibt es nicht, vielmehr wird durch Beachten eines Punktes die Erfüllung der anderen Forderungen verschlechtert. Die einzelnen Forderungen überschneiden sich in mannigfacher Weise. Zum Teil werden sie auch im folgenden in dieser Überschneidung behandelt.

### *a) Kleinstverbrauch an Sprengmitteln*

α) **Allgemeines.** Den kleinsten Verbrauch an Sprengmitteln erreicht man, wenn man die Größe der Sprengladung auf Grund von Formeln ermittelt. Die bekannteste Formel lautet:

$$L = w^2 \cdot e \cdot v \cdot f \cdot s.$$

Dabei bedeutet

L die Menge der Sprengladung in kg,

w die kürzeste Linie vom Bohrlochtiefsten zur nächsten freien Fläche.

Die übrigen Faktoren sind Beiwerte, zu denen zu bemerken ist:

e ist die Brisanzzahl des Sprengmittels, die sehr genau festliegt und bei Sprenggelatine 0,8, bei Gelatinedonarit 1,1 beträgt;

v ist die Verspannungszahl. Diese beträgt beim Richtstollen, der nur eine freie Fläche hat, für die Einbruchsschüsse 1,6; für die übrigen Schüsse 1,4. Beim Niederbruch der Kalotte, wo man zwei freie Flächen hat, ist $v = 1{,}2$ einzusetzen;

f ist die Festigkeitszahl des Gesteins. Dieser Formelbeiwert schwankt zwischen 0,6 (Dachsteinkalk) und 1,5 (Quarzit); die übrigen Gesteinsarten liegen dazwischen. Es erfordert langjährige Erfahrung, die Zahl f angenähert richtig einzuschätzen, zumal ein und dasselbe Gestein, z. B. Granit, selbst wieder sehr verschiedene Festigkeitszahlen haben kann;

s ist der Beiwert für die Lagerung des Gesteins. Damit soll der Winkel, welchen die Bohrrichtung mit dem Streichen des Gebirges einschließt, das Einfallen der Schichten gegen die Bohrrichtung und die Bankigkeit, Schichtung und Klüftung des Gesteins erfaßt werden. Der Beiwert s liegt zwischen 0,6 und 2,0; er ist noch schwerer einzuschätzen als der Beiwert f.

Im weitverbreiteten Taschenbuch für Sprengmeister von W e i c h e l t sind brauchbare Tafeln angeführt, die das Einschätzen der Beiwerte erleichtern. Die Annahmen zu den Formeln treffen am besten bei geballten Ladungen zu, wie sie durch das Anlegen von Kesselschüssen erreicht werden können. Indessen sind diese bei weitem nicht die Regel im Stollenbau; schon dadurch ist eine gewisse Unsicherheit in der Rechnung gegeben. Durch die unsichere Erfassung der Beiwerte liefert also die Berechnung nach Formeln nur grobe Annäherungswerte.

Am sichersten ermittelt man den Sprengstoffverbrauch durch Versuchssprengungen, bei denen die Lage der Bohrlöcher möglichst der gleichen soll, die man später im Stollenvortrieb anlegen wird. Dabei bekommt man noch Anhaltspunkte für die Abschlagsgüte r, was für alle Fragen der Preisermittlung wichtig ist.

Man kann in der Praxis auch so vorgehen, daß man die Bohrlöcher zu zwei Drittel vollädt und die Härte des Gesteins und die übrigen Faktoren, welche den Sprengvorgang ungüstig beeinflussen, durch vermehrte Verwendung von Sprenggelatine ausgleicht. Hat man hingegen recht günstige Verhältnisse, so kann man den Anteil an weniger brisanten Sprengstoffen entsprechend erhöhen. Allgemein kann gesagt werden, daß die Verwendung von hochbrisantem Sprengstoff im Hartgestein selten schädlich ist.

Der Forderung nach Kleinstverbrauch an Bohrmetern je Kubikmeter gelösten Fels kommt man bei der Anbringung von Kesselschüssen recht nahe. Hingegen ist die Einhaltung eines maßgerechten Querschnittes bei den sprengstoffsparenden Kesselschüssen sehr schwer zu erreichen. Die Auflockerung des benachbarten Gesteines ist bei Kesselschüssen im spröden Gestein unter Umständen sehr groß. Das Haufwerk fällt in der Regel sehr grobstückig an. Die ganze Sprengarbeit ist bei Einhaltung der Sicherheitsvorschriften ziemlich zeitraubend. Das Herstellen der Kessel mit ihrer oftmaligen Ladung und Absprengung braucht schon an sich viel Zeit, noch länger dauert das Reinigen und Abkühlen der Kessel.

Das Vorgehen mit Kesselschüssen ist bei reiner Handbohrung empfehlenswert, wenn nicht die anderen Punkte zu große Nachteile bringen. Bei Maschinbohrung ist das Kesselschießen im Tunnelbau weniger gebräuchlich. Zwecks Erzielung von kleinstückigem Haufwerk pflegt man die Bohrlöcher zu überladen; man besetzt sie etwa zu zwei Drittel bis drei Viertel mit Sprengstoff.

### β) **Bedarf an Spreng- und Zündmitteln im Tunnelbau**

Sprengmittelbedarf. Für die folgenden Formeln und Beziehungen werden die nachstehenden Abkürzungen und Bezeichnungen eingeführt.

$n$  Lochzahl;

$t$  Abschlagslänge je Angriff in m;

$f$  Querschnitts-Fläche des Stollens in m²;

$r$  Abschlagsgüte $= \dfrac{\text{Abschlagslänge}}{\text{mittlere Bohrlochlänge}}$;

$d$  Rohrlochdurchmesser in dm;

$l$  mittlere Bohrlochlänge in m;

$p\,{}^0/{}_0$  Ausladung des Bohrlochs in Prozent des Bohrlochinhaltes;

$g'$  spezifisches Gewicht des Sprengstoffes in kg/dm³;

$g$  Gewicht des Sprengstoffes im Bohrloch in kg;

$Q'$  Gewicht des Sprengstoffes für die Sprengung des ganzen Querschnittes in kg;

$Q$  Sprengstoffverbrauch für den m³ gelösten Fels in kg/m³;

$m$  Gesteinsmenge des festen Felsens je Abschlag in m³.

Es bestehen nun folgende Beziehungen: Die mittlere Bohrlochlänge $l$ ist

$$l = \frac{t}{r}. \tag{1}$$

Das Gewicht des Sprengstoffes im Bohrloch in kg ist

$$g = 10 \cdot \frac{t}{r} \cdot \frac{d^2}{4} \cdot \pi \cdot g' \cdot \frac{p}{100}. \tag{2}$$

Das Gewicht des Sprengstoffes für die Sprengung des ganzen Querschnittes $Q'$ in kg ist

$$Q' = n \cdot g. \tag{3}$$

Die Gesteinsmenge des festen Felsens je Abschlag in Kubikmeter ist

$$m = t \cdot f. \tag{4}$$

Der Sprengstoffverbrauch für den Kubikmeter gelösten Fels in kg/m³ ist

$$Q = \frac{n \cdot g}{t \cdot f}. \tag{5}$$

Beginnt man beim Bohren mit gewöhnlichem Bohrstahl mit einem Schneidendurchmesser von 45 mm und endet mit einem solchen von 30 mm, so erhält man eine mittlere Bohrlochweite von 38 mm. Beim Bohren mit Hartmetallkronen ergibt sich bei den gebräuchlichen Schneidenbreiten und dem üblichen Kaliberverschleiß ebenfalls ein Bohrloch von 38 mm mittlerer Weite.

Bei den gebräuchlichen Abschlagslängen, deren Höchstausmaß die halbe kleinste Stollenabmessung ist, bleibt es theoretisch gleichgültig, ob man viele kleine oder wenige großkalibrige Bohrlöcher in der Stollenbrust anbringt. Zur Lösung des im Gebirge eingespannten Felsens ist immer ein und dieselbe Arbeit erforderlich, welche eine bestimmte Sprengstoffmenge bedingt. Stehen demnach andere Bohrkaliber als die vorerwähnten im Gebrauch, so kann man ein Bohrbild für 38-mm-Löcher entwerfen, aus diesem die Lochzahl entnehmen und damit dann in die Rechnung eingehen.

Die Länge der Ladesäule im Bohrloch beträgt im Tunnel- und Stollenbau in der Regel zwei Drittel der Bohrlochlänge, also ist

$$p = 66,6 \,\%.$$

Rechnet man nun mit einem spezifischen Gewicht der Gelatinesprengstoffe von

$$g' = 1,60 \text{ kg/dm}^3,$$

für Ammonsalpetersprengstoffe mit einem spezifischen Gewicht von

$$g' = 1,30 \text{ kg/dm}^3,$$

so erhält man die Sprengstoffmenge von $Q$ je Kubikmeter festen Fels

für Gelatinesprengstoffe . . . . . . . . . . . . . . . $Q = \dfrac{1,21\,n}{f \cdot r}$ kg/m³,  (6)

für Ammonsalpetersprengstoffe . . . . . . . . . $Q = \dfrac{0,98\,n}{f \cdot r}$ kg/m³.  (7)

Nach Gl. (6) wurden für die Abschlagsgüten $r = 0,8$, $r = 0,9$ und $r = 1,0$ Schaubilder entworfen (s. Abb. 36, 37 und 38), aus denen man den Bedarf an Gelatinesprengstoff je Kubikmeter festen Fels entnehmen kann.

Ist die Ausladung eines Bohrloches nicht 66 %, sondern eine andere, so braucht man die Werte der Schaubilder nur mit dem Verhältnis der

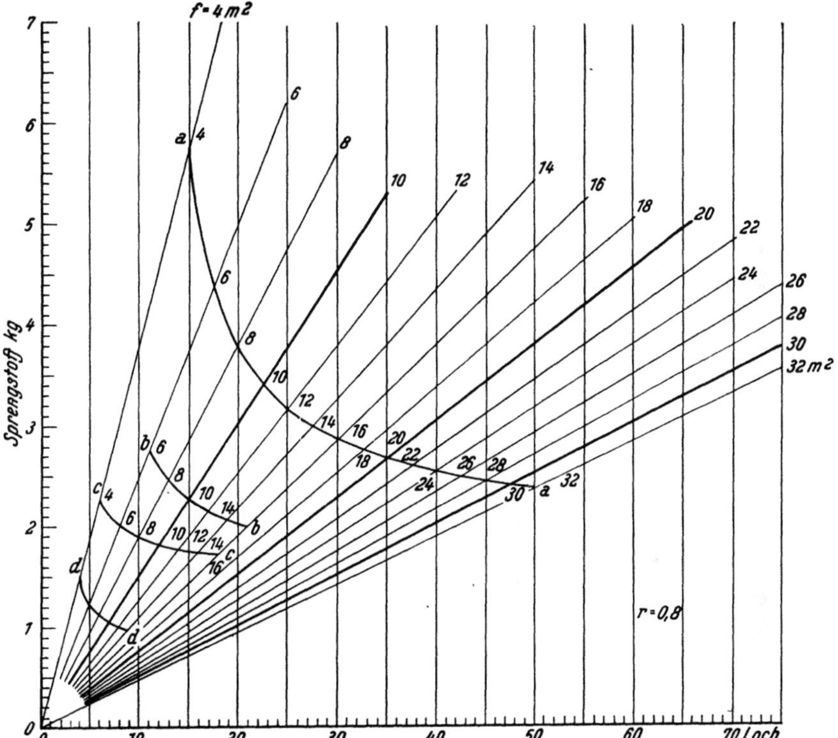


Abb. 36. Sprengstoffverbrauch je Kubikmeter Fels, $r = 0,8$ Hartgestein, Verwendung von Gelatinesprengstoffen; $g = 1,6$ kg/dm³, ²/₃-Volladung

$a$ mittlere Verhältnisse im Richtstollen; $b$ mittlere Verhältnisse in Kalotte bei stehenbleiben der Strosse; $c$ mittlere Verhältnisse in der Kalotte, darunter vollkommen freie Fläche; $d$ Strossen mit drei freien Flächen

gegebenen Ladelänge zur Ladelänge 66,6 % zu multiplizieren. So ist z. B. bei ³/₄-Volladung der Faktor 1,13.

Verwendet man statt der Gelatinesprengstoffe Ammonsalpetersprengstoffe, so sind die Werte der Schaubilder mit dem Verhältnis der spezifischen Gewichte zu multiplizieren, also mit 0,81. Eine bei Verwendung von Ammonsalpetersprengstoffen bedingte größere Ladelänge ist, wie im vorigen Absatz beschrieben, zu berücksichtigen.

Die Gln. (6) und (7) besagen, daß die Sprengstoffmenge je Kubikmeter gelösten Fels *unabhängig* von der Abschlagslänge je Angriff ist. Dies gilt aber nur solange, als man die Abschlagslänge *unter* der Länge der kleinsten halben Stollenabmessung macht. Bei längeren Abschlagslängen steigt der Sprengstoffbedarf ganz bedeutend. Man muß dann entweder bei gleichbleibender Lochzahl das Bohrlochkaliber bedeutend vergrößern oder bei Beibehaltung des Bohrlochdurchmessers die Lochanzahl bedeutend vermehren.

Für kleine Abschlagslängen gilt aber der Satz: Je kürzer die je Angriff gebohrten Bohrlöcher sind, um so kürzer werden die Ladesäulen. Hat man die Abschlagsgüte durch Versuche oder auf Grund eines verläß-

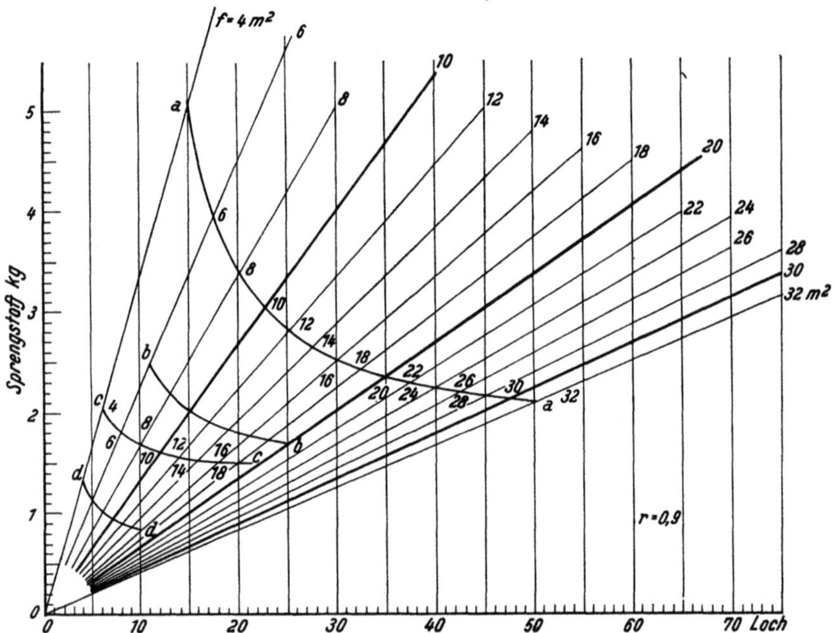


Abb. 37. Sprengstoffverbrauch bei $r = 0,9$. Bedeutung der Linien $a$, $b$, $c$ und $d$ wie in Abb. 36

lichen geologischen Gutachtens festgelegt, so bekommt man aus der mittleren Bohrlochlänge, welche aus dem Bohrbild zu errechnen ist, die Abschlagslänge und damit auch die je Abschlag gelöste Menge an festem Fels. Der daraus errechnete Gesamtbedarf an Sprengmitteln, dividiert durch die Lochzahl, ergibt dann die Ladung je Loch.

Es wäre falsch und praktisch kaum durchführbar, in jedes Bohrloch die gleiche Menge Sprengstoff, an Gramm ausgewogen, einzubringen. Es wird vielmehr in jedes Bohrloch eine ganze Anzahl an Patronen geladen. Dabei bekommen die Einbruchs- und die Eckschüsse, mitunter auch die

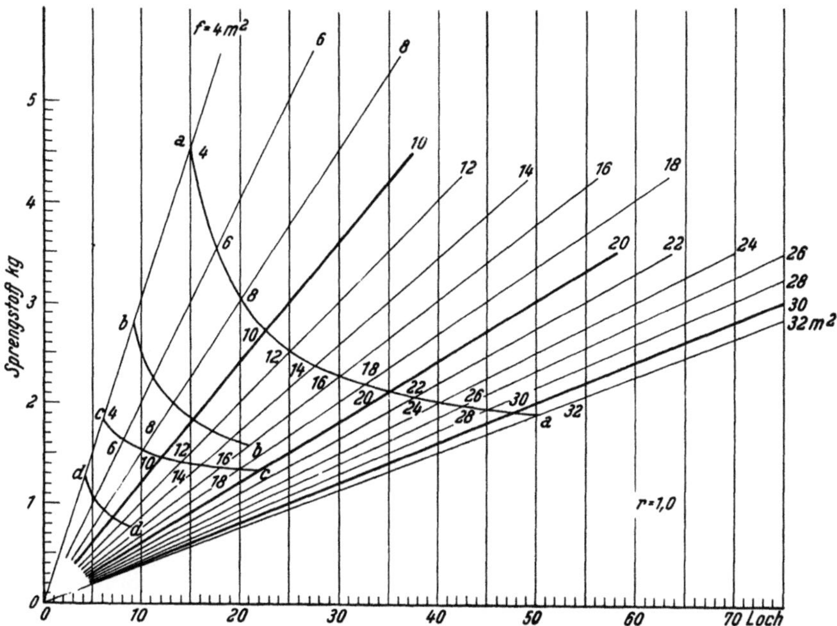



Abb. 38. Sprengstoffverbrauch bei $r = 1,0$. Bemerkungen wie bei Abb. 36.

Sohlenschüsse, eine Patrone mehr geladen, während Schüsse an Stellen geringerer Verspannung um eine Patrone weniger bekommen. Die aus dem Schaubild entnommene Lademenge je Kubikmeter Fels ist für das Laden der Stollenbrust auf eine volle ganze Zahl an Patronen aufzurunden.

Die Praxis lehrt, daß bei gleichbleibendem Gebirge ein Richtstollen von 4 m² z. B. mit fünfzehn Loch angebohrt werden muß, ein Stollen von 8 m² unter denselben Verhältnissen zwanzig Loch erfordert, ein solcher von 16 m² schließlich 30 Loch benötigt. Daraus ist zu entnehmen, daß die Lochzahl mit der Fläche *linear* wächst.

Die Lochzahl ist daher allgemein

$$k_1 + k_2 \cdot f. \tag{8}$$

Es wird immer eine gewisse Mindestzahl an Einbruchsschüssen und Helfern notwendig sein, während die übrigen Schüsse kranzförmig um die Einbruchsschüsse herumliegen und der Sprengvorgang ein schalenförmiges Ausbrechen des Gesteines um den Sprengtrichter des Einbruchs darstellt.

Für mittlere Verhältnisse im Hartgestein ist die Beziehung

$$n = 10 + 1,25\,f \tag{9}$$

gültig.

Beim Brennereinbruch ist nur die Zahl der geladenen Löcher einzusetzen. Im Parallelbohrverfahren kann $n = 15 + 1,25\,f$ angenommen werden. Der Wert $p$ wird größer als $^2/_3$ sein.

Diese Beziehung ist der Ermittlung der Werte des Schaubildes (Abb. 36, 37, 38) zugrundegelegt. Beim praktischen Stollenbau wird die aus Gl. (9) errechnete Lochzahl auf eine ganze Lochzahl aufgerundet.

Die Werte der Lochzahl $n$ sind aus dem Schaubild ohne weitere Mühe ablesbar.

Zur näheren Erläuterung und um die praktische Handhabung dieser Theorien aufzuzeigen, sollen nachfolgende Beispiele vorgeführt werden:

*1. Beispiel.* Ein Tunnelquerschnitt habe

$$f = 30 \text{ m}^2.$$

Die Abschlagsgüte wird mit

$$r = 0,8$$

angenommen.

Beim Abbau im Vollprofil ergibt sich aus Abb. 36 ein Sprengstoffverbrauch von

$$2,40 \text{ kg/m}^3.$$

Unterteilt man den Querschnitt in einen breiten Sohlstollen von 16 m² und einen Kalottenniederbruch mit einem Kalottenquerschnitt von 14 m², so ergibt sich

für den Sohlstollen ein Sprengstoffverbrauch von 2,85 kg/m³,

für die Kalotte ein solcher von 1,73 kg/m³.

Für den ganzen Querschnitt ergibt sich also ein Verbrauch von 2,33 kg/m³.

*2. Beispiel.* Aus Betriebsgründen erweise es sich als zweckmäßig, den Tunnelquerschnitt von $f = 30$ m² in einen Richtstollen von 8 m², einen Kalottenniederbruch auf Schuttergerüst von 14 m² und einen Strossenabbau von je 4 m² Querschnitt zu unterteilen. Im einzelnen hat dann der Richtstollen einen Sprengstoffverbrauch von 3,77 kg/m³, die Kalotte von 2,07 kg/m³ und die Strossen von 1,5 kg/m³. Für den ganzen Querschnitt ergibt dies einen Verbrauch von $\dfrac{8 \cdot 3,77 + 14 \cdot 2,07 + 8 \cdot 1,05}{30} = 2,37$ kg/m³ gegen 2,40 kg/m³ bei Vorgehen im Vollprofil.

Unterteilt man einen kleineren Querschnitt als 30 m² im selben Verhältnis, so ist der Sprengstoffverbrauch bei Unterteilung größer als bei Vorgehen im Vollquerschnitt. Bei Querschnitten über 30 m² kehrt sich also das Verhältnis um; jedoch ist der Unterschied im Verbrauch an Sprengstoff bei Unterteilung und Vorgehen im Vollprofil niemals größer als 10 %.

Man kommt den tatsächlichen Verhältnissen im allgemeinen recht nahe, wenn man für die Berechnung des Sprengstoffverbrauches vom Vollquerschnitt ausgeht. Die vorhin erwähnten Schwankungen kommen daher, daß in der Praxis die Lochzahlen ja aufgerundet werden müssen und die Beziehung Gl. (9)

$$n = 10 + 1{,}25\,f$$

keine scharf feststehende ist, sondern nur eine Annäherung darstellt. Bei kleinen Querschnitten ergibt etwa die Erhöhung der Lochzahlen um ein Loch schon eine bedeutende Erhöhung des Sprengstoffverbrauches je Kubikmeter festen Fels.

Geht man mit First- und Sohlstollen vor, so braucht man, auf den Vollquerschnitt bezogen, *mehr* Sprengstoff als bei der Firstschlitzbauweise, weil man im ersteren Falle zweimal das vollverspannte Gebirge mit nur einer freien Fläche abarbeiten muß.

Man wäre versucht, einen breiten Sohlstollen möglichst nieder zu halten, um möglichst viel Kalotte mit wenig Sprengstoffverbrauch zu bekommen. Diese Überlegung läßt sich nicht beliebig fortsetzen. Macht man z. B. einen niedrigen Sohlstollen, etwa in der Form eines liegenden Rechteckes $5 \times 2 = 10$ m², so darf man für diese 10 m² nicht die Werte des Schaubildes nehmen, da dieses für gebräuchliche Stollenabmessungen entworfen wurde. Der Verbrauch an Sprengstoff wird für den sprengtechnisch äußerst ungünstigen, schmalen Querschnitt bedeutend über den Werten, wie sie das Schaubild gibt, liegen. Mit der Verkleinerung des Sohlstollens erspart man nichts; man bekommt sogar recht ungünstige, kurze Abschlagslängen. Diese sollen nicht größer als die halbe kleinste Stollenabmessung sein.

Daß der Verbrauch bei Vorgehen im Vollquerschnitt und bei Unterteilung in Teilquerschnitte angenähert derselbe sein muß, geht aus der Überlegung hervor, daß man bei Vorgehen im Vollquerschnitt diesen genau so abbohren könnte, als es die Bohrlöcher beim Vorgehen in Teilen verlangen. Die schließlich geschaffene Freiflächigkeit bleibt in beiden Fällen dieselbe und daher kann der Sprengstoffverbrauch auch nicht wesentlich verschieden sein.

Anders sind die Verhältnisse, wenn man im Vollquerschnitt vorgeht, aber die Kalotte dem übrigen Ausbruch voreilen läßt, die Schüsse in Kalotte und Strosse gleichzeitig abtut und in der Kalotte trachtet,

Abschlagslängen *größer* als die halbe kleinste Teilfläche abzuschlagen. In diesem Falle braucht man bedeutend mehr Sprengstoff je Kubikmeter festen Fels. Diese Art der Arbeit hat sich in Verfolgung eines Gedankens entwickelt, die Schutterarbeit von der Bohrarbeit *räumlich* zu trennen. Das Bewegen der schweren Bohrgerüste und der Einsatz der zwei Lademaschinen ist nur dann wirtschaftlich, wenn jeder Abschlag genügend Schutt bringt. Die grundsätzliche Anordnung dieser Arbeitsart wurde auf S. 7 schon vorweggenommen.

Bricht man die Kalotte mit der Bohrlochzahl nieder, wie sie im Schaubild angegeben ist, so wird man ohneweiters Erfolg haben und die Kalotte sicher niederbrechen können. Allerdings wird man recht grobes Haufwerk erzielen, was in der Regel unerwünscht ist. Bei Verwendung von Schuttergerüsten will man erst recht kleinstückiges Haufwerk haben, damit die Lebensdauer des Gerüstes keine kurze wird; ebenso arbeiten Lademaschinen bei kleinstückigem Haufwerk meistens besser.

Eine oft recht unangenehme Arbeit ist das Herstellen des Wassergrabens, der mit der richtigen Tiefe, dem passenden Querschnitt und dem richtigen Längsgefälle selten mit dem Vortrieb des Richtstollens zugleich herauskommt. In der Regel erfordert der Wassergraben mehr oder weniger mühsame Nacharbeit, damit auch wieder mehr Sprengstoffverbrauch. Aus diesem Grund wird man zu den errechneten Werten einen Zuschlag von 10 % machen; damit sind auch die immer wieder auftretenden Versager und sonstigen Mehrverbräuche berücksichtigt.

Um einen Kleinstverbrauch an Sprengstoff zu erzielen, ist es wichtig, den richtigen Sprengstoff zu verwenden. In Zweifelsfällen nehme man immer einen höher brisanten Sprengstoff, der nie schaden kann.

Wie sehr bei gleichen Gebirgsverhältnissen im Hartgestein der Sprengstoffverbrauch steigt, wenn weniger brisanter Sprengstoff verwendet wird, soll an einem Beispiel gezeigt werden. Bei Verwendung von Gelatinedonarit braucht man zu einem Querschnitt von 16 m² 30 Bohrlöcher, die Abschlagsgüte sei 0,9. Der Sprengstoffverbauch stellt sich auf 2,53 kg/m³.

Wird statt Gelatinedonarit Donarit I genommen, so sinkt die Abschlagsgüte wegen der geringeren Brisanz auf 0,8. Um die geringere Wirkung einigermaßen wettzumachen, vermehrt man die Lochzahl von 30 auf 40 und lädt die Löcher statt zu $^2/_3$ zu $^4/_5$ voll. Bei $^2/_3$-Volladung ergibt sich bei $r = 0,8$ ein Verbrauch von 3,05 kg/m³, bei $^4/_5$-Volladung ein solcher von 3,66 kg/m³, was eine Erhöhung von rund 17 % bedeutet.

Abschließend soll noch der Sprengstoffverbrauch bei verschiedenen Tunnelbauten im Hartgestein der Alpen mitgeteilt werden (Tab. 2). Da im Fachschrifttum über die Abschlagsgüte nichts zu finden ist, haben die Zahlen nur den Wert eines allgemeinen Überblickes.

*Tabelle 2*

| Tunnel | Gestein | Fläche m² | Verbrauch kg/m³ |
|---|---|---|---|
| Tauern | Granitgneis | 3,4 | 5,55 |
| Lötschberg | Granit | 6,2 | 4,45 |
| Simplon | Gneis | 6,3 | 3,88 |
| Simplon | (Quarz?) — Phyllit | 6,3 | 4,82 |
| Albula | Granit | 5,5 | 3,83 |

*Bedarf an Zündmitteln.* Zur Berechnung des Bedarfes an Zündmitteln ist es erforderlich, die Lochzahl festzulegen, welche für das Lösen eines Kubikmeters festen Felsens des Ausbruches notwendig ist.

Wie schon früher dargelegt, wächst die Lochzahl mit dem Querschnitt linear. Hat man einen Querschnitt von der Größe $f$ abzubauen, so ist die erforderliche Lochzahl nach Gl. (8)

$$n = k_1 + k_2 \cdot f.$$

Ist die Abschlagstiefe je Angriff $t$, so ist die je Abschlag gelöste Felsmasse gleich $t \cdot f$.

Die Lochzahl je Kubikmeter gelösten festen Felsens ist demnach allgemein

$$n = \frac{k_1 + k_2 \cdot f}{t \cdot f}. \tag{10}$$

Es sollen nun die Verhältnisse für den Richtstollen, die Kalotte und die Strossen untersucht werden.

*1. Richtstollen und Stollen.* Richtstollen und Stollen werden gleich im vollen Querschnitt vorgetrieben. Bezeichnet man die kleinste Stollenabmessung mit $h$ und bohrt auf die halbe kleinste Stollenabmessung ab, so ergibt sich die Abschlagstiefe $t$ bei einer Abschlagsgüte $r$ mit

$$t = \frac{r \cdot h}{2} \tag{11}$$

und die Lochzahl je Kubikmeter gelösten Felsens allgemein, wenn man (11) in (10) einsetzt und dabei $f = b \cdot h$ nimmt,

$$n = 2 \cdot \frac{k_1 + k_2 \cdot b \cdot h}{r \cdot b \cdot h^2}. \tag{12}$$

Legt man die Lochzahl $n$ nach der Beziehung (9) mit

$$n = 10 + 1,25\, f$$

fest, so ist beim quadratischen Stollen, für den

$$b = h$$

gilt, die Lochzahl für das Lösen eines Kubikmeters festen Felsens

$$n = 2 \cdot \frac{10 + 1{,}25\,b^2}{r \cdot b^3}. \tag{13}$$

Macht man den Sohlstollen in der vollen Breite des endgültigen Querschnittes und nimmt dabei

$$h = \frac{3}{5}\,b,$$

so ergibt sich eine Lochzahl

$$n = 2 \cdot \frac{10 + 0{,}75\,b^2}{r \cdot 0{,}36\,b^3}. \tag{14}$$

Beim Brennereinbruch und beim Parallelbohrverfahren ist die Lochzahl je Kubikmeter Fels $\dfrac{n}{t \cdot f}$.

Dabei ist für $n$ die Zahl der geladenen Löcher einzusetzen, bei Parallelbohrverfahren $15 + 1{,}25\,f$; $t$ ist die tatsächlich erreichbare Abschlagstiefe. Der Zündmittelverbrauch ist bei Großabschlägen kleiner als bei Abschlägen auf die halbe kleinste Stollenabmessung.

2. *Kalotte.* Die Kalotte hat gegenüber dem Richtstollen um eine freie Fläche mehr. Man braucht daher zum Niederbruch der Kalotte bedeutend weniger Bohrlöcher als beim Richtstollen. Man kann die Kalotte mit sehr

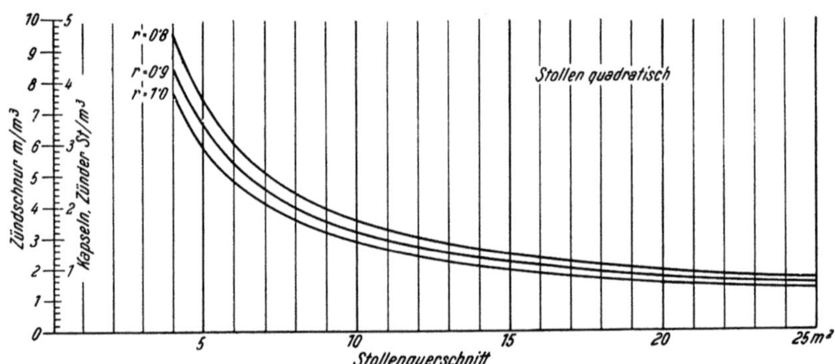


Abb. 39. Zündmittelverbrauch bei annähernd quadratischen Stollen. Gewöhnliche Zündschnüre oder elektrische Zündung

langen Bohrlöchern niederbrechen; ihre Länge ist nur durch das Umsetzvermögen der verwendeten Bohrmaschinen begrenzt. Die gebräuchlichen Bohrhämmer gestatten das Abbohren von höchstens 3 m langen Bohrlöchern. Man wird aber die volle Länge nicht ausnützen, da bei so langen

Bohrlöchern das anfallende Haufwerk so grob ist, daß es durch weitere Sprengung erst zerkleinert werden müßte. Arbeitet man mit Schuttergerüsten, so verbieten diese schon ein allzu grobes Haufwerk.

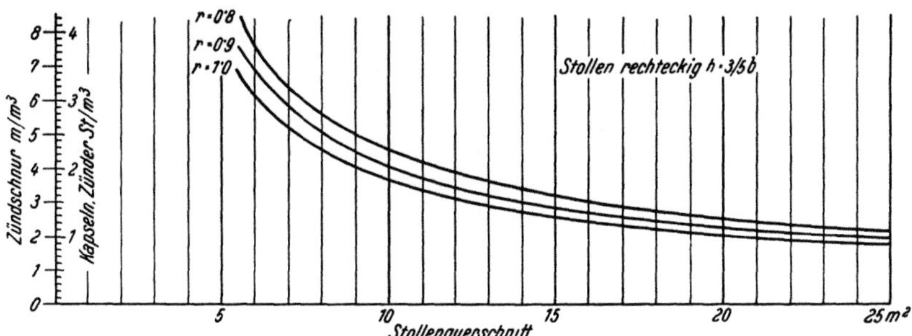


Abb. 40. Zündmittelverbrauch bei rechteckigem Stollen. Zündmittel wie Abb. 39

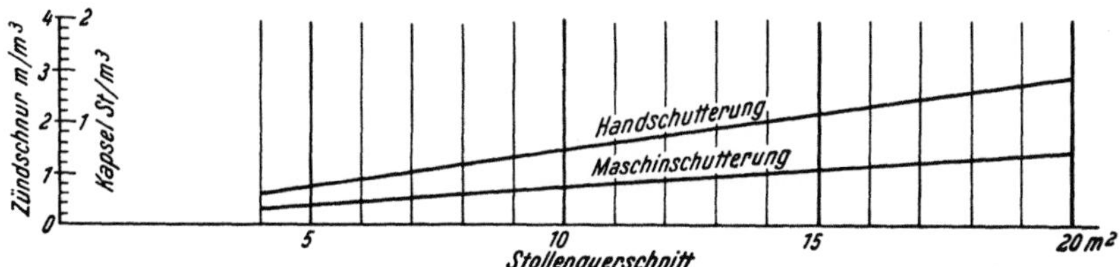


Abb. 41. Zündmittelverbrauch beim Abbau der Kalotte

Hat man eine Kalotte von der Fläche $f$, so kommt man mit einer Lochzahl

$$n = 4 + f$$

aus und erzielt dabei gut ladbares Haufwerk. Diese Beziehung ist selbstverständlich nur eine rohe Annäherung an die wirklichen Verhältnisse. Geschickte Leute werden die Zahl unterschreiten, ungeschickte auch damit nicht das Auslangen finden.

Die Abschlagslänge im Kalottenniederbruch richtet sich nach der Schutterleistung. Die sich hieraus ergebenden Längen sind in den Schaubildern Abb. 54 bis Abb. 62 angegeben. Diese Längen sind auch der Berechnung des vorliegenden Schaubildes Abb. 41 zugrunde gelegt.

*3. Die Strossen.* Die Strossen haben drei freie Flächen und brauchen daher noch weniger Bohrlöcher als die Kalotte und der Richtstollen. Auch hier ist die Lochzahl schließlich durch die Umsetzfähigkeit der Bohrmaschinen und die Erzielung eines ladbaren Haufwerkes gegeben. Man kann die erforderliche Lochzahl mit

$$n = 2 + \frac{f}{2}$$

annehmen.

Auch hier sind die Abschlagslängen meist durch die Schutterleistung begrenzt. (Darüber ausführlich, s. S. 98 ff.)

Das Schaubild Abb. 42 gibt die Verhältnisse für die Strossen an.

Wird mit gewöhnlicher Zündschnur oder elektrischen Zündern geschossen, so ist die Lochzahl gleich der Zahl der gewöhnlichen Kapseln oder elektrischen Zündern.

Die Verbrauchszahlen an Zündmitteln in den Abb. 41 und 42 sind unter der Annahme ermittelt, daß die je Schicht abgebohrten Kalotten und Strossen auch in der Schicht weggeschuttert werden können.

Im Mittel kann man je Kapsel, die mit gewöhnlicher Zündschnur gezündet wird, 2 Meter Zündschnur und für die elektrischen Zünder 2 Meter Zündverbindungsdraht rechnen. Verbindet man die einzelnen elektrischen

Abb. 42. Zündmittelverbrauch beim Abbau der Strossen

Zünderdrähte mit Schnellverbindern, was eine sehr gute und sichere Verbindung der Drähte darstellt, so muß man je elektrischem Zünder einen Schnellverbinder rechnen.

Aus den Schaubildern Abb. 39 bis 44, welche für quadratische und rechteckige Stollen, letztere mit einem Verhältnis $h = {}^3/_5\,b$, gezeichnet wurden, kann man die gewünschten Bedarfszahlen entnehmen.

Zur Veranschaulichung der vorgebrachten Theorien und zur Einführung in die Verwendung der Schaubilder soll in den folgenden Beispielen, die alle für eine Abschlagsgüte $r = 0,9$ angenommen wurden, die Ermittlung der Verbrauchszahlen an Zündmitteln für verschiedene Verhältnisse gezeigt werden.

*1. Beispiel.* Regelspuriger Eisenbahntunnel mit einem Querschnitt von $f = 30\ \text{m}^2$, der unterteilt ist in

einen Richtstollen von 8 m² quadratischer Form und

eine Kalotte von 14 m² und

zwei Strossen von zusammen 8 m².

Zündung mit gewöhnlicher Zündschnur. Es braucht der Richtstollen je Kubikmeter festen Fels bei $r = 0,9$ laut Schaubild Abb. 39 1,97 Stück Kapseln und 3,94 m Zündschnur.

Die Kalotte benötigt 0,97 Stück Kapseln und 1,94 m Zündschnur je Kubikmeter festen Fels.

Der Abbau der Strossen erfordert 0,30 Stück Kapseln und 0,60 m Zündschnur je Kubikmeter festen Fels.

Auf den ganzen Querschnitt gerechnet, ergibt dies 1,05 Stück Kapseln und 2,10 m Zündschnur je Kubikmeter festen Fels.

*2. Beispiel.* Der regelspurige Eisenbahntunnel wurde unterteilt in

einen Sohstollen mit voller Breite des endgültigen Querschnittes und

einen Kalottenniederbruch.

Der Sohlstollen hat das Verhältnis

$$h : b = 3 : 5$$

und hat eine Fläche von 16 m², 

die Kalotte hat einen Querschnitt von 14 m².

Zum Vortreiben des Sohlstollens werden 1,33 Stück Kapseln und 2,66 m Zündschnur je Kubikmeter festen Fels,

für die Kalotte 0,97 Stück Kapseln und 1,94 m Zündschnur gebraucht.

Für den ganzen Querschnitt ergeben sich daraus 1,12 Stück Kapseln und 2,94 m Zündschnur je Kubikmeter festen Fels.

Vergleicht man die Beispiele 1 und 2 miteinander,

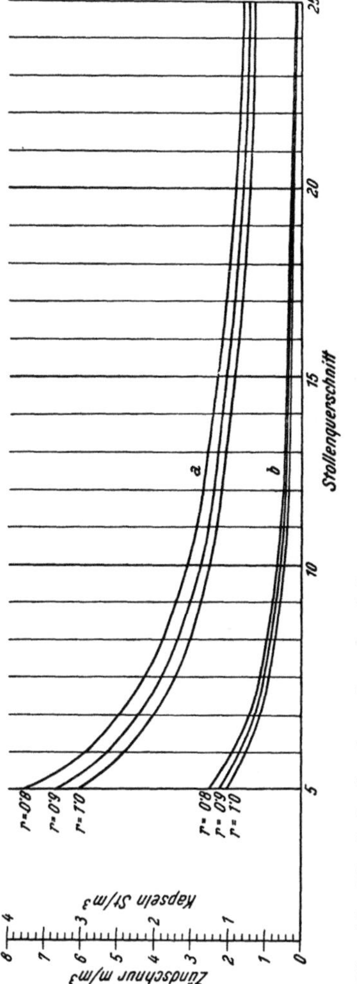



Abb. 43. Zündmittelverbrauch je Kubikmeter Fels bei Zündung der vier Einbruchsschüsse mit detonierender Zündschnur, quadratischer Stollen

a Gesamtzahl der Kapseln Stück/m³ und gewöhnliche Zündschnur m/m³; b detonierende Zündschnur m/m³

so ergibt Beispiel 2 die größere Zahl an Zündmitteln. Das kommt daher, daß man bei einem breiten Sohlstollen nicht so tief abbohren soll als bei einem quadratischen Stollen gleicher Fläche.

Für Versager, die immer wieder auftreten, für überzählige Bohrlöcher bei Grabensprengungen und für sonstige Nebenarbeiten wird man zu den aus dem Schaubild entnommenen Werten noch einen Zuschlag von 10 % machen.

Wie bei der Besprechung des Kegeleinbruches erwähnt (s. S. 47), ist es zweckmäßig, die Einbruchsschüsse auf einen Schlag abzutun. Dies geschieht entweder durch elektrische Zündung oder durch Abtun mit de-

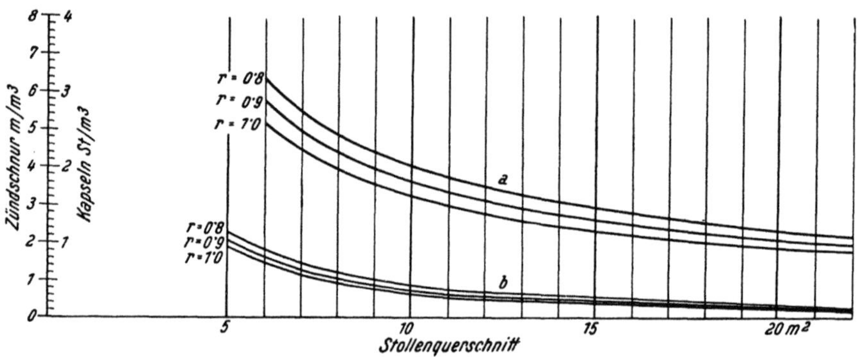


Abb. 44. Zündmittelverbrauch bei rechteckigen Stollen, $h = {}^3/_5\, b$, detonierende Zündschnur

tonierender Zündschnur. Für den letzteren Fall ist für jedes Loch mit 2 m detonierender Zündschnur zu rechnen; für die Einbruchsgruppe eine gewöhnliche Zündschnur von 2 m Länge und eine Kapsel.

Bohrt man auf die halbe kleinste Stollenabmessung $h$ ab, so ist

$$t = r \cdot \frac{h}{2}.$$

Bei einem quadratischen Querschnitt, für den

$$b = h$$

gilt, ergibt sich

$$t = r \cdot \sqrt{\frac{f}{4}}, \tag{15 a}$$

bei einem rechteckigen Stollen ergibt sich unter der Annahme

$$h = \frac{3}{5}\, b$$

ein $t$ von

$$t = r \sqrt{\frac{3}{20}\, f}. \tag{15 b}$$

Nehme ich vier Einbruchsschüsse an, die mit detonierender Zündschnur gezündet werden, so ist die Lochzahl je Kubikmeter festen Fels, die mit detonierender Zündschnur gezündet wird,

bei $b = h$ $$d = \dfrac{4}{r.f.\cdot\sqrt{\dfrac{f}{4}}},$$ (16 a)

bei $h = \dfrac{3}{5}\,b$ $$d = \dfrac{4}{r.f.\cdot\sqrt{\dfrac{3}{20}\,f}}.$$ (16 b)

Die restliche Lochzahl ist

$$n - d,$$

wobei $n$ die früher aus Gl. (14) errechnete Zahl ist.

Für die vier Loch, welche mit detonierender Zündschnur gezündet werden, ist eine Kapsel erforderlich, ebenso für jeden sonstigen Schuß.

Die Zahl der Kapseln ist demnach

$$\dfrac{d}{4} + n - d = n - \dfrac{3}{4}\,d.$$ (17)

Auch für den Fall der Zündung der Einbruchsschüsse mit detonierender Zündschnur sind Schaubilder entworfen worden (s. Abb. 43, 44), aus denen sich die Verbrauchszahlen ablesen lassen.

Als *Beispiel* sei vorgeführt (s. Abb. 44): Ein rechteckiger Querschnitt von 15 m² mit $r = 0{,}9$. Die Zahl der Bohrlöcher je Kubikmeter festen Fels, welche mit detonierender Zündschnur abgetan werden: 0,20 Stück je Kubikmeter festen Fels. Die Zahl der notwendigen Kapseln ist 1,27 Stück je Kubikmeter festen Fels. Dazu sind 0,4 m/m³ detonierende Zündschnur erforderlich. Aus der Zahl der Kapseln ergibt sich die Länge der gewöhnlichen Zündschnur, in unserem Fall 2,54 m/m³.

Für je zehn Schuß ist mit einem Zündlicht zu rechnen.

### b) Kleinstverbrauch an Bohrmetern je m³ festen Fels

Die Anzahl der Bohrmeter, welche für das Lösen eines Kubikmeters festen Felsens erforderlich ist, wird beeinflußt:

1. von der Lochzahl $n$, welche für das Abbohren eines Angriffes erforderlich ist,

2. vom Querschnitt $f$ des Stollens und

3. von der Abschlagsgüte $r = \dfrac{\text{Abschlagslänge}}{\text{mittlere Bohrlochlänge}}$.

1. Die Lochzahl ihrerseits ist wieder abhängig

α) von der Gesteinsbeschaffenheit, Körnung, Bankung und Klüftung des Gesteins, Richtung der Tunnelachse zum Streichen und Fallen des Gebirges, β) den Verspannungsverhältnissen und den freien Flächen,

γ) der Betriebweise,

δ) dem Bohrkaliber,

ε) dem zur Verwendung gelangenden Sprengstoff,

ζ) der Größe des erwünschten Haufwerkes.

Zu α). Die Lochzahl erhöht sich, wenn das Gebirge zähhart, feinkörnig und grobbankig ist und wenn die Tunnelachse zum Streichen des Gebirges einen spitzen Winkel einschließt. Dieser Einfluß kann sehr bedeutend werden.

Zu β). Der Vortrieb des Richtstollens mit nur einer freien Fläche braucht mehr Bohrlöcher als der Niederbruch der Kalotte und der Abbau der Strossen.

Zu γ). Arbeitet man mit Kesselschüssen, so braucht man weniger Bohrlöcher als bei der gewöhnlichen Abbauart mit Bohrlöchern allein.

Zu δ). Größeres Bohrkaliber vermindert die Lochzahl.

Zu ε). Verwendet man den richtigen Sprengstoff, so wird man auch mit einer Mindestanzahl von Bohrlöchern je Angriff auskommen. Versucht man aber z. B., zähhartes Gestein, das richtig mit Sprenggelatine abzuarbeiten wäre, mit Donarit I zu schießen, so wird man die Lochzahl ganz bedeutend erhöhen müssen.

Zu ζ). Kesselschüsse, die bei ihrer Anwendung wenig Bohrmeter je Kubikmeter erfordern, lange Bohrlöcher, die stark geladen sind, erzeugen sehr grobstückiges Haufwerk. Will man kleines Haufwerk haben, so muß man die Zahl der Bohrlöcher erhöhen.

Für mittlere Verhältnisse sind die Lochzahlen für Richtstollen, Kalotte und Strossen im Abschnitt über die Spreng- und Zündmittel (s. S. 65 ff.) angegeben.

3. Das Verhältnis $r$, die Abschlagsgüte, ist abhängig

α) von der Gebirgsbeschaffenheit,

β) von der gewählten Art des Einbruchs und der sonstigen Betriebsweise,

γ) von der Verspannung und Freiflächigkeit,

δ) vom Bohrkaliber,

ε) vom Sprengstoff.

Zu α). Schließt die Tunnelachse mit der Streichrichtung des Gebirges einen spitzen Winkel ein, so kann die Zahl $r$ bis auf 0,7 sinken. Ebenso wird die Zahl $r$ durch ungünstiges Einfallen der Schichten herabgedrückt.

Zu β). Bei gleichen Verhältnissen hat der Kegeleinbruch ein größeres $r$ als der Keileinbruch und der Dreieckseinbruch. Bei Bohrbildern nach der Methode RIAN mit der Anwendung von Kesselschüssen kann $r$ sogar größer als 1 werden.

Zu γ). Ist die Gebirgsverspannung klein, so wird $r$ größer. Freiflächigkeit, wie sie beim Nachtrieb vorhanden ist, erhöht ebenfalls die Zahl $r$.

Zu δ). Vergrößert man das Bohrkaliber, so erhöht sich die Zahl $r$, weil ein Bohrloch großen Durchmessers der geballten (punktförmigen) Ladung eher näher kommt als die langgestreckte Ladesäule eines kleinkalibrigen Bohrloches.

Zu ε). Hochbrisanter Sprengstoff erhöht die Abschlagsgüte $r$.

Zusammenfassend kann gesagt werden, daß bei den heutigen Bohrkalibern und Sprengstoffen in ganz ungünstigen Fällen $r = 0{,}7$, im Mittel $r = 0{,}9$ und nur bei besonders günstigen Bedingungen $r = 1{,}0$ ergibt.

Zur Berechnung der Bohrmeter je Kubikmeter festen Fels seien die folgenden Bezeichnungen eingeführt:

$m$ Bohrmeter, die für einen Abschlag notwendig sind;

$n$ Lochzahl;

$f$ Querschnitt;

$t'$ mittlere Bohrlänge;

$t$ Abschlaglänge;

$v$ Menge des festen Felsens in m³, der bei einem Abschlag gelöst wird;

$m'$ Bohrmeter je m³ festen Fels.

So ergibt sich, wenn man für

$$t' = \frac{m}{n}; \quad t = \frac{m \cdot r}{n}; \quad v = t \cdot f$$

setzt, die einfache Beziehung

$$m' = \frac{m}{\dfrac{m}{n} \cdot r \cdot f} = \frac{n}{r \cdot f}. \tag{18}$$

Für die gebräuchlichen Bohrkaliber sind die Bohrmeter je Kubikmeter festen Fels für die Verhältnisse $r = 0{,}8$, $r = 0{,}9$ und $r = 1{,}0$ in den Schaubildern Abb. 45 bis 47 angegeben.

Aus den obigen Ausführungen ersieht man, daß man auf den Mindestaufwand an Bohrmetern je Kubikmeter festen Fels recht wenig Einfluß hat. Nur bei Einführung von Kesselschüssen, passenden Einbruchsarten und Vergrößerung des Bohrkalibers kann man etwas an Bohrmetern ersparen.

### c) Abarbeiten eines möglichst maßgerechten Querschnittes

Je genauer ein Stollenquerschnitt herausgeschossen werden soll, um so vorsichtiger muß man die Sprengarbeit durchführen. Die Abarbeitung eines möglichst maßgerechten Querschnittes erfordert dichte Reihen nicht allzu tiefer Bohrlöcher, welche mit einer Mindestladung zu versehen sind. Die vielen Löcher erhöhen den Zündmittelbedarf. Im übrigen nimmt man

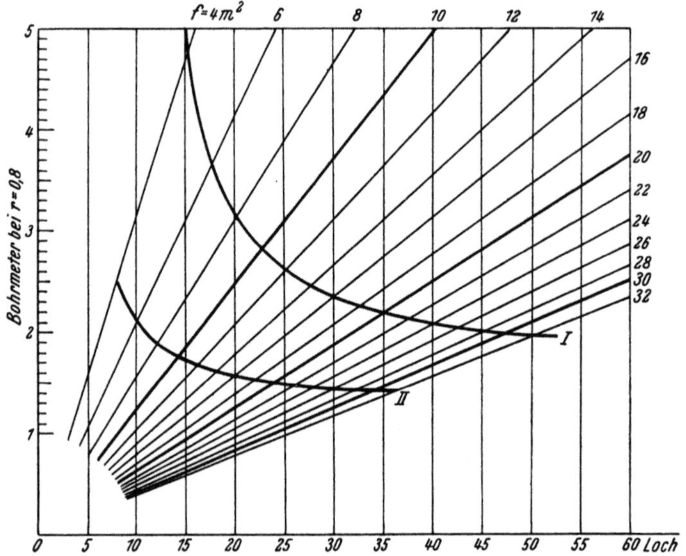

Abb. 45. Bohrmeter je Kubikmeter bei $r = 0{,}8$.

*I* mittlerer Bedarf im Richtstollen und Vortrieb im Vollquerschnitt; *II* mittlerer Bedarf beim Kalottenniederbruch

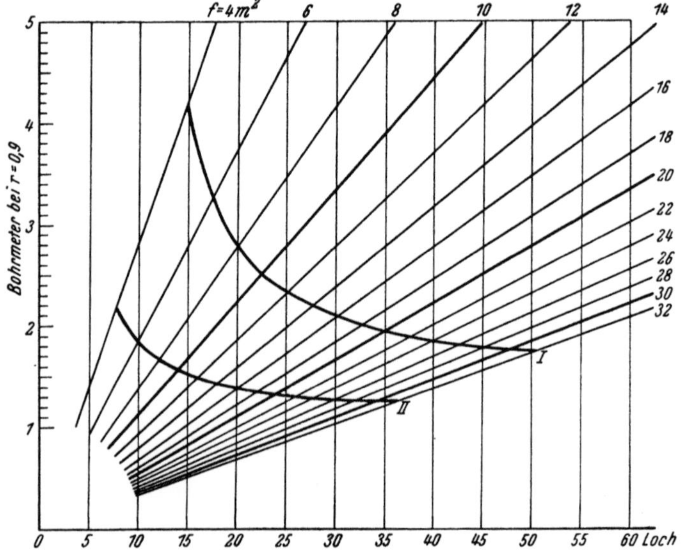

Abb. 46. Bohrmeter je Kubikmeter Fels bei $r = 0{,}9$. Linien *I* und *II* wie in Abb. 45

in der Regel lieber ein gewisses Überprofil in Kauf und bemüht sich nicht lange, genau auf Zentimeter das Gebirge abzuarbeiten. Die Erfahrung

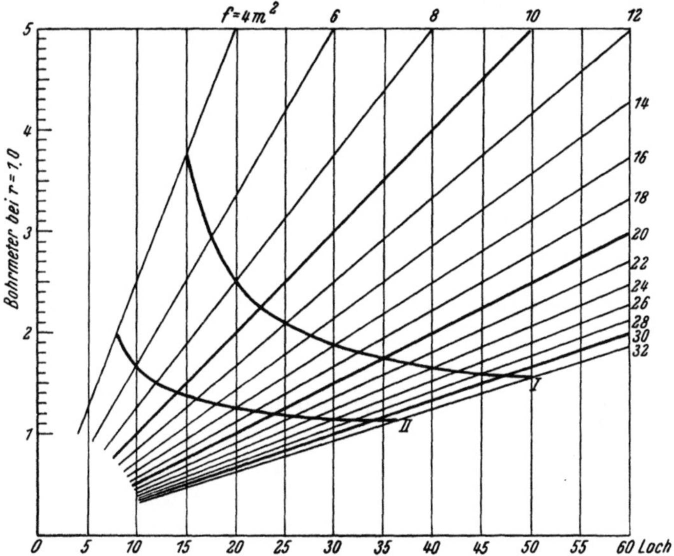

Abb. 47. Bohrmeter je Kubikmeter Fels bei $r = 1,0$. Linien *I* und *II* wie in Abb. 45

lehrt nämlich, daß dies doch nicht in wirklicher Genauigkeit durchführbar ist. Überdies verteuert das Mehr an Bohr- und Ladezeit die ganze Sache bedeutend, viel mehr, als man an Schutterarbeit erspart. Ist die Klüftung und Schieferung des Gebirges sehr ausgeprägt, so bricht das Gestein nach dieser Gliederung aus, wie es Abb. 48 zeigt. In diesem Fall ist es besonders schwierig, ein genaues Profil herauszuschießen.

*d) Vermeidung einer weitgehenden Auf-*
*lockerung und Zerklüftung des Gesteins*
*durch die Sprengarbeit*

Viele Bohrlöcher mit gestreckter Ladung, die auf ein Mindestmaß berechnet ist, ergeben die kleinste Auflockerung

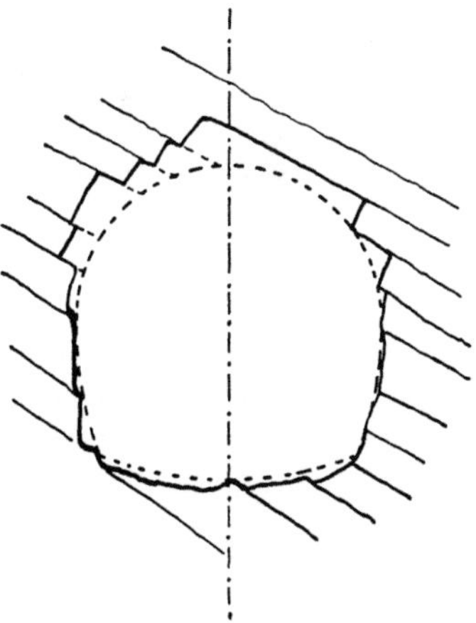

Abb. 48. Stollenausbruch bei stark ausgeprägter Schieferung oder Klüftung des Gebirges

des Gebirges. Man sieht also, daß Maßhaltigkeit und Mindestauflockerung dieselben Forderungenen stellen; sie weisen auch dieselben Nachteile auf.

### e) Erzielung von kleinstückigem Haufwerk

Die Erzielung von kleinstückigem Haufwerk ist in der Stollenarbeit in der Regel sehr erwünscht, da die Schutterarbeit sowohl von Hand aus als auch mit Lademaschinen durch kleinstückiges Haufwerk bedeutend erleichtert wird.

Hochbrisanter Sprengstoff gibt kleineres Haufwerk als wenig brisanter. Wird über das Maß geladen, welches zum Lösen des Felsens an sich notwendig ist, so erzielt man dadurch auch kleinstückigeres Haufwerk. In der Regel werden auch aus diesem Grund die Bohrlöcher bedeutend überladen; es ist üblich, sie $^2/_3$ bis $^3/_4$ voll zu laden. Die dadurch scheinbar gemachte Mehrausgabe wird bei der Ladearbeit bei weitem hereingebracht.

### f) Möglichst rasche Durchführung der Sprengarbeit

Die Sprengarbeit geht um so rascher vor sich, je weniger Bohrlöcher geladen werden müssen. Macht man weniger Bohrlöcher, wie sie etwa bei der Anwendung von Kesselschüssen anfallen, so nimmt man, wie aus den obigen Ausführungen zu entnehmen ist, bedeutende Nachteile in Kauf. Wenige Bohrlöcher sind nur bei ausschließlicher Handarbeit zu empfehlen.

Die Sprengarbeit kann dadurch beschleunigt werden, daß man viele vorbereitende Arbeiten schon während der Bohrarbeit durchführt. Die Schlagpatronen können schon vorher vorbereitet werden, ebenso die Sprengkapseln bei Zündung mit gewöhnlicher Zündschnur. Sie sind schon während der Bohrarbeit durch den Schießmeister und seine Gehilfen mit der Zündschnur zu versehen. Soweit die Bohrmannschaft dadurch nicht behindert wird, kann das Ausblasen der Bohrlöcher schon während des Bohrvorganges durchgeführt werden. Die Verdämmung ist auf jeden Fall schon während der Bohrarbeiten vorzurichten.

Die Schießkabel für die elektrische Zündung können ebenfalls schon während der Bohrarbeiten angelegt werden.

Hat man bei einem Abschlag viele Löcher zu laden und abzutun, so sind dem Sprengmeister verläßliche Arbeiter als Gehilfen beizugeben. Beim Zünden der Schüsse, welche mit gewöhnlicher Zündschnur abgetan werden, soll dem Schießmeister ein Gehilfe zum Anzünden beigegeben werden.

Eine sorgfältig durchgeführte Sprengarbeit wird von geübten Leuten verhältnismäßig rasch durchgeführt sein. Man hüte sich aber beim Sprengen vor jeglicher Hast; die Gefahr schwerer Unfälle ist zu groß.

## C. Abförderung der Felsmassen. Schutterarbeit, Schutterung

### I. Allgemeines

Die Abförderung der durch die Sprengarbeit gelösten Felsmassen erfordert reifliche Überlegung und genaue Planung, soll nicht der zeitliche und wirtschaftliche Erfolg des Stollen- oder Tunnelbaues in Frage gestellt sein. Je größer die reine Bohrgeschwindigkeit bei einem angetroffenem Gestein ist, um so weniger wird der Fortschritt des ganzen Baues von der Bohrarbeit, um so mehr wird der Erfolg von der richtig durchgeführten Schutterarbeit abhängen. Selbstverständlich muß auch bei Arbeiten im Hartgestein mit kleiner reiner Bohrgeschwindigkeit der Ablauf der Schutterarbeit mit den Bohrarbeiten, den unvermeidlichen Nebenarbeiten und Aufenthalten gut in Übereinstimmung gebracht werden.

## II. Unterteilung der Schutterarbeit

Die Schutterarbeit setzt sich aus drei Arbeitsgattungen zusammen:
1. Die Ladearbeit, Aufladen des gelösten Gesteins.
2. die Förderung der Gesteinsmassen,
3. die Ablagerung der Massen.

### 1. Die Ladearbeit

Die Verladung der durch die Sprengarbeit gelösten Gesteinsmassen in die Fördergeräte erfolgt entweder von Hand aus oder wird durch Lademaschinen besorgt. Im ersten Falle spricht man von Handschutterung, im zweiten von Maschinschutterung.

### a) Handschutterung

Die Handschutterung kommt heute nur mehr in Frage, wenn billige Arbeitskräfte in ausreichender Zahl angeworben werden können, und dort, wo bei kleinem Stollenquerschnitt und kleiner Stollenlänge, wo die Baustelleneinrichtung für Parallelbohrverfahren und Brennereinbruch sowie für die Bereitstellung der verhältnismäßig großen Preßluftmenge anbetracht des kleinen Arbeitsumfanges zu teuer kommt, was in jedem Einzelfall besonders zu überlegen ist.

Ein wichtiges Hilfsmittel sowohl für die Hand- als auch für die Maschinschutterung bilden die Schutterbleche. Sie bestehen aus Stahlblechtafeln von 5 bis 6 mm Dicke mit einer Größe von höchstens 1,50 × 2,00 m. Größere Schutterbleche werden zu unhandlich.

Die Schutterbleche bilden für die Ladewerkzeuge eine Gleitbahn und erleichtern die Schutterarbeit bedeutend. Die Schutterbleche werden vor dem Abtun der Schüsse ausgelegt. Schon beim ersten Abschlag weiß man, wie weit die Gesteinsmassen getragen werden, nach dieser Strecke richtet sich auch die Länge, auf welche die Schutterbleche ausgelegt werden. Millisekundenschießen wirft das Gestein weiter als sonstige Schießverfahren von der Stollenbrust weg.

Zu den Handschutterwerkzeugen gehören die Schaufeln, die Brecheisen, die Schlägel und Werkzeuge, die ein Zusammenkratzen des Gesteins auf leichte Traggefäße gestatten.

Die gewöhnlichen Faßschaufeln, wie man sie ober Tag verwendet, haben in der Regel zu lange Stiele und zu breite Blätter. Im Stollen- und Tunnelbau werden wegen der engen Platzverhältnisse kurzstielige Schaufeln vorgezogen. Die Schaufelblätter sind wesentlich schmäler als die Blätter der gewöhnlichen Schaufeln, weil auch die zu bewegenden Massen in der Regel ein bedeutend höheres spezifisches Gewicht haben als die Erdmassen, die ober Tag bewegt werden.

Die Brecheisen dienen zur Fortbewegung größerer Gesteinsbrocken, die Schlägel zum Zerkleinern nicht ladebarer Gesteinstrümmer. Steine, die dem Schlag des Schlägels trotzen, werden am besten seicht angebohrt und mit einer kleinen Sprengladung zerkleinert. Dabei ist es wesentlich besser, den Stein anzubohren und die Zerkleinerung mit einer halben Patrone zu erreichen als lediglich eine Ladung auf den Stein aufzulegen. Diesfalls braucht man mehr Sprengstoff; die Wirkung ist überdies unsicher und unkontrollierbar.

In der Regel werden die Bohrlöcher wesentlich stärker geladen, als dies zur Zertrümmerung des Gesteins an sich notwendig ist. Man erreicht durch die Überladung kleinstückiges Haufwerk und hat es damit bei der Schutterarbeit bedeutend leichter.

Für die Verladung von Hand aus ist es wichtig, zur Schonung der Arbeiter und zur Steigerung der Leistung jegliche unnotwendige Hebearbeit zu vermeiden. Dies erreicht man vorzüglich durch den Gebrauch *niedriger* Stollenwagen (Hunde). Die gewöhnliche Kipplore, wie sie für Arbeiten ober Tag verwendet wird, ist für die Stollenarbeit bei Handschutterung nicht sehr gut geeignet, da die Massen zu hoch gehoben werden müssen.

Die Schutterarbeit von Hand aus gehört zu den schwersten und anstrengendsten Arbeiten des Tiefbaues. Will man die Schutterleistung steigern, so bleibt nichts anderes übrig, als mit Ablösemannschaften zu arbeiten, wobei eine Mannschaft arbeitet und die andere rastet.

### b) Maschinschutterung

Bei Stollen mit größerem Querschnitt, etwa von 30 m² aufwärts, wurden in den letzten Jahren die gleichen Ladegeräte, wie selbe ober Tag verwendet werden, eingesetzt. Dies hat bei Dieselantrieb dieser Maschinen allerdings eine wesentlich leistungsfähiger ausgelegte Bewetterungsanlage zur Voraussetzung als bei Lademaschinen, welche, wie bisher unter Tag üblich, mit Preßluft angetrieben werden.

Die heute gebräuchlichen Lademaschinen mit Preßluftantrieb arbeiten entweder nach dem Prinzip eines Felslöffelbaggers oder nach dem Prinzip eines Überkopfladers. Es gibt sowohl gleisgebundene als auch gleislose Geräte. Die Leistungsfähigkeit der Geräte richtet sich nach dem Stollenquerschnitt. In der Regel wird es aber immer besser sein, statt eines großen Gerätes zwei kleinere Geräte nebeneinander arbeiten zu lassen, da die Reichweite auch der großen Geräte beschränkt ist.

Bei der scharfen Konkurrenz am Maschinenmarkt ist die Güte und Leistungsfähigkeit der Geräte ziemlich gleich und kann nicht eine Marke besonders empfohlen werden.

Die Angaben der Maschinenbauanstalten gehen mit Luftverbrauch unter die praktischen Mittelwerte, mit der Leistung über selbe. Im rauhen Stollenbetrieb ist der Verschleiß der Maschinen recht hoch, im Laufe der Zeit steigt daher der Luftverbrauch. Die Leistungsfähigkeit der Lademaschinen in $m^3$/Std. ist ganz bedeutend von dem vorhandenen Gestein abhängig. Ist dieses verhältnismäßig leicht, fällt es kleinstückig und annähernd würfelförmig an, so erhöht sich die Leistung, ist das Gestein

Tabelle 3. *Angaben über Lademaschinen*

| 1. Eimco-Stollenbagger | Type | | |
|---|---|---|---|
| | 12 b | 21 | 430 |
| Betriebsdruck atü | 2,8 —8,8 | 2,8—8,8 | 2,8 —8,8 |
| Ladeleistung $m^3$/min | 0,57—1,00 | 1,0—1,42 | 1,50—2,20 |
| größte Räumbreite m | 3,10 | | |
| Type 430 läuft auf Raupen | | | |

| 2. Atlas Copco Wurfschaufellader | Type | |
|---|---|---|
| | LM 30/35 | LM 56 |
| Betriebsdruck atü | 3,5—8,8 | 4—6 |
| Wurfmotor PS | 7 | 15 |
| Ladeleistung $m^3$/Std. | 20 | — |
| größte Räumbreite m | 2,2 | 2,65 |

plattig und sperrig und dabei noch schwer, so sinkt die Leistung erheblich. Man kann z. B. bei rundlichem Hüttenkoks ohneweiters eine Leistung von 18 $m^3$/Std mit einem Lader erreichen, der im Stollen, bedingt durch vorgeschilderte und sonstige Erschwernisse sowie Aufenthalte, etwa 9 $m^3$/Std schafft.

Wie aus obiger Zusammenstellung hervorgeht, schwanken die Angaben der Maschinenfabriken sehr stark, die Leistung ist nicht nur von dem Alter und der Pflege der Maschine, sondern auch erheblich vom Geschick des Maschinisten sowie der Leistungsfähigkeit der Druckluftanlage abhängig. 9—10 $m^3$/Std. Leistung bei einem Luftverbrauch von 9 $m^3$ Preßluft/Min. dürfte ein brauchbarer Mittelwert sein, der je nach Verhältnissen auf der Baustelle nach oben oder unten gehen wird.

Luftverbrauch von etwa 9 m³/min Preßluft mit 6 atü dürfte ein brauchbarer Mittelwert sein.

Die Lademaschinen werden im Einsatz um so wirtschaftlicher, je größer die Menge des Haufwerkes ist.

Der Einsatz von Lademaschinen setzt sehr gute Maschinisten und eine gut eingerichtete Werkstätte auf der Baustelle voraus, welche für einwandfreie Pflege und Wartung sorgt. Zweckmäßig wird man eine Lade-

Abb. 49. Lademaschine

maschine in Reserve haben. Ein Ausfall einer Lademaschine bringt empfindliche Störung des Arbeitsablaufes und bedeutet wirtschaftlichen Verlust.

Über die Leistungsmöglichkeiten der Hand- und Maschinschutterung, ihre Anpassung an die Bohrarbeit und die notwendige Berücksichtigung der immer wiederkehrenden Zeitverluste wird in einem späteren Abschnitt über den Schichtfortschritt (s. S. 92 ff.) gesprochen werden.

## 2. Förderung der Gesteinsmassen

Die Abförderung der Gesteinsmassen, die durch die Sprengarbeit gelöst wurden, kann entweder a) gleislos oder b) mit Hilfe von Fördergleisen geschehen. Die Förderung auf Gleisen ist bei kleinen Querschnitten die weiter verbreitete Art.

### a) Gleislose Förderung

Die älteste bekannte gleislose Förderung ist die Förderung mittels Schubkarrens, wenngleich man die Bohlenbahn, auf der die Schubkarren rollen, auch als Gleis ansprechen könnte. Die Schubkarrenförderung kommt nur bei ganz kleinen Bauvorhaben in Frage und findet ihre wirtschaftliche Grenze bei einer Förderweite von 50 m.

Eine weitere Art der gleislosen Förderung besteht in den Schüttelrutschen. Sie haben sich vorzüglich bei stärker geneigten Stollenbauten mit Förderung talab bewährt (z. B. beim Bau des Zugspitzstollens). Bei annähernd waagrechter Förderung auf große Förderweiten sind die Leistung der Schüttelrutschen kleiner und die Kosten höher als bei der gebräuchlichen Förderart mittels Kipploren und Lokomotivbetrieb.

Schließlich können auch Förderbänder herangezogen werden. Sehr geeignet sind Kombinationen zwischen gleisloser und Gleisförderung. Dabei übernehmen Förderbänder und Schüttelrutschen den Transport des Haufwerks von der Stollenbrust weg auf kurze Entfernungen und laden dann das Haufwerk auf gewöhnliche Kipploren.

Die dabei erzielte Arbeitsersparnis wird dann bedeutend, wenn die Bandförderer die Hebung und die Schüttelrutschen die Weiterbeförderung der Massen besorgen und das Haufwerk von Hand aus nur auf die Rutschen und Bänder geschoben oder gekratzt werden braucht. Bei dieser Art der Förderung kann die Leistung gegenüber dem Handschutterbetrieb leicht verdoppelt werden.

Im Erdbau ober Tag hat sich die gleislose Förderung weitgehend durchgesetzt. Ein Vorteil dieser Förderungsart, welcher auch für den Tunnelbau gilt, ist die Freizügigkeit auf der Kippe. Die Mannschaft, welche bei der Gleisförderung für das Heben und Richten der Gleise und für die Herstellung von Schuttergerüsten notwendig ist, wird bei der gleislosen Förderung erspart, weil die Kraftfahrzeuge Steigungen und Gefälle beherrschen, welche bei Gleisförderung nicht überwunden werden können.

Ein weiterer Vorteil der gleislosen Förderung im Tunnelbau ist die Ersparnis von eigenen Wagenwechselstellen und der Entfall der Arbeit des Rück- und Vorbaues der letzten Gleisstücke bei jedem Abschlag.

Für den Bauunternehmer ist es wirtschaftlicher, wenn er nur die Geräte für die gleislose Förderung allein beschaffen und erhalten muß.

Die gleislose Förderung mit Kraftfahrzeugen in Verbindung mit gleislosen Ladegeräten ist dann von Vorteil, wenn der Querschnitt des Stollens ausreichend groß ist und nicht durch Einbauten aller Art eingeengt ist. Nur in diesem Falle ist die Verwendung von Fahrzeugen mit großem Laderaum möglich. Ist der freie Raum im Stollen jedoch klein, müssen die dort verkehrenden gleislosen Fahrzeuge zwangsläufig ebenfalls klein werden. Ein Zusammenschluß von gleislosen Fahrzeugen zu Zügen wie bei der Gleisförderung ist nur in sehr beschränktem Umfang möglich. Der Aufwand an Lohn und Treibstoffen je Kubikmeter Fels wird bei kleinen Laderäumen unwirtschaftlich.

Der Aufwand an PS-Stunden je Tonnenkilometer ist beim Verkehr von gleislosen Einzelfahrzeugen erheblich größer als bei durch Diesellokomotiven geförderten Zügen auf gut unterhaltenen Stollengleisen. Mit dem Aufwand an PS-Stunden wächst auch der Frischluftverbrauch. Aus diesem Grunde und wegen des größeren Anfalles an stinkenden und gesundheitsschädlichen Abgasen muß die Bewetterungsanlage bei gleisloser Förderung für eine größere Luftmenge ausgelegt werden.

Dieser Nachteil könnte durch Einsatz elektrisch angetriebener Fahrzeuge vermieden werden.

Um den Verschleiß der Fahrzeuge, besonders ihrer Bereifung, in tragbaren Grenzen zu halten, muß die Fahrbahn in einen Stollen, der gleislos befahren werden soll, gut in Stand gehalten werden.

Straßentunnel mit Querschnitten von 60 m² und darüber, ferner Triebwasserstollen für Großkraftwerke in Schweden mit Querschnitten über 100 m² wurden mit bestem Erfolg unter gleisloser Förderung vorgetrieben. Hingegen wurden in den letzten Jahren bei Triebwasserstollen mit 40—50 m² Querschnitt, obwohl gleislose Förderung durchwegs möglich gewesen wäre, im Gleisbetrieb hergestellt.

Wie aus obigen Ausführungen zu entnehmen, ist die Entscheidung Gleisbetrieb oder gleislose Förderung noch nicht endgültig zu Gunsten einer Arbeitsführung entschieden. Wie bei den meisten Tunnelarbeiten gibt es auch hier kein allgemein gültiges Rezept, vielmehr richtet sich die Entscheidung nach den gegebenen Verhältnissen.

### b) Gleisförderung

α) **Stollengleis.** *Spurweiten.* Die kleinste für den Stollenbau brauchbare Spurweite ist 50 cm, doch gibt es für diese Spurweite keine besonders leistungsfähigen Lokomotiven, und die Wagen haben, verglichen mit ihrem toten Gewicht, zu wenig Ladefähigkeit.

Weit verbreitet und praktisch für alle Stollenabmessungen und Ladevorgänge brauchbar ist die Spurweite von 60 cm, für die sowohl brauchbare Wagen als auch Lokomotiven gebaut werden. Gleise von 60 cm Spurweite sind in der Verlegung noch genügend leicht zu handhaben.

Auch die 76-cm-Spur ist vielfach zu finden, zumal in Ländern, in denen Lokalbahnen mit dieser Spurweite ausgeführt sind.

Gleise mit 90 cm Spurweite sind schon etwas schwerer zu handhaben. Die darauf verkehrenden Loren haben auch entsprechend großes Fassungsvermögen und entsprechendes Gewicht. Nur bei Verwendung von Lademaschinen kommt diese Spurweite in Frage.

Beim Bau des Simplontunnels wurde auch Regelspur von 1435 mm als Fördergleis verwendet. Dabei wurden die Schmalspurkipper mittels einer eigenen Krananlage angehoben und in die regelspurigen Schotterwagen der Schweizer Bundesbahnen entleert. Dies ist aber als Ausnahme zu betrachten und wird wenig Wiederholung finden.

*Schienen und Schwellen.* Als Tunnelbauschienen eignen sich am besten mittelschwere Schienenprofile von 10 bis 12 kg/lfd. m für die Sechziger-Spur. Die Verwendung von Eisenschwellen ist nicht zweckmäßig, da die Beanspruchung des Stollengleises eine recht hohe ist; überdies muß man mit einer starken Verrostung des Gleisgestänges rechnen. Das Gleis auf Eisenschwellen, sogenanntes Patentgleis, eignet sich aber sehr gut für die letzten Gleisstöße vor der Stollenbrust, da es wegen seiner Leichtigkeit leicht vor- und rückgebaut werden kann.

Das laufende Stollengleis wird auf Holzschwellen verlegt. Der Schwellenabstand ist bei weichem Untergrund selbstverständlich kleiner als bei festem Fels, soll aber nie zu groß werden, da sonst die Spurhaltung nachläßt und die Schienen sich zwischen den Feldern unter der Last der Wagen und Lokomotiven durchbiegen. Für die Sechziger-Spur gilt als Höchstentfernung 90 cm.

Bei Lokomotiv- wie auch bei Handbetrieb lohnt es durchaus, das Stollengleis in Richtung und Höhenlage ordentlich zu verlegen und auszurichten. Man erspart dadurch an menschlicher Arbeitskraft, Betriebsstoffen und Reparaturen.

β) **Stollenwagen.** Die Verwendung gewöhnlicher Kipploren, wie man sie bei Erdarbeiten ober Tag gebraucht, muß für den Stollenbetrieb genau überlegt werden. Für Handschutterung sind die gewöhnlichen Kipploren *nicht* geeignet, weil dabei die Steine zu hoch zu heben sind. Bei Verwendung von Lademaschinen, Schüttelrutschen und Bandförderern aller Art muß man sich vorher vergewissern, ob die Höhe der Loren mit den Ladern und Fördergeräten übereinstimmt.

Ein niedriger Stollenwagen von genügend großer Ladefähigkeit, der sowohl für Hand- als auch für Maschinschutterung geeignet ist und mit menschlicher oder Lokomotivkraft bewegt werden kann, ist in Abb. 50 dargestellt. Die Entwicklung dieser praktischen Förderwagen für den Stollenbetrieb stammt aus den skandinavischen Ländern. Sie wurden sowohl in Schweden als auch in Norwegen ziemlich gleichzeitig in Verwendung genommen.

Neuzeitliche Stollenwagen haben in der Regel Wälzrollenlager. Die höheren Anschaffungskosten dieser sehr leicht laufenden Wagen sind bald durch die Ersparnis an Betriebsstoffen und durch die höhere Leistungsfähigkeit hereingebracht.

Der Rauminhalt der Stollenwagen beträgt am besten 0,75 m³; größere Wagen sind nur bei ausschließlicher Maschinladung und Lokomotivbetrieb empfehlenswert.

Die Förderung der Stollenwagen erfolgt durch Menschenkraft, Tierzug oder Lokomotiven. Tierzug ist derzeit wenig gebräuchlich.

Förderung durch Menschenkraft ist bei beengten Verhältnissen, kleinen Förderwagen und kleinen Massen wirtschaftlich und brauchbar. Vielfach findet man auch Kombinationen von Menschenkraftförderung und

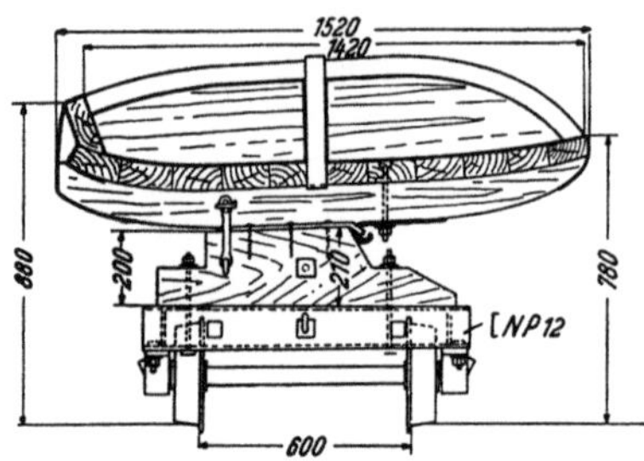

Abb. 50. Stollenwagen nach norwegischer Bauart

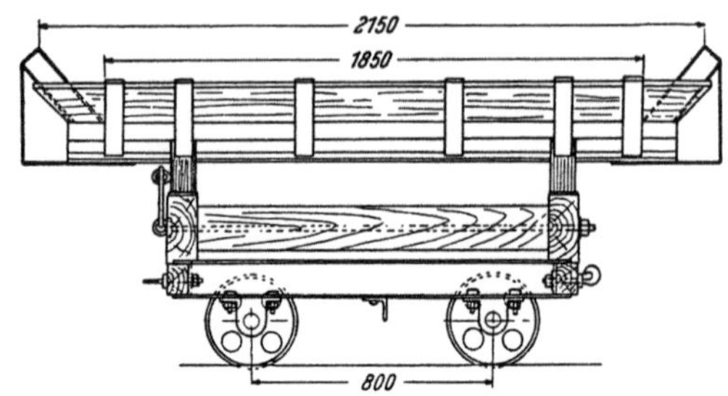

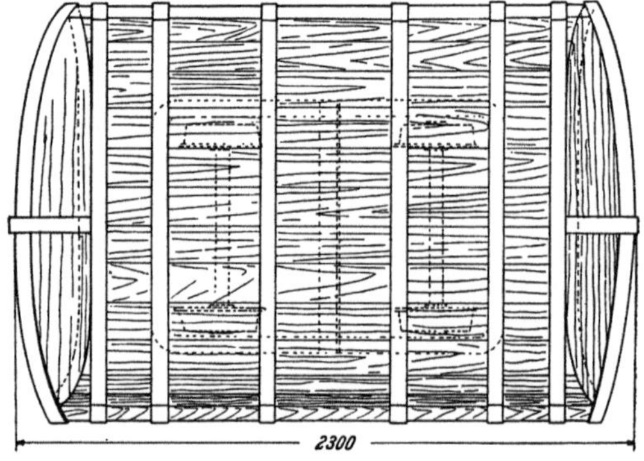

Lokbetrieb, so zwar, daß z. B. die Stollenwagen (Hunde) im vordersten Teil des Richtstollens durch die Schlepper bis zu einem Aufstellgleis bewegt, von wo sie durch Lokomotiven weiterbefördert werden. Man richtet es nach Möglichkeit so ein, daß die leeren Wagen bergauf und die vollen talab befördert werden. Steigungen von 10 Promille sind bei beladenen Wagen von Hand aus schon recht schwer zu überwinden. Für beste Lauffähigkeit der Wagen muß man bei Handbeförderung besonders Sorge tragen; bei Lokförderung erspart man dadurch Betriebsstoff.

γ) **Lokomotiven.** Heutzutage sind Diesel-, Preßluft- und elektrische Lokomotiven im Tunnelbau in Verwendung. Der Gebrauch von feuerlosen Dampflokomotiven mit großen, speichernden Kesseln blieb in den Anfängen stecken, weil diese Maschinen einen zu kleinen Aktionsradius haben. Von den Benzinlokomotiven ist man abgekommen, da deren Auspuffgase weit unangenehmer sind als die der Diesellokomotiven.

Die Diesellokomotiven haben sich im Stollenbetrieb recht gut bewährt. Auch für die kleinen Richtstollenprofile von 4 m² sind recht brauchbare Muster gebaut worden. Der Auspuff der Diesellokomotiven ist aber immerhin recht übelriechend und in größerer Konzentration auch giftig. Für die Entgiftung und Geruchsbeseitigung wurden eigene Auspuffwaschanlagen gebaut, die die Übelstände bessern, aber nicht voll beseitigen. Dieser Umstand muß bei der Bemessung der Bewetterungsanlagen berücksichtigt werden.

Sehr gut haben sich die elektrischen Stollenlokomotiven bewährt. Dabei kommen Lokomotiven, die aus einem Fahrdraht gespeist werden, höchstens für die fertige Tunnelstrecke in Betracht. Für alle Vortriebsstrecken ist die Verlegung eines Fahrdrahtes zu gefährlich; es gibt auch zu viele Kurzschlußmöglichkeiten.

Von den Siemens-Schuckert-Werken wurden sehr brauchbare elektrische Stollenlokomotiven mit Sammelbatterien gebaut. Die Batterien sind sehr schnell auswechselbar; die Lokomotive mit erschöpfter Batterie braucht nur zur Ladestelle zu fahren und wechselt dort die leere gegen die volle Batterie binnen weniger Minuten mit einigen Handgriffen aus.

Da alle Baumaschinen mit Drehstrom angetrieben werden, braucht man für die Ladung der Akkumulatoren eine eigene Umformeranlage. Es können sowohl rotierende Umformer als auch geeignete Gleichrichter verwendet werden.

Die elektrischen Lokomotiven werden mit verschiedener Leistung geliefert. Es ist unzweckmäßig, die Maschinen bis an die Grenze ihrer Leistung auszunützen; im Zweifelsfall schaffe man sich lieber eine stärkere Maschine an.

Sehr gut haben sich auch die Lokomotiven mit Preßluftantrieb bewährt. Sie finden, wie die elektrischen Lokomotiven, ihre Anwendung besonders bei langen Stollen mit langen Richtstollen, wo man mit der Entfernung und Verdünnung der Auspuffgase der Diesellokomotiven bereits Schwierigkeiten hat.

Es gibt sowohl Hochdruck- als auch Niederdruckpreßluftlokomotiven. Die Hochdrucklokomotiven haben bedeutend größere Leistungsfähigkeit und wesentlich größeren Aktionsradius als die Niederdrucklokomotiven. Dafür braucht man aber eine eigene Hochdruckpreßluftanlage, welche Preßluft bis zu 60 atü liefert. Es genügt nicht nur die Anschaffung der notwendigen Hochdruckkompressoren, sondern es muß auch eine eigene Hochdruckpreßluftleitung einen weiten Weg in den Stollen geführt werden. Dies ist notwendig, um mit der Preßluftlokomotive keine Leerfahrten durchführen zu müssen.

Die Niederdruckpreßluftlokomotiven brauchen zur Speicherung der Kraftreserve einen entsprechend großen Druckluftbehälter, der allerdings an jeder passenden Stelle der laufenden Preßluftleitung nachgefüllt werden kann. Voraussetzung dabei ist, daß die laufende Preßluftleitung tadellos in Stand gehalten ist und entsprechend hohen Druck, wenigstens sechs atü, führt. Für den Betrieb der vordersten Richtstollenstrecken haben sich die Niederdrucklokomotiven auch ganz gut bewährt, nur ist die Leistungsfähigkeit meist nicht genügend groß. Für größere Stollenquerschnitte, die je Abschlag eine größere Menge Haufwerk ergeben, eignen sich die Niederdrucklokomotiven nicht.

δ) **Gleisanlagen.** Die Fördergleise müssen so verlegt sein und so viele Ausweichmöglichkeiten haben, daß jederzeit genügend leere Wagen an der Abbaustelle zur Verfügung stehen und damit die Schutterung nur ganz kurze Unterbrechungen erfährt.

Durchlaufend doppelgleisiger Betrieb ist auch bei Stollen großen Querschnittes nicht gebräuchlich, da meistens die Mauerungsstrecken schon das Gleis in der Mitte verlangen. womit meist die Eingleisigkeit gegeben ist.

In schmalen Richtstollenquerschnitten erfolgt das Ausweichen der Wagen in Nischen. Die Fahrt in die Nische geht entweder über eine Dreh-

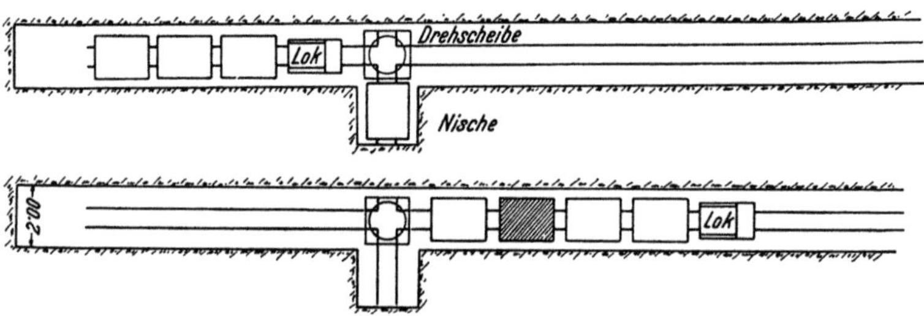


Abb. 51. Wagenwechsel in einem engen Stollen

scheibe oder über eine Schiebebühne. Der Betrieb im Richtstollen ist in Abb. 51 gezeigt.

Die Lokomotive schiebt den Leerwagenzug bis vor die Drehscheibe; ein Wagen wird von Hand aus in die Nische gestellt. Die übrigen Leerwagen werden dann bis zur Stollenbrust vorgeschoben und der vorderste wird beladen. Dann fährt der ganze Zug zurück, der in der Nische stehende Leerwagen kommt als erster, wird an die Stollenbrust geschoben, dort beladen und wieder zurückgezogen. Vor Erreichen der Nische wird ein weiterer Wagen des Zuges hineingeschoben und weiter so vorgegangen, bis alle Wagen beladen sind. Die Anzahl der Wagen richtet sich nach der Menge des anfallenden Haufwerks und der Leistungsfähigkeit der Lokomotive. Ist z. B. eine wenig leistungsfähige Preßluftlokomotive vor Ort, so macht diese nur die vorgeschilderten Bewegungen und fährt den Zug schließlich auf ein Abstellgleis, von wo er von einer zweiten Lokomotive abgeholt wird.

Bei Handbetrieb wird die Drehscheibe weggelassen und die leeren Wagen werden von Hand aus auf eine Bretterbühne ausgehoben. Die Bretterbühne kann noch mit einer Blechtafel bedeckt werden.

Die früher geschilderten Wagenbewegungen mit Drehscheibe erfordern verhältnismäßig viele Betriebsstunden der Lokomotive, was sich ungünstig in den Lohn- und Betriebsstoffkosten auswirkt.

Ist der endgültige Querschnitt wesentlich breiter als der Richtstollen, fällt also die Nische in den künftigen Vollquerschnitt, so kann man vorteilhaft eine lange Nische machen, in der alle Wagen zur Auswechslung bereitstehen können. Diese Wagen werden dann im leeren Zustand in die Nische von Hand aus ausgehoben. Ist der endgültige Querschnitt so breit, daß er die Verlegung von Weichen gestattet, so macht man die Wechsellinie so geräumig, daß man die notwendigen Weichen verlegen kann, und besorgt die Auswechslung mittels Weichen im Hand- oder Lokbetrieb.

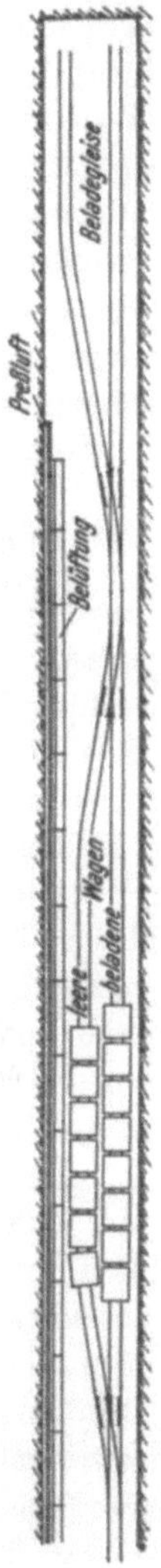

Bei Richtstollen von 3 m aufwärts hat man vor Ort zweckmäßig zwei Ladegleise, deren Anlage sich der Schutterungsart anpassen muß. Gleich hinter der Weiche für die Ladegleise befindet sich eine weitere Weiche, welche zu den Aufstellungsgleisen für leere und volle Wagen führt.

Eine Anlage bei einem 5 m breiten Richtstollen ist aus Abb. 52 zu entnehmen.

Hat man weite Wege zur Kippe und nicht genügend leistungsfähige Lokomotiven, so werden zwei Lokomotiven in der Schicht verwendet, um eine flüssige Wagenbeistellung vor Ort zu erreichen. In diesem Falle sind weitere Ausweichen erforderlich, deren Zahl sich nach der Wagenzugslänge und der Fahrgeschwindigkeit richtet. Am besten macht man sich auf Grund der bekannten Entfernungen und Fahrgeschwindigkeiten einen Bildfahrplan, nach welchem sich der ganze Betrieb abspielen muß. Dabei muß man reichlich Zeit (wenigstens zehn Minuten) für die notwendige Rangierarbeit einkalkulieren. Für jede Kreuzung ist ebenfalls ein Zuschlag von zehn Minuten vorzusehen.

Sonst müssen alle Grundsätze befolgt werden, die für die flüssige Massenbewegung auch ober Tag Gültigkeit haben.

### 3. Ablagerung der Massen

Der Ablagerungsort der Massen wird in der Regel Kippe genannt. Bei Anlage der Kippe ist vorher der Mutterboden zu entfernen, der nach Beendigung der Tunnelarbeit wieder aufgebracht wird. Man achte darauf, daß der geschüttete Tunnnelschutt einen natürlichen Halt bekommt. Ist ein solcher nicht vorhanden, so muß man der Kippe einen Fuß aus gut gegründeter Trockenmauer geben. Nach Möglichkeit wird man die Kippe so anlegen, daß sie sich wieder in das Lanschaftsbild einfügt. Man vermeide daher alle geometrischen Formen und zu steile Böschungen.



Abb. 52. Gleisanlage bei einem breiten Stollen

Ab und zu wird auch das Ausbruchmaterial von Eisenbahn- und Straßentunnels zur Schüttung von Dämmen, welche die Zufahrtsrampen der Tunnels bilden, verwendet. In diesem Falle sind alle Regeln, wie sie beim Schütten von Dämmen zu beobachten sind, anzuwenden. Bei den Norwegischen Staatsbahnen wurden vielfach Bachschluchten nicht durch Talbrücken (Viadukte) überquert, sondern das Gerinne im festen Fels als Wassertunnel geführt und die Schlucht mit einem mehr oder weniger hohen Damm überquert. Dabei wurde nach Beseitigung des Rasens und Herstellung von Abtreppungen im Gelände der Damm so geschüttet, daß die großen Felsblöcke an der Außenseite des Dammes waren und der Kern aus feinerem Schutt bestand.

Gegen das Abrollen der Steine von der Kippe errichtet man geeignete Steinfangwände, welche entweder als Trockenmauerwerk oder als Holzwände, Altschwellen zwischen einbetonierten Eisenbahnschienen, zu bauen sind.

## D. Berechnung des Schichtfortschrittes im Tunnelbau

Für die Aufstellung brauchbarer Baubetriebspläne, zur Feststellung angemessener Preise für den Kubikmeter ausgebrochenen festen Fels sowie für die Gewährung richtiger Ansätze bei Gedinge-(Akkord-)Arbeit ist die Voraussage des in einer Schicht möglichen Vortriebes im Richtstollen oder sonstigen Stollenteilen von großer Bedeutung. Im Fachschrifttum finden sich neben vielen statistischen Angaben über Einzelheiten, wie Bohren, Schuttern, auch teilweise Berechnungen, bei denen die tatsächlichen Bohr- und Schutterzeiten in Hundertsätzen der Gesamtschicht angegeben werden. Die Statistikangaben sind meist nur auf ganz bestimmte Verhältnisse anwendbar, alle sonstigen Berechnungsangaben erfassen die verschiedenen Leistungen, Arbeitsverhältnisse und Zusammenhänge nur roh.

In den folgenden Ausführungen wird der Versuch gemacht, die je Schicht erzielbaren Abschlagslängen für alle möglichen Querschnitte sowohl für den Richtstollen als auch für die Nachtriebsflächen genauer vorauszubestimmen.

Den Berechnungen ist die Achtstundenschicht zugrunde gelegt. Dort, wo die Untersuchungen für Kurzschichten oder andere Arbeitseinteilungen durchgeführt wurden, sind die Ergebnisse auf die Achtstundenschicht umgerechnet, um die notwendige Vergleichsmöglichkeit zu haben.

Der je Schicht oder Angriff erreichbare Abschlag ist wesentlich von vier Dingen abhängig:

1. von der Bohrleistung;
2. von der Schutterleistung;
3. von den Verspannungsverhältnissen im Gebirge und
4. von der Betriebseinteilung.

Auf Grund jeder dieser vier Bedingungen ergibt sich eine mögliche Abschlagslänge. Die kleinste sich ergebende Abschlagslänge ist die maßgebende.

## I. Abschlagslänge auf Grund der Bohrleistung

Die Abschlagslänge, die auf Grund der Bohrleistung erzielt werden kann, muß sowohl für den Betrieb, bei dem gleichzeitig gebohrt und geschuttert wird, als auch für den Fall der getrennten Bohr- und Schutterarbeit untersucht werden. Werden leichte Bohrhämmer verwendet, die entweder freihändig oder nur unter Zuhilfenahme von ganz leichten Spannsäulen bedient werden, so ist es leicht möglich, die Bohr- und Schutterarbeit nebeneinander laufen zu lassen. Bei Verwendung von Bohrmaschinen, die auf eigenen Bohrwagen oder schweren Spannsäulen ihr Widerlager finden, aber auch bei Verwendung von Hochleistungs-Lademaschinen vor Ort muß die Bohrarbeit vom Schuttern zeitlich getrennt werden (Ausnahme s. S. 7).

### 1. Schichtfortschritt bei gleichzeitiger Bohr- und Schutterarbeit

Um die Abschlagslänge zu finden, die sich in diesem Fall auf Grund der Bohrleistung ergibt, ist es erforderlich, die je Schicht anfallenden Bohrzeitverluste festzustellen. Die Bohrzeitverluste sind teils unabhängig, teils abhängig von der Zahl der Bohrlöcher; im Abhängigkeitsfalle wachsen sie mit dieser.

Auf Grund vieler Beobachtungen, die bei ausgedehnten Tunnelbauten in Nordnorwegen gemacht wurden, ergaben sich die in der folgenden Tabelle 4 angeführten, von der Lochzahl unabhängigen Bohrzeitverluste.

Im Mittel sind demnach 148 Minuten an Zeitverlusten anzusetzen, die von der Lochzahl unabhängig sind.

Zu den Werten der folgenden Tabelle 4 ist noch zu bemerken, daß die unter Maximum angeführte Zahl der größte, die unter Minimum angeführte Zahl der kleinste Bohrzeitverlust war, der beobachtet wurde, während unter Mittel der Durchschnitt von 32 beobachteten Tunnelbaustellen angeführt ist. Überdies ist angenommen, daß ein Zeitverlust durch das Auf- und Abbauen der Spannsäulen nicht eintritt, sondern daß diese Arbeit sowie sonstige noch anfallende Nebenarbeiten *gleichzeitig* mit den unter 2 bis 7 angeführten Leistungen vollzogen werden.

Von der Lochzahl sind die Zeitverluste abhängig, welche durch die Ladearbeit, das Ansetzen der Bohrlöcher, das Umsetzen der Bohrmaschinen von Loch zu Loch sowie durch das Wechseln der Bohrer im selben Loch entstehen.

Der letztere Zeitverlust entsteht in der Regel nur beim Bohren mit gewöhnlichem Bohrstahl, da die gebräuchlichen Bohrlochtiefen meist nicht mit einem Bohrer fertiggestellt werden können.

Bei Verwendung von Hartmetallkronen entfällt hingegen in der Regel das Wechseln des Bohrers im selben Loch. Voraussetzung dafür ist, daß vor Ort immer eine genügende Anzahl gut geschliffener Bohrkronen vorhanden ist und der Bohrhammerführer gar nicht in Versuchung kommt,

*Tabelle 4*

| Zeitverlust | Minuten | | |
| --- | --- | --- | --- |
| | Maxi-mum | Mini-mum | Mittel |
| 1. Zeit zum Schießen und Lüften, gleichzeitig Zu- und Abmarsch der Mannschaft | 60 | 21 | 40 |
| 2. Anschluß u. Vortragen der Preßluftschläuche, Vortragen u. Fertigmachen der Bohrmaschinen | 10 | 3 | 6 |
| 3. Abbau der Schläuche und der Maschinen | 10 | 3 | 5 |
| 4. Weiterbau der festen Preßluftleitung | 10 | 5 | 7 |
| 5. Rückbau bzw. sicheres Abdecken der festen Preßluftleitung | 5 | 5 | 5 |
| 6. Rückbau bzw. sorgfältiges Abdecken der Wetterleitung | 10 | 5 | 8 |
| 7. Vorbau der Wetterleitung | 15 | 10 | 12 |
| 8. Brotzeit der Mannschaft | 30 | 30 | 30 |
| 9. Abkeilen und Abräumen von losen Felsmassen in der Firste und an der Brust | 20 | 20 | 20 |
| 10. Reservezeit für steckengebliebene Bohrer und sonstige Behinderungen | 16 | 10 | 15 |

mit einem ungeschliffenen Bohrer zu arbeiten. Die Bohrkronen müssen dabei schon im passenden Gestänge stecken. Das Lösen und Befestigen der Kronen geschieht während der Arbeiten, die in der obigen Tabelle 4 unter 2 bis 10 bezeichnet sind. Die Zahl der notwendigen Hartmetallkronen ergibt sich nach wenigen Abschlägen.

Die Verhältnisse sollen zunächst bei Verwendung von Hartmetallkronen untersucht werden. Dabei ergeben sich die in Tabelle 5 zusammengefaßten Zeitverluste, die von der Lochzahl abhängig sind:

*Tabelle 5*

| Zeitverluste | Minuten je Loch | | |
|---|---|---|---|
| | Maximum | Minimum | Mittel |
| 1. Ladezeit eines Schusses, ein Schießmeister. ein Helfer, Schlagpatronen und Verdämmung wurde schon vorher vorbereitet | 5 | 1 | 2 |
| 2. Ansetzen eines Bohrloches | 3 | 0,3 | 1 |
| 3. Umsetzen der Bohrmaschine von Loch zu Loch | 4 | 1 | 3 |

Ebenso wie in der Tabelle 4 über die unabhängigen Bohrzeitverluste wurde unter Maximum die längste, unter Minimum die kürzeste Zeit angeführt. Das Mittel wurde aus allen ausgeführten Beobachungen gebildet.

Führt man nun die Bezeichnungen ein:

$v_k$   Summe der gleichbleibenden, von der Lochzahl unabhängigen Zeitverluste;

$n$   Anzahl der Bohrlöcher;

$l$   Ladezeit eines Schusses;

$a$   Zeit zum Ansetzen eines Bohrloches;

$u$   Zeit zum Umsetzen der Bohrmaschine von Loch zu Loch;

$z$   Anzahl der Bohrhämmer und Bohrhammerführer.

so ergibt sich die Zeit Z, während welcher die Bohrmaschinen im Verlauf der Achtstundenschicht tatsächlich arbeiten, mit

$$Z = 480 - \left( v_k + n \cdot l + \frac{n \cdot a}{z} + \frac{n \cdot u}{z} \right) \tag{19}$$

in Minuten.

In der Abb. 53 ist der Ausdruck in der Klammer, welcher die Bohrzeitverluste darstellt, aufgetragen, wobei die Einzelheiten der vorigen Zusammenstellungen zugrunde gelegt wurden.

Es wurde angenommen, daß bei zwei, drei oder vier Bohrhämmern, welche entweder frei beweglich sind oder auf leichten Spannsäulen ihr Widerlager finden, auch ein Mineur und ein Helfer vorhanden sind, die das Ansetzen der Bohrlöcher und das Umsetzen der Maschinen von Loch zu Loch besorgen. Sind hingegen sechs Bohrhämmer in Verwendung, so wurde angenommen, daß diese auf einem Bohrwagen befestigt sind und nur zwei Mannschaften das An- und Umsetzen besorgen. Sechs Mannschaften würden sich auch zweifellos bereits im Wege stehen.

Aus Abb. 53 ist zu entnehmen, daß schon bei 20 Bohrlöchern nahezu die Hälfte der Achtstundenschicht für die eigentliche Bohrarbeit verlorengeht. Steigt die Bohrlochzahl über 40, so bleibt schon recht wenig Zeit für die eigentliche Bohrarbeit übrig. Daraus ist zu ersehen, daß große Querschnitte, welche eine hohe Lochzahl haben, in einer Achtstundenschicht nicht mehr abgebohrt werden können. Nachdem im Stollenbau ein

Taktbetrieb erwünscht ist, man also in jeder Schicht einen Abschlag machen will, ergibt sich schon aus diesem Grunde eine Unterteilung von großen Querschnitten in Teilquerschnitte.

Jeder aufmerksame Beobachter, der mit der Uhr in der Hand die Arbeiten im Stollenbau verfolgt, wird alsbald bemerken, daß fast die halbe Zeit der Schicht die Bohrhämmer stillstehen. So bedauerlich diese

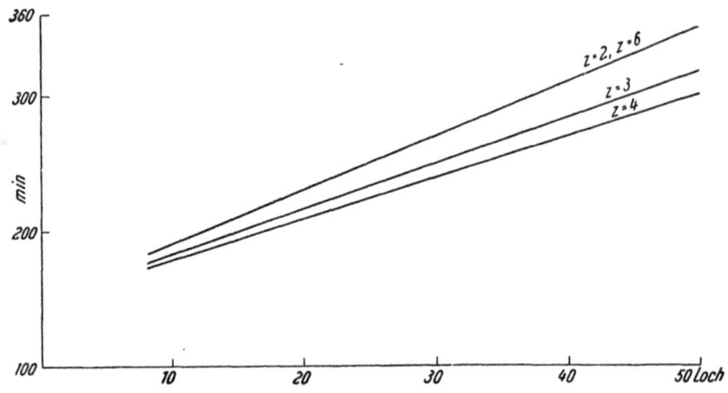


Abb. 53. Bohrzeitverluste in Minuten

Verwendung von Bohrknechten, Zahl $z$ der Bohrmaschinen, $z = 2$, $3$ und $4$; Verwendung von Bohrwagen mit $z = 6$; Ladezeit $l = 2$ Min.; Umsetzzeit $u = 3$ Min. bzw. 9 Min. bei Bohrwagen; Ansetzen des Loches $a = 1$ Min. bzw. 3 Min. bei Bohrwagen

Tatsache an sich ist, hat sie auch ihr Gutes: denn bei der Berechnung des Energieaufwandes braucht man nicht alle Bohrhämmer als gleichzeitig im Betriebe stehend anzunehmen.

Multipliziert man die aus Gl. (9) herauskommende Bohrzeit mit der reinen Bohrgeschwindigkeit $b$ in m/min (s. S. 11) und weiter mit der Zahl $z$ der Bohrmaschinen vor Ort, so erhält man die je Schicht leistbaren Bohrmeter. Dividiert man diese so erhaltene Zahl durch die Lochzahl $n$, so bekommt man die mittlere Bohrlochlänge, die für einen Abschlag in einer Schicht erbohrt werden kann.

Die mittlere Bohrlochlänge ist noch nicht die gesuchte Abschlagslänge. Es ist eine bekannte Tatsache, daß, wenn etwa einen Meter tief gebohrt wird, der Abschlag *nicht* einen Meter beträgt, sondern in der Regel kleiner ausfällt. Um die Abschlagslänge zu erhalten, muß man die mittlere Bohrlochlänge noch mit der Abschlagsgüte $r$ (s. S. 45) multiplizieren.

Unter Beibehaltung der schon eingeführten Bezeichnungen ergibt sich der auf Grund der Bohrleistung mögliche Schichtfortschritt bei Verwendung von Hartmetallkronen mit

$$t = \left(480 - v_k - n \cdot l - \frac{n \cdot a}{z} - \frac{n \cdot u}{z}\right) \cdot \frac{z \cdot b \cdot r}{n}. \qquad (20)$$

Über die Größe der Abschlagsgüte $r$ wurde bei Behandlung der Einbruchsarten und bei der Untersuchung des Spreng- und Zündmittelbedarfes sowie bei der Ermittlung der Bohrmeter je Kubikmeter Fels ausführlich (s. S. 47 ff., 76) berichtet.

Unter der reinen Bohrgeschwindigkeit $b$ ist jene verstanden, welche die Bohrmaschine oder der Bohrhammer erzielt, wenn er mit dem richtigen Luftdruck und richtigem Anpreßdruck bei einwandfreier Bohrerschneide arbeitet.

Die reine Bohrgeschwindigkeit kann durch Versuche, welche den Verhältnissen im Tunnel selbst bezüglich Bohrrichtung und durchörtertes Gestein möglichst nahe kommen, ermittelt werden.

## 2. Abschlagslängen bei Bohrung mit gewönlichem Bohrstahl

Beim Bohren mit gewöhnlichem Bohrstahl muß der Zeitverlust, der durch das Wechseln des Bohrers im selben Loch entsteht, ermittelt werden. An neuen Bezeichnungen werden eingeführt:

$F$ Bohrzeit ohne Berücksichtigung der Zeitverluste, welche durch das Wechseln des Bohrers im selben Loch entstehen, wobei

$$F = 480 - v_k - n \cdot l - \frac{n \cdot a}{z} - \frac{n \cdot u}{z}.$$

$w$ Zeit, welche zum Wechseln sämtlicher Bohrer notwendig ist;
$w'$ Zeit, welche zum Wechseln e i n e s Bohrers im selben Loch gebraucht wird;
$k$ Bohrmeter, nach welchen der Bohrer aus gewöhnlichem Bohrstahl zu wechseln ist.

Zur Ermittlung der Zeit $w$, welche zum Wechseln sämtlicher Bohrer notwendig ist, kann folgende Gleichung aufgestellt werden:

$$\frac{F - w}{k} \cdot b \cdot w' = w.$$

Daraus erhält man

$$w = \frac{F \cdot b \cdot w'}{b \cdot w' + k}. \tag{21}$$

Die Zeit $w$ stellt den Zeitverlust dar, wenn nur ein Bohrhammer arbeiten würde. Sind jedoch ebenso viele Bohrhämmer als Bohrmannschaften vorhanden, so bleibt die Zahl $w$ gleich.

Die Verhältnisse sollen an einem *Beispiel* erläutert werden:
Nimmt man

$$v_k = 148; \; l = 2; \; n = 18; \; z = 3; \; a = 1;$$
$$u = 3; \; k = 0{,}20; \; w' = 2 \text{ Min.}; \; b = 0{,}06 \text{ m/min},$$

so erhält man

$$F = 272 \text{ Min.}$$

und

$$w = \frac{272 \cdot 0,06 \cdot 2}{0,20 + 0,06 \cdot 2}.$$

$$F - w = 170.$$

Es werden also

$$170 \cdot 0,06 \cdot 3 = 30,6 \text{ Bohrmeter}$$

je Schicht gemacht.

Dabei müssen die Bohrer $\dfrac{30,6}{0,20} = 153$ mal

gewechselt werden. In diese Arbeit teilen sich drei Mannschaften, die jede 51 mal die Arbeit machen muß und jeweils dazu zwei Minuten braucht, also 102 Minuten von der eigentlichen Bohrarbeit aufgehalten ist.

Meist wird beim Wechseln der Bohrmaschine von Loch zu Loch ebenfalls auch der Bohrer ausgewechselt, jedoch wurde diese Ersparnis an Zeit nicht in Rechnung gezogen, sondern dies als willkommene Reservezeit angenommen.

Die Länge $k$, auf welche ein Stahlbohrer bis zu seinem Stumpfwerden und der damit verbundenen Unbrauchbarkeit verwendet werden kann, hängt von der Güte des Bohrstahles, der Güte der Schmiede- und Härtearbeit sowie von der Borhgeschwindigkeit ab, welche ihrerseits wieder eine Funktion der Gesteinshärte ist.

Große Gesteinshärte gibt eine kleine Bohrgeschwindigkeit und einen kleinen Wert $k$ und umgekehrt.

Den Wert $k$ findet man am besten durch eine Probebohrung, bei der man den Verhältnissen im Stollen möglichst nahezukommen trachtet. Aus dem Schaubild Abb. 8 ist der Wert $k$ zu entnehmen, wie er sich bei Felsbauten in den Gesteinen Nordnorwegens ergab; damit erhält man einen Anhaltspunkt.

Bei Verwendung von gewöhnlichem Bohrstahl lautet dann Gl. (20)

$$t = \frac{\left(480 - v_k - n \cdot l - \dfrac{n \cdot a}{z} - \dfrac{n \cdot u}{z} - w\right) \cdot z \cdot b \cdot r}{n}. \tag{22}$$

## II. Abschlagslänge auf Grund der Schutterleistung

Das Ziel eines jeden Stollenvortriebes ist, daß sich innerhalb eines bestimmten Zeitraumes (des Ablaufes der Schicht) die Bohr- und Schutterarbeit taktmäßig wiederholt. Nur so sind die Arbeitskräfte und Maschinen am besten ausgenutzt, nur so kann der beste Vortrieb erzielt werden. Es muß also die Bohr- und Schutterleistung gegeneinander abgestimmt werden. Es wäre aber abwegig, in einer Schicht so viel Fels zu lösen, daß er nicht mehr weggeschuttert werden kann. Richtig ist nur der Vorgang, daß nach jeder Schicht *alle* Arbeiten, also auch die Schutterarbeit, abgeschlossen sind; daher löst man je Schicht so viel Fels, daß dieser auch weggeschuttert werden kann.

Die je Zeitraum schutterbare Masse an festem Fels hängt ab

a) von der Leistungsfähigkeit der von Hand arbeitenden Schuttermannschaft oder der Lademaschinen,

b) von der Auflockerung des Gesteins nach der Sprengung und

c) von der Zeit, welche zum Schuttern zur Verfügung steht.

Zu a). Auf Grund ausgedehnter Beobachtungen auf norwegischen Tunnelbaustellen ergab sich die Leistung der Schuttermannschaft, welche von Hand aus arbeitete, mit

$$0{,}064 \ \text{m}^3/\text{min}$$

Haufwerk. Diese Leistung wurde sowohl bei großen als auch bei kleinen Querschnitten erreicht. War der Stollen klein, so daß weniger Leute vor Ort schaffen konnten, so ließ man einen Teil der Leute rasten, während die anderen arbeiteten. Dadurch wurde die Verkleinerung der vor Ort schaffenden Mannschaft durch die höhere Arbeitsleistung der ausgeruhten Leute wettgemacht.

Bei sehr kleinen Querschnitten, etwa bei 4 bis 6 m², müßte man die Leistungsfähigkeit der Schuttermannschaft etwas kleiner annehmen, doch ist bei diesen kleinen Querschnitten die Schutterleistung selten für das Gesamtergebnis von ausschlaggebender Bedeutung. Man kann daher in der Annäherung für alle Querschnitte die gleiche Schutterleistung annehmen. Sind die kleinen Querschnitte in der Kalotte oder den Strossen, so ist dort meist wieder genügend Bewegungsfreiheit für eine entsprechend starke Schuttermannschaft, die wieder leicht den gegebenen Wert von 0,064 m³/min erreichen wird. Bei der Kalotte und den Strossen wird man daher eher zu ungünstig rechnen.

Die Leistungsfähigkeit der kleinen Lademaschinen, wie Atlas Diesel, Salzgitterlader und ähnlichen, war einschießlich aller Stillstandszeiten im angelaufenen Betrieb rund

$$0{,}15 \ \text{m}^3/\text{min}$$

Haufwerk. Die Leistung der Schrapergeräte und der Druckschaufellader Lünen Westphalia war

$$0{,}3 \ \text{m}^3/\text{min}.$$

Zu b). Die Auflockerung des Gesteins betrug bei den beobachteten Tunnelbaustellen 40 bis 60 %, in ganz wenigen Fällen wurde eine 70-prozentige Auflockerung festgestellt.

Bei den später angeführten zeichnerischen Auswertungen wurde einer Abschlagsgüte $r = 0{,}8$ eine Auflockerung von 60 %, einem Verhältnis $r = 0{,}9$ eine solche von 40 % zugeordnet. Diese Zuordnung entsprach auch den Erfahrungen. Gestein, das sich schlecht schießen ließ, bei dem also das $r$ klein war, fiel auch meist recht sperrig an. Trifft es zu, daß das Verhältnis $r = 0{,}9$ oder $1{,}0$ ist, die Auflockerung aber trotzdem hoch bleibt, so lassen sich die später angeführten Schaubilder auch auf diese Verhältnisse leicht umrechnen.

Zu c). Auch bei der Schutterarbeit treten Zeitverluste auf, welche teilweise von der Lochzahl abhängig, teilweise unabhängig sind. Von der Lochzahl ist nur die Ladezeit, während welcher nicht mehr geschuttert werden soll, abhängig. Die Ladezeit ist mit denselben Werten anzusetzen, wie sie bei der Besprechung der Bohrarbeit festgelegt wurde.

Unabhängig von der Lochzahl treten die in der folgenden Tabelle 6 angeführten Zeitverluste auf:

*Tabelle 6*

| Zeitverlust | Maschin-arbeit Min. | Hand-arbeit Min. |
|---|---|---|
| Schieß- und Lüftezeit | 40 | 40 |
| Vorbringen der Maschinen | 5 | — |
| Vorbau der Preßluftleitung und Anschluß der Lademaschinen | 10 | — |
| Rückbau der Preßluftleitung und Abschalten der Maschinen | 5 | — |
| Rückbringen der Maschinen | 5 | — |
| Brotzeit | 30 | — |

Demnach ergeben sich an Zeitverlusten $v_{ks}$, welche von der Lochzahl unabhängig sind:

bei Maschinschutterung $\qquad v_{ks} = 95$ Minuten,
bei Handschutterung $\qquad v_{ks} = 40$ Minuten.

Die in Tabelle 6 angeführten Werte stammen aus Beobachtungen, welche gemittelt wurden.

Zu den Werten der Tabelle 6 ist noch zu bemerken:

Auf das Abkeilen der losen Felsmassen in der Firste braucht man sowohl bei Maschinschutterung als auch bei Handarbeit keine Rücksicht zu nehmen, da beide Schutterarbeiten an Punkten beginnen, welche außerhalb des Gefahrenbereiches der losen Felsmassen liegen.

Bei der Handschutterung ist keine Brotzeit angenommen worden, da sich bei diesem Betrieb immer wieder Pausen ergeben, welche zur Erholung und Einnahme einer kleinen Mahlzeit dienen können. Dies trifft um so mehr zu, wenn man die Leute der Schutterrotte umschichtig rasten läßt.

Bei der Maschinschutterung wurde angenommen, daß diese auch während des Vorbaues der Wetterleitung weiterlaufen kann. Eine Arbeit an der Wetterleitung vor Ort ist auch während ihres Betriebes möglich, da die schwach blasende Luft vor Ort die Arbeit an den Bewetterungsrohren (Lutten) nicht stört.

Die Abschlagslänge $t$, welche sich auf Grund der Schutterleistung ergibt, ist bei einer Auflockerungszahl $p$, einem Querschnitt von $f$ m² und der Schutterleistung $m$ in m³/min aus folgender Gleichung zu rechnen:

$$f \cdot t \cdot p = (480 - v_{ks} - n \cdot l) \cdot m.$$

Daraus folgt:

$$t = \frac{480 - v_{ks} - n \cdot l}{f \cdot p} \cdot m. \tag{23}$$

Ist z. B. $f = 9$ m², $p = 1,6$, $n = 20$, $m = 0,064$ (Handschutterung), so errechnet man eine Abschlagslänge $t$ auf Grund der Schutterleistung von

$$t = 1,78 \text{ m.}$$

## III. Schichtfortschritt, bedingt durch die Verspannung des Gebirges und durch die Sprengtechnik

Nimmt man z. B. einen Querschnitt von 9 m² an, der mit 20 Loch abzubohren ist, ferner eine Bohrgeschwindigkeit von $b = 0,15$ m/min, die etwa Marmor entspricht, so ergäbe sich bei Einrechnung aller Bohrzeitverluste nach Gl. (20) ein Abschlag von rund 3 m. Stünde dazu noch eine leistungsfähige Lademaschine vor Ort, so wäre eine solche Abschlagslänge außerordentlich erwünscht.

Tatsächlich liegen aber die Verhältnisse anders, denn die Erfahrung oder ein Nachschlagen im Schrifttum lehrt, daß bei den heutigen gebräuchlichen Bohrkalibern und Sprengstoffen nur etwa die Hälfte, also 1,50 m, beim Abschlag herauskommt.

Die Ursache dieser Erscheinung liegt in der Verspannung des Gebirges. Verwendet man die derzeit vorhandenen Sprengstoffe und Bohrkaliber, ladet man das Bohrloch ohne Kesselung zu zwei Drittel voll, so bildet sich ein Sprengkegel, dessen Öffnungswinkel im Mittel $90^0$ beträgt. Bei der Bildung dieses Sprengkegels ist nicht nur die Zermalmungszone, sondern auch die Zertrümmerungszone des Schusses zur Wirkung gekommen.

Ist das Bohrloch wesentlich tiefer als die halbe kleinste Stollenabmessung, so trifft der Sprengkegel, dessen Spitze im Ladungsmittelpunkt angenommen wird, keine freie Fläche mehr, sondern nur vollkommen verspanntes Gebirge. Es bildet sich in diesem Falle kein spitzwinkliger, langer Sprengkegel, sondern gerade der Kegel mit $90^0$ Öffnungswinkel, der noch die freie Fläche trifft. Die Praxis lehrt, daß der übrige Teil des Schusses in Form einer Büchse absetzt und wirkungslos bleibt.

Bei der üblichen Art der Anordnung der Einbruchsschüsse, den derzeit vorhandenen Sprengstoffen und Bohrkalibern ist die äußerste Tiefe, welche mit Erfolg abzubohren ist, rund die *halbe kleinste* Stollenabmessung. Bei manchen Gebirgsarten kann es von Vorteil sein, die Einbruchsschüsse noch etwas tiefer zu bohren, doch ist dieser Erfolg nicht immer gegeben. Über Einbruchsarten, welche mehr als die halbe kleinste Stollenabmessung bringen, siehe S. 48 ff.

Den Berechnungen für die erzielbare Abschlagslänge wird die halbe kleinste Stollenabmessung zugrundegelegt. Diese Tiefe kann mit Sicherheit bei einigermaßen sorgfältiger Arbeit immer erreicht werden.

Die Gl. (20) und Gl. (23) wurden in den Abb. 54, 56 und 58 zeichnerisch ausgewertet, so zwar, daß auf der Abszissenachse die Lochzahlen, als Ordinaten die Abschlagslängen aufgetragen wurden. Aus Gl. (20) erhält man für die verschiedenen Bohrgeschwindigkeiten Hyperbelscharen, für die verschiedenen Abschlagslängen, welche durch die Schutterleistung bedingt sind, schwach gegen die Abszissenachse geneigte Gerade. Die Abschlagslängen, welche sich aus den Verspannungsverhältnissen des Gebirges ergeben, sind von der Lochzahl unabhängig und werden durch Gerade parallel zur Abszissenachse dargestellt.

## IV. Betriebseinteilung und Abschlagslänge

Wie schon vorhin erläutert, sind die Abschlagslängen, die sich auf Grund der Bohr- und Schutterleistung ergeben, zuweilen wesentlich größer als jene, die durch die Verspannung des Gebirges bedingt sind. In solchen Fällen wird man sich überlegen, ob entweder in zwei Schichten drei Angriffe oder ob man in Kurzschichten zu sechs Stunden arbeiten will, um die Abschlagslänge den Verspannungsverhältnissen im Gebirge anzupassen. Einbruchsarten, welche mehr als die halbe Stollenabmessung bringen, sind bei kleinen Querschnitten in Erwägung zu ziehen.

Teilt man die Arbeit so ein, daß man in zwei Achtstundenschichten drei Abschläge macht, so gewinnt man in 48 Stunden einen Angriff gegenüber der Arbeitsweise in Kurzschichten zu sechs Stunden. Diesem offensichtlichen Vorteil steht der Nachteil gegenüber, daß bei der Einteilung in zwei Schichten, drei Abschläge, Arbeiten der einen Schicht in die andere übergreifen. Dies führt leicht zu Unzukömmlichkeiten, da sich die Mannschaft einer Schicht auf die andere ausreden kann. Betrieblich ist es immer angenehm, wenn in einer Schicht ein vollkommen fertiger Abschlag einschließlich der Schutterung gemacht wird. Alle anderen Einteilungen erfordern ganz bedeutende Arbeitsdisziplin, die oft schwer aufrechtzuerhalten ist. Man wird daher den Betrieb in zwei Schichten, drei Abschläge, nur dann vorziehen, wenn dadurch die Mehrleistungen bedeutend größer werden. In allen anderen Fällen führt man den Kurzschichtenbetrieb.

Die Verhältnisse für den Kurzschichtenbetrieb und den Betrieb in zwei Schichten, drei Abschläge, sollen nun untersucht werden.

Für den ersten Fall sind die Überlegungen einfach. Die von der Lochzahl abhängigen und unabhängigen Zeitverluste sind sowohl bei der Bohr- als auch bei der Schutterarbeit die gleichen wie beim gewöhnlichen Achtstundenbetrieb. Um die Abschlagslänge je Angriff zu bekommen, braucht man nur statt der 480 Minuten die 360 Minuten der Kurzschicht in die Gleichung einzusetzen. Es lauten daher Gl. (21) und Gl. (23) für die Sechsstundenschicht:

Die Abschlagslänge $t$ auf Grund der Bohrleistung ergibt sich zu

$$t = \left(360 - v_k - n \cdot l - \frac{n \cdot a}{z} - \frac{n \cdot u}{z}\right) \cdot \frac{z \cdot b \cdot r}{n}. \tag{24}$$

Die Abschlagslänge $t$ auf Grund der Schutterleistung ergibt sich zu

$$t = (360 - v_{ks} - n \cdot l) \cdot \frac{m}{f \cdot p}. \tag{25}$$

Die Werte der Gleichungen (24) und (25) ergeben die Abschlagslängen, die in der Sechsstundenschicht erzielt werden können. Will man den Vergleich mit der Arbeit in der Achtstundenschicht ziehen, so braucht man die Ergebnisse nur mit dem Faktor $^4/_3$ zu multiplizieren. In den Nomogrammen Abb. 50, 51 und 52 ist dies auch durchgeführt.

Anders sind die Verhältnisse, wenn innerhalb zweier Schichten drei Abschläge gemacht werden. Die Zeitverluste sind von denen der gewöhnlichen Achtstundenschicht verschieden und in der nachfolgenden Tabelle 7 angeführt.

Durch Zusammenzählen erhält man für beide Schichten 394 Minuten Zeitverluste, welche von der Lochzahl unabhängig sind.

Bei der Einteilung, in zwei Schichten drei Abschläge zu machen, ändert sich Gl. (21) in

$$t = \frac{960 - v_k - 3nl - \frac{3na}{z} - \frac{3nu}{z}}{n} \cdot z \cdot b \cdot r. \tag{26}$$

Aus Gl. (26) ergibt sich die Abschlagslänge, welche zusammen in zwei Schichten geleistet werden kann. Die Abschlagslänge je Angriff ist $t/3$, die innerhalb acht Stunden $t/2$. Letztere Zahl braucht man zu Ver-

*Tabelle 7*

| Zeitverlust | Minuten | |
| --- | --- | --- |
| | Schicht 1 | Schicht 2 |
| 1. Schießen, Lüften mit Zumarsch bzw. allein | 20 | 40 |
| 2. Anschluß und Vortragen der Schläuche und Maschinen, Fertigmachen der Maschinen | 12 | 6 |
| 3. Abbau der Schläuche und Maschinen | 5 | 10 |
| 4. Weiterbau der festen Preßluftleitung | 14 | 7 |
| 5. Rückbau der Preßluftleitung | 5 | 10 |
| 6. Rückbau der Wetterleitung | 8 | 16 |
| 7. Vorbau der Wetterleitung | 24 | 12 |
| 8. Brotzeit | 30 | 30 |
| 9. Abkeilen der Firste und der Brust | 40 | 20 |
| 10. Reservezeit | 30 | 15 |
| 11. Abmarsch der Mannschaft ohne Schießen | 20 | — |
| 12. Zumarsch ohne Schießen | — | 20 |
| 13. Schießen und Lüften mit Abmarsch | — | 20 |

gleichszwecken gegenüber dem gewöhnlichen Achtstundenbetrieb; dieser Wert ist auch in den Nomogrammen Abb. 55, 57 und 59 ausgewertet.

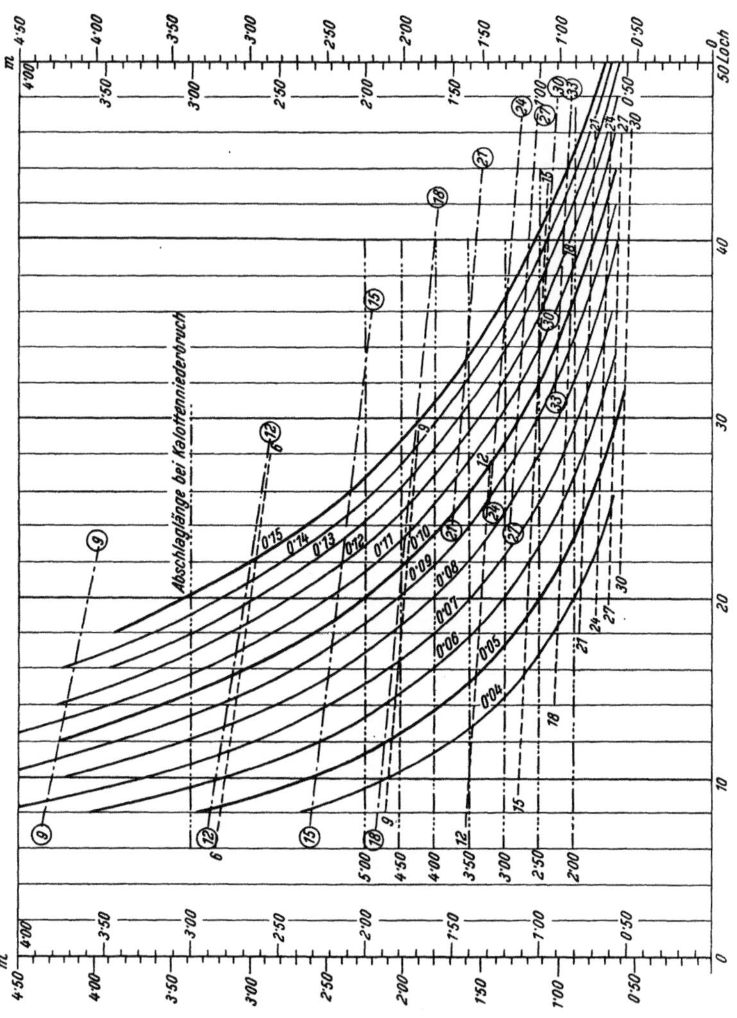

Abb. 54. Nomogramm 1

Abschlagslängen in einer Achtstundenschicht bei $b = 0,04$ bis $0,15$ m/min
Betrieb: Je Schicht ein Abschlag, 2 Bohrhämmer vor Ort

Bezeichnung der Leistungslinien:

————————— Leistung auf Grund der Bohrgeschwindigkeit;

6 — — — — — Leistung auf Grund Handschutterung ($m = 0,064$ m³/min)
(Ziffern: Querschnitt in m²);

Ⓨ ·————·—— Leistung auf Grund Maschinschutterung ($m = 0,15$ m³/min)
(Ziffern: Querschnitt in m²);

2,0 ——··——··— Leistung auf Grund Verspannung des Gebirges
(Ziffern: kleinste Stollenabmessungen)

Äußerer Maßstab gilt für $r = 0,9$, $p = 1,42$; innerer Maßstab gilt für $r = 0,8$, $p = 1,6$

Ähnlich wie bei der Bohrarbeit sind die Verhältnisse beim Schuttern. Die zugehörenden Zeitverluste sind in der folgenden Tabelle 8 zusammengestellt:

*Tabelle 8*

| Arbeit | Zeitverlust in Minuten | | | |
|---|---|---|---|---|
| | Handschuttern | | Maschinschuttern | |
| | Schicht | | Schicht | |
| | 1 | 2 | 1 | 2 |
| 1. Schießen und Lüften mit Zumarsch bzw. allein | 20 | 40 | 20 | 40 |
| 2. Anschluß der Maschinen | — | — | 20 | 10 |
| 3. Abbau der Maschinen | — | — | 5 | 10 |
| 4. Brotzeit | — | — | 30 | 30 |
| 5. Reservezeit | — | — | 10 | 10 |
| 6. Abmarsch ohne Schießen u. Lüften | 20 | — | 20 | — |
| 7. Zumarsch ohne Schießen u. Lüften | — | 20 | — | 20 |
| 8. Schießen und Lüften mit Abmarsch | — | 20 | — | 20 |

Zusammen ergeben sich an gleichbleibenden, von der Lochzahl unabhängigen Zeitverlusten innerhalb zweier Schichten bei Handschutterung 120 Minuten, bei Maschinschutterung 245 Minuten.

Gl. (23) ändert sich beim Betrieb in zwei Schichten, drei Abschläge, in

$$t = (960 - v_{ks} - 3\,n\,l) \cdot \frac{m}{f \cdot p}. \tag{27}$$

Gl. (27) gibt die Gesamtabschlagslänge, wie sie in den zwei Schichten auf Grund der Schutterleistung möglich wäre. Will man den Vergleich mit der Achtstundenschicht ziehen, so muß man den Wert $t/2$ nehmen. Dieser Wert ist auch in den Nomogrammen Abb. 55, 57 und 59 zu finden.

Genau so wie die möglichen Abschlagslängen auf Grund der Bohr- und Schutterleistung werden auch die Abschlagslängen auf Grund der Verspannung des Gebirges auf die Achtstundenschicht verglichen. Die zur Abszissenachse parallelen Linien, welche die Abschlagslängen auf Grund der Verspannung des Gebirges angeben, rücken gegen die Werte beim Achtstundenbetrieb im Falle des Sechsstundenbetriebes um $^4/_3$, im Falle der Einteilung in zwei Schichten mit drei Abschlägen auf $^3/_2$ hinauf.

Die nach vorigen Ausführungen gezeichneten Nomogramme gestatten folgende, für die Preisberechnung und die Betriebseinteilung wertvolle Voraussagen zu machen.

1. Voraussage des möglichen Schichtfortschrittes;

2. wie ist ein größerer Querschnitt zweckmäßig zu unterteilen und wie viele Bohrhämmer sind am besten einzusetzen;

3. Entscheidung über die Vorteile von Hand- und Maschinschutterung;

4. welche Betriebseinteilung verspricht den besten Fortschritt: Betrieb in Achtstunden- oder Sechsstundenschicht oder in zwei Schichten mit drei Abschlägen.

## V. Gebrauch der Nomogramme

Der Gebrauch der Nomogramme und die daraus folgenden Entschlüsse sollen an Hand von Beispielen erläutert werden.

Die Nomogramme sind für die reine Bohrgeschwindigkeit von 0,04 bis 0,15 m/min und für die Abschlagsgüten $r$ von 0,8 und 0,9 entworfen. Diesen $r$ sind Auflockerungszahlen von 1,4 und 1,6 zugeordnet. Die Nomogramme zeigen die Verhältnisse für den Einsatz von zwei, drei und vier Bohrhämmern für den gewöhnlichen Achtstundenbetrieb, den Betrieb in Kurzschichten zu sechs Stunden und für eine Einteilung in zwei Schichten zu acht Stunden mit drei Abschlägen.

An Schutterleistung wurde angenommen:

a) für Handschutterung 0,064 m³/min,

b) für Maschinschutterung 0,15 m³/min.

Vor dem Gebrauch der Nomogramme ist festzulegen:

$j$ der Querschnitt des Stollens in Quadratmeter, mit welchem man vorgehen will,

$h$ die kleinste Abmessung des Stollens,

$b$ die reine Bohrgeschwindigkeit in m/min, ermittelt aus Versuchsbohrungen,

$n$ die Zahl der Bohrlöcher,

$z$ die Zahl der einzusetzenden Bohrmaschinen und Bohrmannschaften,

$p$ die Auflockerungszahl.

*Beispiel:* Die vorhandenen Gebirgsverhältnisse lassen ein $b = 0,08$, ein $p = 1,6$ und ein $r = 0,8$ erwarten.

Es steht zur Wahl: einen Querschnitt von 30 m² entweder mit einem Richtstollen von 9 m², einem Kalottenniederbruch von 15 m² und einem Strossenteil von zusammen 6 m² abzubauen oder den Querschnitt in einen Sohlstollen von voller Breite des endgültigen Profils mit 18 m² Fläche und einen Kalottenniederbruch von 12 m² zu unterteilen.

1. Ist der Betrieb: jede Schicht ein Abschlag bei $f = 9\,\text{m}^2$, $n = 20$, $z = 3$, $h = 3\,\text{m}$ zweckmäßig? Soll Hand- oder Maschinschutterung angewandt werden?

2. Ist ein Querschnitt von $f = 18\,\text{m}^2$, der gegenüber dem von $9\,\text{m}^2$ statt $n = 20$ ein $n = 30$ Bohrlöcher hat, in der Vortriebsleistung dem

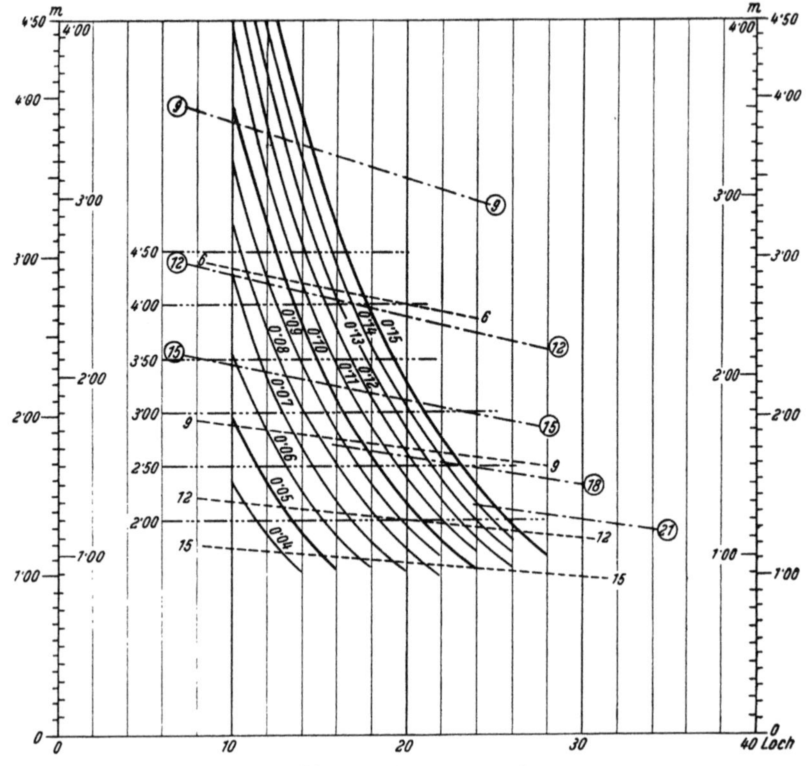

Abb. 55. Nomogramm 2

Abschlagslängen in einer Achtstundenschicht bei $b = 0,04$ bis $0,15$ m/min
Betrieb: In 2 Schichten 3 Abschläge, 2 Bohrhämmer vor Ort
Sonstige Bemerkungen wie Abb. 54

Querschnitt von $9\,\text{m}^2$ gleichwertig oder überlegen? Welche Schutterungsart ist anzuwenden? (Die Stollenhöhe ist in beiden Fällen $h = 3\,\text{m}$.)

3. Kann der Betrieb in zwei Schichten mit drei Abschlägen bessere Vortriebsleistungen erzielen als der gewöhnliche Achtstundenbetrieb?

a) Bei $f = 9\,\text{m}^2$;

b) bei $f = 18\,\text{m}^2$.

4. Ist der Betrieb in Kurzschichten zu sechs Stunden dem vorigen Betrieb überlegen oder umgekehrt?

5. Kann durch Einsatz von vier Bohrhämmern im Stollen von $18\,\mathrm{m}^2$ die gleiche Vortriebsleistung erzielt werden als bei $f = 9\,\mathrm{m}^2$?

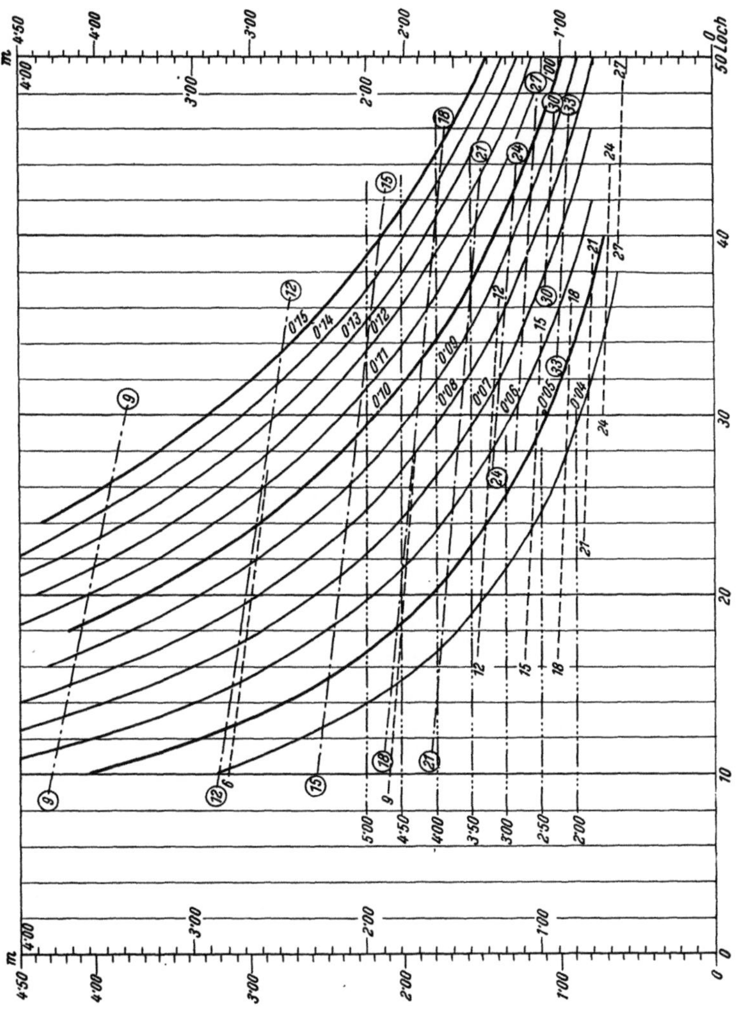

Abb. 56. Nomogramm 3

Abschlagslängen in einer Achtstundenschicht bei $b = 0{,}04$ bis $0{,}15$ m/min
Betrieb: Je Schicht 1 Anschlag, 3 Bohrhämmer vor Ort

Sonstige Bemerkungen wie Abb. 54

*Ausführung:* Zu 1. Mit

$f = 9\,\mathrm{m}^2$, $h = 3\,\mathrm{m}$, $b = 0{,}08$ m/min, $z = 3$, $n = 20$, $p = 1{,}6$, $r = 0{,}8$ ergibt Nomogramm 3 (Abb. 56) Betrieb jeder Schicht ein Abschlag:

eine Abschlagslänge von 2,62 m auf Grund der Bohrleistung;
eine Abschlagslänge von 1,20 m auf Grund der Verspannung des Gebirges.

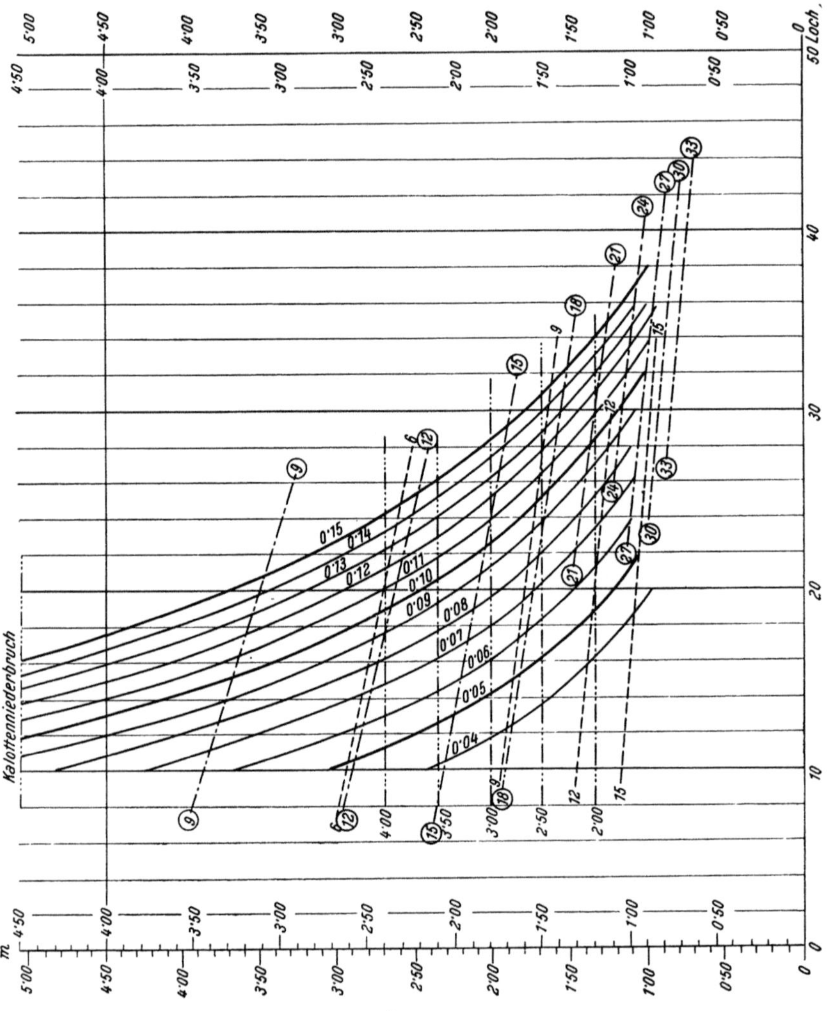



Abb. 57. Nomogramm 4

Abschlagslängen in einer Achtstundenschicht bei $b = 0,04$ bis $0,15$ m/min
Betrieb: In 2 Schichten 3 Abschläge, 3 Bohrhämmer vor Ort
Sonstige Bemerkungen wie Abb. 54

Handschutterung stellt sich als ausreichend heraus; es würde damit auch eine Abschlagslänge von mehr als 1,20 m bewältigt.

Die Bohrleistung ist sehr schlecht ausgenützt. Man wird daher überlegen, den Querschnitt oder die Betriebsart zu ändern.

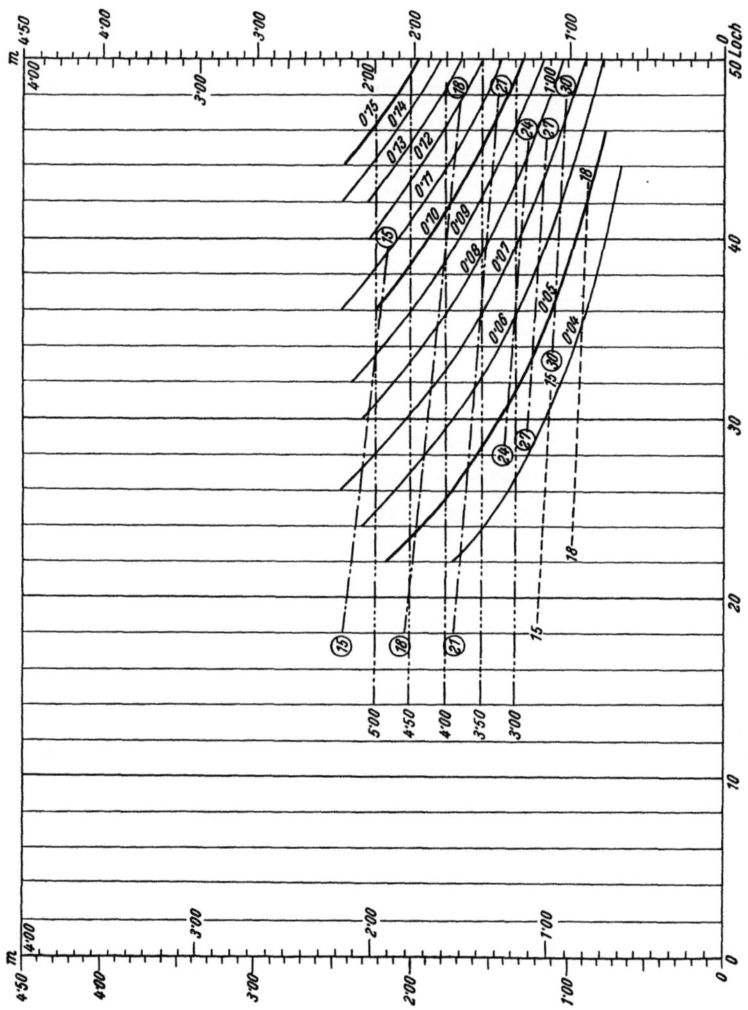

Abb. 58. Nomogramm 5

Abschlagslängen in einer Achtstundenschicht bei $b = 0{,}04$ bis $0{,}15$ m/min
Betrieb: Je Schicht 1 Abschlag, 4 Bohrhämmer vor Ort

Sonstige Bemerkungen wie Abb. 54

Zu 2. Mit

$f = 18\,\text{m}^2$, $h = 3\,\text{m}$, $b = 0{,}08\,\text{m/min}$, $z = 3$, $p = 1{,}6$, $r = 0{,}8$, $n = 30$
erhält man aus Nomogramm 3 (Abb. 56):

eine Abschlagslänge von 1,53 m auf Grund der Bohrleistung;
eine Abschlagslänge von 1,20 m auf Grund der Verspannung des
Gebirges.

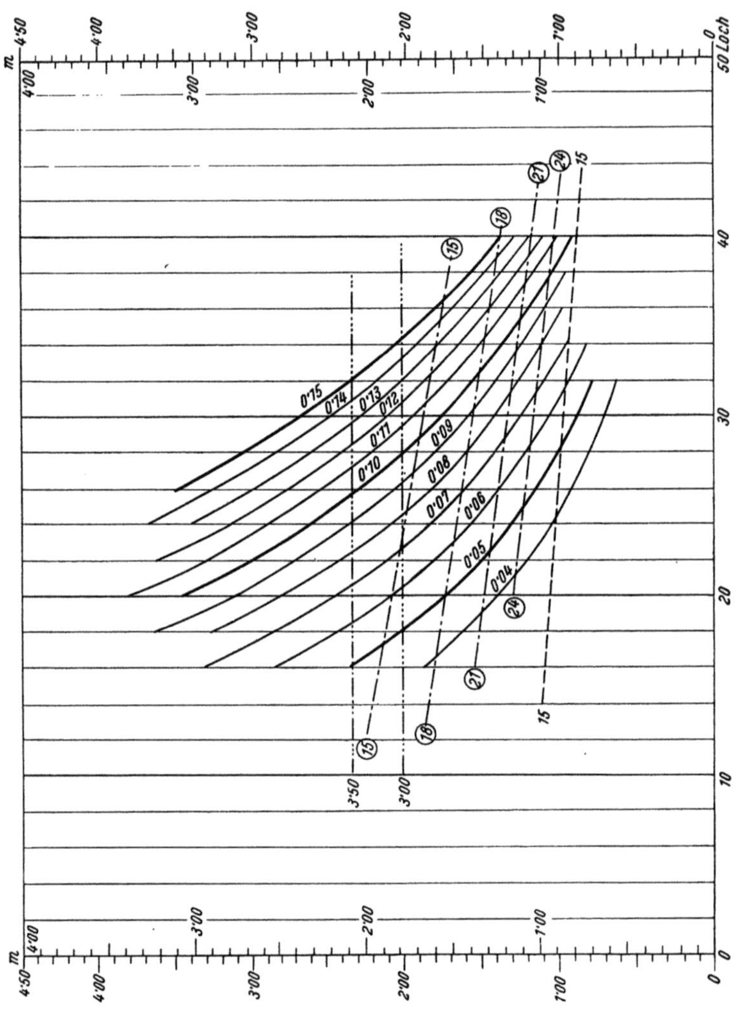

Abb. 59. Nomogramm 6
Abschlagslängen auf Achtstundenschicht berechnet bei $b = 0{,}04$ bis $0{,}15$ m/min
Betrieb: In 2 Schichten 3 Abschläge, 4 Bohrhämmer vor Ort
Sonstige Bemerkungen wie Abb. 54

Die Bohrleistung ist auch hier nicht ausgenützt, das Verhältnis aber
bereits viel günstiger. Die Handschutterung bewältigt nur das Haufwerk,

das von einem Abschlag von 0,85 gebracht wird. Man muß also Maschinschutterung einführen, da die Handschutterung ungenügende Leistungen ergibt.

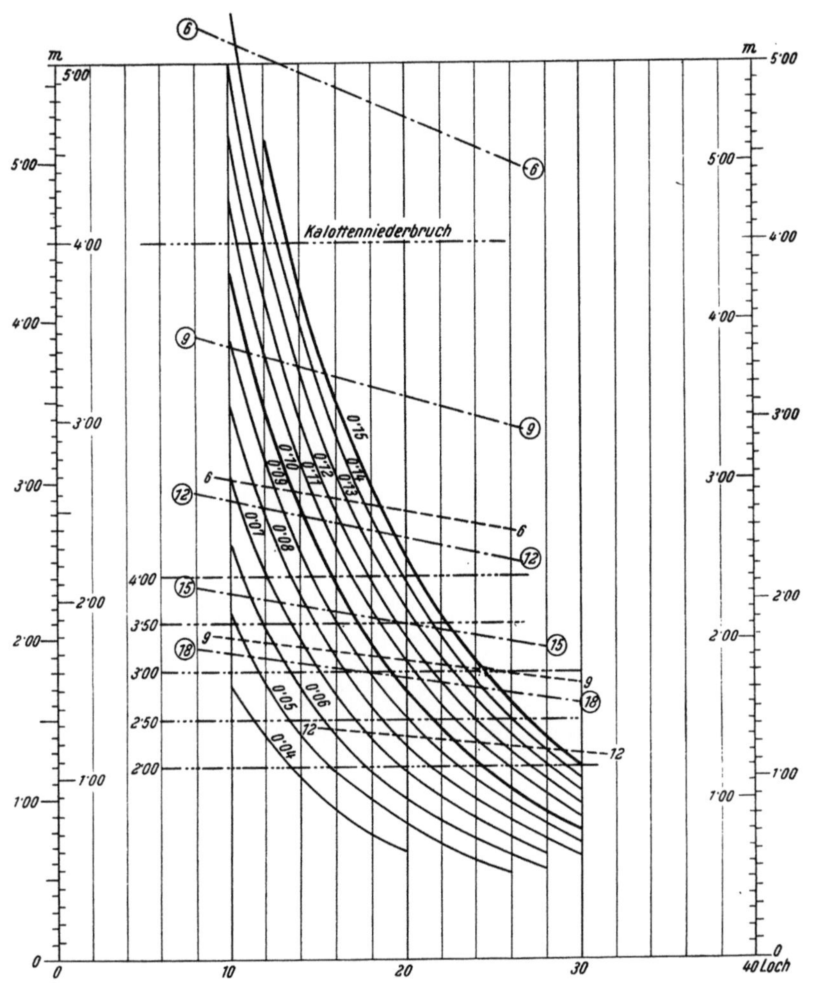



Abb. 60. Nomogramm 7

Abschlagslängen in einer Achtstundenschicht bei $b = 0,04$ bis $0,15$ m/min
Betrieb: Je Tag 4 Kurzschichten zu 6 Stunden, 2 Bohrhämmer vor Ort
Sonstige Bemerkungen wie Abb. 54

Zu 3. a) Für $f = 9\,\text{m}^2$. Aus Nomogramm 4 (Abb. 57) Betrieb in zwei Schichten mit drei Abschlägen ergeben sich bei Beibehaltung der früheren Annahmen:

eine Abschlagslänge von 1,75 m auf Grund der Bohrleistung;
eine Abschlagslänge von 1,80 m auf Grund der Verspannungsverhältnisse des Gebirges.

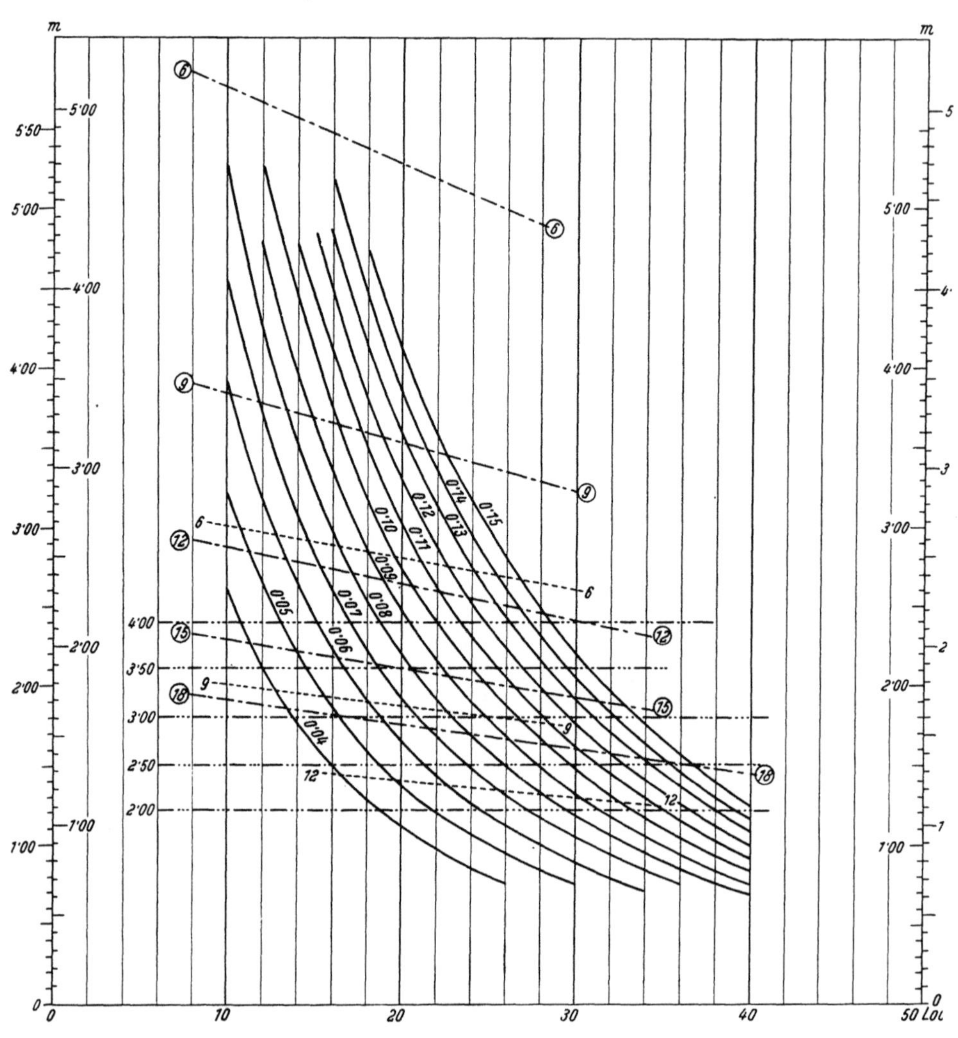

Abb. 61. Nomogramm 8

Abschlagslängen auf Achtstundenschicht berechnet bei $b = 0,04$ bis $0,15$ m/min
Betrieb: Je Tag 4 Kurzschichten zu 6 Stunden, 3 Bohrhämmer vor Ort
Sonstige Bemerkungen wie Abb. 54

Die Bohrleistung ist gut ausgenützt. Handschutterung ist unzureichend, da sie nur das Haufwerk bewältigt, das einem Abschlag von

1,61 m entspricht. Maschinschutterung ist dagegen bei weitem ausreichend, die Lademaschine würde sogar einen größeren Teil der Schicht nicht tätig sein.

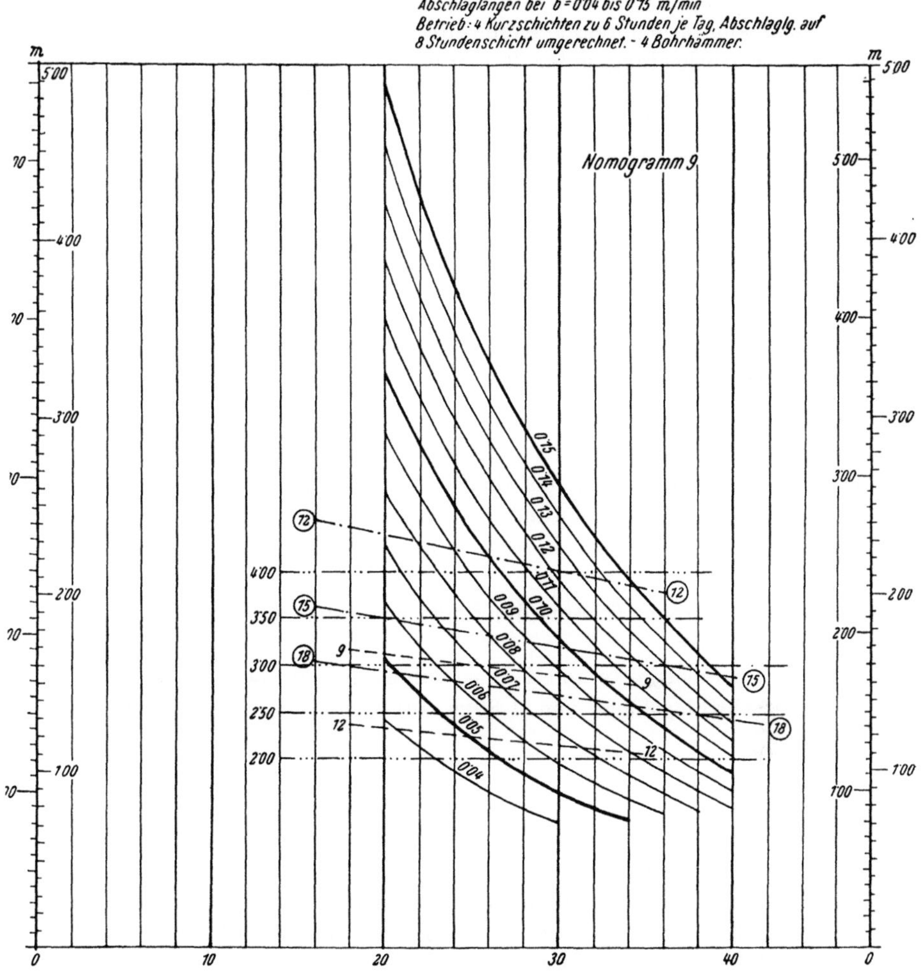



Abb. 62. Nomogramm 9
Abschlagslängen auf Achstundenschicht berechnet bei $b = 0{,}04$ bis $0{,}15$ m/min
Betrieb: Je Tag 4 Kurzschichten zu 6 Stunden, 4 Bohrhämmer vor Ort
Sonstige Bemerkungen wie Abb. 54

b) Für $f = 18$ m². Für diesen Querschnitt sind die Verhältnisse unter Beibehaltung der früheren Annahmen sehr ungünstig; der Abschlag, auf die Achtstundenschicht verglichen, erreicht eine Länge unter einem Meter.

8*

Zu 4. Unter Beibehaltung der Annahmen ersieht man aus Nomogramm 8 (Abb. 61), daß bei $f = 9\,\text{m}^2$ ein Abschlag von 1,60 m auf Grund der Verspannung des Gebirges erreicht werden kann. Die Abschlagslänge auf Grund der Bohrleistung ist etwas darüber, die Leistung der Handschutterung reicht gerade hin. Der Unterschied gegen die mögliche Vortriebsleistung unter 3 beträgt nur 0,15 m, dafür ist unter 3 Maschinschutterung erforderlich.

Der Taktbetrieb in Sechsstundenschichten ist dem Betrieb in zwei Schichten mit drei Abschlägen vorzuziehen.

Der große Querschnitt mit $f = 18\,\text{m}^2$ schneidet mit einer Abschlagslänge von 1,04 m recht ungünstig ab.

Zu 5. Bei

$z = 4$, $b = 0,08\,\text{m/min}$, $r = 0,8$, $h = 3\,\text{m}$, $f = 18\,\text{m}^2$, $n = 30$,

ergibt Nomogramm 5 (Abb. 58):

eine Abschlagslänge von 2,06 m auf Grund der Bohrleistung;

eine Abschlagslänge von 1,20 m auf Grund der Verspannung des Gebirges.

Die Bohrleistung ist sehr schlecht ausgenutzt, die Handschutterung ungenügend, da diese nur das Haufwerk eines 0,85 m langen Abschlages bewältigt. Die Maschinschutterung reicht aus. Es ist daher zu prüfen, wie die Verhältnisse beim Betrieb in zwei Schichten mit drei Abschlägen liegen.

Aus Nomogramm 6 (Abb. 59) findet man unter Beibehaltung der früheren Annahmen:

eine Abschlagslänge von 1,26 m auf Grund der Bohrleistung;

eine Abschlagslänge von 1,80 m auf Grund der Verspannung des Gebirges.

Die Leistung im Betriebe zwei Schichten mit drei Abschlägen ist nur um einen kleinen Wert größer als beim gewöhnlichen Achtstundenbetrieb, daher ist dieser vorzuziehen. Der Betrieb von vier Bohrhämmern gibt keine Leistungssteigerung.

Aus der Gegenüberstellung der Ergebnisse ist zu entnehmen, daß der Querschnitt von $9\,\text{m}^2$ bei Betrieb in Kurzschichten allen anderen Abbau- und Betriebsarten vorzuziehen ist.

## VI. Verwendungsbereich der Nomogramme

Die Nomogramme sind für die praktischen Bereiche und für die Verwendung von Hartmetallkronen entworfen. Es hätte wenig Wert, die Schaubilder für Abschlagslängen unter 0,60 m auszudehnen. Die Schaubilder sind für alle Querschnitte verwendbar: nicht nur für den Richtstollenvortrieb, sondern auch für den Nachtrieb der Kalotte und der Strossen. In letzteren Fällen sind bei der Kalotte bereits zwei, bei den

Strossen drei oder vier freie Flächen vorhanden. Bei den Nachtriebsarbeiten ist die je Angriff mögliche Abschlagslänge durch die Länge der Bohrlöcher bedingt, welche man mit den vorhandenen Bohrmaschinen und Bohrkalibern abbohren kann. Steigt bei mittelschweren Bohrhämmern, z. B. Flottmann AT 18, die Bohrlochlänge über drei Meter, so ist der Hammer nicht mehr imstande, den Bohrer mit guter Wirkung umzusetzen. Ganz schwere Hammerbohrmaschinen haben ein besseres Umsetzvermögen; auch bei ihnen wird man indessen nicht mehr als vier Meter Bohrlochlänge erreichen.

Wird der Nachtrieb erst nach vollkommener Fertigstellung des Richtstollens ausgeführt, wird der Einsatz von Hochleistungslademaschinen zweckmäßig sein.

Bei den Nachtriebsstrecken ist nicht die Bohrleistung, sondern allein die Schutterleistung für den erzielbaren Fortschritt maßgebend, da die je Angriff mögliche Abschlagslänge mehr Felsmassen ergibt, als in der Achtstundenschicht weggeschuttert werden kann.

Nachdem beim Nachtrieb mehr freie Flächen sind als beim Vortrieb des Richtstollens, braucht man auch in Kalotte und Strosse je Flächeninhalt weniger Bohrlöcher. Man wird daher beim Abbau der Kalotte und Strosse in der Regel je Betriebspunkt mit einem bis zwei Bohrhämmern das Auslangen finden.

Ist die auf Grund der Bohrleistung mögliche Abschlagslänge nahezu die gleiche, welche sich auf Grund der Schutterleistung ergibt, so wird man zweckmäßig etwas weniger (ungefähr um 10 %) abbohren, damit man Zeitreserven gewinnt. Man erreicht damit, daß auch die Löcher an der Sohle der Stollenbrust, welche die längste Zeit mit Schutt verlegt sind, rechtzeitig fertiggebracht werden können.

Geübten Gedingerotten und erfahrenen Bauunternehmern wird es zum Teil glücken, die den vorstehenden Berechnungen zugrunde gelegten Zeitverluste auch im Rahmen der Sicherheitsvorschriften herabzudrücken. Der damit erzielte Gewinn ist eine verdiente Prämie für die Gedingemannschaft und die Unternehmer. Die in den Nomogrammen verarbeiteten Zeitverluste wurden nach einiger, zum Teil mühsamer Schulung von vollkommen ungeübten und minder arbeitswilligen Leuten von diesen nicht überschritten, zum Teil sogar unterschritten.

## VII. Zeitliche Trennung von Bohr- und Schutterarbeit

Die zeitliche Trennung von Bohr- und Schutterarbeit ist dann nicht zu umgehen, wenn sich die beiden Arbeitsgattungen so behindern, daß sie nicht nebeneinander durchgeführt werden können. Dies ist bei Gebrauch von Bohrwagen, schweren Spannsäulen und Hochleistungs-Lademaschinen der Fall.

Soll ein Stollenbetrieb richtig laufen, so muß die in einer Schicht durch die Bohr- und Sprengarbeit gelöste Masse gleich der sein, welche durch die Schutterung abgefördert werden kann. Bezeichnet man die Schutterzeit mit $s$ und behält im übrigen die Bezeichnungen der vorangegangenen Ausführungen bei, so kann man folgende Gleichung aufstellen:

$$\frac{480 - v_k - n \cdot l - \dfrac{n \cdot a}{z} - \dfrac{n \cdot u}{z} \cdot s}{n} \cdot z \cdot b \cdot r \cdot f \cdot p = s \cdot m. \tag{28}$$

Die Auswertung dieser Gleichung geschieht am besten mittels einer Rechentafel, die gleichzeitig die Gl. (20) und (28) berechnet und auch sonst Überblick über die verschiedenen Beziehungen und Abhängigkeiten gibt.

Der Kopf der Rechentafel kann zweckmäßig wie folgt angelegt werden (Tab. 9):

Tabelle 9

| Rechnungswert | A | B | C | D | E | F | G | H | I | K |
|---|---|---|---|---|---|---|---|---|---|---|
|  | $v_k$ | $n \cdot l$ | $\dfrac{n \cdot a}{z}$ | $\dfrac{n \cdot u}{z}$ | $\overset{d}{\underset{a}{\Sigma}}$ | $480 - E$ | $z \cdot b \cdot F$ | $\dfrac{r}{n}$ | $G \cdot H$ | $I \cdot f \cdot p$ |
|  | Min. | Min. | Min. | Min. | Min. | Min. | m |  | m | m³ |
|  |  |  |  |  |  |  |  |  |  |  |

| Rechnungswert | L |  | M | N | O | P | Q | R |
|---|---|---|---|---|---|---|---|---|
|  | $\dfrac{r \cdot z \cdot b \cdot f \cdot b}{n}$ |  | $L + m$ | $\dfrac{K}{M}$ | $F - N$ | $z \cdot b \cdot O$ | $P \cdot H$ | $Q \cdot f \cdot p$ |
|  | m³/min |  |  | Min. | Min. | m | m | m³ |
|  |  |  |  |  |  |  |  |  |

Die Rechnungswerte des vorstehendes Tafelkopfes stellen dabei dar:

$A$ die von der Lochzahl unabhängigen, gleichbleibenden Zeitverluste;

$B$ die Zeitverluste, welche durch das Laden der Schüsse entstehen;

$C$ die Zeitverluste, verursacht durch das Ansetzen der Bohrlöcher;

$D$ die Zeitverluste, welche durch das Umsetzen der Bohrmaschinen von Loch zu Loch entstehen;

$E$ die Summe der Bohrzeitverluste in der Schicht *ohne* die Zeitverluste, welche durch die Schutterarbeit entstehen;

$F$ die zur Verfügung stehende Zeit für den Fall, daß gleichzeitig gebohrt und geschuttert wird;

$G$ die bei $z$ Bohrmaschinen und einer reinen Bohrgeschwindigkeit $b$ erzielbaren Bohrmeter in der Achtstundenschicht;

$H$ Rechnungswert;

$I$ der in einer Schicht erzielbare Abschlag, wenn Bohren und Schuttern gleichzeitig vor sich gehen;

$K$ die in einer Schicht gelösten aufgelockerten Gesteinsmassen;

$N$ die errechnete Schutterzeit;

$P$ die bei getrennter Bohrung und Schutterung geleisteten Bohrmeter;

$Q$ die bei getrennter Bohrung und Schutterung mögliche Abschlagslänge;

$R$ die in einer Schicht bei getrennter Bohrung und Schutterung gelösten aufgelockerten Gesteinsmassen;

$L$ Rechnungswert;

$M$ Rechnungswert;

$O$ Rechnungswert.

Zur Kontrolle der Rechnung dient die Überlegung, daß die Schutterzeit, vermehrt um die Bohrzeitverluste und die reine Bohrzeit, 480 Minuten ergeben muß. Überdies muß die Spalte $N$ mit der Schutterleistung $m$ multipliziert die Spalte $R$ ergeben.

Für einen quadratischen Querschnitt von 9 m² und einen Sohlstollenquerschnitt von 17 m² und 20 m² wurden für die Bohrgeschwindigkei-

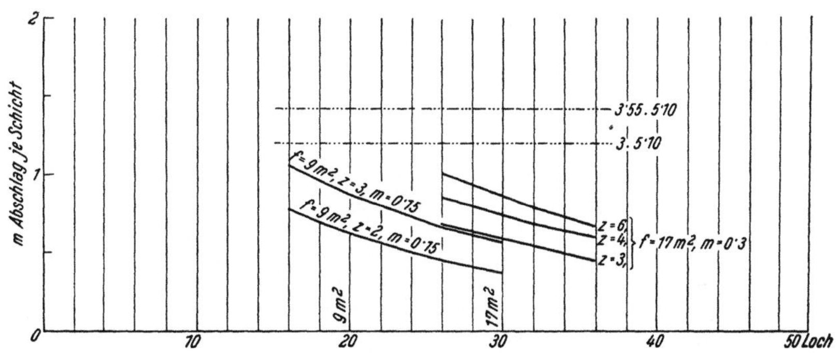


Abb. 63. Abschlagslängen bei $b = 0{,}04$ m/min
Betrieb: Je Schicht 1 Abschlag, Bohren und Schuttern getrennt

ten 0,04, 0,07 und 0,14 m/min die Werte für einige Lochzahlen errechnet und in den Abb. 63, 64 und 65 aufgetragen.

Aus diesen Schaubildern ist zu entnehmen, daß im Bereich der gebräuchlichen Lochzahlen die zeitliche Trennung von Schutter- und Bohrarbeit keine wesentlichen Vorteile bringt, im Gegenteil die erzielbaren Abschlagslängen je Schicht in der Regel kleiner ausfallen als bei gleichzeitiger Bohrung und Schutterung.

Schon die gleichbleibenden, von der Lochzahl unabhängigen Zeitverluste zehren einen Gutteil der zur Verfügung stehenden Zeit auf. Kommt dann noch die Schutterzeit dazu, so bleibt für das eigentliche Bohren nur mehr sehr wenig Zeit übrig. Diesem Umstand kann man begegnen, indem man eine größere Anzahl von Bohrmaschinen einsetzt und die Leistung der Schutterung durch den Einsatz von Hochleistungslademaschinen zu steigern trachtet. Bei Handschutterung und kleinen Bohrgeschwindigkeiten ist das gleichzeitige Bohren und Schuttern der anderen Arbeitseinteilung auf jeden Fall überlegen. Bei den Berechnungen wurde bei den

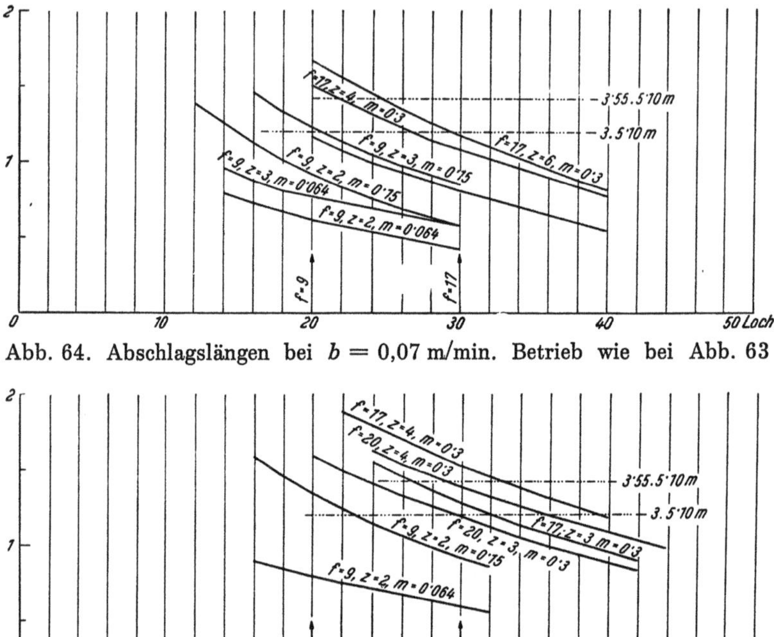

Abb. 64. Abschlagslängen bei $b = 0,07$ m/min. Betrieb wie bei Abb. 63

Abb. 65. Abschlagslängen bei $b = 0,14$ m/min. Betrieb wie bei Abb. 63

großen Querschnitten eine Lademaschine angenommen, welche das Doppelte derjenigen leistet, welche als Einsatz bei der gleichzeitigen Bohrung und Schutterung gedacht ist. Dabei wurde die sehr günstige Annahme gemacht, daß die Hochleistungsmaschine die gleiche Zeit zur In- und Außerbetriebsetzung braucht als eine kleine Maschine. Tatsächlich liegen aber die Verhältnisse selten so günstig.

Bei den Tunnelbauten in Nordnorwegen wurde die zeitliche Trennung von Bohr- und Schutterarbeit unter Einsatz von Bohrwagen und Hochleistungslademaschinen versucht. Das Ergebnis entsprach mit seinem schlechten Erfolg durchwegs den auf rechnerischem Weg vorausgesagten Verhältnissen. Die Hochleistungsmaschinen sind eben nur dort am Platze, wo eine entsprechend große Menge an Haufwerk zu bewältigen ist. Nur dort stehen die Auf- und Abbauzeiten und sonstigen Zeitverluste, die sich bei der Verwendung der Maschine ergeben, in einem brauchbaren Verhältnis zur tatsächlichen Arbeitsleistung und zum sehr hohen Luftverbrauch. Jedes Versagen der Lademaschine, sei es nun bei zeitlicher Trennung des Bohr- und Schuttervorganges, sei es bei gleichzeitigem Bohren und Schuttern, führt zu sehr unangenehmen Arbeitsaufenthalten, die schwer wieder hereinzubringen sind. Gut eingearbeitete Arbeiter und erstklassige Maschinisten sowie eine gut gehende Werkstätte sind die Voraussetzung für den Einsatz einer Lademaschine.

Wesentlich bessere Erfolge erzielten die Lademaschinen bei räumlicher Trennung der Bohr- und Schutterarbeit, wie dies bei der Besprechung im Vorgehen im vollen Querschnitt (s. S. 7) geschildert ist. Auch hier muß man trachten, recht große Abschläge zu erzielen, was aber wieder die Sicherheit des Abschlages oft fraglich macht, auf jeden Fall aber den Sprengstoffverbrauch erhöht.

Die vorhin ausführlich gebrachten Berechnungen des zu erwartenden Schichtfortschrittes geben einen Überblick über die möglichen Leistungen. Wie schon früher erwähnt, kommt Handschutterung heute nur in Ausnahmefällen in Frage. Zeigen die bildlichen Darstellungen, daß die Handschutterung für die gewünschte Leistung ausreicht, so bedeutet dies, daß die Ladegeräte nicht voll ausgenutzt sind.

Sowohl die Bohr- als auch die Schutterleistung werden bedeutend erhöht, wenn es gelingt, die verschiedenen Stillstandzeiten und Zeitverluste zu vermindern. Eine gute Gedingerotte (Akkordpartie) wird die gleichbleibenden Zeitverluste sowohl beim Bohren als auch beim Schuttern herabdrücken. Bei der Bohrarbeit kann durch geschickte Bohrhammerführer, zumal wenn die Bohrmaschinen auf Lafetten angebracht sind, die Zeit für das Ansetzen des Bohrloches auf Null und das Umsetzen der Bohrmaschinen auf den Minimalwert gebracht werden.

In den Berechnungen wurde die Ladezeit der Bohrlöcher voll in Rechnung gestellt und dabei einer Vorschrift entsprochen, welche gleichzeitiges Bohren und Laden untersagt. Kommt man dieser Vorschrift nicht nach, so gibt dies eine ausschlaggebende Zeitersparnis. Unter Berücksichtigung voriger Umstände und wenn auf zwei Bohrhämmer ein Mineur kommt, lautet die Gl. (28):

$$\frac{480 - v_k - \dfrac{n \cdot U}{\frac{z}{2}} - s}{n} \cdot z \cdot b \cdot r \cdot f \cdot p = s \cdot m.$$

Der Maschineningenieur der Unternehmung kennt seine Geräte genau und kann mit zutreffenden Erfahrungswerten in die Rechnung eingehen und so zu brauchbaren richtigen Werten des Schichtfortschrittes kommen. Durch die neuen Geräte ist auch die zeitlich getrennte Bohr- und Schutterarbeit wieder wirtschaftlich geworden.

# E. Bergwasser

## I. Allgemeines

Der Vortrieb eines Stollens oder Tunnels im vollkommen trockenen Gebirge wird eine seltene Ausnahme sein. In der Regel wird man Bergwasser beim Vortrieb antreffen und diesem Umstand sowohl bei der Bauarbeit selbst als auch für den fertigen Tunnel berücksichtigen müssen.

Ein gutes geologisches Gutachten wird über die Möglichkeiten des Antreffens von Bergwasser schon recht gute Anhaltspunkte geben. Wenn die Wahl der Linienführung frei ist, wird man bergwassergefährlichen Gebirgsstrecken, soweit es geht, ausweichen. Ein gewissenhaftes geologisches Gutachten hätte z. B. die Unterfahrung der mit Geröll erfüllten Bachschlucht beim Lötschbergtunnel vermeiden können; damit wären bedeutende Kosten erspart geblieben.

Nach den heutigen Erkenntnissen wird bei Tunnelneubauten in der Regel eine wasserdichte Abdeckung des Mauerwerkes vorgesehen und vielfach bei bestehenden Tunneln die wasserdichte Abdeckung hergestellt bzw. eine vorhandene Dichtung erneuert. Ist ausnahmsweise die sichere Gewähr einer natürlichen Drainage im Gebirge, wie eine solche in Geröllböden und klüftigem Gebirge zu erwarten ist, gegeben, kann das Bergwasser auch in den Berg zurückgedrängt werden.

Der Verkehrsraum eines Tunnels muß, abgesehen von der Belästigung durch das Wasser, wegen der Eisbildung im Winter trocken gehalten werden. Bei Straßentunneln ist eine vereiste Fahrbahn wegen erheblicher Gefährdung des Verkehrs untragbar. Sandstreuung ist nur bedingt wirksam und kann bei plötzlichem Kälteeinbruch zu spät erfolgen.

Eis in Eisenbahntunneln kann zu äußerst betriebsgefährlichen Frostaufzügen führen, das Eis muß im Tunnel wegen Einengung des lichten Raumes, der Gefährdung der Reisenden durch herabhängende Eiszapfen, Unfallsgefahr für die Unterhaltungsbediensteten und der Möglichkeit von Überschlägen an der Fahrleitung ständig entfernt werden.

Das Tropfwasser führt zu vorzeitigem Verschleiß der Schienen und besonders des Kleineisens. Bei letzeren wurde versucht, durch Kupferzusätze dem Rost Einhalt zu gebieten, doch war der Erfolg nur wenig befriedigend.

Aggressive Wässer, aus Gipsstrecken oder Mooren stammend, sowie nahezu chemisch reines Wasser, wie man es in Gneisstrecken findet, zerstören Betonmauerwerk und alle Mörtelarten. Neutrales Wasser wird durch die Abgase von Dampflokomotiven, welche immer schwefelige Säure enthalten, aggressiv. Durch Verwendung geeigneter Zementsorten kann man die Zerstörung des Mörtels und Betons hintanhalten, doch erfordert dies bedeutende Mehrkosten beim Bau, und vollständige Gewährleistung ist mangels jahrzehntelanger Erfahrung nicht gegeben. Es ist besser, das Wasser vom tragenden Mauerwerk fernzuhalten.

## II. Wasserdichte Abdeckung

### 1. Anbringung der Abdeckung

Eine ordnungsmäßige Herstellung und damit eine sichere Wirkung der wasserdichten Abdeckung ist nur dann gewährleistet, wenn für die Arbeit hinter dem Mauerwerk gegen das Gebirge ein ausreichender, von Einbauten jeglicher Art freier Arbeitsraum vorhanden ist. Im einigermaßen standfesten Gebirge gibt es diesbezüglich keine besonderen Schwierigkeiten. In gebrächem und drückendem Gebirge wird man das tragende Tunnelmauerwerk im Schutze eines Hilfsgewölbes herstellen. Bei den Umsprießungsarbeiten ohne Hilfsgewölbe kommen bei den bisher gebräuchlichen Tunnelrüstungen die Abstützung zwangsläufig auf die Dichtungsbahnen zu stehen, was immer eine Unsicherheit in Dichtheit der wasserdichten Abdeckung bedeutet. Muß aus zwingenden Gründen auf ein Hilfsgewölbe verzichtet werden, bleibt nichts anderes übrig, als die Abdichtung in ganz schmalen Ringen zwischen den Gespärren der Tunnelrüstung herzustellen, was zahlreiche Überlappungen mit unsicherer Dichtungswirkung ergibt. Beengt durch den kleinen Arbeitsraum, ist eine weitere Fehlerquelle bei der Abdichtung gegeben.

Ist sichere Gewähr gegeben, daß das Bergwasser *nicht* aggressiv ist, kann die wasserdichte Abdeckung auch auf der Innenlaibung des Tunnelmauerwerkes angebracht werden.

### 2. Dichtungsbahnen

Die Dichtungsbahnen müssen vollkommen wasserdicht und elastisch sein und dürfen diese Eigenschaft nicht durch Alterung oder Korrosion verlieren.

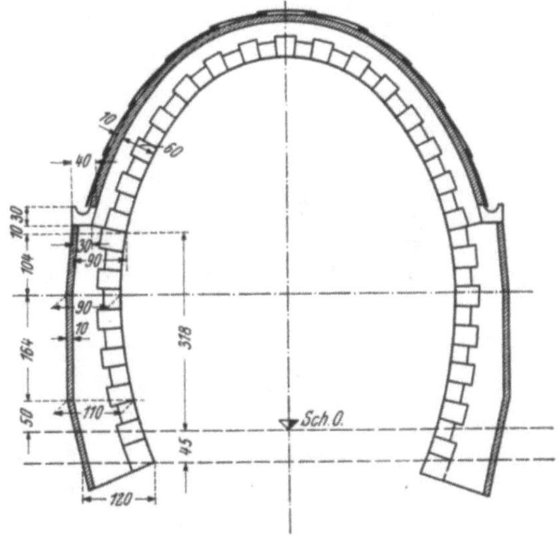

Abb. 66. Wasserdichte Abdichtung mit Stahlblechtafeln auf 10 cm Betonausgleichsschicht

α) **Dichtungsbleche.** Stahlbleche, kupferplatierte Stahlbleche und Kupferbleche sind vollkommen wasserdicht und wegen ihrer Elastizität unempfindlich gegen etwa vorkommende Setzungen des Mauerwerkes. Kupfer gibt vollkommene Sicherheit gegen Verrostung, kupferplatierte Stahl-

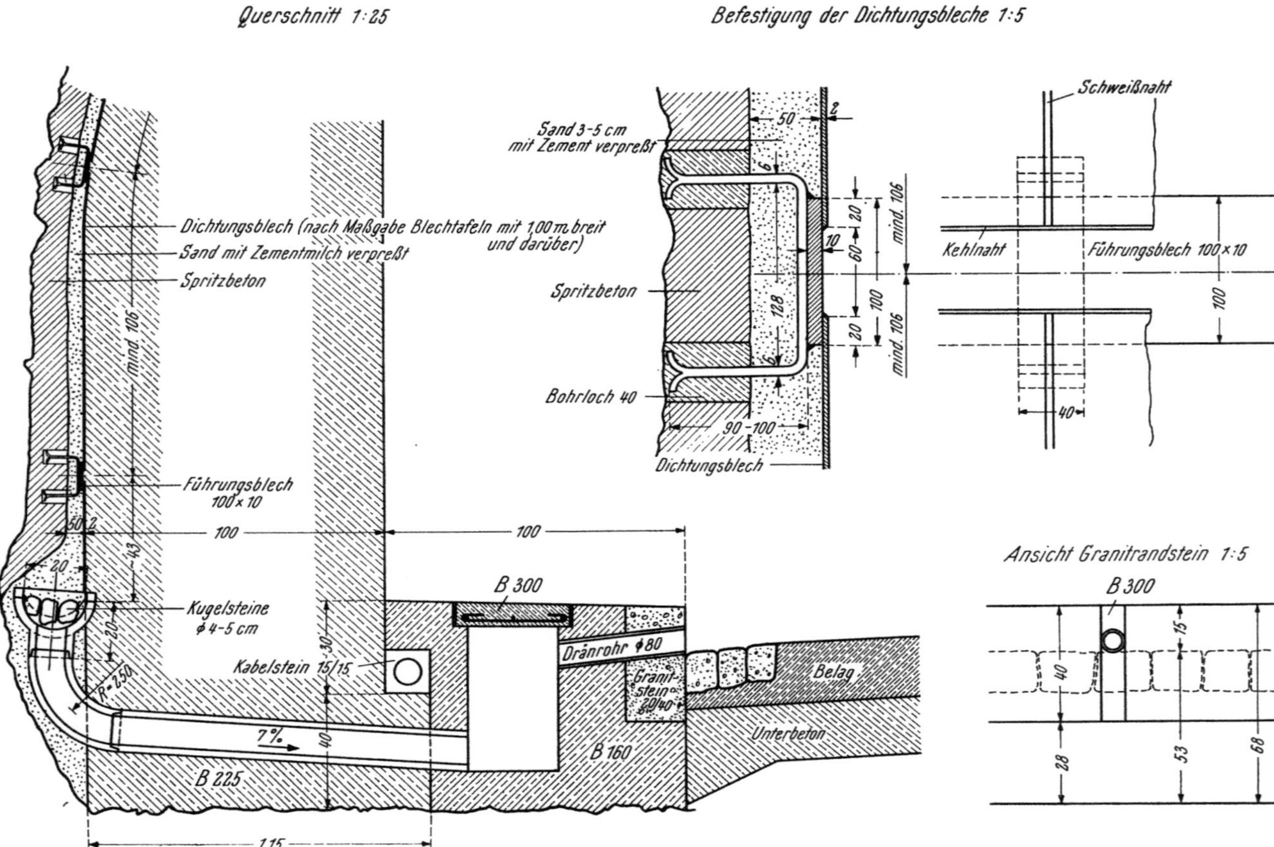

Querschnitt 1:25
Befestigung der Dichtungsbleche 1:5
Schweißnaht
Sand 3–5 cm mit Zement verpreßt
50
2
6
mind. 106
20
20
10
60
100
Kehlnaht
Führungsblech 100×10
Spritzbeton
128
mind. 106
100
Bohrloch 40
40
90–100
Dichtungsblech
Dichtungsblech (nach Maßgabe Blechtafeln mit 1,00 m breit und darüber)
Sand mit Zementmilch verpreßt
Spritzbeton
mind. 106
Abb. 67
Führungsblech 100×10
30
2
43
100
100
B 300
20
20
Kugelsteine ⌀ 4–5 cm
Kabelstein 15/15
30
Dränrohr ⌀80
Granitstein 20/40
Belag
R=250
7%
40
B 225
B 160
Unterbeton
115
Ansicht Granitrandstein 1:5
B 300
40
15
28
53
68

**Abb. 67 (Fortsetzung)**

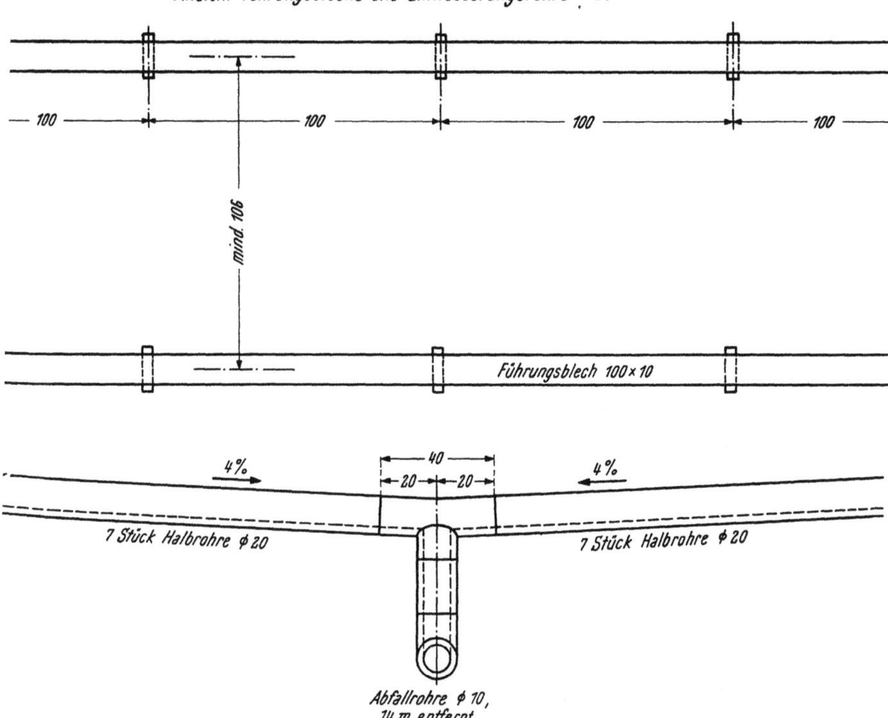


Abb. 67. Wasserdichte Abdeckung mit verschweißten Stahlblechen für einen Straßentunnel

bleche dürften an diese Eigenschaft heranreichen. Reines Kupfer scheidet wegen hoher Kosten in der Regel aus. Bei Stahlblechen besteht Rostgefahr, wenn neben den Wasserzutritt auch Luft zu den Dichtungsbahnen tritt. Rinnendes Wasser wird man aber schon vor der Abdichtung beseitigen, und der Luftzutritt kann sich nur in mäßigen Grenzen halten, in der Regel wird aber die Luft durch das tragende Tunnelmauerwerk selbst abgehalten werden.

Metalle können durch elektrische Potentialunterschiede zwischen Mörtel und Beton und dem Metall korrodiert werden. Die stark alkalischen Eigenschaften der Mörtel und Betone schützen vielfach vor galvanischer Korrosion, bei größerem Karbonatgehalt wird die Korrosion durch Zusatz von 2 % $NaNO_2$ verhindert. Genaue Analyse des Zementes ist erforderlich[1].

---

[1] Vgl. L. Róza und L. Sárosi: Eine neuartige, wasserdruckhaltende Dichtung für Untertagebauten. Österreichische Ingenieur-Zeitschrift, **4**, Heft 10, 1961.

β) **Metallfolien.** Dünne Metallhäute, vielfach Aluminium, bilden die wasserdichte Haut. Die Folien werden auf einen Voranstrich aus Bitumenmasse geklebt, die Korrosionsgefahr ist damit unterbunden. Manche Zemente zerstören aber das Aluminium, es ist daher Vorsicht bei der Arbeit geboten.

γ) **Kunststoffdichtungsbahnen.** Diese sind von Haus aus säurebeständig und elektrisch nicht leitend und können an Ort und Stelle dicht verschweißt werden. Die Verschweißung muß sehr sorgfältig durchgeführt werden.

δ) **Jutebahnen mit Bitumendichtung.** Diese Art der Dichtung wurde von Obertagbauten übernommen. Wichtig ist, daß das Dichtungsmittel nicht im Laufe der Zeit spröde wird; durch Setzungserscheinungen im Mauerwerk kann dann die Abdichtung verlorengehen.

Nachdem über wasserdichte Abdeckungen erst rund fünf Jahrzehnte Erfahrungen vorliegen, kann über die Altersbeständigkeit heute noch keine bestimmte Aussage gemacht werden. Am besten werden korrosionsgeschützte Bleche abschneiden. Es ist auch anzunehmen, daß verrostete Stahlbleche trotz des Rostes ihre Dichtungswirkung beibehalten werden, es sei denn, daß die Bleche regelrecht vom Wasser bespült werden, was leicht zu vermeiden ist.

### 3. Arbeitsdurchführung

#### a) Abdichtung mit Stahlblechen

Bei der Rekonstruktion des Bosruck- und Hungerbichltunnels der Bundesbahnlinie Linz — Selztal wurden mit dem Hochziehen des Gewölbemauerwerkes Schwarzblechtafeln $1000 \times 2000 \times 0,5$ mm auf einer Ausgleichsschichte über dem Gewölbebeton mit 10 cm Übergriff verlegt. Der Raum zwischen den Blechtafeln und dem Gebirge wurde mit Magerbeton ausgefüllt. Die Tunnelringe sind nach zwölf Jahren seit der Erneuerung trocken. Einzelheiten sind der Abbildung zu entnehmen.

Für den Massenbergtunnel im Zuge der Umfahrung von Leoben mit der Bundesstraße Wien — Villach wurde vom Verfasser eine dicht verschweißte Abdeckung aus 2 mm Stahlblech vorgeschlagen. Je nach Standfestigkeit des Gebirges wird das Gebirge mit einer Spritzbetonschicht von 10 cm Stärke aufwärts verkleidet. In die Spritzbetonschicht sind Ankereisen versetzt, auf welchen die Führungsbleche von 10 mm Stärke aufgeschweißt sind, welche den Halt für die Dichtungsbleche geben.

Der Raum zwischen Spritzbetonauskleidung und Dichtungsblech wird mit reinem Sand mit 3—5 mm Korn ausgefüllt und schließlich mit Zementmilch verpreßt, so daß das noch etwa vorhandene Wasser durch den so entstandenen porösen Beton den Weg zur Ableitung finden kann. Die Ausbildung ist aus der Abb. 67 ersichtlich.

### b) Abdichtung mit Metallfolien

Ist die Innenlaibung eines Hilfsgewölbes oder der Gewölberücken des tragenden Mauerwerkes entsprechend glatt, so werden darauf zwei Heißbitumenanstriche, wobei auf den zweiten Anstrich die Metallfolie heiß aufgeklebt wird, aufgebracht. Bei Rauhigkeit vorangeführter Flächen muß vor den Bitumenanstrichen ein Zementestrich von 4 bis 7 cm

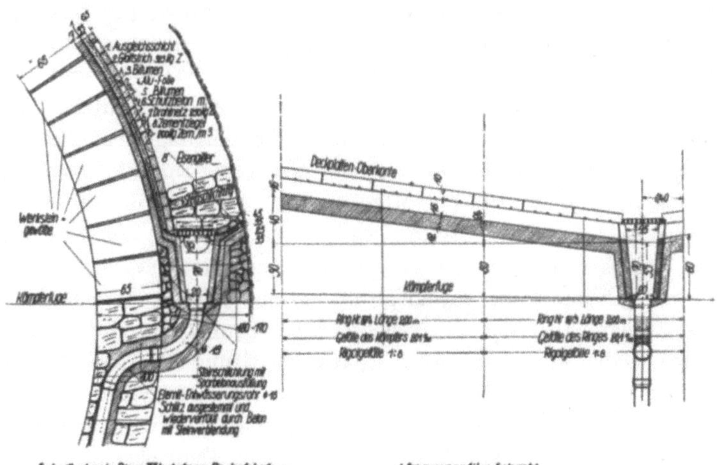

Abb. 68. Wasserdichte Abdeckung des Hüttauertunnels, Strecke Bischofshofen—
Selzthal

Stärke hergestellt werden. Die Metallfolie erhält dann einen Schutzbeton mit Baustahlgittereinlage. Kommt über der Abdichtung eine Steinauspackung, muß der Schutzbeton noch weiter gegen Beschädigung mit Betonformsteinen abgedeckt werden. Bei Arbeiten mit Hilfsgewölbe kann das tragende Mauerwerk unmittelbar an die Schutzbetonschichte angemauert werden[1].

### c) Abdichtung mit Jutebahnen und Kunststoffolien

Der Arbeitsvorgang unterscheidet sich wenig von dem vorigen. Auf einwandfreie Überdeckung bzw. Verschweißung der Dichtungsbahnen ist besonderer Wert zu legen. Vor der wasserdichten Abdeckung nach allen beschriebenen Arten muß das Wasser nach der Schlauchmethode in das Entwässerungssystem des Tunnels geführt werden.

---

[1] Vgl. Anmerkung Seite 125 und W. ZANOSKAR: Die Instandsetzung des Hüttauertunnels. Österreichische Bauzeitschrift, 7, Heft 6, 1952.

### III. Ableitung des Wassers

Vor allem wird man trachten, das Vordringen von Tagwasser in den Tunnel hintanzuhalten. Man wird den Oberflächenwasserläufen, welche die Tunnelachse kreuzen, ein Gerinne geben, das auch das höchste Hochwasser mit Sicherheit aufnehmen kann. Dieses Gerinne selbst muß wasserdicht sein. Gewöhnliches Bruchsteinpflaster in Portlandzementmörtel zwischen Herdmauern hat für sich noch ungenügende Wasserdichtheit; diese vermindert sich im Laufe der Jahre, da Frost und Verwitterung Zeit finden, Sprünge und Risse zu erzeugen. Richtig ist es, das Pflaster eines solchen Gerinnes auf eine Betonunterlage zu legen und in diese noch Dichtungsbahnen einzulegen, welche auch alle Schwindrisse des Betons sicher dichten können. Bei der Überführung des Hierkarbachgerinnes über die Nordeingangsstrecke des Tauerntunnels wurden diese Vorsichtsmaßnahmen nicht getroffen, und die Folge davon waren Wassereinbrüche in den Tunnel, welche sehr störend auf den Verkehr wirkten.

Am besten leitet man Gerinne, welche die Tunnelachse kreuzen oder die in gefährlicher Nähe vorbeiführen, so ab, daß die Tunnelachse nicht mehr gekreuzt wird und das Gerinne vom Tunnel ausreichende Entfernung hat. Dabei sind die vorhin erwähnten Grundsätze zu beachten und sonst nach den Regeln der Wildbachverbauung vorzugehen.

Hat man durch das geologische Gutachten oder durch sonstige Erfahrungen Kenntnis von der Wasserführung des Gebirges, so wird man, wenn es die sonstigen Bauaufgaben gestatten, das Gefälle des Stollens oder Tunnels so planen, daß das Wasser von selbst im natürlichen Gefälle durch den Entwässerungsgraben abfließt. Kann man dies nicht erreichen, so bleibt nichts anderes übrig, als das Wasser abzupumpen.

Als Pumpen kommen nur Maschinenpumpen in Frage, deren Antrieb in der Regel durch Elektromotoren erfolgt. Verbietet irgendein Umstand die Verlegung der Zuleitungskabel, so kann die Pumpe auch mit Preßluft betrieben werden.

An Stellen, wo es stärker von der Firste tropft oder gar Wasser in stärkerem Strahle niederprasselt, schützt man die Arbeiter und damit auch alles Gerät durch Errichten behelfsmäßiger Dächer.

Mit Wasserzutritt muß man immer rechnen; auch Gebirge, die als bestimmt trocken angesehen wurden, haben oft reichliche Wasserführung aufgewiesen. Man muß daher entsprechend leistungsfähige Pumpen an der Baustelle greifbar haben und rechtzeitig für wasserdichte Schutzkleidung für die Arbeiter sorgen. Ein entsprechender Vorrat an Gummistiefeln muß immer vorhanden sein. Dabei muß man noch bedenken, daß die Wasserstiefel durch das scharfkantige Gestein im Tunnel noch rascher zugrunde gehen als etwa bei Wasserbauten, die sich mehr oder weniger in Flußbetten mit rundlichem Sand und Schotter abspielen. Für die Pumpen wird man bei der Frage der Energiebeschaffung immer eine gewisse Reserve haben müssen.

Sehr gut hat sich die Oberhasli-Schlauchmethode für die Ableitung des Bergwassers im Tunnel bewährt. Die Bezeichnung stammt vom Kraftwerk Oberhasli in der Zentralschweiz, wo das Verfahren erstmalig mit bestem Erfolg angewandt wurde.

An den Stellen mit Wasseraustritt wird ein Gummischlauch von 20 mm und größerem Durchmesser an das Gebirge angelegt und der Schlauch mit Zementteig mit Schnellbinderzusatz von Hand aus umkleidet. Das Wasser nimmt nun seinen Weg durch den Schlauch. Mit Fortschreiten des Abbindens wird der Schlauch nun vorsichtig weitergezogen, so daß das Wasser nunmehr statt durch den Schlauch vor der Austrittsstelle seinen Weg durch einen Hohlraum nimmt, der allseitig vom abgebundenen Zementteig abgeschlossen ist und anschließend durch den vorgezogenen Schlauch nimmt. Unter Fortsetzung des Verfahrens erreicht man schließlich ein System von Röhren, welche aus Zementteig gebildet sind und schließlich in den Hauptsammelkanal für die Stollenentwässerung geführt werden. Bei der Arbeit kann der Schlauch sehr gut an alle Unebenheiten der Stollenwand angepaßt werden und ist man in der Führung ganz freizügig.

Die Ableitung des Wassers kann durch das Gebirge selbst erfolgen, wie dies z. B. bei der Trockenlegung des Albulatunnels gelungen ist. Voraussetzung dafür ist, daß das anstehende Gebirge ausreichende, miteinander in Verbindung stehende Hohlräume besitzt, was bei Durchörterung von Geröllstrecken in der Regel zutreffen wird, hingegen bei Fels jeder Art nicht zu erwarten ist.

Die Schlauchmethode erfordert zur erfolgreichen Durchführung einige Übung. Die Sika-Plastiment G. m. b. H. und andere Erzeugerfirmen von schnellbindenden Betonzusatzmitteln schulen über Verlangen die Maurer ein. Vor der Schlauchmethode werden die Wasseraustritte durch eine Flächendichtung konzentriert[1, 2].

Während der Aufführung des Mauerwerkes, insbesondere bei Betonmauerwerk, ist es unerläßlich, daß diese Arbeit im Trockenen geschieht. Bei Eisenbahntunnels ist der Entwässerungskanal in der Mitte oder an der Seite sowieso schon vorgesehen; das Bergwasser wird immer in diesen Kanal abgeleitet. Anders ist es bei Stollen, welche der Wasserführung selbst dienen, seien es nun Druck- oder Freispiegelstollen von Wasserkraftwerken oder Kanaltunnels. Alle diese Bauwerke haben keine sichtbaren Entwässerungskanäle, da diese sich während des Betriebes verlegen könnten und überdies die hydraulischen Eigenschaften des Stollens

---

[1] Vgl. Mitteilungen des Österreichischen Betonvereins, Jahrgang 1948, Folge 9.
[2] Vgl. Sika-Nachrichten Nr. 7, September 1958.

verschlechtern würden. In solchen Fällen ist die Entwässerung mittels Betonrohren im Mauerwerk selbst verlegt. Dabei bleibt es den Betriebsverhältnissen beim Mauerungsvorgang anheimgestellt, ob man diesen Entwässerungskanal in der Mitte oder seitlich anordnet. Die Anordnung muß auf jeden Fall so erfolgen, daß keine gefährliche Schwächung des Mauerwerks eintritt. Unter Umständen muß das Mauerwerk in der Umgebung des Entwässerungskanals verstärkt werden.

Während des Mauerungsvorganges muß der Entwässerungskanal unter allen Umständen freigehalten werden. Das Bergwasser selbst bringt in der Regel keine Schlammstoffe und Sand, dafür legt sich der Kalkschlamm, der durch das Wasser aus dem Beton oder Mörtel ausgelaugt wird, mit Vorliebe im Entwässerungskanal fest. Man muß daher für die notwendige Zahl von Putzschächten sorgen, die so nahe beieinander sein müssen, daß man mit Sicherheit den Kanal reinigen kann.

Nach Beendigung des Baues wird der Kanal sich selbst überlassen und die Putzschächte zubetoniert. Bei Freispiegelstollen hat man vorher bedeutende Wassereintritte gefaßt und in den Stollen eingeleitet, soweit dies möglich war. Bei Druckstollen ist dies nicht ausführbar.

## F. Beleuchtung der Stollen während des Vortriebes

Eine ausreichende Beleuchtung der Arbeitsstrecken ist für einen ordentlichen Arbeitsfortschritt unerläßlich. Heute kommen nur mehr zwei Beleuchtungsarten praktisch zur Verwendung: die Azetylenbeleuchtung und das elektrische Licht.

### I. Die Azetylenbeleuchtung

Die Azetylenbeleuchtung ist heute noch am weitesten verbreitet. Die Erzeugung des Azetylengases ist denkbar einfach. Man braucht nur Wasser in regelmäßigen Tropfen auf entsprechend zerkleinertes Kalziumkarbid zu leiten und erzeugt damit bereits das brennfertige Gas, welches mit helleuchtender, etwas rußender Flamme abbrennt und welches einen eigenartigen Geruch, der an Knoblauch erinnert, hat.

Der Vorteil der Azetylenbeleuchtung liegt in der äußerst einfachen, sehr betriebssicheren Handhabung und der vollkommenen Beweglichkeit der Lampen. Die Azetylenbeleuchtung ist auch gegen den rauhen Stollenbetrieb weitgehend unempfindlich.

Die Nachteile sind, daß der Brennstoff erst herbeigeschafft werden muß, was unter Umständen Schwierigkeiten haben kann, ebenso kann die Beschaffung des Betriebswassers Schwierigkeiten bieten, doch tritt letzterer Fall seltener auf. Die offene Flamme bietet eine gewisse Feuersgefahr, die aber in den meist mehr oder weniger feuchten Stollen auch bei weitgehendem Einbau nicht hoch einzuschätzen ist. Bei Auftreten von schlagenden Wettern, die ebenfalls nicht zu den Alltäglichkeiten im Stollenbau für Verkehrswege gehören, muß die Azetylenlampe einen ähnlichen Schutz erhalten wie jede andere offene Flamme einer Sicherheitslampe. Wie alle mit Flamme leuchtenden Lichtquellen verbraucht auch die Azetylenlampe einigen Sauerstoff, was man bei der Bemessung der Bewetterungsanlage zu berücksichtigen hat.

Im rauhen Stollenbetrieb ist die einfache Azetylenlampe die beste. Man verzichte auf jegliche Verglasung und gläserne Reflektoren, da diese durch das Auftreffen des ersten Wassertropfens in der Regel schon zerspringen und damit alsbald völlig wertlos werden. Lediglich die als Sicherheitslampen gebauten Azetylenleuchten haben so starke Gläser, daß diese auch das Tropfwasser aushalten. Gegen den Luftstoß beim Abtun der Schüsse schützt auch eine Verglasung der Lampe nicht; verglaste Lampen verlöschen genau so wie unverglaste.

Je Lampe sind mindestens vier Ersatzbrenner und ein Brennerbürstchen zu beschaffen.

Alle Azetylenleuchten sind außerhalb des Stollens zu füllen und zu entleeren. Das Werkzeug, welches zum Öffnen der Karbidtrommeln dient, darf nicht funkenziehend sein. Nichtbefolgung voriger Vorschreibungen hat zu schweren Unfällen geführt.

## II. Verbrauch an Kalziumkarbid

Die gebräuchlichen Azetylenlampen verbrauchen bei einer Lichtstärke von 10 HK (Hefnerkerzen) je Stunde rund 20 g Karbid, das entspricht also je HK und Stunde 2 g. Azetylenfackeln benötigen bei rund 1000 HK Leuchtkraft 500 g Karbid, was einen Verbrauch je HK und Stunde von 0,5 g ergibt.

Der Gebrauch einer einzigen Karbidfackel vor Ort ist wegen der entstehenden tiefen Schatten unerwünscht. Man verwendet daher besser mindestens zwei Fackeln oder neben den Fackeln noch eine entsprechende Anzahl von Lampen.

Sind etwa zehn Mann vor Ort beschäftigt und stehen dort zwei Fackeln, so brauchen diese 1000 g Karbid. Hat aber jeder Mann seine eigene Karbidlampe, so werden nur 200 g Karbid benötigt. Man sieht daraus, daß der Gebrauch von Karbidfackeln vor Ort höchst unwirtschaftlich ist. Überdies brauchen die Fackeln bedeutend mehr Luft als die Lampen.

Bei der Platzbeleuchtung auf der Kippe, wo die Leuchtkraft der einzelnen Lampe unzureichend ist und die Lampen die Mannschaft an der Kippe bei der Arbeit behindern, wird man zur Karbidfackel greifen, wenn nicht von Haus aus dort schon elektrische Beleuchtung vorgesehen ist. Auf der Kippe braucht man auch keine so gute Beleuchtung wie im Stollen; unter Umständen kann dort mit einer einzigen Fackel das Auslangen gefunden werden.

Um den Verbrauch an Karbid für einen Stollenbau zu veranschlagen, muß man wissen, wieviel Arbeitsstunden für den Stollen aufgehen werden. Für die Arbeiten im Freien kann man mit einer durchschnittlichen täglichen Beleuchtungszeit von 10 Stunden rechnen.

Der Stundenaufwand für die Felsarbeit ist von so vielen Umständen abhängig, daß darüber und damit auch über den Karbidverbrauch keine allgemeinen Angaben gemacht werden können. Wohl aber können aus den Nomogrammen über den Schichtfortschritt (s. Abb. 54 bis Abb. 65) und die Angaben über die notwendige Arbeiterzahl (s. S. 160 und 105) genügend Anhaltspunkte gegeben werden, mit welchen sich der Karbidverbrauch recht gut verausbestimmen läßt.

Jeder einzelne Fall eines Stollenbaues muß bezüglich des Karbidverbrauches gesondert behandelt werden, da diesen wesentlich die Bohrgeschwindigkeit, der Schichtfortschritt, die Länge des Stollens und die gewählte Betriebsweise beeinflussen.

Die Ermittlung des Karbidbedarfes soll an einem *Beispiel* erläutert werden.

Es liegen folgende Betriebsgrundlagen vor:

Reine Bohrgeschwindigkeit 0,12 m/min;

voraussichtliche Abschlagsgüte $r = 0,8$;

Gesamtstollenquerschnitt 30 m²;

Betriebsart: Es wird ein Sohlstollen in voller Breite des endgültigen Querschnittes mit 16 m² bei 3 m Höhe und nach dessen vollkommenem Durchschlag im Nachtrieb die Kalotte von 14 m² niedergebrochen. In beiden Fällen wird eine Lademaschine von 0,15 m³/min Haufwerk Leistung eingesetzt.

Für den Richtstollen sind 30, für die Kalotte 18 Loch erforderlich (letzteres zur Erzielung eines maßgerechten Querschnittes).

Die Stollenlänge, welche von einem Betriebspunkt aus zu bewältigen ist, beträgt 1200 m.

Jeder Mann im Stollen hat eine Einzellampe, mit Ausnahme der Hilfsmineure. Im Freien stehen zwei Karbidfackeln.

Aus den Nomogrammen ergibt sich schließlich, daß ein Betrieb in Kurzschichten zweckmäßig ist und dabei ein Fortschritt von 1,42 m, auf Achtstundenschicht gerechnet, erzielt werden kann. Da ein Überprofil zu erwarten ist, wurde nicht der Wert der Nomogramme für die Schutterleistung bei 16 m² Querschnitt angenommen, sondern mit einem Überprofil gerechnet, das mit einem Querschnitt von 18 m² zu erwarten ist (siehe dazu S. 79). Die Abschlagslänge ist durch die Schutterleistung begrenzt, daher war vorausgesagte Vorsicht am Platz. Anders ist es, wenn die Bohrleistung die Abschlagslänge bedingt hätte.

Für die Kalotte ergibt sich unter Annahme, daß das Überprofil rund 1,5 m² messen wird, ein Fortschritt auf die Achtstundenschicht verglichen von 2,18 m.

Es erfordert daher der Richtstollen

$$\frac{1200}{1,42} = 850 \text{ Schichten;}$$

die Kalotte

$$\frac{1200}{2,18} = 550 \text{ Schichten.}$$

Laut Zusammenstellung in Tab. 18 (S. 170) sind im Richtstollen 31 Mann, wovon 24 eine Lampe führen, und in der Kalotte 26 Mann, wovon 19 eine Lampe führen, je Schicht beschäftigt.

Dies ergibt einen Beleuchtungsaufwand von

$$850 \cdot 24 \cdot 8 = 163\,200 \text{ Stunden}$$

für den Richtstollen und

$$550 \cdot 19 \cdot 8 = 83\,400 \text{ Stunden}$$

für den Kalottenniederbruch.

Die Beleuchtungsstunde mit 20 g Karbid berechnet, ergibt dies einen Verbrauch von

$$3264 \text{ kg Karbid}$$

für den Richtstollen und von

$$1668 \text{ kg Karbid}$$

für den Kalottenniederbruch.

Für die Arbeiten im Richtstollen laufen 850 Schichten auf, das sind rund 284 Arbeitstage, in welchen durch zehn Stunden zwei Karbidfackeln im Freien brennen.

Der Verbrauch an Karbid im Freien ist beim Richtstollenvortrieb

$$10 \cdot 284 = 2840 \text{ kg Karbid}$$

und im Kalottenniederbruch

$$\frac{550}{3} \cdot 10 = 1866 \text{ kg Karbid.}$$

Der Gesamtverbrauch ist also
für den Richtstollen 6104 kg, was einem Verbrauch von

$$0,32 \text{ kg/m}^3 \text{ gelösten Fels,}$$

und für die Kalotte 3534 kg, was einem Verbrauch von

$$0,21 \text{ kg/m}^3 \text{ gelösten Fels}$$

entspricht.

Nimmt man statt der Bohrgeschwindigkeit von 0,12 m/min eine solche von nur 0,04 m/min an, was etwa hartem Granit entspricht, so steigt auch der Karbidverbrauch ganz bedeutend.

Es ergeben sich da für den Richtstollen:

ein bester Schichtfortschritt von 1,02 m im Richtstollen, 1,48 m für die Kalotte bei drei Hämmern.

Notwendige Schichten bis zum Durchschlag:

im Richtstollen 1175, in der Kalotte 810.

Beleuchtungsstunden im Stollen:

im Richtstollen 226 000; in der Kalotte (21 Mann) 137 000.

Beleuchtungsstunden im Freien:

für den Richtstollen 3920; für die Kalotte 2700.

Gesamtbeleuchtungsstunden: 363 000.

Karbidverbrauch im Stollen:

für den Richtstollen 4520 kg; für die Kalotte 2740 kg.

Karbidverbrauch im Freien:

für den Richtstollen 3920 kg, für die Kalotte 2700 kg.

Gesamtkarbidverbrauch im Stollen und im Freien:

für den Richtstollen 8440 kg, das entspricht

$$0,44 \ \text{kg/m}^3;$$

für die Kalotte 6660 kg, das entspricht

$$0,40 \ \text{kg/m}^3.$$

### III. Elektrische Stollenbeleuchtung

Die elektrische Stollenbeleuchtung kann sowohl mit Einzellampen, die ihren Strom aus einer mitgeführten Sammler- (Akkumulatoren-) batterie beziehen, als auch durch Beleuchtung mit Lampen, die an ein regelrechtes Lichtnetz im Stollen angeschlossen sind, durchgeführt werden.

Die erstere Art hat alle Vorteile der Azetylenbeleuchtung und ist in den gebräuchlichen Ausführungen auch durchwegs feuer- und schlagwettersicher. Die sonstige Betriebssicherheit ist vollkommen ausreichend, die Empfindlichkeit gegen Tropfwasser und die sonstigen Fährnisse des rauhen Stollenbetriebes recht gering.

Die Voraussetzung für einen einwandfreien Betrieb ist neben pfleglicher Behandlung der Lampen ihre regelmäßige Aufladung. Dazu sind ausreichende Ladeanlagen erforderlich.

Nachdem die meisten Baumaschinen für Wechselstrombetrieb eingerichtet sind, muß eine eigene Umformeranlage errichtet werden. Eine solche ist bei Verwendung von elektrischen Lokomotiven schon vorhanden. Die Erhaltung und Wartung der Umformeranlagen erfordert zusätzliche Kosten, die man bei der Ermittlung der Wirtschaftlichkeit der Akkumulatorenlampenbeleuchtung berücksichtigen muß.

Die Verlegung eines regelrechten Beleuchtungsnetzes für die elektrische Tunnelbeleuchtung hat sich im standfesten Gebirge, wo wenig oder gar kein Einbau erforderlich ist, sehr gut bewährt. Beim Vortrieb im rolligen Gebirge bei Anwendung der alten Zimmerungsmethoden stört die elektrische Leitung sehr und ist allerlei Gefahren ausgesetzt, so daß dort die elektrische Tunnelbeleuchtung mit festen Lampen nicht geeignet ist.

Man muß immer mit Störungen im elektrischen Beleuchtungsnetz rechnen, daher müssen immer eine ausreichende Zahl von Lampen, welche vom Netz unabhängig sind, betriebsbereit an den Arbeitsstellen vorhanden sein. Auf jeden Fall müssen die Arbeiter, welche die Schüsse abtun und zuerst nach der Sprengung vor Ort gehen, mit eigenen Lampen ausgerüstet sein.

Eine ungeschützte elektrische Lampe ist gegen Tropfwasser sehr empfindlich. Ein auf die heiße Lampe auftreffender Wassertropfen bringt bei mehrmaliger Wiederholung jede Lampe sicher zum Zerspringen. Man suche daher für alle Lampen, Abzweigungen und Schalter trockene Stellen auf. Lassen sich solche vor Ort nicht finden, so bleibt nichts übrig, als alle Lampen durch Überwurfglocken mit Drahteinsatz besonders zu schützen.

Bei ausreichender Stollenhöhe, besonders in den fertigen Strecken von regelspurigen Eisenbahntunnels und noch größeren Querschnitten, kann man die Zuleitung für die Stollenbeleuchtung auch als Freileitung auf Isolatoren verlegen. Es ist aber auch da besser, wenn man isolierte Leitungen nimmt. Für die Arbeiten in der Nähe der Betriebspunkte kommt nur gut isoliertes Kabel, am besten Panzerkabel, in Frage. Ist Stahlpanzerkabel auf der Baustelle nicht vorhanden, so kann man auch gewöhnliches, gut isoliertes Kabel nehmen und dieses zum Schutz gegen die Zufälligkeiten des rauhen Stollenbetriebes in alte Preßluft- oder Wasserleitungsrohre verlegen.

Für die Beleuchtung vor Ort kann man mit einem Kilowatt Leistung auskommen. Man wird da immer zwei, besser aber drei bis vier Lampen verwenden, damit man keine dunklen Schatten bekommt. Auf der Kippe wird man ebenfalls etwa ein Kilowatt brauchen.

Wird auf der Förderstrecke keine Einzelbeleuchtung benötigt, so genügt es, alle 50 m eine 50-Watt-Lampe anzubringen.

*Arbeitsaufwand bei elektrischer Beleuchtung*

Nimmt man dieselben Betriebsgrundlagen wie bei der oben durchgeführten Berechnung des Karbidverbrauches, so ergibt sich folgender Bedarf:

Tabelle 10 a. *Bedarf für die Bohrgeschwindigkeit $b = 0,12$ m/min:*

| Beleuchtungsort | Leistung KW | Schichten | Beleuchtungsstunden | Arbeit KWh |
|---|---|---|---|---|
| Vor Ort | 1,0 | 850 | 6 800 | 6 800 |
| Förderstrecke 600 m | 0,6 | 850 | 6 800 | 4 080 |
| Kippe 10 St./Tag | 1,0 | | 2 840 | 2 840 |
| | | | | 13 720 |

Tabelle 10 b. *Bedarf für die Bohrgeschwindigkei $b = 0,04$ m/min:*

| Beleuchtungsort | Leistung KW | Schichten | Beleuchtungsstunden | Arbeit KWh |
|---|---|---|---|---|
| Vor Ort | 1,0 | 1 175 | 9 400 | 9 400 |
| Förderstrecke 600 m | 0,6 | 1 175 | 9 400 | 5 600 |
| Kippe 10 St./Tag | 1,0 | | 3 920 | 3 920 |
| | | | | 18 920 |

Bei der Bohrgeschwindigkeit $b = 0,12$ m/min ergibt dies einen Aufwand von abgerundet

$$0,72 \text{ kWh/m}^3 \text{ gelösten Fels}$$

und bei $b = 0,04$ m/min einen solchen von

$$0,99 \text{ kWh/m}^3 \text{ gelösten Fels.}$$

## IV. Preßluftleuchten

Eine weitere Art der elektrischen Beleuchtung benützt als Stromquelle eine Lichtmaschine, die von einem Preßluftmotor angetrieben wird. Die Preßluftmotoren haben selbst einen ganz guten Wirkungsgrad, aber als Energie die teuer zu erzeugende Preßluft.

Diese Beleuchtungsart mit den sogenannten Preßluftleuchten schneidet wirtschaftlich gegen Akkumulatorenbeleuchtung und Beleuchtung aus eigenem Lichtnetz in der Regel recht schlecht ab. Man wird also diese

Leuchten aus wirtschaftlichen Gründen nur dann verwenden, wenn die Erzeugung von Preßluft billiger kommt.

Die Preßluftleuchten haben den Vorteil, unabhängig von einem Lichtnetz zu sein. Sie vermeiden alle Gefahren, welche in der Stromzuleitung liegen. Solange genügend Preßluft vor Ort ist, kann man mit weitgehender Betriebssicherheit rechnen. Auch bei Verwendung von Preßluftleuchten muß für ausreichende, von der Preßluft unabhängige Lichtquellen gesorgt werden, denn die Preßluft kann auch einmal ausbleiben. Der Schießmeister und seine Gehilfen und die Mineure, welche als erste nach dem Abtun der Schüsse wieder vor Ort gehen, müssen auf alle Fälle mit Azetylen- oder Akkumulatorenlampen ausgerüstet sein.

## G. Belüftung der Stollen während des Vortriebes

Eine ausreichende Belüftung der Stollen während der Vortriebsarbeiten ist von größter Wichtigkeit. Ungenügende Belüftung führt zu wesentlicher Minderung der Arbeitsleistung und kann Gefahr für das Leben und die Gesundheit der Belegschaft bringen.

Vor Einrichtung der Belüftung eines Stollens muß festgelegt werden:

1. Wieviel Luft in $m^3/min$ muß eingeblasen bzw. abgesaugt werden?

2. Welche Durchmesser der Belüftungsrohre (Lutten) und welche Ventilatoren (Belüfter) sind aus dem Bestande der Bauunternehmung oder des Bauherrn einzusetzen?

3. Welche Art der Belüftung soll gewählt werden: Absaugen oder Einblasen?

### I. Luftmenge, welche vor Ort geblasen oder von dort abgesaugt werden muß

Die Höhe dieser Luftmenge hängt ab von

a) der Größe der Belegschaft,

b) der Art der Förderung,

c) der Art und Menge der verwendeten Sprengstoffe,

d) den Betriebsverhältnissen,

e) der Gebirgsbeschaffenheit.

Zu a). Je größer die Stollenmannschaft, um so mehr Luft wird benötigt. Man muß für jeden Mann mit Azetylenlampe 2 $m^3$ Luft je Minute rechnen. Bei elektrischer Beleuchtung kann diese Zahl auf 1,5 $m^3/min$ vermindert werden.

Zu b). Die Art der Förderung spielt für den Luftbedarf eine wesentliche Rolle. Bei Förderung durch Menschenkraft ist der Luftbedarf schon unter a) enthalten und angegeben. Werden die Stollenwagen (wie es ausnahmsweise vorkommen kann) durch Pferde gezogen, so muß man für jedes Pferd mit einer weiteren Luftmenge von 2 m³/min rechnen.

Lokomotiven, welche durch Preßluft oder elektrisch angetrieben werden, brauchen keine Luft, wohl aber alle, die mit Verbrennungskraftmaschinen arbeiten.

Prof. L. v. RABCEWICZ gibt in der Zeitschrift „Fortschritte und Forschungen im Bauwesen" für Diesellokomotiven einen Bedarf von 0,1 m³/min je PS an. Diese Luftmenge braucht jede Maschine, um das Dieselöl zu verbrennen. Darüber hinaus erzeugt aber jede Diesellokomotive übelriechende und zum Teil auch giftige Abgase, welche durch Wascheinrichtungen nur mangelhaft beseitigt werden. Je nach Güte dieser Auspuffwascheinrichtungen, durch welche die Gase zwar weitgehend entgiftet, aber nicht geruchlos gemacht werden, ist der zusätzliche Luftbedarf zu bestimmen; die Erzeugerfirma wird da wertvolle Angaben machen können. Im Mittel ist mit einem Luftbedarf für eine Diesellokomotive von 1,2 m³/min je PS zu rechnen.

Zu c). Die heute gebräuchlichen Sprengstoffe erzeugen beim Abtun je kg etwa 0,5 m³ nicht atembare Gase, die etwa 0,25 m³ giftige Gase, in der Hauptsache Kohlendioxyd, enthalten. Bei unvollkommener Verbrennund, die durch schlechte Zündung oder sonstige Unregelmäßigkeiten beim Ladevorgang ihre Ursache hat, ist in den Schwaden noch Kohlenmonoxyd enthalten.

Will man den Gehalt an giftigen Gasen auf 1 % verdünnen, so braucht man je kg Sprengstoff 25 m³ Luft.

Ist nun die Leistung der Ventilatoren $Q$ m³/min, die Lüftezeit $l$ Minuten und die Menge des Sprengstoffes $s$ kg, so ist die notwendige Luftmenge

$$Q = \frac{s \cdot 25}{l}. \tag{29}$$

Wird mit einer mittleren Lüftezeit von 20 Minuten gerechnet, so bestimmt sich $Q$ mit

$$Q = 1{,}25 \cdot s. \tag{30}$$

Mit dieser Luftmenge wird man eine durchaus reine Atmosphäre vor Ort erhalten, denn die Gase des Sprengschwadens werden in die Stollenröhre durch die Sprengschüsse teilweise zurückgeworfen und verdünnen sich wie jedes Gas von selbst.

Zu d). Je weniger Angriffe innerhalb 24 Stunden gemacht werden, um so kleiner kann die Bewetterungsanlage bemessen werden. Am kleinsten wird die Anlage dann, wenn nicht durchgearbeitet wird und während der längeren Arbeitspause in der Nacht der Stollen Zeit genug hat, auch bei schwacher Bewetterung sich ausreichend mit Frischluft zu füllen.

Sind hingegen in der Schicht zwei Abschläge vorgesehen, so wird man die Wetteranlage verstärken, um die Lüftezeit herabzusetzen.

Eine bedeutende Erhöhung des Luftbedarfes ergibt sich, wenn mit voreilendem Richtstollen und an mehreren Orten mit dem Niederbruch der Kalotte und der Strosse gearbeitet wird; es steigt ja dadurch die Größe der Belegschaft, aber auch der Sprengstoffverbrauch.

Zu e). Läßt die Beschaffenheit des Gebirges oder sehr große Überlagerung auf bedeutende Gebirgswärme schließen, so muß die Belüftung besonders reichlich bemessen werden, da die eingeblasene Luft gleichzeitig zur Kühlung der Stollenwände gebraucht wird. Ebenso ist reichliche Bewetterung erforderlich, wenn man mit dem Auftreten von giftigen Gasen oder schlagenden Wettern rechnen muß. In diesem Falle muß die Frischluft die Gase ausreichend verdünnen.

Über Bergwärme und Gase wird ein gutes geologisches Gutachten die notwendigen Aufschlüsse geben.

Die im Schrifttum enthaltenen Angaben über die notwendigen Luftmengen gehen sehr auseinander. Laut WIEDEMANN „Stollenbauten" soll der eingeblasene Luftstrom in $m^3/sec$ $F/6$ betragen, wobei $F$ der Stollenquerschnitt ist. Bei Arbeiten im Vollausbruch soll die Annahme des Richtstollens allein ausreichen. Die Angabe nach WIEDEMANN kann zur rohen Überprüfung des Bedarfes dienen.

Man wird zweckmäßig nach den Punkten a) bis e) die Luftmenge bestimmen und dabei die größte der Bemessung der Wettermenge zugrunde legen. Kommen einzelne Wettermengen sehr verschieden heraus, ist z. B. die Wettermenge nach dem Schießen die weitaus größte, so wird man beim Lüften nach dem Schießen den Ventilator mit voller Leistung laufen lassen und in der übrigen Zeit mit einem Teil dieser Arbeit auskommen. Man wird unter Umständen den Betrieb auch so einrichten, daß nicht gleichzeitig beim Vor- und Nachtrieb geschossen wird.

## II. Bemessung der Bewetterungsrohre (Luttenrohre) und der Ventilatoren

Wie allgemein bekannt und später eingehend ausgeführt, sinkt der Reibungswiderstand der Luttenrohrleitung mit steigender Rohrweite und nimmt mit der Länge der Leitung zu. Sind im Gerätebestand enge und weite Rohre vorhanden, so wird man daher den weiten Rohren den Vorzug geben. Die kleinen Lutten bleiben für kleine Förderweiten und kleine Luftmengen. Die Luttengröße ist durch die Lichtraumverhältisse des Stollens beschränkt.

Zur Bemessung der Luttenrohre muß man die Widerstände kennen, welche in der Wetterleitung auftreten. Diese Widerstände müssen durch die Maschinenleistung des Belüfters überwunden werden; man mißt sie in Millimeter Wassersäule. Die Ermittlung des Überdruckes, welcher zur Überwindung der Widerstände in der Luttenleitung benötigt wird, erfolgt entweder durch Berechnung oder durch Vermessung der Lutten.

Der Überdruck $p$ in Millimeter Wassersäule kann nach der Formel von BERNOULLI berechnet werden. Sie lautet:

$$p = \gamma \cdot \frac{v^2}{2g}\left(\frac{\lambda L}{d} + \Sigma\xi + 1\right). \qquad (31)$$

Dabei bedeutet

$p$  den Überdruck in mm Wassersäule,

$\gamma$  das spezifische Gewicht der Luft, in den folgenden Berechnungen stets mit 1,2 kg/m³ angenommen,

$v$  die Geschwindigkeit der Luft in der Luttenleitung,

$g$  die Schwerbeschleunigung, mit 9,81 m/sec² angenommen,

$\lambda$  Reibungswert für die Reibung der Luft in der Lutte,

$d$  Durchmesser der Lutte in m,

$\Sigma\xi$  die Summe aller Einzelwiderstände, wie Krümmer, Abzweigungen und dergleichen.

Die Werte $\lambda$ sind für weite Röhren kleiner als für enge; sie sind in der Tab. 11 zu finden.

Man wird die Luttenleitungen möglichst gerade führen und notwendige Richtungsänderungen mit großen Krümmungshalbmessern gestalten, dabei die Zahl der Abzweigungen auf das unbedingt notwendige Maß beschränken. Nicht mehr notwendige Abzweigungen sind abzubauen und durch ein Stück durchlaufende Leitung zu ersetzen. Beachtet man diese Anweisungen, so kann man in der Rechnung die Einzelwiderstände vernachlässigen, denn der Reibungsbeiwert ist keine so scharf feststehende Zahl; schon dadurch wird die Rechnung mit einer gewissen Ungenauigkeit behaftet, die größer ist als die Berücksichtigung oder Vernachlässigung der Widerstände durch Krümmer oder Abzweigungen. Besonders bei rostigen Rohren kann der Wert $\lambda$ erheblich größer sein als der in Tab. 11 angegebene.

*Tabelle 11*

| Rohrleitungsdurchmesser mm | $\lambda$ |
|---|---|
| 1000 | 0,14 |
| 900 | 0,15 |
| 800 | 0,16 |
| 700 | 0,17 |
| 600 | 0,18 |
| 500 | 0,19 |
| 400 | 0,20 |
| 300 | 0,21 |

Wertet man Gl. (31) von BERNOULLI aus, so erhält man für verschiedene Rohrlängen und Wettermengen die zugehörigen Überdrucke $p$. Die ermittelten Werte wurden in den Abb. 69 bis 72 aufgetragen; dort sind die *Kennlinien* für die Lutten von 300, 400, 500 und 600 mm Durchmesser zu finden.

Ventilatoren von mehr als 800 mm Wassersäule Überdruckleistung sind auf den Baustellen sehr selten zu finden; es wurden daher die Kennlinien nur bis zu diesem Grenzwert errechnet.

Die Luftgeschwindigkeit in den Luttenrohren soll 25 m/sec nicht überschreiten, da man bei höheren Geschwindigkeiten Schwierigkeiten mit der Abdichtung hat. Überdies stimmen bei übergroßen Geschwindigkeiten die Formeln nicht mehr, da ähnlich wie beim Wasser die Luft

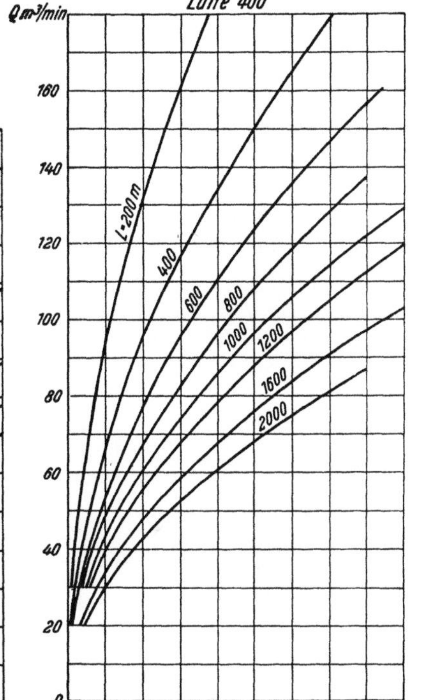

Abb. 69. Kennlinien der Lutten mit 300 mm ⌀

Abb. 70. Kennlinien der Lutten mit 400 mm ⌀

bei hoher Geschwindigkeit teilweise turbulent strömt und Wirbel bilden kann. Diese Wirbelbildung wird durch allerlei Unregelmäßigkeiten, wie schlechte Flanschen und Verbeulungen der Rohre, noch begünstigt. Die Schaubilder wurden daher auch nur bis zu einer Luftgeschwindigkeit von etwa 25 m/sec berechnet.

Die Lüfteleistung ist bei einer Leistung von $Q$ m³/sec

$$N = \frac{Q \cdot p}{75 \, \eta}, \qquad (32)$$

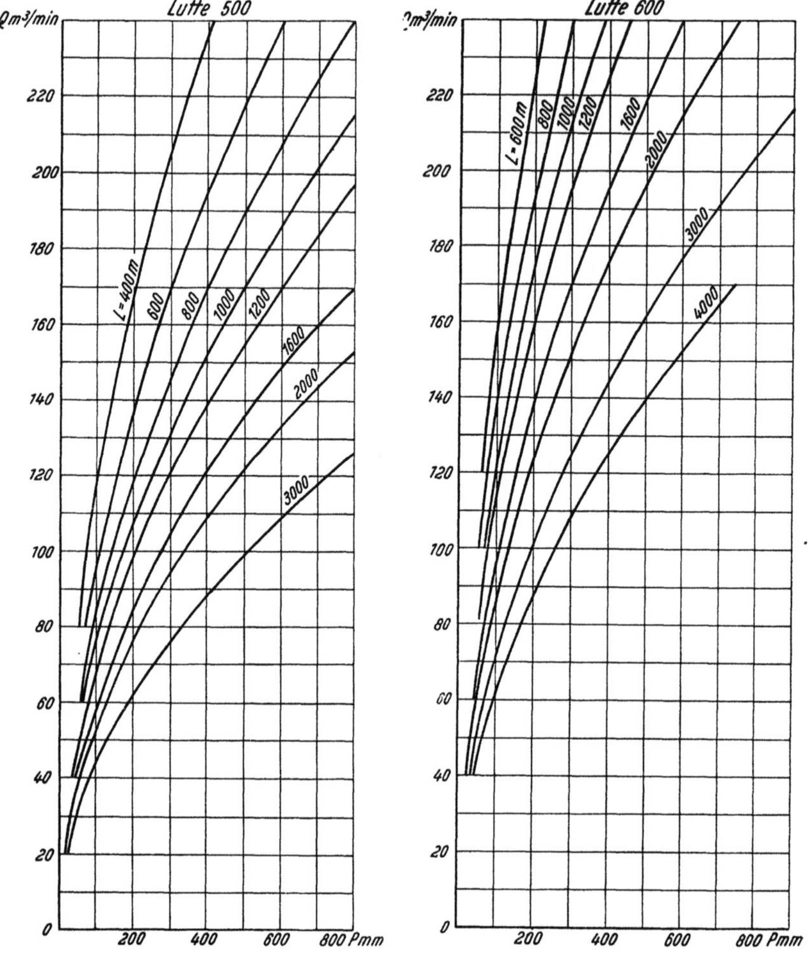



Abb. 71. Kennlinien der Lutten mit     Abb. 72. Kennlinien der Lutten mit
500 mm ⌀                            600 mm ⌀

wobei $\eta$ der Wirkungsgrad von Lüfter und Motor ist. Nimmt man diesen, der Praxis entsprechend, mit 0,75 an, so erhält man:

$$N = \frac{Q \cdot p}{56,6}. \tag{33}$$

Ein weiterer Weg, die Überdrucke und damit die Ventilatorleistung zu errechnen, ist die Vermessung der Lutten. Es werden dabei die Wettermenge $Q$ und die Geschwindigkeit $v$ in der Lutte bei verschiedenen Rohrlängen gemessen und damit die *Temperamentwerte* der Lutte ermittelt, welche die Lüftefähigkeit derselben angeben.

Ist der Temperamentwert $T$ gegeben, so findet man die Wettermenge $Q$ in m³/sec mit

$$Q = T\sqrt{p}. \tag{34}$$

In nachstehender Tab. 12 a sind einige Temperamentwerte zusammengestellt:

*Tabelle 12 a*

| Luttenlänge | Lutten-Temperament bei einem Durchmesser von | | |
|---|---|---|---|
| m | 300 mm | 400 mm | 500 mm |
| 10 | 0,377 | 0,698 | 1,350 |
| 100 | 0,107 | 0,217 | 0,426 |
| 250 | 0,067 | 0,138 | 0,269 |
| 500 | 0,048 | 0,097 | 0,190 |
| 1000 | 0,034 | 0,069 | 0,135 |

*Beispiel:* Nimmt man dieselben Annahmen wie im Beispiel über die Beleuchtungserfordernisse (s. S. 132 bis 133), so ergeben sich die folgenden Verhältnisse:

Im Richtstollen sind 24 Mann mit Lampe beschäftigt.

Der Luftverbrauch für die Gefolgschaft ist demnach 24 . 2 = = 48 m³/min.

Der Richtstollen braucht 30 Bohrlöcher. Nach Abb. 36 ist der Sprengstoffverbrauch 2,85 kg/m³ festen Fels. Auf die Abschlagstiefe von 1,42 m, verglichen auf die Achtstundenschicht, ergibt dies einen Sprengmittelverbrauch von

1,42 . 16 . 2,85 = 64,8 kg Sprengstoff.

Je Angriff sind ³/₄ dieser Menge erforderlich, was

48,6 kg Sprengstoff

ergibt.

Um den Richtstollen in 20 Minuten zu lüften, werden 60,8 m³/min Luft gebraucht.

Im Stollen ist eine Diesellokomotive von 30 PS in Verwendung. Diese braucht, damit alle Gase gut verdünnt werden, 30 . 1,2 = 36 m³/min Lüfteleistung.

Ausschlaggebend ist die Lüftezeit, welche rund 1 m³/sec benötigt.

Im Gerätebestand der Unternehmung sind 300-mm- und 500-mm-Lutten vorhanden. Das Schaubild Abb. 69 zeigt, daß bei einer Förderweite von 1000 m bereits ein Überdruck von 740 mm erforderlich ist. Diesen Überdruck kann man mit den gebräuchlichen Ventilatoren nicht erreichen, es scheiden daher für den vorliegenden Fall die 300er-Lutten aus.

Bei den 500-mm-Lutten sind die Verhältnisse sehr günstig. Es wird ein Überdruck von nur 74 mm Wassersäule gebraucht, um die geforderte Luftmenge von 1 m³/sec vor Ort zu bringen.

Dies entspricht einer Maschinenleistung von

$$\frac{1{,}74}{56{,}6} = 1{,}3 \text{ PS.}$$

Der vorhandene Lüfter von 4 PS Maschinenleistung ist in der Lage, leicht die gewünschte Luftmenge zu fördern.

Bei Neubeschaffung für die gegebene Förderweite würde man 400-mm-Lutten wählen. Diese brauchen einen Überdruck von 230 mm Wassersäule, um die Luft vor Ort zu bringen. Dazu ist eine Maschinenleistung von 4,06 PS erforderlich.

Die Zahlen, die sich aus den vorangeführten Temperamentwerten ergeben, sind etwas kleiner als die nach der Formel von BERNOULLI errechneten; man geht also mit Benutzung der Schaubilder Abb. 69 bis 72 etwas sicherer.

Es kann vorkommen, daß aus unvorhergesehenen Gründen der Durchschlag nicht an der geplanten Stelle liegt und daher von einem Betriebspunkt aus eine größere Förderweite, als ursprünglich vorgesehen, bewältigt werden muß. In diesem Falle bestimmt man die Wettermenge $Q$, welche mit der größten Maschinenleistung des Ventilators zu erreichen ist, und prüft, ob man damit das Auslangen finden kann. Erhöht man die Lüftezeit, so wird man in der Regel genügend Frischluft vor Ort bekommen. Gerne wird man aber eine Erhöhung der Lüftezeit nicht vornehmen, weil dies eine bedeutende Leistungsminderung im Vortrieb nach sich zieht.

Ist die auf die neue Förderweite mit den vorhandenen Mitteln erzielbare Luftmenge kleiner als die, welche durch die Mannschaft und Lokomotiven verbraucht wird, so bleibt nichts anderes übrig, als einen neuen Ventilator aufzustellen, der den notwendigen Überdruck erzeugt, oder man schaltet einen weiteren Ventilator in die bestehende Luttenleitung ein, der die ankommende Luft neuerdings beschleunigt. Die Aufstellung dieser zusätzlichen Ventilatoren erfolgt gefühlsmäßig; im Schrifttum sind genaue Angaben über diese Schaltung nicht zu finden. Es wäre aber eine dankbare Aufgabe für die Fachkräfte des Maschinenbaues, die richtigen Angaben dafür zu liefern. Solcherart könnte man den Unternehmern die Anschaffung von Hochleistungsventilatoren ersparen, und die richtige Aufstellung des zusätzlichen Ventilators wäre gewährleistet.

## III. Entscheidung über die Lüftungsart, Saugen oder Blasen

Saugt man die Sprenggase vor Ort ab, so ziehen sie durch den Stollenmund dafür die frischen Wetter ein, und die Mannschaft wird durch den Sprengschwaden überhaupt nicht belästigt.

Bläst man hingegen die Frischluft vor Ort, so wird dort die verunreinigte Luft alsbald gereinigt, so daß man raschest die ersten Arbeiten beginnen kann. Der Sprengschwaden wird dann in Form eines Stöpsels durch den ganzen Stollen hindurchgedrückt und belästigt alle auf der Strecke befindlichen Arbeiter.

Am besten wäre es, vor Ort Frischluft einzublasen und nicht weit dahinter den Sprengschwaden durch an der Decke befindliche Lutten abzusaugen. Die zweifache Wetterleitung bedeutet aber zweifache Anschaffungs-, Unterhaltungs- und Betriebskosten und ist deshalb nicht gebräuchlich.

Lediglich Sauglüftung hat noch den Nachteil, daß man die Saugrohre nicht so lang machen kann als die Druckrohre bei der blasenden Belüftung; überdies muß man bei der ersteren wesentlich besser abdichten. Bei Saugventilation werden die Ventilatoren immer wieder vorgebaut, was wieder zusätzliche Kosten verursacht.

Aus den vorangeführten Gründen erfreut sich die blasende Ventilation trotz ihrer augenscheinlichen sonstigen Mängel nach wie vor großer Beliebtheit. Die blasende Ventilation ist der saugenden ebenbürtig, wenn während der Lüftezeit nicht nur vor Ort reine Luft erreicht wird, sondern daß auch während dieser Zeit der Stöpsel an Sprengschwaden den Stollen vollkommen verlassen hat.

Nachdem man immer mit Maschinenschaden rechnen muß, hat man an großen Baustellen einen Reserveventilator betriebsbereit am Stollenmund stehen, der sogleich einspringen kann. Damit schützt man sich vor unangenehmen Betriebsunterbrechungen. Die Bereitstellung eines Dieselmotors für den Antrieb des Ersatzbelüfters hat aber nur dann Berechtigung, wenn auch die Kompressoren für den Fall des Ausbleibens des elektrischen Stromes mit Ersatzdieselmotoren angetrieben werden können.

## IV. Bauart der Ventilatoren

An Ventilatoren sind solche mit Schraubenrad (Propeller) und solche mit Schleuderrad in Gebrauch. Bei den ersteren wird der Luftstrom durch die Bewegung der Schrauben selbst in Bewegung gebracht, bei den letzteren kommt die Zentrifugalkraft zur Wirkung.

Die Schraubenradgebläse werden in der Regel für kleinere Leistungen gebaut. Die in die Luttenleitung eingebauten, sogenannten Luttenventilatoren sind solche Schraubenradgebläse. Ihr Antrieb erfolgt entweder durch Elektro- oder durch Preßluftmotoren. Der mit Schraubenradgebläse erzeugbare Überdruck hält sich in bescheidenen Grenzen; diese

Gebläsearten kommen daher nur für kleinere Förderweiten in Frage. Fast alle marktgängigen Luttenventilatoren können sowohl saugen als auch drücken; der Betrieb kann jederzeit umgestellt werden, was gewisse Vorteile mit sich bringt.

Für größere Leistungen kommen nur die Schleuderradgebläse in Frage. Diese saugen in der Regel axial und blasen radial. Die Umkehrbarkeit ist nicht immer direkt gegeben, doch kann man diese durch entsprechende Einrichtung der Rohrleitung und Schieber jederzeit erreichen.

Über die Fördermenge und die geleisteten Überdrucke gibt die Lieferfirma erschöpfende Auskunft. Man wird zur Vorsicht die Maschine auf dem Prüfstand abnehmen.

### V. Luttenleitungen

Die Luft, welche durch die Ventilatoren (Lüfter, Gebläse) gefördert wird, findet ihren Weg durch die Wetterleitung, auch Luttenleitung genannt. Die Luttenleitung besteht aus einzelnen Stahlrohren von 300 mm bis 1000 mm lichter Weite und einer Wandstärke von 3 bis 4 mm. Die Verbindung der Rohre erfolgt entweder durch gewöhnliche Flanschenverbindung mit Dichtung aus Pappe oder Gummi oder mittels kurzer Aufschubrohre. Hier dichtet eine Gummimanschette, welche rings um das Rohr läuft. Die letztgenannte Verbindung ist dichter und elastischer als die erstere, hat aber den Nachteil, daß die Luft an den Überschubstellen zusätzlichen Widerstand findet, was sich bei hohen Luftgeschwindigkeiten ungünstig auswirkt. Die Flanschenverbindung ist derzeit gebräuchlicher.

Man schützt die Rohre vor allen Beschädigungen, insbesondere vor Verbeulungen, welche den Luftwiderstand bedeutend erhöhen und die Ursache sind, daß zuwenig Frischwetter vor Ort kommt. Als letztes Stück der Wetterleitung nimmt man immer gebrauchte Rohre, weil vor Ort die Wetterleitung manchen Gefahren ausgesetzt ist. Selbstverständlich baut man die Wetterleitung vor dem Abtun der Schüsse ein entsprechendes Stück zurück und schützt das letzte Stück durch Abdecken mit Bohlen oder Faschinen aus Reisig.

## H. Energiebeschaffung und Energiebedarf

### I. Allgemeines

Die im Tunnelbau verwendeten Baumaschinen werden heute fast ausnahmslos entweder durch Elektrizität oder durch Preßluft getrieben. Bei Tunnelbauten früherer Zeiten gab es noch den Preßwasserantrieb.

#### 1. Die Preßluftgeräte

Für den Tunnelbau gibt es sämtliche Geräte mit Preßluftantrieb. Die wichtigsten Maschinen sind: die Bohrmaschinen und die Lademaschinen.

Daneben gibt es noch, wenn auch weniger häufig, preßluftgetriebene Winden aller Art, preßluftgetriebene Pumpen und Lichtmaschinen.

Die Hauptvorteile des Preßluftantriebes sind die Ungefährlichkeit, die hohe Betriebssicherheit und die weitgehende Unempfindlichkeit im rauhen Stollenbetrieb.

Der Nachteil der Preßluft als Energieträger ist, daß die Maschinenleistung am Preßluftgerät, verglichen mit der, welche zur Erzeugung der Preßluft notwendig war, etwa $^1/_{10}$ der letzteren beträgt. Man sieht, wie unwirtschaftlich eigentlich die Preßluft als Energieträger abschneidet; es lohnt also, sich den Einsatz jedes Preßluftgerätes genau zu überlegen. Bei den Bohrmaschinen ist die Entwicklung schon so weit gediehen, daß heute preßluftgetriebene Bohrmaschinen im Hartgestein fast ausschließlich zu finden sind. Im Weichgestein machen ihnen die elektrisch angetriebenen Geräte bereits schwere Konkurrenz.

## 2. Elektrische Tunnelbaugeräte

Es gibt sehr leistungsfähige elektrische Drehbohrmaschinen, welche für Weichgestein die Preßluftbohrmaschinen wahrscheinlich in nicht zu langer Zeit verdrängen werden. Auch die Drehbohrmaschine mit Hartmetallkrone hat für Hartgestein einige Zukunft. Von der Firma Bosch, Stuttgart, wurde eine Bohrmaschine für Hartgesteine entwickelt, die den Arbeitsvorgang des gewöhnlichen Bohrhammers nachahmt. Auch bei dem Boschgerät schlägt ein Gewicht auf den Bohrer.

Pumpen und Hebezeuge werden weitgehend elektrisch angetrieben. Als Ladegerät kommen nur elektrisch angetriebene Schraper, Bagger und Förderbänder in Frage.

Der Vorteil aller elektrisch angetriebenen Geräte ist ihr sehr guter Wirkungsgrad, ihr Hauptnachteil die große Empfindlichkeit gegen Störungen aller Art. Dies gilt besonders für die Bohrmaschinen.

## 3. Zuleitung des elektrischen Stromes

Bei Beginn der Tunnelarbeit zweigt man den Strom von der Niederspannungsseite des Transformators ab. Die großen Verbraucher, besonders die Kompressoren, sollen sich in der Nähe des Transformators befinden, damit der Leistungsabfall nicht so groß wird. Kompressoren und Ventilatoren stellt man zweckmäßig möglichst nahe dem Stollenmund auf, um an Leitungslänge und an Arbeitsleistung zu ersparen.

Sind im Tunnel größere Maschinen, wie starke Pumpen, Betonmischmaschinen, Bagger usw. im Einsatz, wird man zweckmäßig mit der Hochspannungsleitung in den Tunnel fahren und Trafo an geeigneter Stelle in der Nähe des Verbrauches aufstellen.

Die Zuleitung des Stromes zu den Arbeitsmaschinen und für die Beleuchtung erfolgt am besten in Stahlpanzerkabeln. Sind solche nicht zur Verfügung, so verlegt man gewöhnliche Kabel in alten Preßluft- oder Wasserleitungsrohren.

## 4. Die Energiebeschaffung

Für die Energiebeschaffung kommen Dampf- oder Wasserkraftanlagen neben Dieselmotoren in Frage. Nur für ganz untergeordnete Zwecke können Benzinmotoren die Kraftquelle bilden.

Dampfkraftanlagen und Dieselmotoren kommen nur dann in Frage, wenn weder elektrischer Strom aus öffentlichen Netzen noch solcher aus eigens zu erbauenden Wasserkraftanlagen wirtschaftlich vertretbar ist.

Ist die Heranschaffung des Brennstoffes für eine Dampfanlage mit billigen Mitteln möglich — nur dann kann die Dampfanlage mit Dieselmotoren oder Wasserkraftwerken konkurrieren —, scheint es zunächst, daß die Tiefbauarbeiten für die Dampfanlage auf jeden Fall wesentlich kleiner sind als für eine Wasserkraftanlage. Man kann aber diesbezüglich seine Enttäuschungen erleben, denn mit der Errichtung der Maschinenfundamente ist es allein nicht getan. Es müssen noch alle Vorkehrungen für eine reibungslose Beschickung mit Brennstoff und dessen Lagerung getroffen und überdies eine ausreichende Versorgung mit Speisewasser erreicht werden. Die Heranschaffung brauchbaren Wasses macht oft bedeutende Schwierigkeiten, zumal bei Dampfmaschinen, welche mit Einspritzkondensation arbeiten und einen beachtlichen Wasserverbrauch haben.

Wenn die Errichtung einer Wasserkraftanlage halbwegs wirtschaftlich zu vertreten ist, wird man dieser Art der Energiebeschaffung vor allen anderen den Vorzug geben. Bei größeren Bauvorhaben wird man meist mehrere Wasserkraftanlagen errichten und diese parallel laufen lassen; damit erreicht man überdies Reserven für die Überholung der Maschinen.

Von früheren Bauvorhaben sind meist Wasserkraftanlagen entweder aus dem Stande der Bauherrschaft oder der Unternehmung vorhanden. Diese wird man unter Umständen den gegebenen Verhältnissen anpassen müssen, was dazu führt, daß oft vorhandene Gefällsstufen nicht voll ausgenutzt werden können. Sind die Bauschwierigkeiten nicht zu groß, so wird eine Anlage, welche das Gefälle nicht ganz ausnutzt, noch wirtschaftlicher sein als die Neuanschaffung einer Anlage, welche allen Anforderungen eines neuzeitlichen Ingenieurbaues entspricht.

Bei eigenen Wasserkraftanlagen müssen immer zwei Maschinensätze da sein, damit man zu Zeiten geringeren Betriebes die Maschinen zeitweise überholen kann. Bezieht man den Strom aus öffentlichem Netz, das nur von einer Seite gespeist wird, also nicht an einer Landessammelschiene hängt, so wird man die notwendige Reserve in Form von Dieselmotoren für einen genau zu planenden Mindestbetrieb bereithalten.

Elektrisch angetriebene Preßlufterzeuger sind solchen, welche direkt von Dampf- oder Verbrennungskraftmaschinen angetrieben werden, vorzuziehen. Die großen Belastungsschwankungen, welche bei den Kompressoren auftreten, wirken sich unbedingt schädlich auf die Antriebsmaschinen aus. Überdies sind alle Baumaschinen mit Ausnahme der Schmiedemaschinen mit elektrischem Antrieb lieferbar und haben vielfach ausschließlich elektrischen Antrieb, wie z. B. die Werkzeugmaschinen in den Werkstätten, die Gebläse für die Schmiede usw. Man kommt also über die Errichtung einer elektrischen Anlage nicht hinweg, wenn man nicht den Strom aus einem öffentlichen Netz bezieht.

Die Verbrennungskraftmaschinen haben den Nachteil, daß ihre Bauteile viel mehr dem Verschleiß unterliegen als etwa Elektromotoren. Dies trifft besonders bei Dieselmotoren mit hoher Drehzahl zu, wie man sie bei den fahrbaren Kompressoren kleiner Leistung findet. Die fahrbaren Luftverdichter sind als ortsbewegliche Geräte für kleinere Felsarbeiten entwickelt worden und haben im Dauerbetrieb beim Stollenbau nichts zu suchen.

Jede Wasserkraftanlage muß bei der Planung untersucht werden, wie lange eine geforderte Spitzenleistung lieferbar ist. Fällt diese Prüfung ungünstig aus, so muß für die nötige Reserve an Dampf- oder Dieselanlagen gesorgt werden. Die Wasserkraftanlage muß selbständig regelnde Turbinen und Stromerzeuger haben. Der Tunnelbetrieb bringt derartige Belastungsschwankungen, daß man mit Handregelung nie nachkommt. Schlechte Regelung führt zu Überlastungen oder Minderleistungen der Kompressoren. Die ersteren führen zu schweren Maschinenschäden, die letzteren halten den Tunnelbetrieb derart auf, daß seine Wirtschaftlichkeit ernsthaft in Frage gestellt werden kann.

Die Forderung einer ordentlichen Regelung gilt selbstverständlich auch für öffentliche Netze, die man vorsichtigerweise daraufhin untersuchen wird.

Der Bau von einfachen Mühlrädern mit gekuppelten Stromerzeugern ist nicht zu empfehlen, da diese Maschinen nicht regelbar sind und deshalb für den Betrieb von Kompressoren ausscheiden. Höchstens für Beleuchtungszwecke können solche Mühlräder gebaut werden.

## II. Energiebedarf

In den folgenden Ausführungen wird der Energiebedarf unter Voraussetzung einer einigermaßen neuzeitlich eingerichteten Baustelle mit Maschinbohrung ermittelt.

Der Energiebedarf für das Lösen eines Kubikmeters festen Felsens setzt sich zusammen:

a) aus dem Aufwand für die Bohrarbeit,
b) aus dem Aufwand für die Bewetterung,

c) aus dem Aufwand für das Schuttern, falls Lademaschinen eingesetzt sind,

d) aus dem Aufwand für die Wasserhaltung,

e) aus dem Aufwand für die Förderung, falls Lokomotiven eingesetzt sind,

f) aus dem Aufwand für die elektrische Beleuchtung im Stollen,

g) aus dem Aufwand für die Platz-, Werkstatt- und Wohnraumbeleuchtung, Küchenmaschinen und ärztliche Geräte und

h) aus dem Aufwand für die Werkstätte einschließlich Schmiede und Schleiferei.

Wie aus vorstehender Aufstellung zu ersehen ist, hängt der Energiebedarf von so vielen Einzeldingen ab, daß sich allgemeine Angaben auf Grund der Bohrgeschwindigkeit, Abschlagsgüte, Gesteinsverhältnisse *nicht* machen lassen. Es bleibt nichts anderes übrig, als jeden Fall gesondert zu untersuchen und die einzelnen Arbeiten aufzugliedern. In den folgenden Erläuterungen soll auf den Gang der Rechnung hingewiesen und die notwendigen Unterlagen, soweit erfaßbar, beigebracht werden.

### 1. Arbeitsaufwand für die Bohrarbeit

Bei gleichbleibendem Bohrkaliber ist der Arbeitsaufwand für das Lösen eines Kubikmeter festen Felsens von den Bohrmetern, welche für einen Kubikmeter festen Fels gebraucht werden, von der Bohrgeschwindigkeit und der für den Antrieb des Preßlufthammers notwendigen Maschinenleistung am Kompressor abhängig. Werden elektrisch angetriebene Bohrmaschinen verwendet, so ist in diesem Falle die Maschinenleistung des Elektromotors der Bohrmaschine zu nehmen.

Die folgenden Untersuchungen sind für die derzeit gebräuchlichen, mittleren Bohrlochdurchmesser von 38 mm abgestellt.

Es werden folgende Bezeichnungen verwendet:

$n$ Anzahl der Bohrlöcher;

$f$ Stollenquerschnitt in m²;

$m'$ Bohrmeter, welche zum Lösen eines Kubikmeters festen Felsens erforderlich sind;

$b$ reine Bohrgeschwindigkeit in m/min;

$L$ Leistung des Antriebsmotors des Kompressors bei Preßlufthämmern bzw. die Leistung des Elektromotors bei elektrischen Bohrmaschinen in PS bzw. kW.

Die Arbeit, welche zum Lösen eines Kubikmeter festen Felsens auf Grund der Bohrarbeit zu leisten ist, beträgt dann in Pferdekraft- oder Kilowattstunden:

$$A = \frac{m'}{b \cdot 60} \cdot L. \tag{35}$$

Aus dem Abschnitt über die je Kubikmeter erforderlichen Bohrmeter (s. S. 75 ff.) kann man $m'$ mit

$$m' = \frac{n}{r \cdot f}$$

entnehmen. Setzt man diesen Ausdruck in Gl. (35) ein, so erhält man:

$$A = \frac{n}{60 \cdot r \cdot f \cdot b} \cdot L. \tag{36}$$

Nimmt man ferner eine lineare Gesetzmäßigkeit für die Lochzahl $n$ an:

$$n = k_1 + k_2 \cdot f,$$

so ergibt sich für die Arbeit $A$:

$$A = \frac{k_1 + k_2 \cdot f}{60 \cdot r \cdot b \cdot f} \cdot L. \tag{37}$$

Für mittlere Verhältnisse wurde bereits im Abschnitt über Sprengmittelverbrauch die Lochzahl mit

$$n = 10 + 1,25\, f$$

angenommen.

Auch bei der Berechnung des Arbeitsaufwandes ist es bei den gebräuchlichen Querschnitten zulässig, bei der Veranschlagung so zu rechnen, als würde man gleich im vollen Querschnitt vorgehen. Geht man tatsächlich mit Richtstollen und Nachtrieb vor, so ist der Mehr- oder Minderbedarf gegenüber dem Vollquerschnitt höchstens $= 5\,\%$. Diese Ungenauigkeit ist kleiner als die, welche sich durch das Aufrunden der Lochzahlen ergibt. Geht man sogleich im vollen Querschnitt vor, so ist die Rechnung scharf.

Die notwendige Leistung am Antriebsmotor für das Verdichten von $1\,\mathrm{m^3}$ angesaugter Luft auf 6 atü wie der Luftverbrauch der Bohrhämmer wird von den Maschinenfabriken sehr verschieden angegeben. Überdies ändern sich die Verbrauchszahlen je nach der Unterhaltung der Zuleitungen und der Maschinen.

Im Taschenbuch für Bauingenieure von F. Schleicher, S. 1848, wird ein Aufwand von 1 PSh für $10\,\mathrm{m^3}$ angesaugte Luft angegeben, wenn die Luft von 1 auf 6 atü verdichtet wird. Wiedemann gibt für einen Kubikmeter angesaugter Luft einen Aufwand von 6,13 bis 7,63 PS an. Diese Zahlen beziehen sich offenbar auf neue, gut eingelaufene Maschinen bei erstklassiger Wartung und Verwendung besten Kompressorenöls. Diese idealen Zustände treffen aber selten und dann nur für kurze Zeit zu. Die Erfahrungen bei den ausgedehnten Tunnelbauten in Nordnorwegen haben gezeigt, daß bei den besten Rotationskompressoren von mehr als $30\,\mathrm{m^3/min}$ Ansaugleistung der Aufwand je Kubikmeter angesaugter Luft bei 8 PS lag. Der große Durchschnitt aller sonstigen Maschinen brauchte, um 1 m³ Luft auf 6 atü zu verdichten, 10 PS.

Der Luftverbrauch der Bohrhämmer wird nach den vorangeführten Quellen mit 1,3 bis 1,8 m³/min angegeben. Auch diese Zahlen gelten nur für erstklassig gehaltene, neue Bohrhämmer, deren Steuereinrichtung vollkommen fehlerfrei arbeitet. Bei den im Hartgestein verwendeten Bohrhämmern war der Preßluftbedarf des Bohrhammers, einschließlich des pneumatischen Vorschubes, im Mittel 2 m³/min. Man wird den Tatsachen

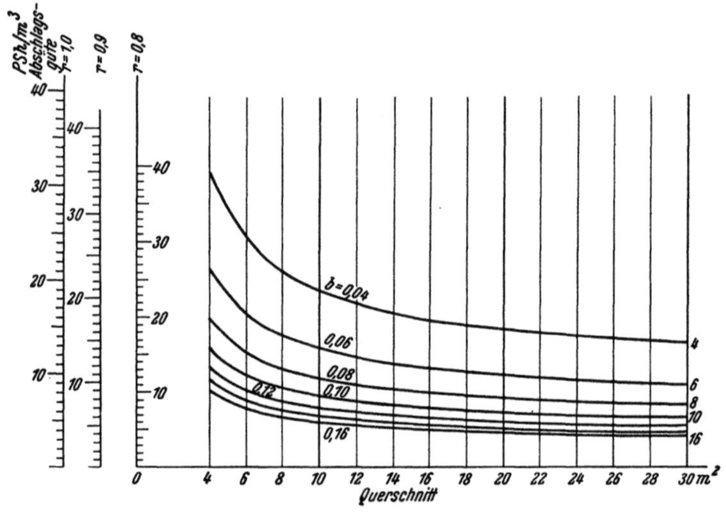


Abb. 73. Arbeitsaufwand für die Bohrarbeit in PSh je Kubikmeter Fels

recht nahekommen, wenn man die Maschinenleistung je Bohrhammer am Antriebsmotor des Kompressors bei Hartgestein mit rund 20 PS oder 15 kW annimmt.

Wesentlich günstiger liegen die Leistungsverhältnisse bei rein elektrisch angetriebenen Geräten. So nimmt z. B. ein Bosch-Tiefbohrhammer, mit welchem jedes Hartgestein bewältigt werden kann, je Hammer nur 1 kW an Leistung auf.

Setzt man nun die eben festgesetzten Werte für Preßluftgeräte in Gl. (37) ein, so erhält man

$$A_{\text{PSh}} = \frac{10 + 1{,}25\,f}{3\,.\,r\,.\,f\,.\,b},$$
$$A_{\text{kWh}} = \frac{10 + 1{,}25\,f}{4\,.\,r\,.\,f\,.\,b}. \tag{38}$$

Die Werte der Gl. (38) sind in einem Schaubild (Abb. 73) für die Abschlagsgüten $r = 0{,}8$, $0{,}9$ und $1{,}0$ zusammengestellt. Will man die Leistung in kWh haben, so muß man die Werte mit 0,75 multiplizieren.

Der Zähler des Bruches in Gl. (38) stellt die erforderlichen Lochzahlen dar. Sind die Verhältnisse günstiger oder ungünstiger, somit die Lochzahlen kleiner oder größer, so muß man die Werte des Schaubildes mit dem Verhältnis der Lochzahlen multiplizieren, was z. B. bei Brennereinbruch oder Parallelbohrverfahren notwendig ist.

Die auf Grund der Bohrarbeit je Kubikmeter festen Fels erforderlichen PS-Stunden sind aus den Schaubildern ohneweiters abzulesen. Es ist z. B. bei einem Querschnitt von 30 m² der Arbeitsaufwand für das Bohren bei $r = 0,8$ und $b = 0,12$ m/min 5,5 SPh oder 4,04 kWh für den Kubikmeter festen Fels.

Ist die Bohrgeschwindigkeit nur 0,04 m/min, was einem harten Granit etwa entspricht, so ist der Arbeitsaufwand 16,5 PSh oder 12,12 kWh je Kubikmeter festen Fels.

Elektrisch angetriebene Kompressoren sind regelbar, so daß bei vollkommen gefülltem Luftkessel, was bei Stillstand aller luftverbrauchenden Maschinen und dichter Leitung der Fall ist, die Leistungsaufnahme sehr klein ist. Hat der Kompressor eine ähnliche Reglervorrichtung wie die Kompressoren der elektrischen Lokomotiven, so tritt bei gefülltem Luftkessel Stillstand des Kompressors ein und die Leistungsaufnahme ist Null.

Werden die Kompressoren mit Dieselmotoren angetrieben, so liegen die Verhältnisse wesentlich ungünstiger. Die Dieselmotoren haben eine beträchtliche Leerlaufleistung, die mit etwa 20 % der Volleistung anzunehmen ist. Man wird daher die Dieselkompressoren nicht unnötig leer laufen lassen, dies gilt aber auch für die elektrisch angetriebenen Luftverdichter.

Den tatsächlichen Verhältnissen wird man nahekommen, wenn man annimmt, daß während der Schieß- und Lüftezeit, der Ladezeit und der Zeit, während der die Vorbereitungen zum Bohren gemacht werden, der Kompressor stillstehen kann. Man soll auch, wenn es die sonstigen Baubedürfnisse gestatten, die Kompressoren tatsächlich stillstehen lassen. Dies wird zwar bei Dieselantrieben nicht gerne gemacht, weil den Maschinisten in der Regel die Arbeit des Anwerfens der Motoren zuviel ist. Am besten wird man mit einer Fernsprechanlage, die möglichst weit vor Ort geführt ist, das Arbeiten der Kompressoren befehlen. Der Befehl muß dabei auf Grund der Erfahrung so rechtzeitig gegeben werden, daß zu Beginn der Arbeit schon der volle Druck an den Bohrhämmern vorhanden ist.

Während der Bohrarbeit selbst treten weitere Luftverbrauchsbeschränkungen auf, da die Maschinen während des Umsetzens und sonstiger Arbeiten keine Luft verbrauchen. Bei 30 Bohrlöchern macht diese Mindestverbrauchszeit schon 20 % der eigentlichen Bohrzeit aus.

Setzt man den Kompressor während der Zeit, wo alle Bohr- und Lademaschinen stehen, still, so kann man die unvermeidlichen Minder- und Leerlaufleistungen mit einem Zuschlag von 10 % zu den theoretisch erforderlichen Arbeitsleistungen des Kompressors berücksichtigen. Selbstverständlich muß sich ein weiterer Preßluftverbraucher auch nach den Stillstandszeiten im Stollen richten. Während der Kompressor steht, also auch die Schmiede- und Stauchmaschine nicht arbeiten kann, muß der Schmied die erforderlichen Härte- und Schleifarbeiten ausführen.

Bei elektrischem Antrieb der Kompressoren kommt man mit einem Zuschlag von 5 % zu den theoretischen Werten aus.

Der in Rechnung zu stellende Arbeitsaufwand ist demnach bei einer Bohrgeschwindigkeit von 0,12 m/min

bei Dieselantrieb 6,05 PSh/m$^3$,

bei elektrischem Antrieb 4,24 kWh/m$^3$

und bei einer Bohrgeschwindigkeit von 0,04 m/min

bei Dieselantrieb 18,15 PSh/m$^3$,

bei elektrischem Antrieb 12,73 kWh/m$^3$.

Der Preßluftbedarf für mittlere Verhältnisse ist aus Tabelle 12 b zu entnehmen.

## 2. Energieaufwand für die Bewetterung

Die notwendige Energiemenge für die Bewetterung findet man mit Hilfe der Schaubilder Abb. 69 bis 72, die die notwendigen Überdrucke angeben und nach folgender Rechnung die daraus sich ergebende Maschinenleistung (s. S. 141, 142).

Dort, wo die Förderung von Hand aus, elektrisch oder durch Preßluftlokomotiven erfolgt, braucht man in der Regel die volle Maschinenleistung für die Bewetterung nur nach dem Abtun der Schüsse. Während der übrigen Zeit findet man mit einer kleineren Leistung das Auslangen.

Führt man mit ein und demselben Ventilator die Belüftung während der ganzen Bauzeit durch, so wird man für die Zeit, wo die Luttenleitung nur kurz ist, mit kleinerer Maschinenleistung auskommen als zur Zeit des Durchbruches, wo die Luttenleitung ihre größte Länge und damit auch den größten Widerstand erreicht hat. Man versieht daher oft die Ventilatoren mit zwei Riemenscheiben.

Im Beispiel über die Bewetterung (s. S. 143) ist angeführt, daß man mit einem Ventilator von 4 PS das Auslangen findet, um auf eine Weite von 1200 m 1 m$^3$/sec Luft vor Ort zu blasen.

Man wird bis 600 m mit der kleineren Leistung das Auslangen finden und dazu 3 PS an Belüfterleistung brauchen. Im Mittel werden daher 3,5 PS an Ventilatorleistung notwendig sein. Bei der Bohrgeschwindigkeit von 0,12 m/min sind 850 Schichten im Stollen erforderlich.

Tabelle 12 b. *Preßluftbedarf im Tunnelvortrieb*

| Nr. | Betriebsart | Bohrhämmer je 2 m³ | | | | | | | | Lademaschine | Schmiede | Zus. |
| | | Richtstollen | | Kalotte* | | Strosse* | | Nebenarb | | | | |
| | | Stk. | m³ | Stk. | m³ | Stk. | m³ | Stk. | m³ | m³ | m³ | m³ |
|---|---|---|---|---|---|---|---|---|---|---|---|---|
| 1 | Sohlstollen mit 2 Hämmer, ohne Lademaschine, Kalotte 2 Hämmer zugleich | 2 | 4 | 2 | 4 | — | — | 1 | 2 | — | 3 | 13 |
| 2 | Sohlstollen mit 3 Hämmer, sonst wie 1 | 3 | 6 | 2 | 4 | — | — | 1 | 2 | — | 3 | 15 |
| 3 | Sohlstollen mit 4 Hämmer, sonst wie 1 | 4 | 8 | 2 | 4 | — | — | 1 | 2 | — | 3 | 17 |
| 4 | Sohlstollen mit 2 Hämmer, mit Lademaschine, Kalotte 2 Hämmer zugleich | 2 | 4 | 2 | 4 | — | — | 1 | 2 | 10 | 3 | 23 |
| 5 | Sohlstollen mit 3 Hämmer, sonst wie 4 | 3 | 6 | 2 | 4 | — | — | 1 | 2 | 10 | 3 | 25 |
| 6 | Sohlstollen mit 4 Hämmer, sonst wie 4 | 4 | 8 | 2 | 4 | — | — | 1 | 2 | 10 | 3 | 27 |
| 7 | Sohlstollen mit 2 Hämmer allein, ohne Lademaschine | 2 | 4 | — | — | — | — | 1 | 2 | — | 3 | 9 |
| 8 | Sohlstollen mit 3 Hämmer, sonst wie 7 | 3 | 6 | — | — | — | — | 1 | 2 | — | 3 | 11 |
| 9 | Sohlstollen mit 4 Hämmer, sonst wie 7 | 4 | 8 | — | — | — | — | 1 | 2 | — | 3 | 13 |
| 10 | Kalottenniederbruch, getrennt vom Sohlstollenvortrieb, 2 Hämmer | — | — | 2 | 4 | — | — | 1 | 2 | — | 3 | 9 |
| 11 | Wie vor, jedoch mit Verwendung einer Lademaschine | — | — | 2 | 4 | — | — | 1 | 2 | 10 | 3 | 19 |
| 12 | Richtstollen 2 Hämmer, Kalotte, Strossen zugleich, Handschuttern, 1 Ort | 2 | 4 | 2 | 4 | 2 | 4 | 1 | 2 | — | 3 | 17 |
| 13 | Richtstollen 3 Hämmer, sonst wie 12 | 3 | 6 | 2 | 4 | 2 | 4 | 1 | 2 | — | 3 | 19 |
| 14 | Richtstollen 4 Hämmer, sonst wie 12 | 4 | 8 | 2 | 4 | 2 | 4 | 1 | 2 | — | 3 | 21 |
| 15 | Richtstollen 2 Hämmer, Kalotte, Strossen zugleich, Lademaschine, 1 Ort | 2 | 4 | 2 | 4 | 2 | 4 | 1 | 2 | 10 | 3 | 27 |
| 16 | Richtstollen 3 Hämmer, sonst wie 15 | 3 | 6 | 2 | 4 | 2 | 4 | 1 | 2 | 10 | 3 | 29 |
| 17 | Richtstollen 4 Hämmer, sonst wie 15 | 4 | 8 | 2 | 4 | 2 | 4 | 1 | 2 | 10 | 3 | 31 |
| 18 | Richtstollen 2 Hämmer, Kalotten und Strossen zugleich, 2 Orte, Handschüttern | 2 | 4 | 4 | 8 | 4 | 8 | 2 | 4 | — | 5 | 29 |
| 19 | Richtstollen 3 Hämmer, sonst wie 18 | 3 | 6 | 4 | 8 | 4 | 8 | 2 | 4 | — | 5 | 31 |
| 20 | Richtstollen 4 Hämmer, sonst wie 18 | 4 | 8 | 4 | 8 | 4 | 8 | 2 | 4 | — | 5 | 33 |

* Für die Bohrarbeiten in der Kalotte und bei den Strossen wurden zwei Bohrhämmer angenommen.

Die Arbeit, welche der Ventilator je Kubikmeter festen Fels zu leisten hat, ist demnach

$$\frac{8.850.3{,}5}{1200.16} = 1{,}24 \ \text{PSh/m}^3.$$

Bei der kleinen Bohrgeschwindigkeit von 0,04 m/min sind 1175 Schichten erforderlich; der Arbeitsaufwand für die Bewetterung beträgt dann

$$1{,}71 \ \text{PSh/m}^3.$$

### 3. Arbeitsaufwand für das Schuttern bei maschineller Schutterung

Je schwerer, sperriger und rauher das Haufwerk ist, um so kleiner wird die Leistung der Lademaschinen und um so höher der Arbeitsaufwand für die Schutterung. Nach den beim Tunnelbau in Nordnorwegen gemachten Erfahrungen lag der Arbeitsaufwand bei preßluftgetriebenen Lademaschinen bei 6 bis 9 PSh/m³ Haufwerk und bei 9 bis 15 PSh/m³ festem Fels. Die elektrisch getriebenen Schrapergeräte lagen im Verbrauch wesentlich günstiger, am besten schneiden elektrisch angetriebene Bagger ab. Die Verbrauchszahlen sind bei den Geräten so verschieden, daß allgemein gültige Angaben nicht gemacht werden können und für den Einzelfall festgelegt werden müssen.

### 4. Energieaufwand für Pumpen

Über diesen Arbeitsaufwand lassen sich nur schwer genau zutreffende Angaben machen. Selbst ein gutes geologisches Gutachten kann die zu erwartenden Wassermengen und Förderweiten nicht mit der Genauigkeit angeben, welche für die Rechnung als Mindestmaß gefordert werden muß. Bei der Ermittlung der Anbotspreise im Tunnelbau wird daher auch die Pumparbeit entweder zu den Wagniszuschlägen genommen oder, was richtiger ist, nach den tatsächlichen und nachgewiesenen Betriebsstunden gesondert vergütet.

Ist Wasserzudrang zu vermuten, so wird man die notwendige Reserve dafür bei der Bemessung der Maschinenanlagen und Fernleitungen zu berücksichtigen haben.

### 5. Arbeitsaufwand für die Förderung

Allgemeine Angaben über den Bedarf an Pferdekraftstunden für die Förderung eines Kubikmeters festen Felsens aus dem Stollen lassen sich nicht machen, da die Förderarbeit von vielen Betriebseigentümlichkeiten, die später angeführt werden, abhängt. Es bleibt nichts anderes übrig, als jeden Fall gesondert zu behandeln.

Der Arbeitsaufwand für die Förderung hängt im einzelnen ab von

1. der Länge der Förderstrecke,

2. von Art, Dienstgewicht, Maschinenleistung und Zahl der verwendeten Lokomotiven,

3. der Anzahl, dem Eigengewicht, Fassungsvermögen der verwendeten Stollenwagen,

4. dem Eigengewicht der geförderten Felsmassen,

5. den Steigungsverhältnissen im Stollen,

6. den Richtungsverhältnissen im Stollen,

7. der Anzahl der Ausweichen und der damit verbundenen Rangier- und Stillstandszeiten der Lokomotiven und

8. der Wahl der Fördergeschwindigkeit, welche wieder durch den Betriebsplan und die vorangeführten Punkte bedingt ist.

Brauchbare Angaben über Lokomotiven findet man in der „Hütte" (26. Auflage, Band 2, Seite 904) und über Wagen ebenda (Band 4, Seite 239).

Bei wirtschaftlichem Betrieb wird man trachten, die Züge so weit auszulasten, als es geht, dabei keine größere Geschwindigkeit einzuhalten, als für die klaglose Förderung erforderlich ist, und sonst Leerlauf- und Stillstandszeiten der Lokomotiven weitgehend ausschalten.

Sind schärfere Krümmungen im Stollengleis vorhanden, so wird man den daraus folgenden Krümmungswiderstand in Promille zum Steigungswiderstand dazuschlagen.

Der Arbeitsaufwand für die Förderung soll unter Beachtung der vorangeführten Punkte an zwei *Beispielen* erläutert werden.

Es liegen folgende Betriebsverhältnisse vor:

Es sind die Felsmassen aus einem regelspurigen eingleisigen Eisenbahntunnel mit 30 m² Querschnitt abzufördern. Die größte Förderweite vom Portal bis zum Durchschlagspunkt sei 1200 m. Vom Tunnelmund ist das Haufwerk auf eine von dort im Mittel 300 m weit entfernte Kippe zu fahren. Die Förderung der Massen geht im Tunnel talab mit 10 ‰ Gefälle, die Gleise auf der Kippe liegen waagrecht. Das Fördergleis hat 600-mm-Spur. An Muldenkippern stehen solche von 1 m³ Inhalt mit 0,72 t Eigengewicht zur Verfügung. Die Förderung erfolgt mit Humbold-Deutz-Diesellokomotiven mit 30 PS Maschinenleistung bei Vollast. Die Lokomotive hat ein Dienstgewicht von 7 t und braucht 200 g Dieselöl je PSh. Als Fördergeschwindigkeit ergibt sich aus dem Betriebsplan eine solche von 14 km/st. Die Förderung erfolgt auf geradem Gleis.

Zum Vergleich werden dieselben Annahmen einmal für die Förderung von Marmor mit 2,6 t/m³, das andere Mal für Granit mit einem Eigengewicht von 2,8 t/m³ vorausgesetzt. Die Auflockerung wird in beiden Fällen mit 60 % angenommen.

Gang der Rechnung:

Laut Angabe der „Hütte" kann man bei 14 km Geschwindigkeit der Lokomotive in der Waagrechten 31 t anhängen. In der Fahrt bergauf in die Steigung von 10 °/oo kann die Lokomotive 14 t an Leerwagen befördern.

Ein Wagen, mit 1 m³ Marmorhaufwerk beladen, wiegt

$$\frac{2,6}{1,6} + 0,72 = 2,35 \text{ t.}$$

Ein Wagen, mit Granithaufwerk beladen, wiegt

$$\frac{2,8}{1,6} + 0,72 = 2,47 \text{ t.}$$

In der Waagrechten kann man also

$$\frac{31}{2,35} = 13 \text{ Wagen mit Marmor und}$$

$$\frac{31}{2,47} = 12 \text{ Wagen mit Granithaufwerk fördern.}$$

In der Steigung schafft die Lokomotive

$$\frac{14}{0,72} = 19 \text{ leere Wagen, welche Zahl größer ist als die Wagenzahl}$$

des Vollzuges in der Waagrechten und damit ausreicht.

Für ein Förderspiel — Herausfahren eines Vollzuges, Rangieren auf der Kippe, Rückfahrt, Beladen und Rangieren im Stollen — werden im Mittel gebraucht:

Talfahrt ohne nennenswerte Maschinenleistung

$$\frac{600 \cdot 60}{14\,000} = 2,6 \text{ Min.,}$$

dazu kommt noch das Anfahren von 1,4 Minuten, zusammen also 4 Minuten.

Die Zeit, während welcher auf der Kippe mit voller Maschinenleistung gefahren wird, beträgt

$$\frac{300 \cdot 60}{14\,000} = 1,3 \text{ Min.}$$

Rechnet man noch eine Bremszeit von 0,7 Minuten dazu, so ergibt sich auf der Kippe eine Zeit mit voller Maschinenleistung von angenähert 2 Minuten.

Auf der Kippe ist mit einer Rangierzeit, einschließlich der Stillstandszeiten der Lokomotive, von 30 Minuten gerechnet, während derer mit halber Maschinenleistung durchschnittlich gefahren wird. Dies ergibt damit 15 Minuten Volleistung.

Die Rückfahrt auf der Kippe braucht

$$\frac{300 \cdot 60}{14\,000} = 1,3 \text{ Min.,}$$

dazu 0,7 Minuten Anfahren gerechnet, ergibt 2 Minuten.

Nachdem der Zug nicht ausgelastet ist, beträgt die Leistung nur $^{12}/_{19}$ der Volleistung oder, auf Volleistung umgerechnet, ist mit 1,3 Minuten Volleistung zu rechnen.

Die Bergfahrt im Stollen braucht im Mittel

$$\frac{600.60}{14\,000} = 2,6 \text{ Min.},$$

wobei der Zug voll ausgelastet ist.

Im Stollen wird wieder 30 Minuten mit im Mittel halber Maschinenleistung gearbeitet, um alle Rangierbewegungen durchzuführen. Es sind daher weitere 15 Minuten an Volleistung der Lokomotive dazuzurechnen.

Alle so gefundenen Zahlen addiert, ergeben aufgerundet eine Zeit der Volleistung von 36 Minuten.

Für ein Förderspiel ergibt sich demnach ein Arbeitsaufwand von

$$\frac{30.36}{60} = 18 \text{ PSh.}$$

Je Förderspiel werden rund 13 m³ Marmorhaufwerk aus dem Tunnel gefördert, wozu

$$\frac{18.1,60}{13} = 2,22 \text{ PSh/m}^3 \text{ festen Fels}$$

erforderlich sind.

Ist Granit zu fördern, so werden je Förderspiel 12 m³ Haufwerk gefördert, was einen Arbeitsaufwand von

$$\frac{18.1,60}{12} = 2,40 \text{ PSh/m}^3 \text{ festen Fels}$$

braucht.

### 6. Arbeitsaufwand für die Beleuchtung im Stollen

Für den Fall elektrischer Stollenbeleuchtung wurde dies im Kapitel Beleuchtung (s. S. 136) behandelt.

Nimmt man das dort angeführte Beispiel, so werden bei einer Bohrgeschwindigkeit von 0,12 m/min, die etwa Marmor entspricht, 0,72 kWh für die Beleuchtung, bei einer Bohrgeschwindigkeit von 0,04 m/min, welche Granit entspricht, 0,99 kWh aufgewendet. Für Übertragungsverluste muß man noch einen Zuschlag von 10 % machen, so daß die Aufwände praktisch rund 0,8 und 1,1 kWh je Kubikmeter festen Fels ausmachen. Wird die Lichtmaschine, welche die Stollenbeleuchtung speist, durch einen Dieselmotor angetrieben, so müssen noch der Wirkungsgrad der Kraftübertragung und die Zeiten minderer Belastung berücksichtigt werden, was mit einem weiteren Zuschlag von 20 % abgegolten wird.

### 7. Platz-, Werkstatt- und Wohnraumbeleuchtung

Zu dem vorangeführten Beleuchtungsaufwand kommt noch die Beleuchtung des Platzes, der Werkstätten-, Wohn- und Kanzleiräume und sonstiger Erfordernisse hinzu. Dieser Aufwand wird aber in der Regel *nicht* in die Vortriebspreise des Stollens eingerechnet, sondern gehört zu den sonstigen Unkosten der Baustelle und der Baustelleneinrichtung. Die auflaufenden Kosten werden in den Verträgen meist mit Pauschalien abgegolten.

Um die Kosten der sonstigen Beleuchtung zu ermitteln, muß vorher aus dem Baustellenbetriebsplan entnommen werden, wie lange die

Tabelle 13 a. *Wohn- und Büroräume*

| Arbeiter | Zahl | Beleuchtungsaufwand | | | Bemerkung |
|---|---|---|---|---|---|
| | | Büro | Wohnung | Zusammen | |
| | | Watt | | | |
| **Bauherrschaft:** | | | | | |
| Bauführer | 1 | 100 | 100 | 200 | |
| Bauwarte | 3 | 100 | 150 | 250 | |
| **Bauunternehmung:** | | | | | |
| Bauführer | 1 | 300 | 240 | 540 | 2 Büroräume, Wohnung samt Nebenräumen |
| Vertreter | 1 | 100 | 100 | 200 | |
| Arzt | 1 | 2000 | 100 | 2100 | samt Geräten |
| Polier | 1 | 100 | 100 | 200 | |
| Drittelführer | 3 | 100 | 150 | 250 | |
| Maschinenmeister | 1 | 100 | 100 | 200 | |
| Baukaufmann | 1 | 100 | 100 | 200 | |
| Schreibkräfte | 2 | — | 100 | 100 | keine eigenen Büroräume |
| Handwerker und Maschinisten | 27 | — | 200 | 1400 | 4 Mann je Stube |
| Angelernte Arbeiter | 30 | — | 200 | 1000 | 5 Mann je Stube |
| Hilfsarbeiter | 39 | — | 200 | 1400 | 6 Mann je Stube |
| Boten, Fernsprecher | 2 | 100 | 100 | 200 | |
| Koch | 1 | 100 | 100 | 200 | |
| Küchenhilfen | 4 | — | 200 | 200 | |
| Wäscherin | 2 | — | 150 | 150 | |
| Aufräumerin | 2 | — | 150 | 150 | |
| Kraftfahrer | 4 | 150 | 200 | 350 | |
| Magazinsverwalter | 1 | 150 | 150 | 300 | |
| Magazinsarbeiter | 4 | — | 200 | 200 | |

eigentliche Arbeit, einschließlich Auf- und Abbau der Baustelle, dauert. Für die eigentliche Tunnelarbeit kann man mit Vorteil die Schaubilder Abb. 54 bis 62 benutzen.

Auf Grund des Betriebsplanes wird auch die Zahl und der Rang der auf der Baustelle beschäftigten Leute ziemlich genau festliegen.

Überschlägig kann man für eine Tunnelbetriebsstelle an Beleuchtungserfordernis rechnen: s. Tab. 13 a.

Zusammengerechnet ergibt dies einen Gesamtbeleuchtungsaufwand von 25 490 Watt, der auf 26 kW aufgerundet wird. Die Anzahl der Arbeiter wurde nach einer Stollenbesetzung festgelegt, wie sie beim Vortrieb des Richtstollens bei voller Breite des endgültigen Querschnittes eines regelspurigen Eisenbahntunnels mit 16 m² Querschnitt erforderlich ist. Für andere Betriebsarten muß man die Schichtbesetzung jedesmal besonders festsetzen; Tab. 18 gibt dazu Anhaltspunkte. Die Zahl der Bauführer, Bauleiter, Kaufleute usw. wird sich dabei kaum ändern.

Tabelle 13 b. *Sonstige Räume*

| Bezeichnunng | Zahl | Arbeits-plätze | | Decken-licht | Zu-sammen | Bemerkung |
|---|---|---|---|---|---|---|
| | | Zahl | Watt | Watt | Watt | |
| Dreherei | 1 | 7 | 700 | 300 | 1000 | |
| Schmiede | 1 | 2 | 200 | 200 | 400 | |
| Holzbearbeitung | 1 | 2 | 200 | 200 | 400 | |
| Küche | 1 | 2 | 200 | 1000 | 1200 | einschl. Küchen-maschinen |
| Vorratsraum | 1 | — | — | 100 | 100 | |
| Gemeinschaftsraum | 1 | — | — | 2000 | 2000 | samt Bühne |
| Aborte | 16 | 16 | 25 | — | 400 | |
| Waschräume | 4 | — | — | 800 | 800 | |
| Wäscherei | 1 | — | — | 2400 | 2400 | samt Bügeln |
| Magazin | 1 | — | — | 2400 | 2400 | |
| Garage | 4 | — | 200 | 800 | 1000 | |
| Krankenstube | 2 | — | 200 | 200 | 400 | |
| Platzbeleuchtung | 1 | — | — | 3000 | 3000 | |

Laut Beispiel für die Beleuchtung (s. S. 132 ff.) sind für die Arbeiten im Tunnel zusammen

$$1175 + 810 = 1985 \text{ Schichten}$$

erforderlich, was

$$\frac{1985}{3} = 663 \text{ Arbeitstagen}$$

entspricht. Dies ergibt

$$\frac{663}{300} \, 365 = 810 \text{ Kalendertage.}$$

Dazu kommen noch die Zeiten, welche für die Ausführung des Voreinschnittes, Nebenarbeiten und Auf- und Abbau der Baustelle notwendig sind. Diese mögen nach Betriebsplan 180 Tage betragen. Damit beträgt die Gesamtbeleuchtungszeit

990 Kalendertage.

Je Kalendertag wird mit einer durchschnittlichen Beleuchtungszeit von fünf Stunden gerechnet. Dabei wird außer acht gelassen, daß die Werkstätten und Büroräume während der Feiertage nicht beleuchtet werden. Dafür wird aber erfahrungsgemäß so viel Licht unnütz gebrannt, daß damit eine Reserve gegeben ist.

Aufgerundet auf eine Beleuchtungszeit von

$5 . 990 = 4950$ Stunden

ergibt dies einen Beleuchtungsaufwand von

$26 . 4950 =$ rund $130\,000$ kWh.

### 8. Arbeitsaufwand für die Werkstätten

Für die Instandhaltung der Bohrmaschinen, aller sonstigen Geräte und Werkzeuge und des Fahrparkes ist eine neuzeitlich eingerichtete, mit modernen Maschinen versehene Werkstätte unerläßlich. Für eine Werkstätte, welche nur einen Tunnelbetriebspunkt zu bedienen hat, ergeben sich bei durchschnittlichen Verhältnissen folgende Maschinen und Maschinenleistungen:

*Tabelle 14*

| Werkzeugmaschine | PS | In Achtstundenschicht | | PSh/Schicht zu acht Stunden |
|---|---|---|---|---|
| | | Betrieb | Stillstand | |
| | | Stunden | Stunden | |
| Drehbank | 4 | 6 | 2 | 24 |
| Shapingmaschine | 6 | 4 | 4 | 24 |
| Langhobelmaschine | 4 | 4 | 4 | 16 |
| Fräsmaschine | 5 | 4 | 4 | 20 |
| Bohrmaschine | 4 | 4 | 4 | 16 |
| Kaltsäge | 1,2 | 4 | 4 | 5 |
| Kreissäge | 8 | 2 | 6 | 16 |
| Bandsäge | 6 | 2 | 6 | 12 |
| Schleifmaschine für Hartmetallkronen | 6 | 6 | 2 | 36 |
| Schmiedemaschine mit eigenem Kompresssor, durch diesen auch Anfachung des Schmiedefeuers | 20 | 8 | 0 | 160 |
| Ventilator, Schmiede | 0,25 | 8 | 0 | 2 |

Angenommen, daß nur autogen geschweißt wird, die Bohrrohre für das Bohrgestänge mit Hartmetallkronen von Hand aus geschmiedet werden, so beträgt der Arbeitsaufwand für die Werkstätte innerhalb einer Achtstundenschicht

171 PSh.

Wird elektrisch geschweißt, so kommt noch der Schweißumformer dazu, der mit 20 PS Maschinenleistung während sechs Stunden anzusetzen ist und daher je Schicht 120 PSh verbraucht.

Erfahrungsgemäß genügt es im allgemeinen, die Werkstätte zwölf Stunden arbeiten zu lassen, während der Stollenbetrieb dreischichtig geht.

Im Beispiel für die Beleuchtung wurden für das Lösen von 36 000 m³ Marmorfels 1400 Schichten errechnet, für dieselbe Menge Granitfels waren 1995 Schichten notwendig.

Es ist demnach der Arbeitsaufwand der Werkstätte bei Marmor

$$\frac{171 \cdot 1400 \cdot 0,5}{36\,000} = 3,3 \text{ PSh/m}^3 = 2,5 \text{ kWh/m}^3.$$

Der Aufwand für Granit berechnet sich zu

$$\frac{171 \cdot 1995 \cdot 0,5}{36\,000} = 4,7 \text{ PSh/m}^3 = 3,5 \text{ kWh/m}^3$$

festen Fels.

Die einzelnen Werkzeugmaschinen sind heute fast ausschließlich für elektrischen Einzelantrieb gebaut. Wird der Stromerzeuger mit einem Dieselmotor angetrieben, so muß man die Zeiten, wo der Motor nicht mit Vollast läuft, berücksichtigen. Während des Stillstehens der elektrisch angetriebenen Maschinen läuft der Antriebsdiesel ungefähr mit der halben Maschinenleistung. Im obigen Beispiel beträgt die Stillstandszeit der Maschinen etwa 50 %. Es ist daher bei Dieselbetrieb zu den errechneten PSh ein Zuschlag von 25 % zu machen.

Dies ergibt im ersten Fall bei Marmor einen Arbeitsaufwand von

4,2 PSh/m³,

bei Granit einen solchen von

6,0 PSh/m³.

Zu dem Arbeitsaufwand für die Werkstätte kommt noch der Aufwand für die Bewetterung.

Wird angenommen, daß der Ventilator von 4 PS (s. das Beispiel auf S. 143 ff.) die ganze Schicht mit Volleistung läuft, so ergibt sich für den Abbau von Marmor ein Arbeitsaufwand für die Belüftung von

$$\frac{1400 \cdot 8 \cdot 4}{36\,000} = 1,25 \text{ PSh/m}^3 = 0,92 \text{ kWh/m}^3;$$

ist Granit zu lösen, so stellt sich der Arbeitsaufwand auf

$$\frac{1995 \cdot 8 \cdot 4}{36\,000} = 1,77 \text{ PSh/m}^3 = 1,3 \text{ kWh/m}^3.$$

Zusammenfassend sei der Arbeitsaufwand beim Lösen von Marmor und bei der Abarbeitung von Granit gegenübergestellt:

*Tabelle 15*

| Arbeitsaufwand | Marmor; b = 0,12 m/min | | Granit; b = 0,04 m/min | |
| --- | --- | --- | --- | --- |
| | Diesel-betrieb | elektrisch betrieben | Diesel-betrieb | elektrisch betrieben |
| | PSh/m³ | kWh/m³ | PSh/m³ | kWh/m³ |
| Bohrarbeit | 6,05 | 4,24 | 18,15 | 12,75 |
| Schuttern | 10,8 | 6,64 | 10,8 | 6,64 |
| Bewetterung | 1,25 | 0,92 | 1,97 | 1,3 |
| Förderung mit Diesellok | 2,22 | — | 2,40 | — |
| Werkstätte | 4,20 | 2,5 | 4,7 | 3,5 |
| Gesamtenergieverbrauch | 24,52 | 14,27<br>2,22 PSh für<br>Förderung | 39,12 | 23,94<br>2,40 PSh für<br>Förderung |

Es wurde durchwegs Azetylenbeleuchtung angenommen, daher scheint kein Beleuchtungsaufwand auf.

Rechnet man für die Pferdekraftstunde einen Verbrauch von 200 g Dieselöl, so verbraucht man in unserem Beispiel für das Lösen eines Kubikmeters festen Marmors 4,9 kg Treibstoff; für das Lösen eines Kubikmeters festen Granits 7,8 kg Treibstoff.

Aus den Gegenüberstellungen ergibt sich, daß für je kleinere Bohrgeschwindigkeit sich um so mehr der rein elektrische Antrieb aller Geräte empfiehlt.

Die Förderung durch Diesellokomotiven braucht zwar nur einen kleinen Teil des Gesamtaufwandes, aber auch bei der Förderung wird man sich aus wirtschaftlichen Gründen den Einsatz von elektrischen Lokomotiven reiflich überlegen müssen. Die elektrischen Lokomotiven verbrauchen bei Stillstand nichts; überdies kann unter Umständen bedeutend an Energieaufwand für die Bewetterung gespart werden.

Aus den vorstehenden Überlegungen geht hervor, daß der elektrische Antrieb aller Baumaschinen einer Stollenbaustelle immer dort überlegen sein wird, wo man normale Stromkosten für den Bezug aus einem öffentlichen Netz bezahlen muß. Ob die Einrichtung einer eigenen Wasserkraftanlage wirtschaftlich zu vertreten ist, ergibt eine Gegenüberstellung der Energiekosten bei reinem Dieselbetrieb und der Herstellungskosten der Wasserkraftanlage.

Der Energieaufwand je Kubikmeter festen Fels ist von der Stollenlänge am wenigsten abhängig. Große Aufwandunterschiede ergeben sich bei der Bohr- und Schutterarbeit wegen Härte und Gewicht des Gesteins. Je größer der Stollenquerschnitt, um so günstiger ist der Energieaufwand.

## 9. Bemessung der elektrischen Einrichtung

Man muß auf jedem Betriebspunkt so viel an elektrischer Energie bereithalten, daß alle im Betrieb entstehenden Belastungsspitzen durch die vorhandenen Maschinen und Umformer gedeckt werden können.

Man kann für einen Bohrhammer, einschließlich des Preßluftvorschubes, mit 2 m³/min Luftbedarf rechnen; eine kleine Lademaschine kann mit einem Bedarf von 9 bis 10 m³/min angenommen werden. Je Kubikmeter Luft ist mit 10 PS zu rechnen, dabei sind schon alle Verluste berücksichtigt. Nimmt man wieder den Richtstollenvortrieb im Granit als Beispiel, so ergibt sich der folgende Energiebedarf:

*Tabelle 16*

| | |
|---|---|
| 4 Bohrhämmer vor Ort | 80 PS |
| 1 Bohrhammer für Nacharbeiten und als Reserve | 20 PS |
| 1 Lademaschine mit 10 m³/min Luftverbrauch | 100 PS |
| Bewetterung | 4 PS |
| Pumpenreserve | 6 PS |
| Werkstätte (es laufen nicht alle Maschinen gleichzeitig) | 40 PS |
| Beleuchtung | 35 PS |

Dies gibt zusammen eine erforderliche Leistung von
285 PS = 210 kW.

Im vorliegenden Fall wird man einen Umspanner von 200 kVA und einen mit 100 kVA Leistung auf der Baustelle aufstellen, so daß bei Überholungsarbeiten eines Umspanners mit dem zweiten noch ein notdürftiger Bohrbetrieb aufrechterhalten werden kann. Selbstverständlich wird man alle Überholungsarbeiten auf Feiertage legen, während welcher im Stollen nicht gearbeitet werden braucht.

Zum Betrieb der fünf Bohrhämmer und der Lademaschine sind 20 m³ Luft/min erforderlich. Man wird zwei Kompressoren mit je 10 m³ Ansaugleistung aufstellen, so daß auch da eine Überholung möglich ist und trotzdem wenigstens der Bohrbetrieb aufrechterhalten werden kann. Allerdings muß während der Überholungsarbeit von Hand aus geschuttert werden.

Es ist auch zweckmäßig, einen Ventilator in Reserve zu haben, damit die Bewetterung auf alle Fälle gesichert ist.

Es kann der Fall eintreten, daß aus einem öffentlichen Netz nur eine bestimmte Menge an Kilowatt entnommen werden kann und für die Deckung von Belastungsspitzen eine zusätzliche Anlage auf der Baustelle geschaffen werden muß. Man muß daher diese Belastungsspitzen kennen. Wird aus ein und demselben Netz die Speisung verschiedener Betriebspunkte vorgenommen, so kann man die Belastungsspitzen durch eine geschickte Arbeitseinteilung mildern. Die Hauptbelastung des Versorgungsnetzes bilden die Kompressoren, welche aber im Ablauf der Stollenarbeiten zusammenhängende bedeutende Stillstandszeiten haben. Läßt man die Schichten zu verschiedenen Tagesstunden beginnen, so kann man dadurch die Hauptbelastung der Kompressoren etwas verteilen und damit die Belastungsspitzen vermindern. Hat man Schrägaufzüge und Seilbahnen etwa für die Stollenausmauerung und die Heranschaffung des Tunnelgerätes zu bedienen, so wird man diese Bedienungszeit zweckmäßig in die Schieß- und Lüftezeiten legen und damit auch die Belastungsspitze herabdrücken.

Der Energiebedarf von Seilbahnen und Schrägaufzügen ist in den vorigen Ausführungen nicht eingeschlossen, da er zu sehr von den örtlichen Verhältnissen abhängt. Die Verbrauchszahlen sind sorgfältig zu ermitteln und zum sonstigen Energiebedarf zuzuschlagen.

Man plane die Energieversorgung nie kleinlich, da jeder Mangel an Energie den Baubetrieb empfindlich stört und die Baukosten erhöht.

# I. Kosten des Vortriebes
## im Stollen- und Tunnelbau im festen Fels

### I. Allgemeines

Im Stollen- und Tunnelbau ist es vielfach üblich, die Preise nach Laufendem-Meter-Stollen festzulegen und dabei die Vergütung nach der Schwierigkeit des Gebirges abzustufen. Anderseits ist es vielfach einfacher, die Verbrauchszahlen für den Kubikmeter gelösten Fels anzugeben. Dies gilt insbesondere für Energiekosten, Stundenaufwand, Werkzeugkosten und dergleichen. Die Umrechnung von Preisen für den Kubikmeter auf den laufenden Meter bietet indessen keine Schwierigkeiten; in den folgenden Ausführungen sind beide Preisfestlegungen zu finden.

Es ist auch gebräuchlich, besondere Preise für den Vortrieb des Richtstollens und den Vollausbruch zu vereinbaren. Werden die Arbeiten getrennt durchgeführt, der Vollausbruch nach vollendetem Durchschlag erst begonnen, so ist die Errechnung der Preise verhältnismäßig einfach. Anders steht die Sache, wenn mit dem Vortrieb des Richtstollens auch der Niederbruch der Kalotte und Strossen erfolgt. Hier muß das Voreilen des Richtstollens berücksichtigt werden. Es ist auch zu beachten, daß zum Ende der Arbeit der Niederbruch der Kalotte allein erfolgt.

Hat der Richtstollen gute Preise, so bieten diese einen Anreiz, die Vortriebsarbeit dort zu beschleunigen. Ein schlechter Preis für den Vollausbruch verleitet dazu, diese Arbeit nicht mit dem nötigen Schwung zu betreiben. Es wird also zweckmäßig sein, Fertigstellungsprämien oder Vertragsstrafe für Nichteinhalten der Baufristen zu vereinbaren.

In der Regel wird nur der planmäßige Querschnitt vergütet und dabei verlangt, daß dieser auf alle Fälle auch eingehalten wird. Will man dies erreichen, so ist es unvermeidlich, daß der tatsächliche Ausbruch größer als der planmäßige wird. Die Maßnahmen, welche zu ergreifen sind, um möglichst planmäßigen Querschnitt zu erreichen, sind auf S. 77 f. geschildert[1].

Der zu groß herausgeschossene Querschnitt, vielfach kurz Überprofil genannt, belastet die Baukosten nur teilweise. Das Überprofil, das sich schließlich ergibt, erfordert dieselbe Menge an Spreng- und Zündmitteln, Bohrarbeit und Werkzeugkosten des Bohrgestänges. Lediglich die Schutterarbeiten werden durch das Überprofil verteuert, die Förderungskosten und die Werkzeugkosten für die Schutterwerkzeuge steigen an.

Es steht fest, daß bei kleinen Querschnitten das Überprofil größer ausfällt als bei großem Querschnitt. Die folgende Zusammenstellung

*Tabelle 17*

| Planmäßiger Querschnitt m² | Überprofilfaktor (Erfahrungswert) | Zu erwartender Querschnitt m² |
|---|---|---|
| 4 | 1,35 | 5,4 |
| 6 | 1,29 | 7,2 |
| 8 | 1,15 | 9,2 |
| 12 | 1,12 | 13,4 |
| 16 | 1,10 | 17,6 |
| 20 | 1,09 | 21,8 |
| 24 | 1,08 | 25,9 |
| 28 | 1,06 | 29,7 |
| 32 | 1,06 | 33,9 |

(Tab. 17) soll einen Anhaltspunkt für die Größe des zu erwartenden Überprofils geben.

Die Werte vorstehender Tab. 17 ergeben sich bei günstigen Verhältnissen. Wenn das Gebirge sehr klüftig ist, steigen die Werte des Überprofils stark an; ebenso, wenn die Stollenachse mit der Streichrichtung des Gebirges einen sehr spitzen Winkel einschließt.

Bei der Ermittlung des Schichtfortschrittes aus den Schaubildern Abb. 54 bis 62 beachte man, welcher Umstand den Schichtfortschritt am ungünstigsten beeinflußt. Ist neben der Verspannung des Gebirges die Bohrleistung maßgebend, so kann man die Werte der Schaubilder sogleich anwenden, da in diesem Falle die Schutterleistungsmöglichkeit *nicht* voll

---

[1] Vgl.: Leopold Müller, Dr.-Ing.: Der Mehrausbruch in Tunneln und Stollen. Geologie und Bauwesen, *24*, Heft 3, 4, 1959.

ausgenutzt ist. Hängt hingegen der Schichtfortschritt von der Schutterleistung ab, so muß man von Haus aus mit einem Überprofil rechnen. Wenn man diese Vorsicht verabsäumt, so läuft man Gefahr, daß man in der Schicht das Haufwerk nicht restlos abfördern kann und zu kleineren Schichtfortschritten oder gar Störungen des ganzen Arbeitsablaufes kommt. Beim Gebrauch der Schaubilder für den Schichtfortschritt kann man, unbeschadet des Umstandes, daß man Überprofil erwarten muß, dieselbe Lochzahl annehmen, als würde der planmäßige Querschnitt herauskommen.

## II. Kostenaufteilung

Der Preis für den laufenden Meter Stollen oder Tunnel bzw. den Kubikmeter gelösten, festen Fels setzt sich zusammen:

1. aus den Kosten der Löhne;
2. aus den Werkzeugkosten, und zwar
   a) den Handwerkzeugkosten,
   b) den Kosten der Bohrhämmer und
   c) den Kosten des Bohrgestänges;
3. aus den Kosten der Verbrauchsstoffe;
4. aus den Energiekosten;
5. aus der Abschreibung oder den Mietkosten der Baugeräte und Baustelleneinrichtung;
6. aus den allgemeinen Geschäftsunkosten einschließlich Steuern, Wagnis und Gewinn und
7. aus dem Aufwand für die Unterkunft, Betreuung und Verpflegung der Arbeiterschaft.

### 1. Lohnkosten

Man kann die Lohnkosten so ermitteln, daß man jede Arbeitsgattung, wie Bohr-, Schutter-, Förderarbeit usw., getrennt betrachtet und die auf diese Arbeiten entfallenden Löhne gesondert nach Fach- und Hilfsarbeiterlöhnen ermittelt. Bei diesem Vorgehen bestimmt man am besten zuerst die Bohrmeter, welche zum Lösen eines Kubikmeters festen Felsens notwendig sind. Dann versucht man, auf Grund einer festgestellten oder geschätzten Bohrgeschwindigkeit den ermittelten oder geschätzten Bohrzeitverlust und den Schichtfortschritt zu bestimmen und teilt die Arbeiten der Mineure, Hilfsmineure, sonstiger Fach- und Hilfsarbeiter auf die Bohrarbeit auf. Auf Grund des Schichtfortschrittes ergibt sich das je Schicht anfallende Haufwerk, dessen Förderkosten wieder auf die einzelnen Arbeitergattungen planmäßig aufzuteilen sind. Die so gewonnenen Rechnungsergebnisse prüft man auf Grund der Erfahrungen, welche man aus eigenen Aufschreibungen oder den Fachschriften entnimmt. Die notwendigen Bohrmeter kann man aus den Schaubildern Abb. 45 bis 47 entnehmen.

Klarer und übersichtlicher scheint der in den folgenden Ausführungen gezeigte Weg zur Ermittlung der Lohnkosten zu sein:

### a) Ermittlung der Lohnkosten des Richtstollens oder bei Vorgehen im Vollausbruch

Schon bei der ganzen Planung der Arbeitseinteilung wird man auf Grund der Erfahrung festsetzen, welchen Einsatz man an Bohrhämmern, Bohrmannschaften, Schleppern, Lokführern, Schwarzpersonal usw. braucht. Diese so gefundene Schichtbesetzung stellt man für die mittlere Förderweite auf. Die nach reiflicher Überlegung aufgestellte Stollenmannschaft ändert sich später nur, wenn die Förderweite über die mittlere Weite ansteigt oder wenn sich die Beschaffenheit des Gebirges wesentlich ändert. Liegen gute geologische Vorarbeiten der Bauausschreibung zugrunde, so wird man bezüglich der Gebirgsbeschaffenheit im Verlauf der Arbeiten nicht viele Überraschungen erleben.

Die gleichbleibende Stollenmannschaft verdient je Schicht eine bestimmte Lohnsumme, welcher eine ganz bestimmte Leistung gegenübersteht. Diese Leistung läßt sich mit einiger Sicherheit aus den Schaubildern Abb. 54 bis 62 ermitteln oder ist für den Einzelfall zu berechnen. Der Vorgang ist jedenfalls viel genauer, als wenn man etwa den Anteil des Mineurs und den des Drittelführers in Bruchteilen von Stunden je Bohrmeter anzugeben versucht. Wird ein größerer Schichtfortschritt als in den Schaubildern angegeben erzielt, so ist dies in der Regel ein Verdienst einer gut geleiteten Bauunternehmung oder des Fleißes und der Geschicklichkeit der Stollenmannschaft; beiden soll dies in Form eines angemessenen Mehrverdienstes zugute kommen.

Die auf den S. 170/171 eingefügte Tab. 18 gibt für einige Stollenquerschnitte und Betriebsarten Anhaltspunkte für die Schichtbesetzung. Dabei bleiben für kleinere und größere Querschnitte in weiten Grenzen verschiedene Arbeiterzahlen gleich; es ist z. B. die Besetzung des Kompressors dieselbe, ob man mit 4 m² oder mit 20 m² Querschnitt vorgeht. Die Gleisrotte ändert sich nur dann wesentlich, wenn man statt eingleisigem Förderbetrieb doppelgleisigen einführt. Man ist also auf Grund der in Tab. 18 gegebenen Anhaltspunkte leicht in der Lage, die Stollenmannschaft dem jeweiligen Querschnitt und dem Einsatz an Bohrhämmern anzupassen.

Wird die Bohrarbeit von der Schutterung zeitlich getrennt, so übernimmt die Bohrmannschaft einen Teil der Schutterarbeit, die Stollenmannschaft verringert sich entsprechend. Die Zimmermannsrotte ist für leichte Einbauten und die Herstellung von Schuttergerüsten gedacht. Sind solche nicht geplant, ist die Zimmermannsrotte um zwei bis drei ange-

Tabelle 18. *Tunnelmannschaft bei vollwertigen Arbeitern,*

| Vortriebsart | | Schichtmeister | Hilfsschichtmeister (Drittelführer) | Mineure Fach- | Mineure angelernte | Zimmermannsrotte Fach- | Zimmermannsrotte angelernte | Schutterer, Schlepper Fach- | Schutterer, Schlepper Hilfs- | Förderung, Kippe angelernte | Förderung, Kippe Hilfs- | Gleisrotte, sonstige angelernte | Gleisrotte, sonstige Hilfs- | Lokführer | Lademasch.-Wärter |
|---|---|---|---|---|---|---|---|---|---|---|---|---|---|---|---|
| Sohlstollen 17 m², Kalotte 14 m², gleichzeitig | Sohlstollen  2 Hämmer, Handschutt. | 1 | 1 | 2 | 2 | | | | 8[1] | 2[3] | 2 | 1 | 3 | 1 | |
| | Kalotte        2 Hämmer, Handschutt. | | 1 | 2 | 2 | 1 | 6 | 1[2] | 6 | 1 | 1 | | 2 | 1 | |
| | zusammen | 1 | 2 | 4 | 4 | 1 | 6 | 1 | 14 | 3 | 3 | 1 | 5 | 2 | |
| | Sohlstollen  2 Hämmer, Lademasch. | 1 | 1 | 2 | 2 | | | | 6 | 2 | 2 | 1 | 3 | 1 | 1 |
| | Kalotte        2 Hämmer, wie oben | | 1 | 2 | 2 | 1 | 6 | 1 | 6 | 1 | 1 | | 2 | 1 | |
| | zusammen | 1 | 2 | 4 | 4 | 1 | 6 | 1 | 12 | 3 | 3 | 1 | 5 | 2 | 1 |
| | Sohlstollen  3 Hämmer, Handschutt. | 1 | 1 | 3 | 3 | | | | 8 | 2 | 2 | 1 | 3 | 1 | |
| | Kalotte        2 Hämmer, Handschutt. | | 1 | 2 | 2 | 1 | 6 | 1 | 6 | 1 | 1 | | 2 | 1 | |
| | zusammen | 1 | 2 | 5 | 5 | 1 | 6 | 1 | 14 | 3 | 3 | 1 | 5 | 2 | |
| | Sohlstollen  3 Hämmer, Lademasch. | 1 | 1 | 3 | 3 | | | | 6 | 2 | 2 | 1 | 3 | 1 | 1 |
| | Kalotte        2 Hämmer, Handschutt. | | 1 | 2 | 2 | 1 | 6 | 1 | 6 | 1 | 1 | | 2 | 1 | |
| | zusammen | 1 | 2 | 5 | 5 | 1 | 6 | 1 | 12 | 3 | 3 | 1 | 5 | 2 | 1 |
| | Sohlstollen  4 Hämmer, Handschutt. | 1 | 1 | 4 | 4 | | | | 8 | 2 | 2 | 1 | 3 | 1 | |
| | Kalotte        2 Hämmer, Handschutt. | | 1 | 2 | 2 | 1 | 6 | 1 | 6 | 1 | 1 | | 2 | 1 | |
| | zusammen | 1 | 2 | 6 | 6 | 1 | 6 | 1 | 14 | 3 | 3 | 1 | 5 | 2 | |
| | Sohlstollen  4 Hämmer, Lademasch. | 1 | 1 | 4 | 4 | | | | 6 | 2 | 2 | 1 | 3 | 1 | 1 |
| | Kalotte        2 Hämmer, Lademasch. | | 1 | 2 | 2 | 1 | 6 | 1 | 6 | 1 | 1 | | 2 | 1 | |
| | zusammen | 1 | 2 | 6 | 6 | 1 | 6 | 1 | 12 | 3 | 3 | 1 | 5 | 2 | 1 |
| Richtstollen 9 m², Kalotte 14 m², Ausweitung 8 m², gleichzeitig | Richtstollen 2 Hämmer, Handschutt. | | 1 | 2 | 2 | | | 1[5] | 6[4] | 2[3] | 4 | 1 | 3 | 1 | |
| | Kalotte        2 Hämmer, Schutterger. | 1 | 1 | 2 | 2 | 1 | 5 | | 6 | 1 | | | 2 | 1 | |
| | Ausweitung 2 Hämmer | | 1 | 2 | 2 | | | | 6 | | | | | | |
| | zusammen | 1 | 3 | 6 | 6 | 1 | 5 | 1 | 18 | 3 | 4 | 1 | 5 | 2 | |
| | Richtstollen 2 Hämmer, Lademasch. | | 1 | 2 | 2 | | | 1 | 5 | 2 | 4 | 1 | 3 | 1 | 1 |
| | Kalotte        2 Hämmer, Handschutt. | | 1 | 2 | 2 | 1 | 5 | | 6 | 1 | | | 2 | 1 | |
| | Ausweitung 2 Hämmer, Handschutt. | | 1 | 2 | 2 | | | | 6 | | | | | | |
| | zusammen | 1 | 3 | 6 | 6 | 1 | 5 | 1 | 17 | 3 | 4 | 1 | 5 | 2 | 1 |
| | Richtstollen 3 Hämmer. Handschutt. | | 1 | 3 | 3 | | | 1 | 6 | 2 | 4 | 1 | 3 | 1 | |
| | Kalotte        2 Hämmer, Handschutt. | | 1 | 2 | 2 | 1 | 5 | | 6 | 1 | | | 2 | 1 | |
| | Ausweitung 2 Hämmer, Handschutt. | | 1 | 2 | 2 | | | | 6 | | | | | | |
| | zusammen | 1 | 3 | 7 | 7 | 1 | 5 | 1 | 18 | 3 | 4 | 1 | 5 | 2 | |
| | Richtstollen 3 Hämmer. Lademasch. | | 1 | 3 | 3 | | | 1 | 5 | 2 | 4 | 1 | 3 | 1 | 1 |
| | Kalotte        2 Hämmer, Handschutt. | | 1 | 2 | 2 | 1 | 5 | | 6 | 1 | | | 2 | 1 | |
| | Ausweitung 2 Hämmer, Handschutt. | | 1 | 2 | 2 | | | | 6 | | | | | | |
| | zusammen | 1 | 3 | 7 | 7 | 1 | 5 | 1 | 17 | 3 | 4 | 1 | 5 | 2 | 1 |
| Kalottenniederbr. n. Richtstollendurchschl. | Kalotte 14 m², 2 Hämmer, Handschutterung | 1 | 1 | 2 | 2 | | | | 8 | 2 | 2 | 1 | 1 | 1 | |
| | Kalotte 14 m², 2 Hämmer, Lademaschine | 1 | 1 | 2 | 2 | | | | 4 | 2 | 3 | 1 | 1 | 1 | 1 |

[1] 2 Wechselschlepper.
[2] Facharbeiter für Aufsicht über den Förderbetrieb.
[3] 1 Aufsicht bei Kippe, 1 Bremser je Lokzug.

*Abschläge 1,20 bis 1,40 m im Richtstollen, Förderweite bis 1000 m*

| schaft | | | | | | | | | | | | | | Bemerkungen |
|---|---|---|---|---|---|---|---|---|---|---|---|---|---|---|
| Schwarzpersonal | | | | | | zusammen | | | | | | | | |
| Kompr.- | | Werkstätte | | | | | | | | | | | | |
| | | | | angel. | | | | | | | | | | |
| Maschinist | angelernter Wärter | Schlosser, Fachvorarbeiter | Schmied, Schlosser, Facharbeiter | Helfer | Schleifer, Härter | Schichtmeister | Hilfsschichtmeister | Fachvorarbeiter | Maschinisten | Fach-arbeiter | angelernte arbeiter | Hilfs-arbeiter | insgesamt | |
| 1 | 1 | 1 | 2 | 1 | 1 | 1 | 1 | 1 | 2 | 4 | 8 | 13 | 30 | bei Sohlstollen und Kalotte gleichzeitig immer Schuttergerüst |
| 1 | 1 | 1 | 2 | 1 | 1 | 1 | 2 | 1 | 3 | 8 | 17 | 22 | 54 | |
| 1 | 1 | 1 | 2 | 1 | 1 | 1 | 1 | 1 | 3 | 4 | 8 | 11 | 29 | bei Lademaschineneinsatz 2 Wechselschlepper, 1 Helf. d. Lademasch. |
| 1 | 1 | 1 | 2 | 1 | 1 | 1 | 2 | 1 | 4 | 8 | 17 | 20 | 53 | 3 Mann für Zerkleinern |
| 1 | 1 | 1 | 2 | 1 | 1 | 1 | 1 | 1 | 2 | 5 | 9 | 13 | 32 | 6 Schutterer vor Ort |
| 1 | 1 | 1 | 2 | 1 | 1 | 1 | 2 | 1 | 3 | 9 | 18 | 22 | 56 | |
| 1 | 1 | 1 | 2 | 1 | 1 | 1 | 1 | 1 | 3 | 5 | 9 | 11 | 31 | |
| 1 | 1 | 1 | 2 | 1 | 1 | 1 | 2 | 1 | 4 | 9 | 18 | 20 | 55 | |
| 1 | 1 | 1 | 2 | 1 | 1 | 1 | 1 | 1 | 2 | 6 | 10 | 13 | 34 | |
| 1 | 1 | 1 | 2 | 1 | 1 | 1 | 2 | 1 | 3 | 10 | 19 | 22 | 58 | |
| 1 | 1 | 1 | 2 | 1 | 1 | 1 | 1 | 1 | 3 | 6 | 10 | 11 | 33 | |
| 1 | 1 | 1 | 2 | 1 | 1 | 1 | 2 | 1 | 4 | 10 | 19 | 20 | 57 | |
| 1 | 1 | 1 | 2 | 1 | 1 | | | | | | | | | |
| 1 | 1 | 1 | 2 | 1 | 1 | 1 | 3 | 1 | 3 | 10 | 18 | 27 | 63 | Kalotten- u. Strossenniederbruch an 1 Ort |
| 1 | 1 | 1 | 2 | 1 | 1 | | | | | | | | | |
| 1 | 1 | 1 | 2 | 1 | 1 | 1 | 3 | 1 | 4 | 10 | 18 | 26 | 63 | |
| 1 | 1 | 1 | 2 | 1 | 1 | | | | | | | | | |
| 1 | 1 | 1 | 2 | 1 | 1 | 1 | 3 | 1 | 3 | 11 | 19 | 27 | 65 | |
| 1 | 1 | 1 | 2 | 1 | 1 | | | | | | | | | |
| 1 | 1 | 1 | 2 | 1 | 1 | 1 | 3 | 1 | 4 | 11 | 19 | 26 | 65 | |
| 1 | 1 | 1 | 2 | 1 | 1 | 1 | 1 | 1 | 2 | 4 | 8 | 11 | 28 | ohne Schuttergerüste |
| 1 | 1 | 1 | 2 | 1 | 1 | 1 | 1 | 1 | 3 | 4 | 8 | 8 | 26 | |

[4] Facharbeiter für Aufsicht über den gesamten Förderbetrieb.
[5] 4 Schutterer vor Ort, 2 Wechselschlepper.

lernte Arbeiter kleiner. Erfolgt die Sicherung mit Spritzbeton, sind statt der Zimmermannsrotte ein Maschinist, ein Facharbeiter und zwei Hilfsarbeiter einzusetzen.

Die Lohnsumme, welche in der Schicht von der gesamten Stollenbelegschaft verdient wird, sei in den kommenden Ausführungen mit *Schichtlohn* bezeichnet. Unberücksichtigt bei der Ermittlung des Schichtlohnes ist die Bauleitung des Unternehmens einschließlich der Baukaufleute, Schreibkräfte, des Baracken- und Küchenpersonals, welche Löhne in der Regel mit einem festen Betrag zu den Gemeinkosten der Baustelle gerechnet werden und auch dort ihre Abgeltung erfahren.

Bei der Ermittlung des Schichtlohnes oder des Mittellohnes einer Baustelle muß man berücksichtigen, daß ein Teil der Schichtbelegschaft gewisse Zulagen bezieht, ein Teil davon ausgeschlossen ist. Es beziehen z. B. die Kompressorwärter und die Schmiede weder Wasser- noch Stollenzulage, dafür können die sozialen Lasten für verschiedene Arbeitergattungen verschieden sein.

Grundlage für die Berechnung des Bruttomittellohnpreises und damit des Schichtlohnes bilden die jeweils gültigen Tariflöhne und die mehr oder weniger festliegenden Zuschläge für Schicht- und Untertagearbeit, Wasser- und Höhenzulagen, Verdienstprämien, die Zuschläge für soziale Aufwendungen und die Erfahrungszuschläge. Zu letzteren gehören die Aufwendungen für Kleingerät und Kleinwerkzeug, sachliche Bürokosten, Bauzinsen, Lohnsteuer, Haftpflichtversicherung, Verbrauchssteuer, Zentralregie, Wagnis und Gewinn. Baustelleneinrichtung und -räumung, zeitgebundene Baustellenregien werden bei größeren Baustellen, zu welchen Tunnelbaustellen in der Regel gehören, besonders vergütet.

Der zu ermittelnde Bruttomittellohnpreis, in welchem alle in der Schicht arbeitenden Leute zu erfassen sind, richtet sich nach den jeweils gültigen Normen. In Österreich wird fast ausschließlich mit den Formblättern nach Maculan gearbeitet, nach welchen eine sehr übersichtliche Ermittlung des Bruttomittellohnpreises möglich ist. Der Schichtlohn $S$ ist dann der Bruttomittellohnpreis, multipliziert mit der Anzahl der in der Schicht arbeitenden Leute. Dabei ist zu beachten, daß bei Dreischichtenbetrieb, welcher die Regel bei größeren Tunnelbauten bildet, jene Arbeiter, welche nicht in drei Schichten arbeiten, z. B. Schmiede und Elektriker usw., nur mit einem entsprechenden Bruchteil einzusetzen sind.

Hat man, wie vorhin beschrieben, den Schichtlohn ermittelt, so sind die Lohnkosten für den Richtstollenvortrieb $L_r$ bei der Abschlagslänge $t$ und Stollenfläche $f$:

$$L_r = \frac{S}{t} \quad \text{je laufendem Meter bzw.}$$

$$L_r = \frac{S}{t.f} \quad \text{je Kubikmeter festem Fels.}$$

Bei Vorgehen im vollen Querschnitt sind keine weiteren Berechnungen der Lohnkosten erforderlich. Wird hingegen der Querschnitt in Teilen, Richtstollen- und Vollausbruch, abgearbeitet, so gibt es zwei Möglichkeiten:

### b) Lohnkosten Vollausbruch

α) Niederbruch der Kalotte und Strossen erfolgt erst nach vollständigem Richtstollenvortrieb.

β) Bei entsprechendem Voreilen des Richtstollens erfolgt auf einem größeren Teil der Tunnellänge der Richtstollenvortrieb und der Vollausbruch gleichzeitig.

Zu α). Bei Aufstellung der Mannschaft für den Vollausbruch ist zu beachten:

1. Für diese Arbeit sind bedeutend weniger Bohrmeter je Kubikmeter Fels erforderlich, dementsprechend wird sich die Zahl der Mineure und Hilfsmineure vermindern. Ebenso wird man bei den Schmieden und Schleifern Einsparungen machen können. In der übrigen Zahl der Stollenmannschaft ändert sich nichts, es kann sich bei großem Querschnitt des Vollausbruches als notwendig erweisen, die Schuttermannschaft zu vergrößern. Der Schichtlohn für den Vollausbruch $S_v$ ist neu zu errechnen, die Lohnkosten betragen:

$$L_v = \frac{S_v}{t\,v}$$ je laufendem Meter Vollausbruch, wenn je Schicht ein Vollausbruch von der Länge $t_v$ erzielt wird bzw.

$$L_v = \frac{S_v}{t_v \cdot f_v}$$ bei der Vollausbruchslänge von $t_v$ und einem Querschnitt

des Vollausbruches von $f_v$ für den Kubikmeter festen Fels.

Zu β). Für die Zeit, in welcher gleichzeitig am Richtstollen gearbeitet wird, ist der Schichtlohn für die Mannschaft des Vollausbruches $S_{v1}$ und ebenso für die Zeit, wo der Vollausbruch bei fertigem Richtstollen allein läuft, $S_{v2}$ zu berechnen. Sind dabei die jeweiligen Nachtriebslängen $l_1$ und $l_2$, so ergeben sich die Lohnkosten für den Vollausbruch mit

$$L_v = \frac{\dfrac{S_{v1} \cdot l_1}{t_1} + \dfrac{S_{v2} \cdot l_2}{t_2}}{l_1 + l_2}$$

für den laufenden Meter. Dividiert man durch $f_v$, so erhält man die Kosten je Kubikmeter Fels.

Für die Zeit des Vollausbruches, in welcher gleichzeitig der Richtstollen läuft, wird man für den Vollausbruchsschichtlohn keine Kompressor- und Schmiedemannschaft einsetzen, die Arbeit läuft mit dem Richtstollenvortrieb mit. Hingegen ist für den Vollausbruch eine Vermehrung der Schuttermannschaft zu berücksichtigen.

Für die Zeit, in welcher der Vollausbruch allein läuft, wird man die gleiche Kompressormannschaft wie beim Richtstollenvortrieb einsetzen, die Zahl der Mineure, Hilfsmineure, Schmiede und Schleifer vermindert sich im gleichen Maße, als für den Vollausbruch weniger Bohrmeter je Kubikmeter festen Fels als für den Richtstollen erforderlich sind. Die Schuttermannschaft ist nach dem zu erwartenden Haufwerkanfall zu bestimmen.

Es liegt im Ermessen des Bauherrn, ob er Preisanbot für den ganzen Stollenquerschnitt oder für Richtstollen und Vollausbruch getrennt verlangt. Es sind beide Arten von Anboten üblich. Im ersteren Falle sind die Preise für beide Arbeitsgattungen zu errechnen und dann zusammenzulegen.

Es wäre sehr zu begrüßen, wenn sich bei all den Rechnungen, sei es nun Anbot oder Abrechnung, die Rechenschiebergenauigkeit mit Auf- und Abrundungen durchsetzen würde. Ein Preis für den laufenden Meter Stollen, auf Groschen berechnet, ist die Vortäuschung von Genauigkeit, die es nicht gibt, denn kein Mensch kann die Abschlagslänge auf Zentimeter genau voraussagen. Dabei geht ein Zentimeter mehr oder weniger in Schillingbeträge! Bei Rechenschiebergenauigkeit ist etwa ein Fehler von $\pm 1\,‰$ zu erwarten, da es jedem Ingenieur bekannt ist, daß sich die Einzelfehler gegenseitig zum Großteil aufheben.

### c) Voreilen des Richtstollens

Es sei bezeichnet:

$v_r$ Tagesfortschritt im Richtstollen,

$v_v$ Tagesfortschritt im Vollausbruch,

$l$ Länge, auf welche der Richtstollen voreilt,

$L$ Gesamtlänge des Tunnels, welche von einem Betriebspunkt zu bewältigen ist,

$d_r$ Zahl der Tage des Richtstollenvortriebes,

$d_v$ Zahl der Tage des Vollausbruches.

Es ist dann:

$$d_r = \frac{L}{v_r}, \quad d_v = \frac{L}{v_v}.$$

Die Länge, mit welcher der Richtstollen voreilt, ergibt sich dann mit

$$l = v_r \left( \frac{L}{v_r} - \frac{L}{v_v} \right) = L \left( 1 - \frac{v_r}{v_v} \right).$$

Tatsächlich darf aber der Vollausbruch den Richtstollenvortrieb niemals einholen. Es genügt aber, wenn der Richtstollen beim Durchschlag dem Vollausbruch um 100 m voreilt. Demnach ist die gewünschte Voreillänge:

$$l = L \left( 1 - \frac{v_r}{v_v} \right) + 100.$$

## 2. Werkzeugkosten

Die Werkzeugkosten sind zu unterteilen nach

a) den Kosten des Handwerkzeuges,

b) den Kosten der Bohrhämmer,

c) den Kosten des Bohrgestänges.

### a) Kosten des Handwerkzeuges

Bei den Kosten für das Handwerkzeug erfaßt man den Verbrauch (Verlust) an Ladewerkzeug, Brechstangen, Schaufeln, Schlägeln und dergleichen sowie alle sonstigen kleineren Werkzeuge. Die Handwerkzeugkosten werden in der Regel mit einem Zuschlag auf die Lohnkosten abgerechnet. Mit einem Hundertsatz von 2 % kann in der Regel das Auslangen gefunden werden.

### b) Kosten der Bohrhämmer

Die Kosten der Bohrhämmer und der dazu erforderlichen Ersatzteile hängen von der Lebensdauer der Bohrhämmer ab. Diese ist wieder eine Funktion der Schlagzahl, welche für das Abbohren eines Meters Bohrloches notwendig ist. Bei einwandfreier Wartung und Pflege der Bohrhämmer kann man also eine Beziehung zwischen Bohrgeschwindigkeit und der Anzahl der Bohrmeter aufstellen, welche ein Bohrhammer zu leisten imstande ist.

Die Aufstellung dieser Beziehung wäre eine sehr dankenswerte Aufgabe für die Maschinenfabriken, welche sich mit der Herstellung der Bohrhämmer befassen.

Im Schaubild Abb. 74 wurde versucht, den Zusammenhang zwischen Bohrgeschwindigkeit und Anzahl der Bohr-

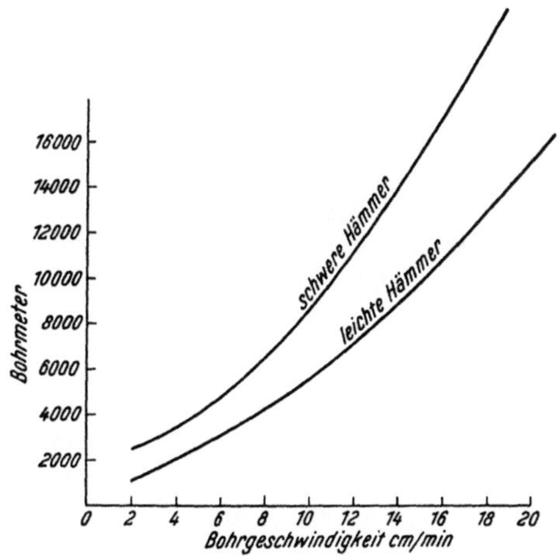


Abb. 74. Lebensdauer von Bohrhämmern, gemessen in Bohrmetern bei verschiedenen Bohrgeschwindigkeiten

meter festzulegen. Die Werte wurden zwar auf Grund eingehender Beobachtungen ermittelt, doch werden friedensmäßige Stahlbeschaffenheiten und beste Pflege das Bild wahrscheinlich verbessern.

Den Verbrauch an Ersatzteilen kann man auf die Lebensdauer des Bohrhammers beziehen; es ergaben sich im Mittel die auf die Lebensdauer des Bohrhammers notwendigen Ersatzteile, wie sie in der folgenden Übersicht angeführt sind.

### Verbrauch an Ersatzteilen für Bohrhämmer

Bis zum vollkommenen Verbrauch eines Bohrhammers werden während seiner Lebensdauer folgende Ersatzteile benötigt:

| | | | |
|---|---|---|---|
| Sperräder | 2 | Schlauchtüllen | 1,5 |
| Bohrerhülsen | 1 | Kupplungsstücke | 6 |
| Kolben | 0,5 | Schlauchklemmen | 7,5 |
| Steuerkugel | 0,5 | Schlauchkrallen | 4 |
| Sperrklinken | 12 | Einwegige Hähne | 2 |
| Sperrklinkenfedern | 24 | Zweiwegige Hähne | 1,5 |
| Sperrklinkenbolzen | 24 | Spülköpfe | 2 |
| Dichtungen | 4 | Dichtungsringe | 36 |

Bei der Ermittlung der Kosten der Bohrhämmer samt deren Ersatzteilen stellt man nach Schaubild Abb. 45 bis 47 die für das Lösen eines Kubikmeters festen Felsens notwendigen Bohrmeter fest und ermittelt daraus die Zahl der notwendigen Bohrhämmer und Ersatzteile. Ist die Zahl der auf der Baustelle für das Abbohren notwendigen Bohrmaschinen größer als die nach vorigen Gesichtspunkten gefundene Zahl, so muß selbstverständlich die notwendige Zahl an Bohrhämmern vor Ort sein. Die Rechnung ergibt in diesem Falle nur die vollkommen abzuschreibenden Bohrhämmer und Ersatzteile.

*Beispiel:*

Querschnitt: Stollen 16 m$^2$.

Abschlagsgüte: $r = 0,9$, Vortriebslänge: 1200 m, Bohrgeschwindigkeit: $b = 0,04$ m/min.

Zu lösen $1200 \times 16 = 19\,200$ m$^3$ Fels.

Laut Abb. 46: Je Kubikmeter Fels 2,08 Bohrmeter erforderlich; zusammen aufgerundet für den Stollen 40 000 Bohrmeter notwendig.

Bei der angenommenen Bohrgeschwindigkeit von $b = 0,04$/min macht der Bohrhammer 3500 Bohrmeter bis zu seinem vollkommenen Verschleiß. Abb. 74, schwerer Hammer.

Es werden dann in unserem Falle gebraucht:

| | | |
|---|---|---|
| 11,4 Stück Bohrhämmer | 69 Stück Kupplungen |
| 2.11,4 = 23 Stück Sperräder | 86 Stück Schlauchklemmen |
| 11 Stück Bohrerhülsen | 46 Stück Dichtungen |
| 6 Stück Kolben | 46 Stück Schlauchkrallen |
| 6 Stück Steuerkugeln | 23 Stück einwegige Hähne |
| 137 Stück Sperrklinken | 17 Stück zweiwegige Hähne |
| 274 Stück Sperrklinkenfedern | 23 Stück Spülköpfe |
| 17 Stück Schlauchtüllen | 411 Stück Dichtungsringe |

### c) Kosten des Bohrgestänges

Wird mit Hartmetallbohrkronen gebohrt, so sind die Kosten der Bohrkronen und damit die sonstigen Kosten des Bohrgestänges wesentlich vom Verschleiß der Hartmetallplättchen abhängig. Werden die in den Ausführungen über Hartmetallkronen erwähnten Beziehungen beachtet, hält sich der Verschleiß des Bohrgestänges und damit dessen Kosten in tragbaren Grenzen. Angaben in Form von Schaubildern können nicht gemacht werden, weil der Verschleiß von so vielen Umständen abhängt, welche in einem Schaubild nicht erfaßt werden können. Dazu kommt noch, daß gute Mineure in Zusammenarbeit mit guten Schmieden und Schleifern die Kosten des Bohrgestänges sehr herabdrücken können, was sich bei schlampigen Leuten ins Gegenteil verkehrt. Die Angaben über Bohrgestängekosten gehen daher sehr weit auseinander. Es bleibt daher nichts übrig, als sich bei der Kalkulation auf innerbetriebliche Erfahrungen zu stützen.

Wird mit gewöhnlichem Bohrstahl gebohrt, so gibt die Abb. 8 Anhaltspunkte über die Standlänge der Bohrer und damit für die Zahl der notwendigen Schärfungen. Wieviel ein Stahlbohrer bei jeder Schärfung kürzer wird, ist schwer anzugeben, da dies nicht nur vom Material, sondern auch vom Geschick der Schmiede abhängt. Auch da kann nur auf eigenbetriebliche Erfahrungen zurückgegriffen werden.

### 3. Verbrauchsstoffe

Die wesentlichen Verbrauchsstoffe im Stollenbau sind:

a) Spreng- und Zündmittel;
b) Schmiedekohle;
c) Karbid;
d) Treibstoffe für die Förderung;
e) Schmier- und Putzmittel.

### a) Spreng- und Zündmittel

Über den Verbrauch an Spreng- und Zündmitteln geben die Schaubilder Abb. 36 bis 38 und 39 bis 42 Auskunft.

Für den vorliegenden Richtstollenbetrieb, 16 m², $r = 0,8$, werden 2,80 kg/m³ Sprengstoff gebraucht. Mit den notwendigen Aufrundungen ermittelt man dann für den laufenden Meter 45 kg Sprengstoff ohne Reserven, und mit 10 % Zuschlag erhält man eine Verbrauchszahl von rund 50 kg/lfd. m.

Der Bedarf an elektrischen Zündern ergibt sich mit 32 Stück Zünder je laufenden Meter.

### b) Schmiedekohleverbrauch

Der Verbrauch an Schmiedekohle ist eine Funktion der für das Lösen eines Kubikmeters festen Felsens notwendigen Bohrmeter und der Gesteinshärte. Dazu kommen die verschiedensten Schmiedearbeiten für das Handwerkzeug, Instandsetzung von Stollenwagen usw. In der Regel brennt das Schmiedefeuer mit ziemlich gleichmäßiger Stärke während der ganzen Schicht; es ist daher am besten, den Verbrauch mit den notwendigen Schichten festzulegen.

Nimmt man je Schicht einen Verbrauch von 20 kg Schmiedekohle an, so ist in unserem Falle, wo 1175 Schichten erforderlich sind, der Gesamtverbrauch an Kohle 2350 kg und je laufenden Meter 19,6 kg.

### c) Karbidbedarf

Die Zahlen für den Karbidbedarf sind in den Ausführungen über Beleuchtung zu finden (s. S. 132 ff.).

### d) Treibstoffbedarf für die Stollenförderung

Im Abschnitt über den Energieaufwand (s. S. 156 f.) ist auch über den Bedarf an PSh für die Förderung ausführlich berichtet worden. Je PSh kann man bei guten Diesellokomotiven mit einem Verbrauch von 200 g rechnen. In unserem Falle, wo für die Förderung 2,40 PSh/m³ auflaufen, sind dazu 480 g Treibstoff je Kubikmeter bzw. 7680 g je laufenden Meter notwendig.

### e) Schmier- und Putzmittelverbrauch

Die Hauptverbraucher für Schmier- und Putzmittel sind die Stollenlokomotiven und die Kompressoren. Je nach deren Bau- und Erhaltungszustand schwanken die Verbrauchszahlen sehr stark. Im Mittel findet man das Auslangen, wenn man je Schicht mit 4 kg Schmiermitteln rechnet. An Putzmitteln kann man 10 % des Wertes der Schmiermittel annehmen.

## 4. Energiekosten

Über den notwendigen Energieaufwand geben die Ausführungen S. 160 ff. Aufschluß. Für jeden einzelnen Fall müssen der Energieaufwand und die dafür zu bezahlenden Kosten besonders ermittelt werden.

Gehört zur Baustelleneinrichtung die Aufstellung einer eigenen Energieanlage, z. B. eines Wasserkraftwerkes, so belastet die Anlage in der Regel die Baustelleneinrichtungskosten; die Energiekosten betragen nur die persönlichen und sachlichen Kosten der Unterhaltung und Wartung der Anlage.

## 5. Abschreibung oder Mietpreise der Baugeräte

Die Abschreibung der Baugeräte oder die hiefür zu vergütenden Mietsätze sind für jeden Fall besonders zu berechnen. In Österreich ist die ÖNORM 2113 und die Österreichische Baugeräteliste 1961 maßgebend.

Die Zahl und Beschaffenheit der Baugeräte muß so sein, daß der in Rechnung gestellte Arbeitsfortschritt auf alle Fälle eingehalten werden kann und Arbeitsbehinderungen durch Mangel an Preßluft, Stollenwagen, Lademaschinen, Lokomotiven und dergleichen niemals auftreten. Man muß daher bei verschiedenen Geräten eine gewisse Reserve haben; es erscheint angemessen, von der Bauherrschaft für diese Reserven die entsprechende Vergütung zu verlangen.

Im folgenden sollen die für den Stollenbau wesentlichen Baugeräte angeführt und die dabei notwendigen Reserven vermerkt werden.

### a) Die Kompressoren

Hier stellt man am besten zwei Kompressoren in Rechnung, die in ihrer Leistung so berechnet sind, daß auch bei Ausfall eines Kompressors die Vortriebsarbeit, wenn auch ohne Lademaschine, weitergehen kann. Es genügt, wenn die Leistung der beiden Kompressoren einen Luftverbrauch deckt, welcher bei gleichzeitigem Betrieb aller preßluftverbrauchenden Maschinen anfallen würde. In der Praxis arbeiten aber in den seltensten Fällen alle Preßluftgeräte gleichzeitig; dadurch hat man genügend Reserve vorgesehen.

### b) Bohrhämmer samt Zubehör

Lt. Abb. 74, Lebensdauer der Bohrhämmer, ergibt sich eine bestimmte Anzahl dieser Geräte. Anderseits muß zur Zahl der vor Ort arbeitenden Hämmer ein Zuschlag von 50 bis 75 % gemacht werden, damit die Geräte regelmäßig gepflegt werden können. Die sich aus vorigen Überlegungen ergebende höhere Zahl ist für das Geräteentgelt maßgebend.

### c) Preßluftverteilung

An Luftkesseln braucht man keine Reserven; deren Abnutzung durch den Betrieb ist sehr klein und unbedeutend. Für die Preßluftrohre muß man eine Reserve von 5 % annehmen, da die Rohre vor Ort einem ziemlichen Verschleiß unterliegen.

### d) Luttenrohre

Die Verschleißmöglichkeiten sind die gleichen wie bei den Preßluftrohren; auch hier muß mit 5 % Reserve bzw. Verbrauch gerechnet werden.

### e) Ventilatoren

Zur Sicherung einer guten Lüftung bei Ausfallen eines Ventilators muß man einen zweiten in Reserve haben.

### f) Pumpen

Hier ist ebenfalls mit einer gewissen Vorhaltung zu rechnen, selbst dann, wenn das geologische Gutachten keinen besonderen Wasserzudrang erwarten läßt.

### g) Fahrbetriebsmittel

Eine Reservelokomotive muß immer an der Tunnelbaustelle greifbar und betriebsbereit sein. Die Stollenwagen unterliegen dem Verschleiß und es bedarf einer Reserve von 10 %.

### h) Gleisanlagen

Der Verschleiß an Gleisen ist bei nassem Stollen größer als bei trockenem. Man kann mit 5 % Verschleiß rechnen und wird 5 % an Gleisen und Weichen in Reserve an der Baustelle haben, da unter Umständen die Betriebslänge von einem Betriebspunkt aus unvorhergesehene Erweiterungen bekommen kann.

### i) Lademaschinen

Wenn man mit Lademaschinen arbeitet, muß immer eine betriebsbereite Lademaschine in Reserve bereitstehen.

### k) Umspanner (Transformatoren)

Es genügt, die Leistung der Transformatoren so auszulegen, als würden alle Maschinen gleichzeitig arbeiten. Unterteilt man die Trafoleistung auf zwei gekuppelte Trafos, so wird man unter Beachtung des vorigen Grundsatzes immer genügend Reserve haben, um beim Ausfall eines Trafos den Betrieb noch weiterführen zu können.

### l) Betonmischmaschinen

Die Größe dieser Maschinen richtet sich nach dem Umfang des geplanten Mauerwerkes. Bei guten geologischen Gutachten wird man da keine besonderen Überraschungen im Verlauf der Vortriebsarbeiten zu erwarten haben. Bei guter Wartung und einwandfreien Maschinen ist die Aufstellung einer Reservemaschine nicht notwendig.

### m) Gleislose Fördereinrichtungen

Für gleislose Fördereinrichtungen, wie Förderbänder, Raupenfahrzeuge, Lastwagen usw., muß immer ein Ersatz da sein, damit die Überholungsgelegenheit gegeben und ein Ausfall während der Arbeit gedeckt werden kann.

## 6. Allgemeine Geschäftsunkosten

Für den Aufwand an allgemeinen Geschäftsunkosten lassen sich schwer allgemeine Richtlinien geben, da diese Kosten von zu vielen, örtlich verschiedenen Voraussetzungen beeinflußt werden. Unter den allgemeinen Geschäftsunkosten werden die Beträge erfaßt, welche für die Deckung der Kosten der Führung der Bauunternehmung an ihrem ständigen Wohnsitz, ferner für Geschäftsreisen, Post- und Fernsprechgebühren, Kanzleimaterial, Unterhaltung und Betrieb von Personenkraftwagen usw. auflaufen. Vielfach werden unter den allgemeinen Geschäftsunkosten auch die Gehälter der Ingenieure, Baukaufleute und aller sonstigen Bediensteten erfaßt, welche nicht in der Schicht eingeteilt sind.

Es bleibt nicht anderes übrig, als die Geschäftsunkosten für jeden einzelnen Fall gesondert zu berechnen, denn es ist klar, daß für eine Baustelle, welche weitab von Eisenbahn und sonstigen Verkehrsmitteln gelegen ist, die Geschäftsunkosten wesentlich höher werden als an solchen, welche sich leicht erreichbar in der Nähe des ständigen Wohnsitzes der Bauunternehmung befinden. Steuern, Wagnis und Gewinn, Zentralregie und Geschäftsunkosten werden bei der Ermittlung des Bruttomittellohnpreises abgegolten. Wasserhaltung, Einbringung von Zimmerung aller Art ist nicht mit einem Wagniszuschlag abzugelten, sonders sind als besonders zu vergütende Leistungen in die Bauausschreibung aufzunehmen.

### 7. Aufwand für die Unterkunft, Verpflegung und Betreuung der Gefolgschaft

Dieser Aufwand wird in der Regel eine eigene Preispost in der Bauausschreibung bilden. Sparsamkeit in diesen Ausgaben ist nicht zu raten, da man bei schlechter Unterkunft, Verpflegung und Betreuung der Arbeiterschaft mit Minderleistungen und sonstigen Arbeitsschwierigkeiten rechnen muß. Je besser die Gefolgschaft untergebracht ist, je größer wird deren Arbeitsfreude sein und um so bessere Leistungen wird man erzielen.

Man darf nicht zu viele Leute in einer Stube unterbringen. Der Gemeinschaftsraum muß so ausreichend bemessen sein, daß in ihm gleichzeitig die ganze Gefolgschaft Platz hat.

In den Beispielen über die Bemessung der elektrischen Einrichtungen (s. S. 160 f.) ist der ungefähre Raumbedarf für die einzelnen Arbeitergattungen angegeben. Unter die dort angegebenen Zahlen wird man in Zweifelsfällen daruntergehen, nie aber etwa die Hilfsarbeiter zu 20 Mann in einer Stube schlafen lassen. Der Aufwand für die Betreuung und Unterbringung der Gefolgschaft ist den jeweiligen Verhältnissen angepaßt zu berechnen. An Baustellen, von denen aus die Arbeiter ihr gewöhnliches Heim zu Fuß oder mit kurzen Bahn- oder Radfahrten erreichen können, wird der Aufwand wesentlich kleiner sein als an entlegenen Gebirgsbaustellen in großer Meereshöhe.

## K. Vorarbeiten und Vermessung

### 1. Allgemeines

Obwohl über die Vorarbeiten und das Vermessungswesen beim Stollen- und Tunnelbau ausgezeichnete Abhandlungen vorliegen, scheint es doch angebracht, über die neuesten Erfahrungen, welche bei den ausgedehnten Stollen- und Tunnelbauten der letzten Jahre gemacht wurden, zu berichten. Dies geschieht sogar auf die Gefahr hin, daß einzelne Dinge wiederholt werden, welche vielen bekannt und auch im Schrifttum zu finden sind. Die Wiederholung soll dabei die besondere Wichtigkeit hervorheben und dem weniger vertrauten Ingenieur mit gewissen Vorteilen der Arbeit bekanntmachen.

Die Vorarbeiten zerfallen in allgemeine Vorarbeiten, welche die Feststellung der Stollen- und Tunnelquerschnitte, die Linienführung beinhalten, ferner die geologischen Vorarbeiten, die Vermessungsarbeiten für die Absteckung der Tunnels vor und während des Baues und die Aufstellung der Bau- und Betriebspläne.

Leider war es vor dem letzten großen Krieg üblich, daß die Vorarbeiten nach den vorangeführten Gesichtspunkten getrennt und auch von verschiedenen Gruppen ausgeführt wurden, denen der notwendige Zusammenhalt fehlte. Es wurde vielfach so vorgegangen, daß die Entwurfsgruppe, die Geologen und die Landmesser jeder für sich, wenn auch unter allgemeiner Oberleitung, arbeiteten. Tatsächlich übergreifen sich die Arbeiten ständig; es muß ein ganz besonders inniges Zusammenarbeiten der einzelnen Gruppen stattfinden; jede Arbeitsgruppe muß ausreichende Kenntnisse von den Sonderaufgaben der anderen Gruppen haben, soll nicht ein wenig brauchbares Ergebnis erzielt werden.

Beim Bau der österreichischen Alpenbahnen mit ihren zahlreichen und schwierigen Tunnelarbeiten und ihrer anerkannt vorbildlichen technischen Durchführung war es die Regel, auch die Vermessungsarbeiten durch junge Bauingenieure, die von der Hochschule kamen, mitmachen zu lassen. Die Führung oblag geübten Tunnelfachleuten, welche alle Zweige der vorangeführten Vorarbeiten beherrschten. Die jungen Ingenieure lernten nach und nach alle Schwierigkeiten kennen, hatten genügend geologische Bildung, um die Fachgeologen bei ihren Arbeiten entsprechend unterstützen zu können, und waren dann später in der Lage, an leitender Stelle alle Schwierigkeiten des Tunnelbaues entsprechend würdigen zu können. Eine Trennung der einzelnen Vorarbeiten in verschiedene Gruppen ist dem Werk immer abträglich, zumal wenn z. B. die Vermessungsgruppe von den Bauarbeiten wenig versteht.

Jeder Bauingenieur, der sich mit Tunnel- oder Stollenbauten beschäftigt, muß eine gewisse geologische Vorbildung haben, wenn er sich vor groben Fehlern bei der Bauausführung und Planung schützen will. Die geologischen Vorarbeiten sind aber sowohl für die technische Ausführung als auch für den wirtschaftlichen Erfolg von derartiger Bedeutung, daß man sie nicht als Nebenarbeit des planenden Ingenieurs auffassen darf. Man wird in der Regel den Fachgeologen nicht entbehren können, der Zeit und Muße hat, den ganzen Raum und alle für diesen in Frage kommende Fachliteratur gründlich zu studieren. Der Fachgeologe muß auf jeden Fall ausreichende Bauingenieurkenntnisse haben, soll seine Arbeit von Erfolg sein.

Die Größe und die Abmessungen des Stollens sind durch den künftigen Verwendungszweck bestimmt. In der Regel wird man den Tunnel oder Stollen gleich auf seine endgültigen, auch in ferner Zukunft ausreichenden Maße planen, da alle Vergrößerungen und Erweiterungen während des Betriebes eine mißliche, zeitraubende und teure Sache sind. Bei Eisenbahntunnels wird man daher schon auf einen künftigen elektrischen Betrieb Rücksicht nehmen. Das Wasserführungsvermögen eines Wasserstollens muß so ausreichend sein, daß die etwa wirtschaftlich erscheinende Einbeziehung von weiteren Einzugsgebieten auch später bewältigt werden kann.

Auf der Lötschbergbahn wurden die Tunnels zum Teil so ausgeführt, daß bei einem künftigen zweigleisigen Ausbau die Strosse leicht nachzunehmen war.

Nach Studium der besten zur Verfügung stehenden Karten werden zuerst in Hausarbeit eine oder mehrere Lösungen der Linienführung des Stollens oder Tunnels gefunden. Auf Grund dieser Studien wird man dann zweckmäßig die geplante Linienführung im Gelände bereisen. Bei dieser Befahrung wird zweckmäßig schon der Geologe mitgehen. Dieser wird auf Grund seiner allgemeinen Studien und der Anschauung an Ort und Stelle bereits wichtige Anhaltspunkte für die endgültige Trasse geben können und dabei verhindern, daß geologisch bedenkliche Planungen weiterverfolgt werden.

Der planende Ingenieur muß so weitgehende Kenntnisse der Landmeßkunst haben, daß er schon auf Grund der ersten Bereisung sich ein ungefähres Bild der notwendigen Vermessungsarbeiten machen und die wichtigsten Angaben über die künftige Triangulierung und Vermessung aufstellen kann.

Über Auftrag des leitenden Ingenieurs werden nun die Landmesser auf Grund der festgelegten vorläufigen Linienführung einen entsprechenden Geländestreifen links und rechts der künftigen Linie aufnehmen und dabei im Bereich der Tunnelportale ihre Dreiecks- und Polygonnetze so legen, daß jederzeit leicht ergänzende Aufnahmen gemacht werden können. Hat der Landmesser genügend Verständnis für die Bauingenieurarbeiten, so wird er den aufzunehmenden Geländestreifen genügend groß, aber auch nicht zu umfangreich aufnehmen, das Wichtige vom Nebensächlichen richtig unterscheiden und schließlich einen brauchbaren Plan liefern.

Wenn nun die genauen Pläne vorliegen, wird man im Büro die Linienführung genau festlegen und dabei auch die Lage der Tunnelportale genau angeben können. Auf Grund dieser Arbeiten können dann die Landmesser die Tunnelportale und die Tunnelachse über Tag wenigstens roh abstecken. Die Achse ober Tag gibt dem Geologen dann die notwendigen Anhaltspunkte für die Verfassung des sehr wichtigen geologischen Längenschnittes.

Für die Absteckung der Tunnelachse ober Tag wird sich ein junger Bauingenieur besonders eignen, da er genügend geologische Vorbildung hat, um Wesentliches vom Unwesentlichen zu unterscheiden; er wird in der Lage sein, die wichtigsten Profilpunkte klar herauszuarbeiten, ohne sich in unnötige Einzelheiten zu verlieren.

Ist die Linie ober Tag roh abgesteckt — es genügt für die Aufnahmen Tachymetergenauigkeit —, so kann der Geologe mit Aussicht auf einen guten Arbeitserfolg die notwendigen Aufnahmen und Erhebungen machen. Stellt es sich dabei heraus, daß die Tunnelachse geologisch sehr ungünstig liegt, so ist es notwendig, daß zwischen dem Entwurfsverfasser und dem Geologen eine Besprechung stattfindet. In dieser Unterredung werden alle Für und Wider der geplanten Achse sorgfältig gegeneinander abgewogen. Nur bei Vorliegen zwingender Gründe wird man sich zu einer geologisch ungünstig gelegenen Tunnelachse entschließen.

Es ist meist wesentlich leichter und billiger, einen etwas längeren Tunnel in gutem, standfestem Gebirge zu bauen, als die Tunnelachse so zu wählen, daß sie bei kleinerer Länge etwa einen Hang im rolligen Gebirge anschneidet. Die neuerliche Mühe einer nochmaligen Planbearbeitung soll eine Änderung der Tunnelachse nicht verhindern. Ergeben geologische Erwägungen eine Änderung der Tunnelachse, so muß diese nochmals im Gelände festgelegt werden, es sei denn, daß die Änderungen sehr geringfügig sind. Je bessere Grundlagen man dem Geologen für seine Arbeiten gibt, um so sicherer werden später seine Voraussagen zutreffen.

Auf Grund der über Tag abgesteckten Achse ist der Geologe in der Lage, den wichtigen geologischen Längenschnitt auszuarbeiten. Nebenbei wird der Geologe die notwendigen Gesteinsproben fachgemäß entnehmen können.

Liegen die Tunnelportale und etwaige Fenster auf Grund der allgemeinen Planung und der geologischen Begutachtung fest, so wird der künftige Bauleiter, der sich am besten schon bei den Vorarbeiten zu beteiligen hat, die Plätze für die Baueinrichtung und die Arbeiterlager festlegen können. Dabei wird ihm der Geologe beratend zur Seite stehen können; dieser wird auch den fachmännischen Rat für die Trink- und Nutzwasserversorgung übernehmen. Die eigentliche Untersuchung des Trink- und Nutzwassers ist Sache einer chemischen und bakteriologischen Untersuchung; sie wird von geeigneten Fachkräften an Ort und Stelle vorgenommen.

Der Bauleiter wird dann die Landmesser beauftragen, die notwendigen Schichtenpläne der Örtlichkeiten der Baueinrichtung und der Arbeiterlager aufzunehmen. Nur so kann eine ordentliche Planung dieser Anlagen durchgeführt werden.

Zu den Aufgaben des Geologen gehört es auch, in Zusammenarbeit mit dem Bauleiter die in Frage kommenden Baustoffe, wie Betonkies und Bausteine, auf ihre Brauchbarkeit in geologischer Hinsicht zu beurteilen. Sache des Bauleiters wird es sein, die Festigkeitsproben, Sieblinien und dergleichen rechtzeitig durchzuführen und die Zufuhrmöglichkeiten zu überprüfen.

Zur richtigen Beurteilung von Tunnelbauvorhaben sind Probebohrungen vielfach unerläßlich. Die Probebohrungen werden in der Regel als Kernbohrungen ausgeführt. Die Richtigkeit der daraus abgeleiteten Erkenntnisse ist weitgehend vom Geschick und dem Verantwortungsbewußtsein des Bohrmeisters abhängig. Einwandfrei *gerichtete* Bohrkerne sind selten zu haben.

Die vorerwähnten Nachteile können mit bestem Erfolg durch Geräte vermieden werden, welche einen Einblick in das Bohrloch gestatten. Als erstes brauchbares Gerät wurde ein Bohrlochsehrohr von Dr.-Ing. Leopold Müller in Zusammenarbeit mit Dr. W. Petri entwickelt[1].

Eine Weiterentwicklung bildet die Fernseh-Bohrlochsonde FB 400 der Eastman International Company G. m. b. H. Hannover. Mit diesem Gerät ist der Gesamtaufbau des Gebirges, soweit es durch das Bohrloch erschlossen ist, in Streichen und Fallen sowie in den Klüften einwandfrei sichtbar und kann jede Einzelheit im Lichtbild festgehalten werden.

Liegt die zukünftige Tunnelbaustelle abseits von sonstigen Verkehrswegen, so wird man schon rechtzeitig an die notwendigen Dienstwege, Roll- und Seilbahnen denken müssen und die dazu notwendigen Vermessungsarbeiten einleiten. Auch bei diesen Arbeiten wird man die Mitarbeit des Geologen oft nicht entbehren können.

Zu den geologischen Vorarbeiten ist noch zu sagen, daß es falsch ist, den Geologen in seinem Arbeitsbereich zu beschränken, ihn nur einen schmalen Streifen bearbeiten zu lassen und noch bei der Arbeit unnötig zu drängen. In geologisch gut durchforschten Gebieten, wo geologische Karten in entsprechendem Maßstab mit genügend Einzelheiten vorliegen, mag eine kurze Bereisung des ganzen Raumes für die richtige Beurteilung der besonderen Verhältnisse des geplanten Tunnelbaues genügen. Liegen genaue Aufnahmen des Gebietes nicht vor, so muß man dem Geologen genügend Zeit lassen, den ganzen in Frage kommenden

---

[1] Vgl.: Dr.-Ing. Leopold Müller: Ein Bohrlochsehrohr. Glückauf, *91*, Heft 43/44, 1955.

Raum zu bereisen. Nur aus der Raumgeologie können erst richtige Schlüsse über die Beschaffenheit und das Verhalten des Gebirges für den Tunnel gezogen werden.

Ebenso wichtig wie die Beurteilung des Tunnelportals und der Achse ist die Anlage etwa notwendiger Fensterstollen. Der Geologe wird angeben können, wo man die besten Verhältnisse für die Anlage des Fensterstollens antreffen wird. Sache des Entwurfbearbeiters und künftigen Bauleiters wird es sein, die Möglichkeiten der Zugänglichkeit und die Anlage der Baueinrichtung vorher eingehend zu studieren. Von größter Wichtigkeit ist es, daß die Achse des Fensterstollens auf gut liegende, triangulierte Punkte eingemessen werden kann. Es ist daher zweckmäßig, wenn die eigentliche Tunneltriangulierung erst dann vorgenommen wird, wenn die Lage der Stollenfenster nach vorigen Gesichtspunkten einigermaßen feststeht.

Nur eine einwandfreie Triangulierung und ein gutes Nivellement sichern später vor größeren Fehlern beim Stollendurchschlag.

Die Triangulierung erfordert eine einwandfreie und scharfe Messung der Basis und aller Winkel samt allen notwendigen Ausgleichsrechnungen.

Die Basis soll im möglichst ebenen, hindernisfreien Gelände gemessen werden. Diesen Anforderungen entspricht sehr gut die zugefrorene Fläche eines Sees; einige Basismessungen bei Stollen- und Tunnelbauten der letzten Zeit wurden auch auf Seen durchgeführt. Dabei braucht nur ein ganz kurzes Stück, die Strecke vom Seeufer bis zu einem einbetonierten Uferpunkt, in der Regel im unebenen Gelände festgelegt werden. Diese Arbeit kann, da sie nur kleine Längen umfaßt, mit aller nur erdenklichen Sorgfalt und Genauigkeit ausgeführt werden. Die Genauigkeit einer Basismessung über einen zugefrorenen See ist wesentlich größer als eine solche, wie sie sonst in der Regel durch das vorhandene Gelände ermöglicht werden kann.

Es ist immer zweckmäßig, die Winkelmessung mit besten Instrumenten mit etwa Sekundenangabe zu machen, statt mit weniger genauen Instrumenten zu arbeiten und dann mittels der Ausgleichsrechnung an die wahrscheinlichsten Werte der Winkel heranzukommen.

Bei Stollenbauten für Wasserkraftanlagen und auch solchen für Verkehrswege trifft oft der Fall ein, daß der Stollen parallel zu einem Talhang verläuft, der keine wesentlichen Richtungsänderungen aufweist. Bei verhältnismäßig großer Stollenlänge ergibt sich dann meist ein langgestrecktes Triangulierungsnetz. In solchen Netzen erweisen sich zu viele überzählige Beobachtungen als wenig wertvoll, da die erforderlichen langen Visuren zu entfernten Dreieckspunkten sehr schleifende Schnitte ergeben, womit die Brauchbarkeit solcher Beobachtungen sehr eingeschränkt wird. Es ist daher auch nicht zweckmäßig, ein langgestrecktes

Dreiecksnetz im ganzen auszugleichen; man wird das Netz besser in passende Teilnetze zerlegen. Damit erreicht man einen besseren Ausgleich und verbraucht weniger Mühe für langwierige Ausgleichsrechnungen.

Vergleicht man den Linienzug eines Teilnetzes mit dem Stabwerk eines ebenen Fachwerkes, so soll vergleichsweise jedes Teilnetz innerlich höchstens dreifach statisch unbestimmt sein.

Von größter Wichtigkeit ist es, daß die Längenmeßgeräte, welche zur Messung über Tag verwendet wurden, mit jenen, welche der späteren Messung unter Tag dienen, vorher richtig verglichen werden. Diese Vorsicht ist besonders dort am Platz, wo entweder der Tunnel gekrümmt oder sonst seine Richtungsänderungen hat.

Sind in der Nähe der künftigen Tunnelbaustelle gut kennbare Punkte eines Landespräzisionsnivellements vorhanden, so wird man das für den Stollen notwendige Nivellement an dieses anbinden. Damit hat man eine einwandfreie Kontrolle und schützt sich vor groben Höhenfehlern.

Fehlen Präzisionsnivellements, so muß man selbe für die Zwecke des Tunnelbaues selbst durchführen. Dabei steigern sich die Schwierigkeiten im steilen, weglosen Gelände. Mit gutem Erfolg wurden Wasserspiegelflächen von Seen und Meeresarmen als Nivellementsflächen verwendet. Voraussetzung für die Genauigkeit ist ruhiges Wasser, genaue Zeitvergleiche, Anordnung des Nivellements senkrecht zu etwa vorhandener Strömung und scharfe Pegelbeobachtung. Werden diese Bedingungen erfüllt, so ist ein solches Nivellement wesentlich genauer als eine Höhenmessung, welche die Wasserfläche auf steilem, weglosem Gelände umgeht.

Bestehen von Landesaufnahmen her Triangulierungsnetze, so wird man, nachdem man die Güte derselben und die Richtigkeit der Vermarkung eingehendst geprüft hat, die eigene Triangulierung daran anbinden. In Mitteleuropa ist die Landestriangulierung von Österreich, der Schweiz und den meisten Staaten vorbildlich ausgeführt. Es ist nur dann einige Vorsicht am Platze, wenn man in der Nähe der Landesgrenzen arbeitet, da vielfach die allgemeine Orientierung verschieden sein kann.

Ist die Güte der Landestriangulierung irgendwie zweifelhaft, so steht oft die Mühe der Einbindung in keinem Einklang mit dem erzielten Erfolg; oft sinkt dieser zu einer rohen Kontrolle ab.

Zu den Vorarbeiten gehört auch die Verfassung brauchbarer Baubetriebspläne. Diese sind wertlos, wenn sie nicht auf Grund einwandfreier Erhebungen und tatsächlich zutreffender Voraussetzungen erstellt sind.

Zu den wichtigsten Grundlagen für die Erstellung der Baubetriebspläne gehören die geologischen Gutachten, welche angeben sollen, welche Schichten in der Tunnelachse geschnitten werden, welche Gesteine anzutreffen sein werden, wie hoch die zu erwartende Bohrgeschwindigkeit ausfallen wird, ob man mit Wassereinbrüchen und wenig standfestem Gebirge zu rechnen hat. Schleifende Schnitte der Tunnelachse mit der Streichrichtung des Gebirges vermindern die Vortriebsgeschwindigkeit oft bedeutend.

Vor Aufstellung des Tunnelbaubetriebsplanes muß geklärt werden, wie sich die Fertigstellung des Tunnels in die übrigen geforderten Baufristen einzufügen hat. Es ist zwecklos, einen Tunnelbau unter Aufwand unwirtschaftlicher Bauweisen mit aller Macht vorzutreiben, wenn andere Bauwerke die Fertigstellungsfristen maßgeblich beeinflussen und hinauszögern. Aus diesen Überlegungen wird man eine erwünschte Vortriebsgeschwindigkeit festlegen und darauf seinen Luftbedarf, die Beistellung von Lademaschinen und dergleichen richtig überlegen. Auch die Anlage von Fensterstollen wird sich aus solchen Überlegungen fallweise ergeben.

Es muß sichere Gewähr dafür bestehen, daß die errechneten Stollenmannschaften, die notwendigen Energie- und Luftmengen, die geforderten Geräte auch tatsächlich zu Baubeginn an Ort und Stelle sind. Fehlt es nur an einem dieser Dinge, so ist in der Regel der ganze Baubetriebsplan umgeworfen und unbrauchbar. Es ist ein schwerer Irrtum, zu glauben, daß man versäumte Vortriebsleistungen später durch intensiveren Arbeitseinsatz wettmachen kann. Wie in früheren Abschnitten ausgeführt wurde, ist die Vortriebsleistung immer durch irgendwelche Vorkommnisse und Baustelleneigentümlichkeiten beschränkt und kann durch einfache Vermehrung der Mannschaften und Geräte selten gesteigert werden.

Es ist zweckmäßig, im Baubetriebsplan den Beginn des Vortriebes mit dem Zeitpunkt der Fertigstellung der Baueinrichtung zusammenfallen zu lassen. Erst die vollkommen fertiggestellte Baueinrichtung gibt einige Gewähr, daß die geplanten Vortriebsleistungen auch tatsächlich eingehalten werden können.

Es ist klar, daß man bei Vorhandensein unausgenutzter Arbeitskräfte auch mit dem Vortrieb beginnen wird, wenn nicht alle Baugeräte bereits betriebsbereit an der Baustelle vorhanden sind. Die dabei herauskommende Leistung wird man später als Ersatz für verlorengegangene Schichten gut brauchen können und damit etwas Reserve für unvorhergesehene Ereignisse haben. Dagegen ist es so gut wie unmöglich, eine Vortriebsleistung mit unzulänglichem Gerät und Unterbesetzung an Mannschaften halbwegs richtig zu errechnen und diese Berechnung mit allen vorkommenden Überschneidungen brauchbar in einen Baubetriebsplan einzuarbeiten.

Eine Ausnahme vom Vorgesagten bilden lediglich jene Baueinrichtungen und Bauarbeiten, welche nicht sofort mit dem laufenden Vortrieb einsetzen müssen. Es braucht z. B. die Betonaufbereitung und die Zimmermannswerkstätte für die Herstellung der Lehrbögen bei Beginn der Vortriebsarbeiten nicht gleichzeitig voll einsatzfähig zu sein. Dafür muß aber die Gewähr bestehen, daß alle Nebenanlagen so rechtzeitig aufgestellt und die notwendigen Fachkräfte vorhanden sind, daß dadurch keine Verzögerung der Bauarbeiten eintritt.

Zu den allgemeinen Vorarbeiten gehören noch die Erhebungen über die Art und Beschaffenheit der notwendigen Energiequellen.

Werden Verbrennungskraftmaschinen verwendet, so muß man sich in der Regel nur Klarheit über die Zubringung der notwendigen Betriebsstoffe und Maschinen verschaffen. Die Kühlwasserfrage ist da von zweitrangiger Bedeutung; bei Umlaufkühlung kann man mit einer Mindestmenge an Kühlwasser auskommen, falls dieses schwer zu beschaffen ist.

Bei Dampfanlagen bildet die Beschaffung des notwendigen Speise- und Kühlwassers oft einige Schwierigkeiten. Es müssen daher die Wasservorkommen genau untersucht werden; die zur Verwendung kommenden Wässer sind auf den Härtegrad und etwaige Verunreinigungen chemisch untersuchen zu lassen.

Bei Wasserkraftanlagen ist das Studium der Wasserverhältnisse erst recht von ausschlaggebender Bedeutung. Sind keine verläßlichen Wasserkraftkataster oder ähnliche Aufzeichnungen erhältlich, so kommt man über die Errichtung von eigenen Meßstellen nicht hinweg. Für kleinere Wassermengen empfiehlt sich die Errichtung von Meßwehren, welche mit einfachen Mitteln herzustellen sind und sehr gute Ergebnisse liefern.

Bei Eisenbahntunnels, welche mit Dampflokomotiven befahren werden, kann die Frage einer späteren künstlichen Bewetterung während des Betriebes in Frage kommen. Um diesbezüglich richtige Entscheidungen treffen zu können, sind verläßliche meteorologische Beobachtungen erforderlich. Bei der Beurteilung der Belüftungsfragen spielt das Lokalwetter an den Portalen oder sonstigen Luftöffnungen eine entscheidende Rolle. Allgemeine meteorologische Angaben sind zwar für die Wetterverhältnisse im Raume des Tunnels sehr wertvoll, erfassen aber äußerst selten das richtige Lokalwetter. Sind Fragen der Belüftung der Tunnels während des Betriebes zu erwarten, so wird man rechtzeitig an den Portalen und Luftöffnungen (Stollenfenster, Schächte) Baro-, Thermo- und Hydrographen aufstellen und für geeignetes Beobachtungspersonal Sorge tragen.

Alle Wetter- und Wasserbeobachtungen müssen sich wenigstens auf ein Jahr erstrecken, meist wird aber diese Beobachtungsdauer nicht ausreichen; man wird die Erhebungen nach Möglichkeit auf mehrere Jahre ausdehnen müssen, um brauchbare Mittelwerte zu erhalten.

Die Personen, welche Wassermessungen und Wetterbeobachtungen durchführen, sind ab und zu durch Stichproben zu kontrollieren, damit man nicht Gefahr läuft, durch Fahrlässigkeit eines Beobachters wertvolle Beobachtungszeiträume unbrauchbar verstreichen zu lassen.

Die Lüftung von Straßentunneln, wie im Abschnitt 3 dieses Buches beschrieben, muß vor Beginn der Vortriebsarbeiten geplant werden, da die Lüftung wesentlich den Querschnitt des Tunnels bestimmt.

## 2. Vermessungsarbeiten unter Tag

Die Höhenmessungen müssen mit aller nur erdenklichen Schärfe durchgeführt werden, da man sonst Gefahr läuft, bei Stollendurchschlag bedeutende Fehler zu machen.

Ebenso genau müssen alle Richtungsbeobachtungen ausgeführt werden.

In schwach geneigten, geraden Stollen, etwa bis zu einer Neigung von 1 %, braucht man auf die Längenmessung weniger große Sorgfalt aufzuwenden; es genügt da meist die Längenmessung mit einem guten Stahlband. Anders verhält sich die Sache, wenn der Stollen stärkeres Gefälle oder Richtungsänderungen aufweist. Diesfalls macht sich jeder Längenmeßfehler sehr unangenehm bemerkbar; in solchen Stollen muß man die Längenmessung mit aller erdenklichen Schärfe durchführen.

Auf Grund der vorher durchgeführten Triangulierung oder der Absteckung über Tag wird die Richtung der Stollenachse bei den Portalen oder allfälligen Fenstern festgelegt. Es ist immer sehr zweckmäßig, wenn diese Achse nicht nur durch den Punkt beim Portal oder Fenster, sondern durch einen zweiten Punkt ober Tag in gehöriger Entfernung und vom Portalpunkt gut beobachtbar festgelegt wird.

Die heutigen Theodoliten neuzeitlicher Bauart sind für die Arbeiten unter Tag meist mit ganz geringfügigen Zusatzeinrichtungen verwendbar; es besitzen z. B. die Instrumente von Zeiß, Wild, Rost und anderen mechanischen Werkstätten auf Bestellung die notwendigen Zusatzeinrichtungen, welche im wesentlichen aus Beleuchtungsanlagen für die Beleuchtung des Fadenkreuzes und der Wasserwaagen bestehen. Die Zentrierung des Theodoliten mittels Senkelschnur und das Nehmen der Visur auf beleuchtete Senkelschnüre ist veraltet und nicht anzuraten. Die neuzeitlichen optischen Zentriervorrichtungen und Poligonisierungseinrichtungen sind dagegen sehr zu empfehlen; die an sich geringen Kosten dieser Geräte spielen keine wesentliche Rolle.

Die modernen Instrumente guter mechanischer Werkstätten haben meist nur ganz geringfügige Kollimationsfehler. Sollte trotzdem ein größerer Fehler im Instrument sein, so wird man diesen vorher sorgfältig selbst beseitigen oder von der mechanischen Werkstätte in Ordnung bringen lassen. Selbstverständlich müssen trotz kleinsten Kollimationsfehlers alle Beobachtungen in zwei Fernrohrlagen durchgeführt werden.

In geraden Stollenstrecken genügt es, alle 100 m einen Punkt genau mit allen notwendigen Kontrollen mittels des Theodoliten anzugeben. Diese Punkte sind gleichzeitig Höhenfestpunkte. Ein solcher Festpunkt soll immer betoniert werden; er soll ein so tiefes Fundament erhalten, daß er durch nachfolgende Arbeiten, wie Ausbrechen der Sohle, Herstellung von Entwässerungen aller Art usw. nicht verlorengeht. Im standfesten Fels ist dies leicht zu erreichen. Im rolligen Gebirge wird man diesbezüglich vorsichtig sein und die Festpunkte gehörig tief fundieren.

Außer den besprochenen Festpunkten wird noch alle 20 m in der Firste eine Bauklammer versetzt, welche mittels des Theodoliten eine Richtungsmarke in Form einer Kerbe erhält. In diese Kerben werden Senkelschnüre eingehängt. Durch Absehen zwischen diesen Schnüren bestimmt der Drittelführer die Stollenachse für den weiteren Vortrieb.

In den Beton des Festpunktes wird eine gewöhnliche Bauklammer versenkt, so daß die Klammer waagrecht liegt. Die Richtung wird mittels eines Körnerschlages angegeben. Bei Wasserkraftstollen ist es zweckmäßig, die Oberkante des Höhenfestpunktes gleich in die richtige Höhe der künftigen Betonschale zu verlegen. Bei Eisenbahntunnels soll die Oberkante des Festpunktes ein- für allemal ein festgelegtes rundes Maß über Schwellen- oder Schienenoberkante haben. Im Stollen mit scharfen Krümmungen müssen die genau bestimmten Festpunkte wegen der Richtungsänderung wesentlich enger liegen. Es genügt da bei Eisenbahntunnels von 300 m Halbmesser aufwärts eine Vermarkung alle 20 m; bei schärferen Bögen geht man auf 10 m herab.

Über 100 m im geraden Stollen und über 10 bis 20 m in gekrümmten Tunnels soll man die Mannschaft ohne scharf bestimmte neue Stollenpunkte nicht arbeiten lassen.

Von jeder Stollenabsteckung wird man zweckmäßig eine maßstabrichtige Absteckskizze anfertigen, aus welcher alle Anbindungen, anvisierten Punkte, Richtungs- und Höhenfestpunkte, Bogenhalbmesser, wichtige Bogenpunkte usw. zu entnehmen sind.

## 3. Aufmessung des Tunnelquerschnittes

Zu den Vermessungsarbeiten im Stollen gehört noch die Aufmessung des Stollenquerschnittes. Dies hat den Zweck, festzustellen, ob überall der geplante Querschnitt vorhanden ist und ob und wieviel durch die Sprengarbeiten Überprofil gemacht wurde.

### a) Aufmessung des Stollenquerschnittes mit Hilfe der Lehrbogen

Am einfachsten und mit beliebig großer Genauigkeit läßt sich der tatsächliche Stollenquerschnitt mit Hilfe der Lehrbogen feststellen. Diese Arbeit wird am besten unmittelbar vor der Mauerung durchgeführt. Die Lehrbogen müssen zur Erzielung eines planmäßigen Mauerwerkquerschnittes ohnehin mit aller Genauigkeit in Richtung und Höhe verlegt werden. Man braucht für die Feststellung des Querschnittes dann nur mehr eine bestimmte Anzahl von Stichmaßen senkrecht auf die Laibung der Lehrbogen aufnehmen und hat damit je nach der Anzahl und der Genauigkeit der Stichmaße ein mehr oder weniger genaues Bild des tatsächlichen Felsausbruches.

In Stollenteilen, welche entweder vollkommen unausgemauert bleiben oder lediglich einen Torkretputz erhalten, ist die Aufnahme mit eigens dazu aufzustellenden Lehrbogen zu umständlich und zeitraubend. Diesfalls ist es zweckmäßig, die Querschnittsaufnahme mittels Zeigergeräten oder photographisch zu machen.

### b) Aufmessung mittels Zeigergeräten

Die einfachen Zeigergeräte bestehen aus einer lotrecht zu stellenden Meßlatte, auf der ein oder mehrere drehbare Arme, welche ebenfalls mit Zentimetereinteilung versehen sind, verschoben werden können. Auf Grund der vermarkten Richtung und Höhe des Tunnels werden nun die Drehpunkte der beweglichen Zeigerarme auf die planmäßigen Mittelpunkte oder Korbbögen, aus welchen sich der Linienzug des Tunnelquerschnittes zusammensetzt, eingerichtet. Von diesen Mittelpunkten wird nun, je nach der gewünschten Genauigkeit, eine bestimmte Anzahl von Stichmaßen abgenommen und am besten gleich an Ort und Stelle in einer Skizze mit den notwendigen Maßzahlen festgehalten. Die ganze Arbeit muß, wenn einigermaßen brauchbare Ergebnisse erzielt werden sollen, sehr sorgfältig gemacht werden und ist dadurch sehr zeitraubend.

Ebenfalls mit einem Zeigergerät arbeitet der Tunnelmeßwagen., wie er bei der Deutschen Reichsbahn in Verwendung steht. Der Tunnelmeßwagen läuft auf dem fertigen, nach Richtung und Höhe endgültig und richtig verlegten Oberbau. Aus Vorgesagtem geht hervor, daß diese Art der Tunnelvermessung erst bei praktisch fertigen Tunnels seine Berechtigung hat. Stellen sich dann Fehler in den Tunnelquerschnitten heraus, so können diese eben erst nach der Aufmessung berichtigt werden. Zwischen der Felsarbeit und der fertigen Verlegung des Eisenbahnoberbaues liegt meist eine gehörige Zeitspanne. Für den Bauunternehmer ist es sehr unangenehm, Fehler erst dann zu berichtigen, wenn er seine sonstigen Anlagen wegen des Fortschrittes aller Arbeiten weitgehend abgebaut hat. Viel leichter und billiger ist es, wenn notwendige Nacharbeiten möglichst bald nach Beendigung der laufenden Ausbruchsarbeiten durchgeführt werden, da zu diesem Zeitpunkt die ganze Bohreinrichtung samt allen Nebenbetrieben und Mannschaften noch betriebsbereit ist. Die vorhin angeführten Erwägungen zeigen eine erhebliche Minderung des Wertes des Reichsbahnmeßwagens für die praktische Bauarbeit bei Tunnelneubauten.

Bei ausgemauerten Tunnelstrecken liefert der Meßwagen nur die Innenlaibung des fertigen Gewölbes.

Bei gut verlegtem Oberbau arbeitet der Tunnelmeßwagen sehr genau. Mittels einer Storchschnabeleinrichtung wird das ganze Profil abgetastet und ein Zeichenstift zeichnet in verjüngtem Maßstab ein sehr brauchbares Bild des tatsächlich vorhandenen Querschnittes.

### c) *Stollenaufmessung auf photographischem Weg*

Bei der Stollenaufmessung auf photographischem Weg wird eine gute Kleinbildkamera (Contax, Leica) in der Stollenachse aufgestellt, die Stollenwandungen mittels einer Beleuchtungsvorrichtung beleuchtet und photographiert. Das gewonnene Lichtbild wird mit einem Vergrößerungsgerät, wie es die Amateurlichtbildner haben, entzerrt.

Kamera und Vergrößerungsgeräte müssen von leistungsfähigen Erzeugern beschafft werden, ebenso die notwendigen Ergänzungssucher; alles übrige Gerät ist mit Mitteln, die auf einer halbwegs eingerichteten Tunnelwerkstätte vorhanden sind, auf der Baustelle herstellbar.

Die Kamera ruht während der Aufnahme auf einem Stativwagen, welcher am gewöhnlichen Tunnelgleis rollt. Mittels einer einfachen Schlittenvorrichtung erreicht man, daß die optische Achse der Kamera sich genau über der Stollenachse einrichten läßt. Man stellt dabei die Kamera am besten über einem vermarkten Punkt der Stollenachse auf und richtet sie mittels des ohnehin vorhandenen Suchers auf einen fernen Lichtpunkt, der sich ebenfalls in der Ebene der Stollenachse befindet. Die Kamera ist am besten mittels einer Dosenlibelle oder einer sonstigen kleinen, genauen und handlichen Wasserwaage waagrecht zu stellen. Die Beleuchtung der Stollenwandung geschieht durch eine gewöhnliche elektrische oder Azetylen-Stollenlampe, welche einen ebenbegrenzten Schirm haben muß. Wegen des gleichmäßigen Lichtes und der dadurch erzielbaren richtigeren Belichtungszeit bei der Aufnahme ist eine elektrische Stollenlampe der Azetylenlampe vorzuziehen.

Der Schirm der Lampe kann eben sein oder die sonst gebräuchliche Wölbung haben. Wichtig ist, daß der Rand des Schirmes eine Ebene bildet, welche gegenüber dem Lampengehäuse festhaltbar ist. Die Randebene des Schirmes muß senkrecht zur Tunnelachse gestellt werden. Dies erreicht man am besten dadurch, daß man die Beleuchtungseinrichtung ebenfalls auf einem Stativwagen, der am Tunnelgleis rollt, aufbringt. Die Lichtquelle der Lampe wird auf die Stollenachse abgelotet. Senkrecht zur Ebene des Schirmes wird ein weiterer Durchsichtssucher, wie sie Leica und Contax haben, angebracht und mit diesem der Schirm senkrecht zur Stollenachse eingerichtet. Dabei schaut man mit dem Sucher auf einen fernen Lichtpunkt in der Stollenachse. Die Stollenachse wird auf Zwischenpunkten, welche gerade keine Vermarkung haben, mittels eines Drahtes, der zwischen zwei Festpunkten gespannt ist, markiert. Der Schirm ist vom Aufnahmegerät abgewendet. Von dort sieht man nur den Schirm, der ein kleines Loch in der Mitte hat, damit man gleich auf diesen Lichtpunkt bequem die Kamera einrichten kann. Die nach obiger Beschreibung angebrachte Beleuchtungseinrichtung leuchtet den Stollen nur nach einer Richtung aus und bildet die Grenze zwischen

Licht und Schatten, eine sehr scharfe Trennungslinie, welche nichts anderes darstellt als den Linienzug der Stollenlaibung am Ort und in der Ebene des Schirmes. Dieser Linienzug wird nun von der Kleinbildkamera aufgenommen. Am Stativwagen, welcher die Beleuchtungseinrichtung trägt, ist noch eine lotrecht zu stellende Meßlatte, am besten von zwei Meter Länge, angebracht, welche zumindest in ihren Endpunkten zu beleuchten ist und welche immer mitabgebildet wird. Die Meßlatte muß in der Schirmebene liegen. Kamera und Beleuchtungseinrichtung liegen am besten möglichst in Stollenmitte.

Von einem Standort der Kamera können sehr viele Querschnitte aufgenommen werden. Dabei ist lediglich zu beachten, daß man gut tut, bei der Aufnahme alle störenden Lampen abzulöschen; ferner berücksichtige man, daß die Belichtungszeiten mit dem Quadrat der Entfernung zunehmen.

Das Beleuchten des Tunnelquerschnittes kann auch durch eine starkleuchtende elektrische Stablampe erfolgen. Diese wird wie ein Fernrohr auf dem Stativwagen so befestigt, daß die Drehachse der Lampe sich in der Stollenachse befindet und der schmale, austretende Lichtstrahl sich in einer Ebene senkrecht zur Stollenachse bewegt.

Die Auswertung der Aufnahmen geschieht mittels eines gewöhnlichen Vergrößerungsgerätes. Will man z. B. die Querschnitte des Stollens im Maßstab 1 : 100 festlegen, so wird das Negativ im Vergrößerungsgerät so lange verschoben, bis die mitabgebildete Meßlatte genau mit dem Maß von 2 cm auf dem Schirm abgebildet wird. Die genannten 2 cm hat man sich am weißen Auffangschirm des Vergrößerungsgerätes vorher mit aller Schärfe aufgetragen. Wird der kleine Lichtpunkt, den die Lampe Richtung Aufnahmekamera gibt, mitabgebildet, so kann man diese auf eine Linie bei der Auswertung einrichten, welche sich auf einer Zeichnung des Regelquerschnittes befindet, welche man sich vorher am Auffangschirm aufgetragen hat. Die Anfertigung von fertigen Lichtbildern ist nicht unbedingt erforderlich; man kann schon am Auffangschirm des Vergrößerungsgerätes mittels des Polarplanimeters den tatsächlichen Flächeninhalt des Stollenquerschnittes festlegen. Ist der mitabgebildete Lichtpunkt der Lampe in Beziehung zur planmäßigen Höhe des Stollens gebracht, so kann man auch die richtige Lage des Stollenquerschnittes gleich festlegen. Die mit oben geschilderten Hilfsmitteln erzielbare Genauigkeit war wesentlich größer als jene bei Verwendung von Zeigergeräten.

Die photographische Vermessung, wie vorhin geschildert, von Dipl.-Ing. W. Czuba entwickelt und mit diesem und dem Verfasser bei der Aufmessung der Tunnel in Norwegen mit Erfolg angewandt, hatte, da mit Baumitteln hergestellt, verschiedene Mängel. Die Ergebnisse waren aber trotzdem recht befriedigend.

Dipl.-Ing. KOPPENWALLNER hat nun ein Gerät entwickelt, welches zwar grundsätzlich auf dem gleichen Prinzip beruht, aber durch wesentlich verbesserte Konstruktion sowohl die Genauigkeit als die Arbeitsgeschwindigkeit bedeutend erhöht[1].

Die Hauptvorteile der Lichtschnitt-Profilmessung nach KOPPENWALLNER sind folgende:

1. Statt der erwähnten Stablampe wird ein Projektor verwendet, der mit der Kamera starr verbunden ist. Die Justierung beider zueinander wird weder beim Film- noch beim Ortswechsel gegeneinander gestört. Bei der alten Methode der Ausleuchtung mittels Schirmlampe wurden vielfach Teile des Stollens durch vorstehende Zacken des Gebirges abgedeckt. Die Justierung nach der alten Methode war zeitraubend und mußte man sich auf den Gehilfen, welcher die Beleuchtung versorgte, verlassen können.

2. Durch Verwendung einer Kleinbildkamera Zeiss-Contax mit Weitwinkelobjektiv, Zeiss-Biogon, f = 21 mm, 1 : 4,5, konnte der vorerwähnte starre Zusammenbau von Projektor und Kamera auf eine erträgliche und handliche Länge erfolgen.

3. Niedervoltspeziallampe, 6 V, 100 W, und Verwendung von hochempfindlichem Film ermöglichte eine Belichtungszeit von 2 Sekunden je Meter Nenndurchmesser des Tunnels. Die Stablampe der alten Methode, von Hand gedreht, brachte ungleichmäßige und zu schwache Beleuchtung mit großer Belichtungszeit.

Die Außenarbeit geht mit dem Gerät von KOPPENWALLNER sehr schnell vor sich, 30 bis 40 Profile konnten in der Stunde aufgenommen werden.

4. Die Mindestgenauigkeit beträgt 3 mm/m Länge, ein Ergebnis, welches alle sonstigen Aufmeßmethoden im Stollen bei weitem übertrifft.

## 4. Aufschreibungen bei Stollen- und Tunnelbauten

Gut geführte Aufschreibungen über alle wesentlichen Dinge bei einem Stollen- oder Tunnelbau sind für spätere Nachrechnungen und die laufende Prüfung des Betriebes sehr wertvoll. Je mehr man späteren Nutzen von den Aufschreibungen ziehen will, um so gewissenhafter müssen selbe gemacht werden und um so weitgehendere Aufgliederung ist erforderlich.

Am besten faßt man alle Aufschreibungen in einem „Tunnelbuch" zusammen, für dessen Anlage ein Muster beigegeben ist. (Siehe Anhang, S. 293 bis 299.) Neben dem „Tunnelbuch" zeichnet man noch einen geologischen Längenschnitt, der die tatsächlich angefahrenen Gesteinsverhält-

---

[1] Vgl.: F. KOPPENWALLNER: Lichtschnittprofilmessung in Stollen. Geologie und Bauwesen, 25 (1959), Heft 1.

nisse genügend genau festlegt. Das „Tunnelbuch" besteht aus losen Blättern, die in einem Ordner Platz finden.

Die Grundlagen für alle Aufschreibungen, die an einer Baustelle gemacht werden, bilden die Berichte (Rapporte) der Schichtmeister (Poliere). Der Abfassung dieser Berichte wende man seine besondere Aufmerksamkeit und Sorgfalt zu und belehre die Verfasser ständig. Nur so wird man erreichen, daß die Arbeitsschichten und Stoffverbrauchszahlen richtig verzeichnet werden und nicht Arbeitslöhne und Stoffkosten auf das Konto des Tunnelbaues gebucht werden, wenn sie eigentlich andere Bauteile belasten sollten.

Im Muster des „Tunnelbuches" ist mit einer Berichterstattung in wöchentlichen Abschnitten gerechnet. Ändern sich innerhalb dieses Berichtszeitraumes die Verhältnisse wesentlich, so wird man darauf gebührend Rücksicht nehmen müssen. Besonders gilt dies für Stollenbauten, die teils in Getriebezimmerung, teils in vollkommen standfestem Fels vorgetrieben werden. Diese wesentlichen Abschnitte sind auf jeden Fall in den Aufschreibungen zu trennen. Ein Mittelpreis, der alle Kosten im wechselvollen Gebirge erfaßt, hat für die Beurteilung des Bauvorhabens später recht bescheidenen Wert.

Im Muster des „Tunnelbuches" sind nur die Verhältnisse, wie sie beim Richtstollenvortrieb erscheinen, angeführt. Dieselben Spalten wird man beim Vollausbruch machen, kurz überall dort, wo geschlossene Arbeitsrotten in der Schicht sind. Dies gilt z. B. für alle Maurer-, Dichtungs- und Oberbauarbeiten und dergleichen.

Am Schlusse eines Baues soll man für die verschiedenen Verhältnisse, welche man angetroffen hat, die wichtigsten Verbrauchszahlen, wie Stundenaufwand, Bohrmeter/m$^3$, Sprengstoff-kg/m$^3$ usw., richtig angeben können; erst damit ist der Wert aller Aufschreibungen erfüllt.

Der geologische Längenschnitt soll die Angaben des „Tunnelbuches" erhärten und ist auf jeden Fall für die geologische Erschließung eines Raumes von Wert. Meist genügt es, den Längenschnitt durch eine Ulme zu legen und dabei noch die wichtigsten Angaben über Streichrichtung des Gebirges, Wasservorkommen und sonstige bemerkenswerte Tatsachen zu machen.

Für die Zwecke der Bauherrschaft und meist auch für die Zentrale der Bauunternehmung werden Baufortschrittspläne zu liefern sein. In diesen wird die erreichte Stollenlänge im Richtstollen-Vollausbruch für jede Woche angegeben, dabei die Mauerungstype angeführt und in einem besonderen Streifen der Fortschritt aller sonstigen Arbeiten, wie Mauerung, Dichtungsarbeiten, Oberbauarbeiten und dergleichen, verzeichnet.

# Stollen- und Tunnelbau im nicht standfesten Gebirge

## A. Allgemeines

Die vorhergegangenen Ausführungen beziehen sich im wesentlichen auf die Tunnelarbeit im festen Fels, wenngleich die verschiedenen Angaben auch für nicht standfestes Gebirge ihre Gültigkeit haben.

Eine Vorberechnung der verschiedenen Aufwände für Arbeit, Energie, Bauhilfsstoffe und sonstige Verbrauchszahlen ist im nicht standfesten Gebirge ungleich schwieriger als bei Vortrieben im festen Fels. Mit Ausnahme ganz besonders einfach und klar gelegener Fälle können für obige Dinge nur mehr oder weniger unbestimmte Angaben gemacht werden.

Jedes nicht vollkommen standfeste Gebirge bedarf während des Vortriebes des Stollens oder Tunnels einer Unterstützung der Massen; für die Zeit des Betriebes muß der Stollen oder Tunnel ausgemauert werden. Es gibt manchmal ganz klare Fälle, wo man von Haus aus mit einem Schildvortrieb, einer Getriebezimmerung, einem Hilfsgewölbe aus Spritzbeton oder nur mit einem einfachen Kopfverzug rechnen kann. In der Regel trifft man bei der Durchörterung alle möglichen und erdenklichen Übergänge; die Beschaffenheit des Gebirges kann sich in Meterentfernung ändern; die Arbeit muß sich diesen Umständen immer so schnell als möglich anpassen. Abgesehen vom Schildvortrieb, wird man bei allen Stollen mit Holz- oder Stahleinbau bzw. Hilfsgewölbe nach der mutmaßlichen Stärke und Länge dieser Einbauten die Kosten veranschlagen. Eine gerechte Vergütung der Bauleistungen wird demnach für jede Art der Unterstützung des Gebirges und für jede notwendige künftige Mauerungsstärke auch besondere Preise gewähren. Geschieht dies nicht, wird das Wagnis des Unternehmens zu groß, so sind die geforderten Preise entweder überhöht oder die geleistete Arbeit bei niederen Preisen wird schleuderhaft ausgeführt werden. Sorgfältige Aufschreibungen im Bautagebuch bilden die Voraussetzung, mit den geringsten Mitteln die besten Ergebnisse zu erzielen und die Baukosten in mäßigen Grenzen zu halten.

Vor allem muß als oberster Grundsatz gelten, daß man nicht standfestem Gebirge nach Möglichkeit ausweichen soll und solches nur dann durchörtert, wenn keine andere Wahl bleibt. Der Arbeitsfortschritt ist im nicht standfesten Gebirge bedeutend kleiner als im festen Fels, ebenso steigen die Kosten bei ersterem ganz bedeutend an. Man wird daher etwa eine Eisenbahnlinie lieber etwas länger machen, wenn man dadurch dem Vortrieb im rolligen Gebirge ausweichen kann. Sorgfältig ausgeführte geologische Vorarbeiten werden sich in solchen Fällen ganz besonders bezahlt machen.

Im vollkommen standfesten Gebirge kann man bei Vorhandensein der notwendigen Geräte sogleich im vollen Querschnitt vorgehen; diesbezüglich gibt es keine Grenze in den Abmessungen des Tunnelquerschnittes. Dies hat unter Umständen seine Vorteile und wurde auch in den letzten Jahren vielfach angewandt. Ist das Gebirge nicht standfest, so kann man nicht im vollen Querschnitt vorgehen; man fängt mit einem kleinen Stollenquerschnitt an, der erst in weiteren Arbeitsgängen auf die endgültige Ausbruchsweite vergrößert wird.

Bei allen Bauweisen, wo die Unterstützung des Gebirges mittels Holzeinbauten erfolgt, geschieht der erste Vortrieb mit einem Richtstollen von 4 bis 6 m² Querschnitt. Wird mit Stahlrüstung oder Hilfsgewölbe gearbeitet, so kann der erste Vortrieb des Richtstollens mit einem größeren Querschnitt gemacht werden, vielfach gelingt es sogar, bei eingleisigen Eisenbahntunneln die ganze Kalotte in einem Arbeitsgang als Richtstollenquerschnitt vorzutreiben.

Der erste Vortrieb mit einem kleinen Richtstollen hat den Vorteil, daß man dadurch ohne besonders hohen Aufwand alle gewünschten Aufschlüsse über die Gebirgsbeschaffenheit bekommt und so vor unliebsamen Überraschungen sicher ist. Auf Grund der so erhaltenen Kenntnisse ist man in der Lage, die weitere Arbeitseinteilung mit großer Sicherheit zu treffen.

Je größer der Gebirgsdruck ist, um so kleiner wird man den Querschnitt des Richtstollens wählen, und umgekehrt kann bei kleinerem Gebirgsdruck die Fläche des Richtstollens größer sein. Indessen ist der Spielraum nicht groß: die kleinste Richtstollenabmessung liegt bei 3,6 m², die größte Abmessung findet ihre Grenze bei etwa 6 m². Unter 3,6 m² lichten Querschnitt zu gehen, empfiehlt sich wegen der zu großen Beengung des Arbeitsraumes nicht. Fängt man den Stollen, der in stark drückendem Gebirge liegt, von Haus aus mit sehr beengtem Querschnitt an, so läuft man Gefahr, daß bei weiterem Ansteigen des Gebirgsdruckes die Arbeit noch mehr Beengung und Behinderung erfährt, als dies zu Beginn der Fall war. Es stellt sich z. B. im stark drückenden Gebirge die Notwendigkeit heraus, die Kappen durch Unterzüge, welche wieder auf besonderen Stehern stehen, zu unterstützen, was den Arbeitsraum wieder bedeutend einengt und damit den Fortschritt mindert. Man muß auch immer Bedacht darauf nehmen, daß im Richtstollen die Preßluft- und Wetterleitung bequem Platz haben muß und auch entsprechend leistungsfähige Stollenwagen und Lokomotiven durch den Richtstollen, der unter Zimmerung steht, fahren können.

Sehr häufig tritt der Fall ein, daß man vor Erreichen des festen Felsens eine Hangschuttstrecke in Getriebezimmerung durchörtern muß. Macht man diesfalls den Stollen zu klein, so bildet er für die anschließenden Arbeiten, welche oft unter ganz guten Gebirgsverhältnissen stehen, einen unangenehmen Engpaß.

Über 6 m² hinauszugehen, ist bei Getriebezimmerung nicht zu empfehlen, da bei einigermaßen steigendem Gebirgsdruck die Kappen zu große Holzstärken bekommen oder zu enge stehen müssen, was wieder für die Verpfählung sehr unangenehm ist. Kappen und sonstige Holzteile einer Zimmerung werden im Richtstollenvortrieb über 6 m² schon recht unhandlich, was wieder den Arbeitsfortschritt sehr ungünstig beeinflußt.

Gut bewährt haben sich Querschnitte von 4 bis 4,2 m² Fläche, die schwach trapezförmig ausgebildet sind. Die Trapezform verhindert die Stützweite der Kappe, welche meist den Großteil des Gebirgsdruckes aufzunehmen hat; auf diese Art wird an Holzstärken gespart. Bei guter Zimmermannsarbeit ist der trapezförmige Stollen sicherer als der rechteckige; darum ist der letztere weniger gebräuchlich.

Lediglich beim Schildvortrieb im schwimmenden Gebirge wird gleich mit dem vollen Querschnitt des künftigen Tunnels vorgegangen. Auch hier trachtet man, mit einem Mindestmaß an Fläche auszukommen. Bei Eisenbahn- und Autobahntunnels wird man daher für jedes Gleis eine eigene Tunnelröhre bauen und dabei in der Regel billiger wegkommen als mit einer einzigen großen Tunnelröhre, welche beide Schienenstränge aufnehmen kann.

## B. Stolleneinbauten, allgemeine Grundsätze, Vergleich von Holz und Stahl

Wie schon oben ausgeführt, gibt es keine vollkommen scharfen Grenzen zwischen vollkommen standfestem und rolligem Gebirge, vielmehr findet man alle möglichen Arten, die mehr oder weniger standfest sind und diese Festigkeit auf kürzere oder längere Zeit behalten. Nach diesen Tatsachen richtet sich auch der Einbau in den Stollen und die Formgebung der Stollenröhre. Letztere wird man, soweit die notwendige Freizügigkeit gegeben ist, den jeweiligen Gebirgsverhältnissen anpassen.

Man kann unter Umständen Gebirge antreffen, bei denen eine waagrechte Firste nicht tragfähig ist. Formt man sie dort nach einem Gewölbebogen, so erzielt man eine so weitgehende Standfestigkeit, daß ein Einbau entweder gar nicht erforderlich ist oder daß dieser ganz ohne Übereilung nach Maßgabe der vorhandenen Arbeitskräfte und Zeit gemacht werden kann. Beispiele dieser Art findet man bei alten Stollen in den Philitten der Alpen, wo die Bergleute durch geschickte Formgebung des Stollens viel an Einbauten erspart haben (so z. B. die Stollen des Kupferbergbaues in Mitterberghütten, Salzburg).

Der einfachste Einbau ist der Kopfschutz oder Firstverzug. Dieser unterfängt die schlecht oder nicht tragende Firste mit einzelnen Stempeln oder Kappen. Sind die Ulmen selbst tragfähig, so können diese zur Unter-

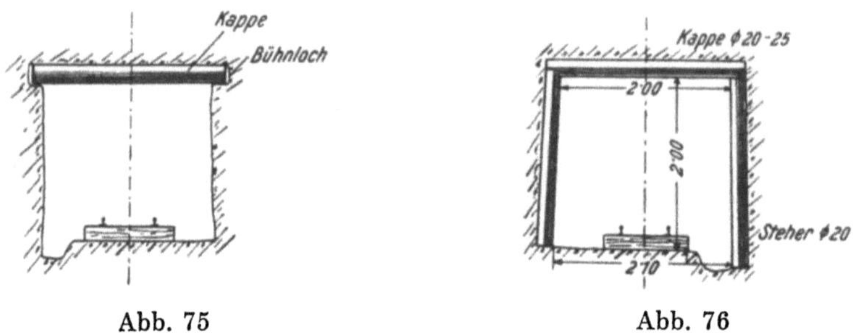


Abb. 75                                          Abb. 76

Abb. 75. Einfacher Einbau (Firstschutz) durch einzelne Kapphölzer ohne Stempel

Abb. 76. Einfacher Firstschutz durch Kapphölzer und Steher

stützung der Kappen dienen; die Kappe ruht dann in einem „Bühnloch". Ausführungen einfacher Einbauten sind aus den Abb. 75, 76 zu entnehmen.

Ist das Gebirge auf längere Zeit standfest, muß man aber im Laufe der Zeit mit wachsendem Druck und Ablösung einzelner Teile der Firste rechnen, so macht man einen Einbau, der ähnlich der Anordung der Getriebezimmerung ist. Es werden einfache Geviere aufgestellt, über welchen der Verzug aus 5 cm starken Brettern liegt. Diese Bretter brauchen keine Pfandbretter und werden nur fallweise mit Keilen angezogen. Hat man aber etwa den Gebirgsdruck unterschätzt, so ist man leicht in der Lage, durch Vermehrung der Geviere die Belastung der Bretter und Kappen in zulässigen Grenzen zu halten.

Mittels der Getriebezimmerung, die weiter unten beschrieben wird, kann man in Holzbauweise praktisch alle Gebirgsdrucke bewältigen.

Die älteste Art des Einbaues ist der Einbau aus Holz. Er hat so weitgehende Vorteile, daß alle bis jetzt aufgetauchten, zum Teil sehr sinnreichen Stahleinbauten die hölzerne Zimmerung nicht verdrängen konnten. Das Spritzbetonverfahren ist für alle Querschnitte, der Messervortrieb für kleine Querschnitte, wie später beschrieben, der Zimmerung und den sonstigen Stahleinbauten überlegen. Für den Baubeginn, für kurze Strecken und untergeordnete Bauvorhaben, wo eine Einrichtung für vorerwähnte Methoden zu umständlich ist und zuviel Zeit erfordert, wird man zur Zimmerung greifen oder die Stahleinbauten verwenden.

Bei niedrigen Holzpreisen und gleichzeitig vorhandenen billigen, aber sehr guten Arbeitern ist die hölzerne Tunnelrüstung vertretbar.

Eine der besten Eigenschaften des Holzeinbaues ist die, daß er selbst anzeigt, wenn er zu schwach gewählt wurde. Am starken Einbeißen der Holzverbindungen erkennt der Kundige sogleich das Anwachsen des Gebirgsdruckes. Hört man ein Knistern oder Knacken im Holzeinbau, so bedeutet dies drohende Einsturzgefahr; in diesem Fall müssen sogleich die notwendigen Vorkehrungen getroffen werden. Bei Stahleinbauten erkennt man weder durch Gesicht noch durch Gehör eine Überbeanspruchung und merkt dies erst, wenn der ganze Einbau samt dem Stollen zu Bruch geht.

Stahleinbauten sind dort am Platz, wo besonders hohe Gebirgsdrucke auftreten. Die meisten Stahlrüstungen sind aus gewöhnlichen Walzquerschnitten, wie sie im Eisenhandel zu haben sind, gebildet. Dabei findet man Tunnelausrüstungen, welche aus Eisenbahnschienen, I- und [-Profilen zusammengebaut sind. Soll die Tragfähigkeit dieser Stahlausrüstungen groß sein, so müssen die I- oder [-Träger verhältnismäßig große Steghöhen haben. Darin liegt die Bruchgefahr, da es sehr schwierig ist, die einzelnen Stahlrüstungen gegeneinander wirklich knicksicher abzusteifen. Stahlrüstungen gehen auch vielfach durch Abknicken der Stege zugrunde. Eine weitere Ursache des Zusammenbruches der Rüstungen, die sowohl für Stahl- als auch für Holzeinbauten gegeben ist, besteht in der mangelhaften Längsverbindung der einzelnen tragenden Gespärre. Bis heute wurde noch keine statisch einwandfreie Verbindung der einzelnen tragenden Gespärre gefunden, welche auch im Stollenbau Aussicht auf praktische Anwendung hätte. Als räumliches Tragwerk betrachtet, sind die heute gebräuchlichen Stolleneinbauten labil. Es fehlt eben an der stabilen Längsverbindung, welche durch die Sprenger nur mangelhaft gegeben ist. Verstärkt man den Anschluß der Sprenger an die Kappen und sonstigen Bauteile der Zimmerung durch starke Eisenklammern, so erzielt man in grober Annäherung eine Einspannung und damit so etwas wie eine Rahmenwirkung, was die Stabilität erhöht. Infolge des mangelhaften Längsverbandes pflegt sich ein Einsturz eines Gespärres auf die Nachbargespärre fortzusetzen; so stürzt die Zimmerung schließlich wie ein Kartenhaus zusammen.

Ein weiterer Nachteil der Stahlrüstungen ist, daß sie in der Regeel nur für einen bestimmten Stollen- oder Tunnelquerschnitt brauchbar sind. War man vorsichtig, so bleiben zum Bauschluß viele unverbrauchte Stahlrüstungsteile über, die dann ein tatenloses Dasein in Lagerschuppen fristen, bis sie auf einem Schrotthaufen landen. War man in der Bedarfseinschätzung zu kleinlich, so gehen womöglich in den entscheidenden Stunden die Rüstungen aus: unter Verlusten muß man dann zuwarten, bis eine Eisenbauwerkstätte die notwendigen Nachlieferungen besorgt.

Die größte Zukunft haben Stahlrüstungen für ganz große Tunnelquerschnitte, wie sie etwa große Straßentunnels oder Kanaltunnels erfordern. Bei Autobahntunnels kommt nur für jede Fahrbahn eine besondere Röhre in Frage, da dies in der Bausausführung sicherer und wirtschaftlicher ist.

## C. Ausbruch des Tunnels

Bei größeren Stollen über 6 m² und allen Tunnelbauten erfolgt der Ausbruch des Querschnittes nicht auf einmal; die Arbeit wird in den Vortrieb des Richtstollens und den Vollausbruch unterteilt.

### I. Vortrieb des Richtstollens

Je nach der Standfestigkeit des Gebirges ergeben sich die Arbeiten im Richtstollenvortrieb. Bei gebrächem Gebirge, das zeitweilig standfest ist, wird man den Fels mittels Bohr- und Sprengarbeit oder durch Schrämmen lösen und mit einfachen Einbauten, wie sie vorhin geschildert wurden, das Auslangen finden. Im rolligen und schwimmenden Gebirge erfolgt der Vortrieb mittels Getriebezimmerung oder der später beschriebenen Bauweisen.

Der Richtstollen in Getriebezimmerung wird je nach der Lage im Gebirge verschiedene Schwierigkeitsgrade haben, wie dies in Abb. 77 erläutert ist. Die schwierigste Arbeit bietet zweifellos grobes Blockwerk, das in rolligem oder schwimmendem Material bei gleichzeitigem Vorhandensein von Wasser eingebettet ist. Ebenso bietet feiner, nasser Schwimmsand bedeutende Schwierigkeiten.

Die Erschwernisse beim Stollenvortrieb im rolligen oder schwimmenden Gebirge beginnen gleich beim Anschlag. Man wird gut tun, die Futtermauern des Voreinschnittes, unter Umständen sogar das Tunnelportal selbst vor dem Vortrieb des Richtstollens fertigzustellen. Damit gewinnt man die gute Möglichkeit, die ersten Geviere des eigentlichen Stollens gleich auf feste Widerlager abstützen zu können. Ist diese Bauweise aber aus irgendwelchen Gründen untunlich, so muß man anderweitig für beste Abstützung des Mundloches sorgen. Man vermeide dabei, beim Stolleneingang längere Strecken mit ungenügender Überdeckung vorzutreiben.

Die Getriebezimmerung besteht aus den tragenden lotrechten oder schwach geneigten Stehern, der Kappe und der allfälligen Sohlschwelle, welche zusammen die Türstöcke oder Geviere bilden. Über den Gevieren liegen die Bergmannspfähle oder kurz Pfähle genannt (von den italienischen Tunnelarbeitern gebräuchlicher und übernommener Ausdruck „Macciovanti"), welche von den Pfandbrettern unterstützt und durch die Keile angetrieben werden. Bei festem Schottergrund können die Türstöcke

frei aufstehen; besser ist es, sie auf Keile zu stellen. Ist der Untergrund
wenig tragfähig oder gar Auftrieb oder Seitendruck zu erwarten, so wird
man die Steher der Türstöcke auf Sohlschwellen stellen. Die Sohlschwelle

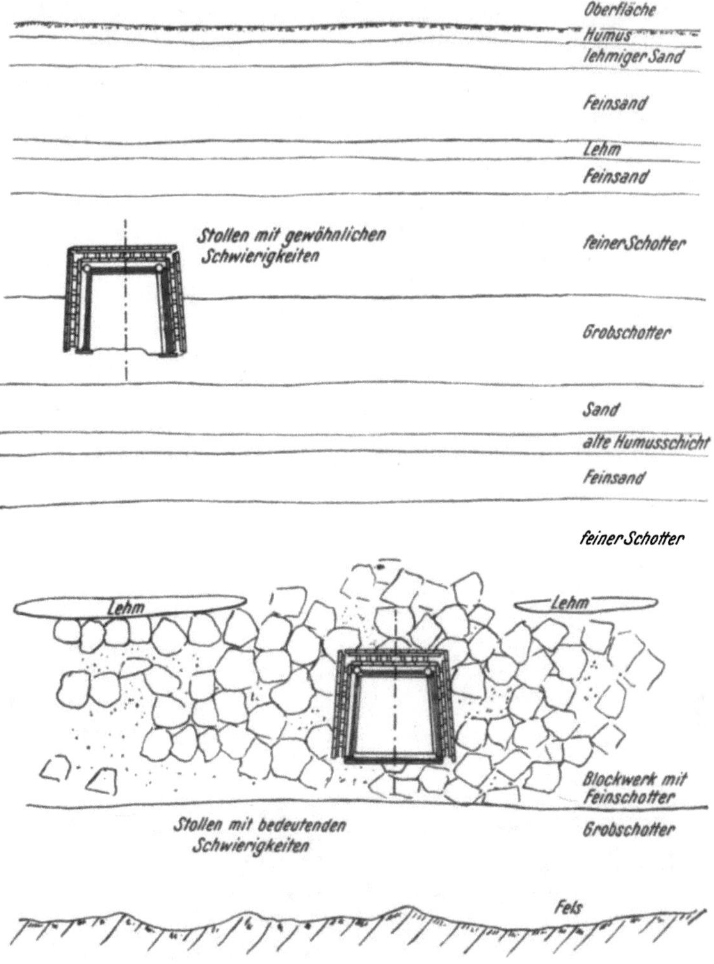


Abb. 77. Schnitt durch Hangflur

bietet einige Hindernisse für die Freihaltung des Wassergrabens und
wird deshalb nicht gerne gemacht, doch lohnt sich die größere Mühe
beim Einziehen von Sohlschwellen immer.

Eine Getriebezimmerung ist in Abb. 78 dargestellt.

Der Querschnitt des Richtstollens in Getriebezimmerung wird zweckmäßig schwach trapezförmig ausgeführt. Die lichte Fläche soll in stark

drückendem Gebirge 6 m² nicht überschreiten, da sonst die Stärken der Kappen und Steher zu groß werden oder die Türstöcke zu eng stehen. Für mittlere Verhältnisse beträgt die Zopfstärke der Kappen und Steher 25 bis 30 cm. Nimmt man die Kappen schwächer, etwa 20 cm, so muß man dafür die Türstöcke enger stellen, was eine Vermehrung der Arbeit bedeutet. Bei starkem Gebirgsdruck werden Kappen und Steher bis zu 40 cm Stärke verwendet und sind so eng als notwendig, unter Umständen sogar Mann an Mann zu stellen. Das Holz für die Stollenzimmerung soll entrindet sein, da der Rindenbelag eine Zufluchtsstätte für Ungeziefer aller Art bildet und überdies die Schwammbildung fördert. Drehwüchsiges Holz ist für Steher und Kappen zu empfehlen, da es nicht so leicht aufspaltet als geradegewachsenes Holz. Alles Holz soll frei von Fäulnisstellen sein. Gesundes Holz wird wesentlich später von Fäulnis oder Schwamm befallen als bereits angefaultes Holz.

Für den Anschluß der Kappe an den Steher ist die in Abb. 80 gezeigte Holzverbindung besser als die in Abb. 79 dargestellte, da bei letzterer der Vorsprung beim Vorstecken der Pfähle hinderlich ist. Auf jeden Fall muß

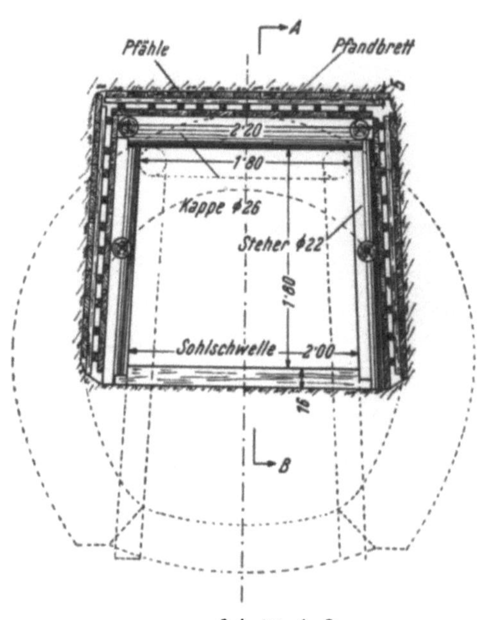


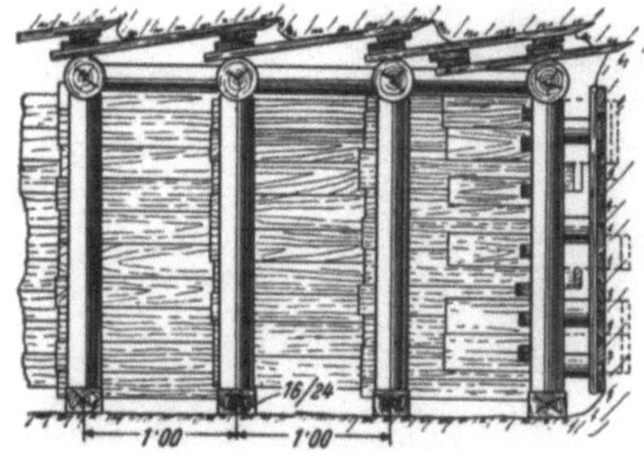


Abb. 78. Getriebezimmerung

die Holzverbindung zwischen Steher und Kappe in der Lage sein, waagrechte Seitenkräfte aufzunehmen. Steher und Kappe werden in der Regel noch mit starken eisernen Bauklammern verbunden. Diese sind in den Abbildungen weggelassen, um die Zeichnung übersichtlicher zu gestalten.

Die Anzahl der notwendigen Keile ergibt sich im Laufe der Arbeiten und beträgt bei mittlerem Druck 60 bis 80% der Pfähle einer Reihe. Ist der Gebirgsdruck sehr hoch, so kommen auf einen Pfahl auch zwei Keile. Bei gleichmäßigem Gebirge braucht man weniger Keile als bei einem solchen, bei dem in feinem Sand grobes Blockwerk eingelagert ist.

Die Pfähle haben eine Breite von 15 bis 20 cm, wie sie von der Säge geliefert werden, und eine Stärke von 5 bis 4 cm. Die Länge der Pfähle beträgt 1,20 bis 1,50 m.

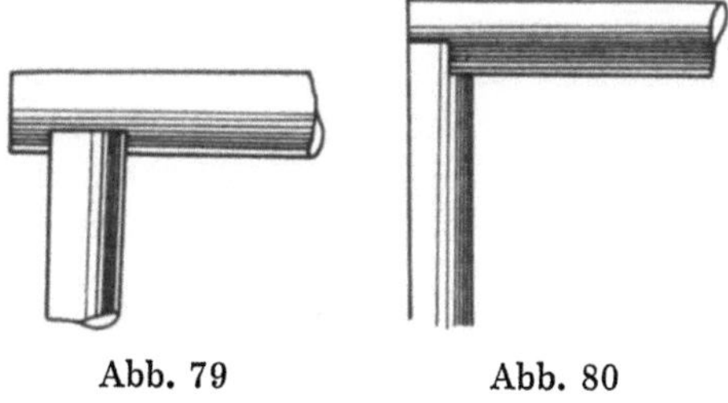

Abb. 79                 Abb. 80

Abb. 79. Holzverbindung zwischen Kappe und Steher, einfache Ausführung

Abb. 80. Holzverbindung zwischen Kappe und Steher, bessere Ausführung

Die Länge von 1,50 m ist eine gangbare, handelsübliche Ware für diese Bauteile.

Längere und stärkere Pfähle zu verwenden, kann nicht empfohlen werden, da sie sonst zu unhandlich würden. Überdies ergeben längere Pfähle stärkeren Auflagerdruck auf die Kappen und müßten diese dann auch stärker bemessen werden, was wieder zu unhandlichen Abmessungen führen würde.

Keile werden in der Regel aus dem Verschnitt der Pfähle an Ort und Stelle erzeugt oder von der Zimmermannswerkstätte fertig abgelängt und angeschärft an die Einbaustelle geliefert. Im letzteren Falle wird man Hartholzkeile anfertigen lassen.

An der Stelle, wo die Pfähle durch die tragenden Kappen unterstützt werden, übergreifen sich immer zwei Pfahlreihen. Die obere Pfahlreihe ruht dabei auf dem Pfandbrett. Diese ist gegen die untere Reihe mit den Keilen abgestützt. Beim Vorstecken der Pfähle wird das Pfandbrett mit höheren Keilen angehoben. Sind die Pfähle fertig vorgesteckt, so kommen die endgültigen Keile, welche niedriger als die vorbeschriebenen sind.

Der Abstand der Türstöcke ergibt sich aus der Länge der Pfähle, welche als Balken auf zwei Stützen die üblichen Gebirgsdrücke bis zu einer Stützweite, welche bei 1,30 m liegt, aufnehmen können. Die Höchstentfernung der Türstöcke bei Getriebezimmerung beträgt demnach ebenfalls 1,30 m und wird jeweils dem Gebirgsdruck angepaßt.

Statt hölzerner Pfähle werden auch mit gutem Erfolg Stahltunnelbleche verwendet. Diese haben den großen Vorteil, daß sie nicht abfaulen.

Abfaulende Holzpfähle werden durch den Gebirgsdruck zerdrückt, was wieder neue Gebirgsbewegung nach sich zieht, die wieder Anlaß zu weiterer Drucksteigerung bildet.

Eine Erhöhung der Entfernung der Türstöcke erreicht man durch die Anwendung der Tunnelbleche nicht, da sonst die Blechstärken zu groß und die Tafeln unhandlich würden. Überdies brauchte dies genau so wie bei den zu langen Holzpfählen eine Verstärkung der Kappen und Steher.

Den Vortrieb im rolligen Gebirge besorgen mittels der Getriebezimmerung die Zimmerhäuer (Pölzmineure); das sind besonders geschulte und erfahrene Häuer (Mineure), die meist auch einen höheren Lohnsatz

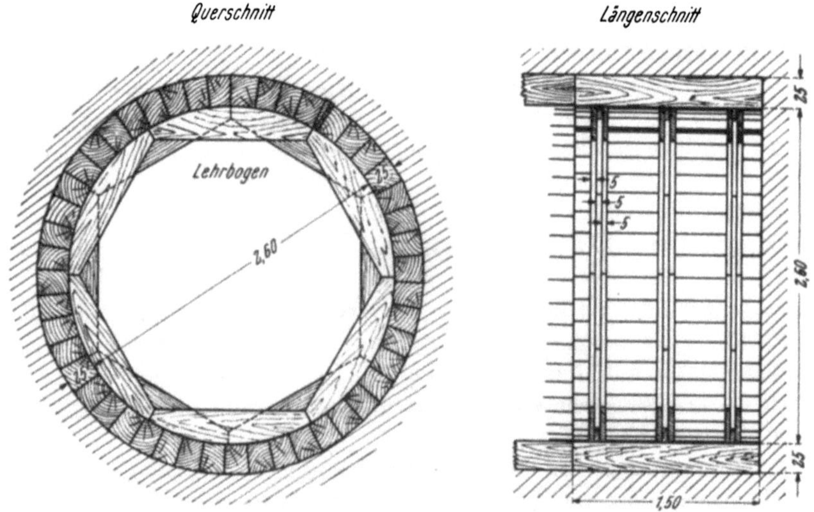


Abb. 81. Faßdaubenzimmerung

als die sonstigen Mineure beziehen. Wie jedes andere Handwerk, muß auch das Gewerbe des Zimmerhäuers gelernt sein; man hüte sich, für diese Arbeiten unerfahrene Leute zu nehmen.

Einwandfrei nach den Regeln der Baustatik ist die Faßdaubenzimmerung. Die Zimmerung bildet einen regelrechten Rohrquerschnitt, der für Druck jeglicher Richtung und Art sehr günstig ist. Sollte die Druckrichtung einwandfrei bekannt sein, könnte man die Form des Querschnittes dieser Druckrichtung anpassen. Indessen können durch alle möglichen Ursachen während des Baues neue Druckrichtungen auftreten und wird es daher zweckmäßig sein, vom Kreisquerschnitt nicht abzugehen.

Die Faßdaubenzimmerung wird aus radial zugeschnittenen harten Kanthölzern (Buche) hergestellt. Der Aufbau geschieht mit Lehrbögen, wie man sie auch für die Herstellung von Stollengewölben benötigt. Nach Schließen des Ringes mittels besonderer Keilhölzer können die Lehrbögen entfernt werden.

Die Faßdaubenzimmerung wurde im plastischen Gebirge erstmalig beim großen Apennintunnel und in letzter Zeit beim Bau des neuen Semmeringtunnels mit gutem Erfolg ausgeführt.

## II. Vollausbruch des Tunnelquerschnittes

### 1. Belgische und österreichische Bauweise

Die heutigen, beim Vollausbruch des Tunnels im rolligen Gebirge angewandten Bauweisen sind Weiterentwicklungen der belgischen und österreichischen Tunnelbauweisen, wie sie schon im vorigen Jahrhundert angewendet wurden.

Bei der belgischen Bauweise wird mit einem Richtstollen als *First*stollen vorgegangen und zuerst nur die Kalotte ausgebrochen. Nach Vollendung des Kalottenausbruches wird das Gewölbe der Kalotte gemauert. Das Gewölbe findet ein vorläufiges Widerlager auf einem Eisenbetonbalken. Im Schutze des Gewölbes werden nun in Schachtbauweise einzelne Schlitze am Ort des künftigen Widerlagermauerwerkes ausgehoben und die endgültigen Widerlager in diesen Schlitzen gleich aufgemauert. Der Eisenbetonbalken verteilt nun die Last auf die nach und nach zur Wirkung kommenden endgültigen Widerlager. Erst wenn diese Widerlager vollkommen fertig sind, wird der stehende Kern herausgenommen und schließlich, falls notwendig, ein Sohlgewölbe eingezogen. Dieses wird immer dann gebraucht werden, wenn starker seitlicher Druck des Gebirges zu erwarten ist und die Gefahr besteht, daß die Widerlager gegeneinander verschoben werden. In diesem Falle wird man schon während der Arbeit die einzeln fertig werdenden Widerlagerteile gegeneinander in waagrechter Richtung absteifen.

Die Zimmerung in der Kalotte kann sowohl eine Quer- als auch eine Längszimmerung sein. Bei den neuzeitlichen Bauweisen herrscht Querträgerzimmerung mit stählernen Lehrbögen vor. Der Abbau der Kalotte, der bei der belgischen und österreichischen Bauweise ähnlich ist, wird bei der Beschreibung der Zimmerungen geschildert. Die belgische Bauweise ist in der Abb. 82 dargestellt.

Bei der österreichischen Bauweise wird der Richtstollen als *Sohl*stollen vorgetrieben und der Firststollen mittels Aufbruchsschächten erreicht und von diesen aus vorgetrieben. Der Abbau der Kalotte geschieht wie bei der belgischen Bauweise in Längs- oder Querträgerzimmerung. Bei der österreichischen Bauweise wird nun nicht das Gewölbe zuerst gemauert, sondern im Schutze der Zimmerung der ganze Tunnelquerschnitt freigelegt.

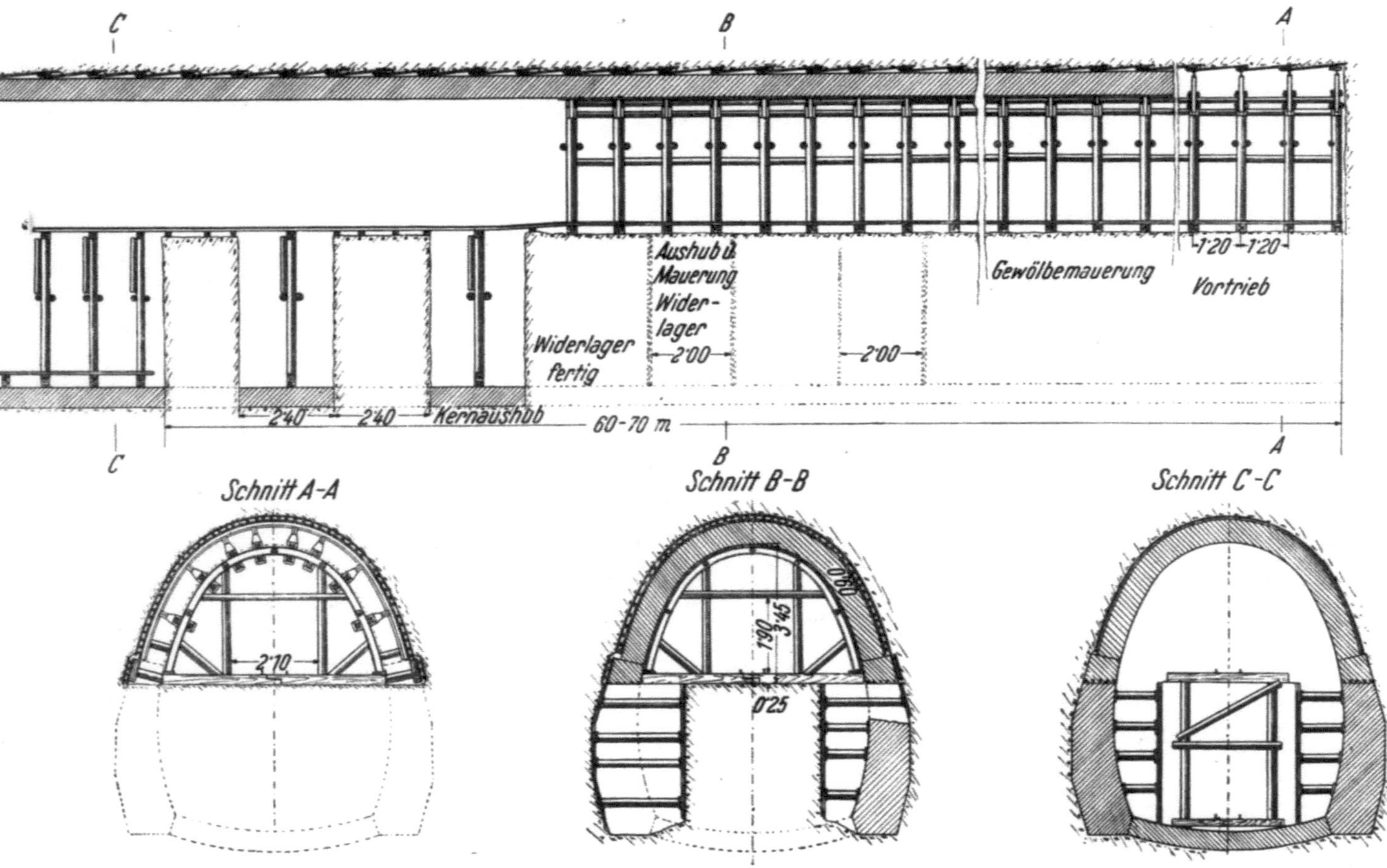
C
B
A
Vortrieb
1·20 1·20
Gewölbemauerung
Aushub u. Mauerung Wider-lager
2·00
2·00
Widerlager fertig
2·40 2·40 Kernaushub
60-70 m
C
B
A
Schnitt A-A
2·10
Schnitt B-B
0·60
3·45
1·90
0·25
Schnitt C-C

## 2. Vergleich der österreichischen mit der belgischen Bauweise

Die österreichische Bauweise hat den Vorteil, daß, wie bei einem sonstigen Bauwerk im Freien, der Aufbau des gesamten Tunnelmauerwerkes von unten nach oben geht und daher Abfangungen einzelner Bauteile nicht notwendig werden. Man beginnt, falls erforderlich, mit dem Sohlgewölbe, mauert dann die Widerlager auf und setzt auf diese dann das Gewölbe. Ein weiterer Vorteil besteht darin, daß das Fördergleis und die wichtigsten Leitungen immer in derselben Höhenlage bleiben und daher die Umlegearbeit nicht ins Gewicht fällt.

Ein Nachteil der österreichischen Bauweise ist, daß, zumindest bei Verwendung von hölzernen Gespärren, die Größe der solcherart zu bauenden Tunnels mit einem regelspurigen, zweigleisigen Tunnel ihre Grenze findet. Tunnels vom Ausmaß der Autobahntunnels lassen sich in österreichischer Bauweise nur bei verhältnismäßig kleinem Gebirgsdruck ausführen. Bei größerem Gebirgsdruck würden die hölzernen Gespärre zu dicht stehen und müßten ganz ungewöhnliche, schwer zu beschaffende Holzabmessungen erhalten.

Bei der österreichischen Bauweise ist der volle Tunnelquerschnitt der Einwirkung des gesamten Gebirgsdruckes ausgesetzt, wobei die besonders empfindliche Firste als letzte zur Ausmauerung kommt. Die Gefahr von Firstbrüchen ist bei der österreichischen Bauweise größer als bei der belgischen. Auffirstungsarbeiten sind sehr mühsam, langwierig und kostspielig.

Die belgische Bauweise hat ihre Vorteile dort, wo die österreichische ihre Nachteile hat und umgekehrt. Der auf einmal offenstehende Ausbruchsraum ist bei der belgischen Bauweise wesentlich kleiner als bei der österreichischen, man kann daher leichter auf größere Tunnelabmessungen gehen. Die fertiggemauerte Kalotte bietet gegen den Gebirgsdruck, solange die Widerlager des Gewölbes unbewegt bleiben, einen ausgezeichneten Schutz. Man muß daher der Unterfangung des Gewölbes und der satten Ausmauerung der Widerlager an das Gewölbe seine größte Aufmerksamkeit schenken. Die Sicherheit wird durch Anordnung eines Stahlbetonbalkens als vorläufiges Widerlager sehr erhöht. Eine derartige Ausführung zeigt die Abb. 82.

Kommt es zu Setzungen des Gewölbes, welche sowohl in der Nachgiebigkeit des Untergrundes als auch in der Ausführung zu großer Aushubzonen für die endgültigen Widerlager ihre Ursache haben können, entstehen Gewölberisse oder gar Gewölbebrüche, deren Beseitigung die Schwierigkeiten einer Auffirstarbeit noch übersteigt.

Bei der belgischen Bauweise müssen die wichtigsten Leitungen öfters überlegt werden, überdies muß man zwei Fördergleise in verschiedener

Höhe haben. Letzteres bedeutet für die Förderung des Ausbruches keine
besondere Schwierigkeit, wohl aber für die Zubringung der Baustoffe für
die Vortriebsarbeiten und der Gewölbemauerung, was meistens den Einsatz von besonderen Hebezeugen erforderlich macht.

Man kann sagen, daß die belgische Bauweise bei ganz großen Querschnitten unter schwierigen Verhältnissen mehr Erfolgsaussichten haben

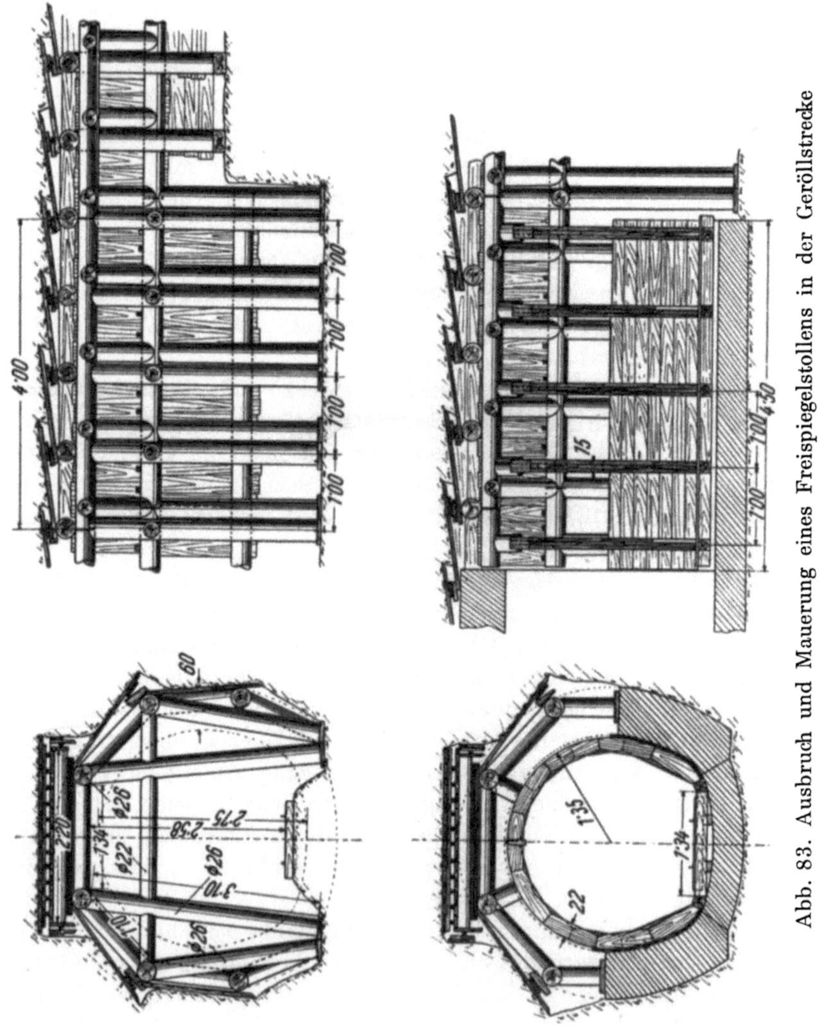

Abb. 83. Ausbruch und Mauerung eines Freispiegelstollens in der Geröllstrecke

wird als die österreichische Bauweise. Letztere hat immerhin die Bewäh-
rungsprobe beim Bau der Alpenbahnen durch die ehemaligen österreichischen Staatsbahnen bestanden. Es mag auch vielfach auf die Übung der

leitenden Ingenieure und der ihnen unterstellten Arbeiter ankommen, welche Bauweise in Zweifelsfällen anzuwenden sein wird.

Es sind auch mit sehr gutem Erfolg Kombinationen der belgischen und östereichischen Bauweise ausgeführt worden. Bei der Ausführung von Wasserkraftstollen im drückenden Gebirge bei kleineren Abmessungen wurde der Ausbruch mit einem Firststollen begonnen und also von oben nach unten wie bei der belgischen Bauweise der Ausbruch des Vollquerschnittes durchgeführt. Die Mauerung erfolgte nach vollkommen fertigem Vollausbruch wie bei der österreichischen Bauweise von unten nach oben. Der Höhenunterschied zwischen der Sohle des Firststollens und der endgültigen Ausbruchssohle ist bei den kleinen Abmessungen nicht sehr groß und kann daher leicht überbrückt werden. Diese Art der Bauausführung hat sich dort bewährt, wo ein verhältnismäßig kurzes Hangstück in Bergschutt zu durchörtern war und der Hauptteil des Stollens dann in weitgehend standfestem Gebirge vor sich ging. Eine solche Art der Arbeitsweise ist in Abb. 83 zu finden.

### 3. Zimmerungsarten

Beim Vollausbruch des Tunnelquerschnittes werden zwei Zimmerungsarten verwendet: die Längsträger- und die Querträgerzimmerung. Bei der ersteren ruhen die Bergmannspfähle auf den Längsträgern, welche durch Querjoche unterstützt werden. Die Richtung der Pfähle ist demnach senkrecht zur Tunnelachse. Bei der Querträgerzimmerung ruhen die Bergmannspfähle direkt auf den Querträgern und laufen parallel zur Tunnelachse.

*a) Längsträgerzimmerung*

Die derzeit am meisten gebräuchliche Längsträgerzimmerung ist die Zentralstrebenzimmerung der österreichischen Bauweise. Aus der Abb. 84 ist die Anordnung und Beziehung der Hölzer zu entnehmen. Der Name Zentralstrebenzimmerung wurde gegeben, weil die wichtigsten tragenden Streben in einem Punkte zusammenlaufen.

Der Vollausbruch des Gebirges erfolgt von oben nach unten. In den fertig ausgezimmerten Firststollen, der mittels Aufbrüchen vom Sohlstollen (Richtstollen) erreicht wird, werden die Kronbalken eingebracht und diese mit vorläufigen Stehern auf die Sohle oder Sohlschwelle des Firststollens abgestützt. Der Kronbalken liegt dabei unmittelbar unter der Kappe des Firststollens. Nun werden die obersten Pfähle der Firststollenzimmerung durchschnitten und die ersten Pfähle senkrecht zur Tunnelachse eingetrieben.

Die Pfähle können nicht sogleich in ihrer richtigen, endgültigen Lage eingetrieben werden, da dies die beengten Platzverhältnisse im Firststollen nicht gestatten. Die Lage des Pfahles ist zu Anfang wesentlich flacher gegen die Waagrechte geneigt als bei der fertigen Lage. Dieser Umstand tritt um so stärker auf, je kleiner der Krümmungshalbmesser des künftigen Tunnelgewölbes gewählt wird.

Die Längsträgerzimmerung ist daher für kleine Wasserstollen, bei denen der Krümmungshalbmesser der äußeren Gewölbelaibung unter 1,60 m sinkt, nicht mehr zu empfehlen. Auch bei Halbmessern bis zu

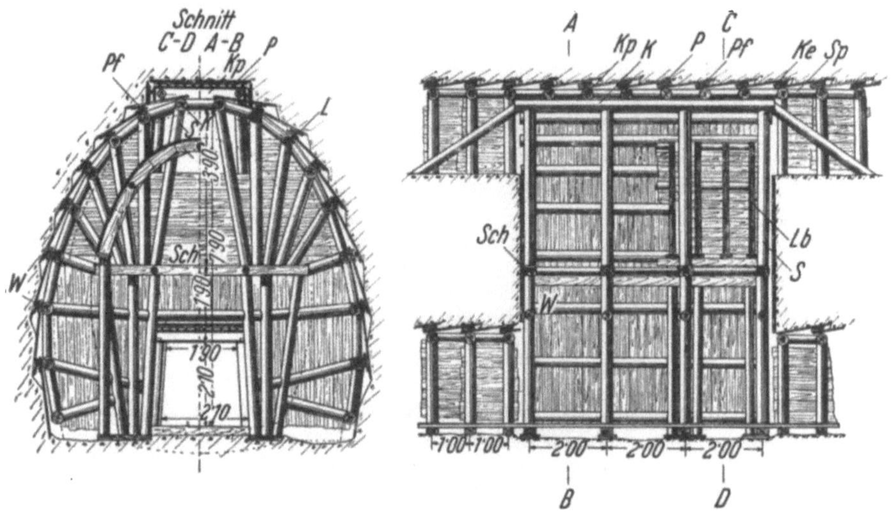



Abb. 84. Zentralstrebenzimmerung der österreichischen Bauweise

| | | | | | |
|---|---|---|---|---|---|
| $K$ | Kronbalken $\varnothing$ 30 | $L$ | Langbaum (Longarine) | $Pf$ | Pfandbrett 5/20 |
| $Kp$ | Kappe $\varnothing$ 30—40 | | $\varnothing$ 30 | $Sp$ | Sprenger $\varnothing$ 20 |
| $Ke$ | Keil | $Lb$ | Lehrbogen | $Sch$ | Schwelle 25/30 |
| $P$ | Bergmannspfahl 5/20—5/30 | $S$ | Strebe $\varnothing$ 30 | $W$ | Wandrute $\varnothing$ 30 |

2,50 m ist die vorerwähnte Erschwernis recht unangenehm, doch wird sie da eher in Anbetracht der sonstigen Vorteile der Längsträgerzimmerung in Kauf genommen, zumal wenn man gut eingearbeitete Zimmerhäuer hat.

Beim Vortreiben der Pfähle wird es bei größerem Gebirgsdruck unter Umständen notwendig sein, sie vor Erreichen des Ortes des ersten Längsträgers vorläufig zu unterstützen.

Im Schutze der Bergmannspfähle wird das Gebirge so weit abgearbeitet, daß man den ersten Längsträger bereits in seiner richtigen Lage einbringen kann. Durch die Abgrabung legt sich der Pfahl von selbst auf den Längsträger und führt im Fortschreiten der Arbeit eine mehr oder weniger langsame Drehung aus. Diese Drehung wird das „Schnappen" des Pfahles genannt.

Ist die Arbeit soweit, wie vorbeschrieben, gediehen, wird der erste Langbaum mittels einer Hilfsstrebe auf die Sohle des Firststollens und mittels eines Sprengers gegen die Kronbalken abgestützt. Die gleiche Arbeit wird entweder gleichzeitig oder zeitlich aufeinanderfolgend auf beiden Tunnelseiten ausgeführt. Sind die beiden ersten Langbäume in ihrer richtigen Lage, werden sie mittels Hilfsstreben auf eine Hilfsschwelle abgestützt.

Nun werden die Pfähle, welche auf dem ersten Langbaum ruhen, mittels starker Keile angehoben und in der Richtung des zweiten Langbaumes die Pfähle der zweiten Reihe senkrecht zur Tunnelachse vorgetrieben. Auch hier erfolgt ein Schnappen der Pfähle. Inzwischen hat man eine neue Hilfsschwelle vorbereitet, auf welche der erste Langbaum abgestützt wird und welche auch den Druck des zweiten Langbaumes aufnehmen muß.

Die Entfernung der Langbäume beträgt ungefähr einen Meter.

In der vorgeschilderten Art geht man etwa bis zum dritten Langbaum vor. Wenn alle sechs Langbäume auf einer Schwelle mittels Hilfsstreben gehörig abgestützt sind, beginnt man unter Absteifung des Kronbalkens Schlitze auszuheben. In diese Schlitze werden längere Streben zur Unterstützung des Kronbalkens eingestellt und diese Streben auf einer Schwelle abgestützt. In diesem Sinne geht man weiter vor und vertieft dabei den Aushub, wobei die Streben gegen längere Streben ausgewechselt werden. Solcherart erreicht man je nach Schwierigkeit des Gebirges und der Größe des Tunnelquerschnittes in einem, zwei oder drei Arbeitsgängen die Höhe der Brustschwelle, welche sich in der Höhe der Kämpfer des endgültigen Gewölbes befindet.

Nun wird die Brustschwelle in ihrer endgültigen Lage eingebaut und alle Streben in sorgfältiger Arbeit darauf abgestützt. Der Arbeitsfortschritt ist nun so weit gediehen, daß der Ausbruch der Kalotte fertig ist.

Nun werden, vom Sohlstollen ausgehend, die Strossen ausgebrochen. Dabei wird alsbald die Längsschwelle, die sich unter der Brustschwelle befindet, eingebaut und durch starke Steher unterstützt. Die Achse dieses Stehers geht annähernd durch den Punkt, in welchem sich die Achsen sämtlicher Steher schneiden.

Die Wandruten, welche sich unterhalb des Kämpfers des späteren Gewölbes befinden, können in der Regel eine etwas größere Entfernung voneinander haben als die Langbäume (Longarinen) in der Kalotte.

Der größte Nachteil der Längsträgerzimmerung ist neben dem Schnappen der Pfähle die oftmalige Auswechslung der Hilfsstreben, bis die endgültige Lage der Streben erreicht ist. Aus beiden Gründen ergibt sich die fortwährende Möglichkeit einer Setzung und damit Bewegung des Gebirges, was sehr schädlich ist und den Gebirgsdruck in der Regel erhöht. Den Setzungen begegnet man dadurch, daß man den Firststollen reichlich über die Oberkante des Gewölbemauerwerkes gehen läßt.

Der Vorteil der Längsträgerzimmerung ist ihre Übersichtlichkeit und ihr verhältnismäßig geringer Verbrauch an Baustoffen. Durch Engerstellung der tragenden Joche kann man sich dem Gebirgsdruck anpassen. Der Arbeitsraum ist bei der Längsträgerzimmerung weniger beengt. Die Längsträgerzimmerung gestattet leicht die Ausführung von Vollausbruchs- und Mauerungsarbeiten an mehreren Tunnelorten, was die Arbeit sehr fördert.

### b) Querträgerzimmerung

Die Querträgerzimmerung wird auch Sparrenzimmerung genannt, da bei dieser Verbauungsart die Sparren die Täger der Bergmannspfähle sind. Die Sparren bilden ein Vieleck, das sich der Form des endgültigen Querschnittes möglichst anpaßt. Die Länge der Sparren ist in der Regel größer als die Entfernung der Langbäume (Longarinen) der Längsträgerzimmerung.

Die Sparren werden durch das Bockgespärre abgestützt. Geht man in belgischer Bauweise vor, so braucht man nur das obere Bockgespärre. Wird hingegen der ganze Ausbruchsquerschnitt des Tunnels freigelegt und die Mauerung von unten nach oben, beginnend bei den Widerlagerfundamenten und endend bei dem Gewölbe, durchgeführt, so braucht man neben einem oberen Bockgespärre noch ein unteres.

Das obere Bockgespärre wird auf einer Mittelschwelle abgestützt; diese ruht dann auf dem Untergespärre. Die Mittelschwelle befindet sich

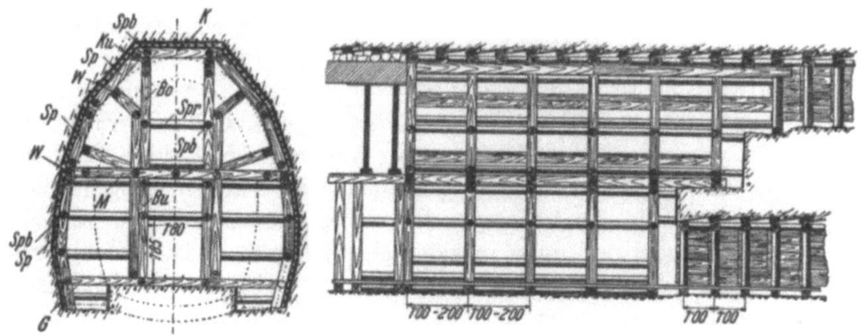


Abb. 85. Querträgerzimmerung

K Kappe; Ku Kappenunterzug; Sp Sparren; Spb Sprengbolzen; Spr Spann-riegel; W Wandrute; M Mittelschwelle; G Grundschwelle; Bo obere Bocksäule; Bu untere Bocksäule

in derselben Lage wie die Brustschwelle der Längsträgerzimmerung, nämlich ungefähr in Kämpferhöhe.

Der größte Vorteil der Querträger- oder Sparrenzimmerung ist, daß man die Pfähle parallel zur Tunnelachse vorstecken kann und diese daher entweder um einen kleineren Winkel als bei der Längsträgerzimmerung schnappen müssen oder bei Verwendung von Tunnelblechen überhaupt nicht schnappen.

Alle Gespärre sind in der Längsrichtung gut gegeneinander abzusteifen, damit der ganze Einbau die notwendige Festigkeit gegen den Schub des Gebirges erhält. Die Querträgerzimmerung ist, als räumliches Tragwerk betrachtet, genau so wenig stabil als die Längsträgerzimmerung. Durch das Anbringen von starken Gerüstklammern erzielt man in grober Annäherung biegungssteife Ecken und damit eine Art Rahmenwirkung. Dadurch, daß die Längsverbindung verhältnismäßig kurz ist und nur von Gespärre zu Gespärre reicht, ist der Längsverband gegenüber der Längsträgerzimmerung schlechter.

Der Holzverbrauch gegenüber der Längsträgerzimmerung ist höher. Der Betrieb von mehreren Aufbruchstellen von einem First- und Sohlstollen bereitet einige Schwierigkeiten; die Querträgerzimmerung ist gegenüber der Längsträgerzimmerung bezüglich des möglichen Baufortschrittes im Nachteil.

Die Querträgerzimmerung wird vielfach in Verbindung mit der belgischen Tunnelbauweise verwendet.

Eine Ausführung der Querträgerzimmerung ist aus Abb. 85 zu entnehmen.

### c) Stahlrüstungen

Zu den Querträgerbauweisen gehören sämtliche Rüstungen, welche als tragende Elemente die eisernen Lehrbögen haben.

Nachdem im Zuge des Arbeitsfortschrittes ohnehin der Lehrbogen den vollen Gebirgsdruck aufnehmen muß, lag der Gedanke nahe, von Haus aus den Lehrbogen mit der notwendigen Tragfähigkeit zu versehen und ihn den Gebirgsdruck aufnehmen zu lassen, ohne vorher eine eigene Zimmerung zu dessen Aufnahme einzubauen. Die gebräuchlichen hölzernen Lehrbögen erwiesen sich zu diesen Zwecken als zu schwach und waren überdies ungeeignet, die schwere Beanspruchung, welche durch das Vorstecken der Bergmannspfähle gegeben ist, aufzunehmen.

Vorerwähnte Nachteile hat eine eiserne Rüstung nicht. Die grundlegenden Ausführungen wurden von RZIHA erfunden und mit Erfolg angewandt. Die Einzelheiten sind dem Lehrbuch von RZIHA zu entnehmen. Eine weitere Entwicklung der Bauweise nach RZIHA ist die Tunnelrüstung System KUNZ, die bei neuzeitlichen Stollen- und Tunnelbauten mit bestem Erfolg angewandt wurde.

Die Tunnelrüstung System KUNZ (Abb. 86 und 87) besteht aus dem Lehrbogen, der später auch die Schalung oder Lattung trägt, dem Ausbruchsbogen und, zur Verbindung der beiden Bauteile, den Reitern. Der Lehrbogen wird in der Regel aus [-Profilen Nr. 15 bis 25, je nach Gebirgsdruck und Größe des Tunnelquerschnittes, gebildet.

Zwischen den [-Profilen finden die Reiter Platz, die aus [-Profilen 8 bis 12 bestehen. Die Verbindung zwischen den Lehrbogen und Reitern besorgen starke Holzkeile.

Bei kleinen Stollenabmessungen und bei größeren Querschnitten, aber mäßigem Gebirgsdruck können die Lehrbogen freitragend sein und be-

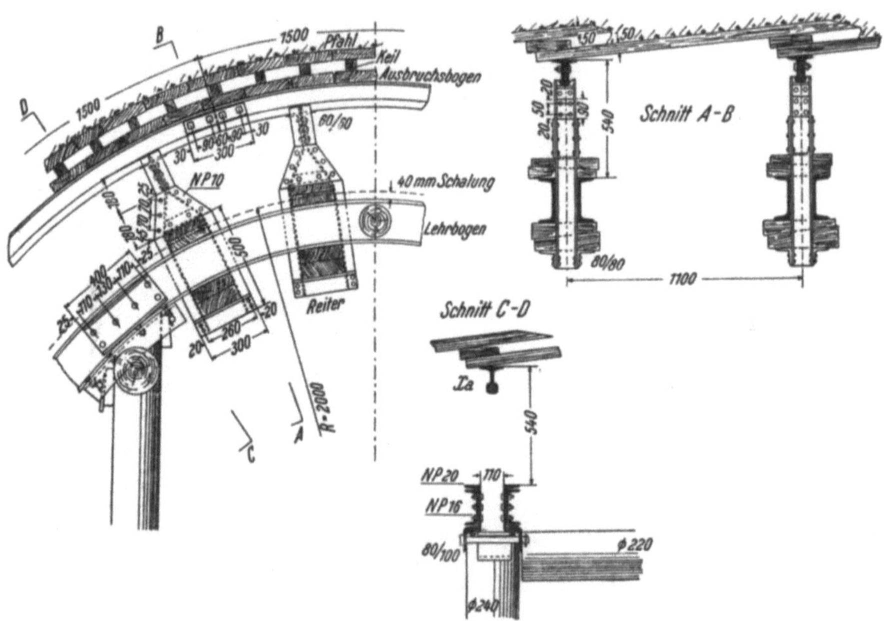



Abb. 86. Stahltunnelrüstung System Kunz. Zustand bei fertigem Ausbruch

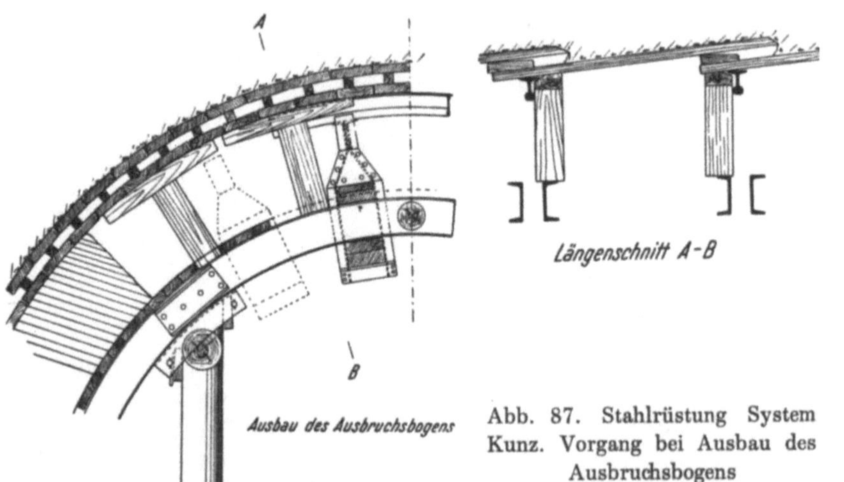



Abb. 87. Stahlrüstung System Kunz. Vorgang bei Ausbau des Ausbruchsbogens

dürfen keiner weiteren Unterstützung. Durch Einziehen von Streben und Stempeln kann die Tragfähigkeit des ganzen Bauwerkes erhöht und dem Gebirgsdruck angepaßt werden.

Die Länge der einzelnen Teile des Lehr- und Ausbruchsbogens richtet sich nach der Größe der gewählten Walzprofile und der Form des Stollens. Die Einzelteile des Ausbruchsbogens bestehen am besten aus 1,50 bis 2,00 m langen Stücken. Die Teile des Lehrbogens können, da sie leichter bewegt werden und nicht so hoch gehoben werden, etwas länger gehalten werden. Wichtig ist, daß die Bauteile einzeln nicht zu schwer und damit unhandlich werden. Die Stöße des Lehr- und Ausbruchsbogens sind gegeneinander versetzt, so daß der Stoß des einen Bogens ungefähr in die Mitte des anderen Bogenteiles fällt.

Die einfachen Flachlaschen des Ausbruchsbogens werden mit Schrauben verbunden. Bei den Lehrbogen kann die eine Stoßhälfte auch fest vernietet werden.

Nachdem der Lehrbogen die endgültige Lage des Mauerwerkes festlegt, muß er genau in Richtung und Höhe angebracht und an seinem Standpunkt unverrückbar festgehalten werden. Man richtet die Ringschwelle genau ein und unterlegt sie mit Holzkeilen. Ein Unterstopfen der Ringschwelle mit Ausbruchsgut ist nicht zu empfehlen, da man dabei leicht Setzungen des Lehrbogens bekommt. Nach fertigbeendeter Aufstellung der Lehrbögen wird man deren Lage zweckmäßig zur Sicherheit nochmals überprüfen; auf jeden Fall muß eine solche Prüfung der Ausmauerung vorangehen.

### d) Abbauvorgang

Es sei angenommen, daß ein vorhergehender Lehrbogen ordnungsgemäß aufgestellt ist und die Bergmannspfähle überall richtig aufliegen. Trifft diese Voraussetzung nicht zu, so muß man sie vor jeder weiteren Verlegung eines Lehrbogens erst schaffen.

Die vorhandenen Bergmannspfähle werden nun mit Keilen angehoben und darunter die neuen Pfähle des neu auszubrechenden Abschnittes vorgestreckt. Ist das Gebirge kurzfristig standfest, so reichen die Bergmannspfähle allein aus, daß man in ihrem Schutze das Gebirge abarbeiten und in der geplanten Entfernung den neuen Lehrbogen aufstellen kann.

Ist das Gebirge nicht standfest, so muß man, wie bei der gewöhnlichen Getriebezimmerung, mit Hilfsbauen vorgehen. Die Hilfsbaue bestehen aus I-Profilen, welche zwischen Lehr- und Ausbruchsbogen eingekeilt werden. Auf den I-Profilen sitzen Hölzer, welche ungefähr die gleiche Wölbung als der Ausbruchsbogen haben und bis zu vier Bergmannspfähle unterstützen können. Hat man unter den vorerwähnten Hilfsmitteln das Gebirge bis etwas über die Ebene des kommenden Lehrbogens abgearbeitet, so wird der neue Lehrbogen unter Beachtung der früher erwähnten Vorsichten gestellt und die Bergmannspfähle auf diesen abgestützt. Ist dies geschehen, so können die Hilfsbaue entfernt werden und der beschriebene Vorgang wiederholt sich.

Wie bei den Holzzimmerungen trachtet man auch bei den eisernen Rüstungen, diese soweit als möglich rückzugewinnen. Die Pfähle bleiben in der Regel im Gebirge, dagegen wird der Ausbruchsbogen nur bei sehr starkem Gebirgsdruck miteinbetoniert. Will man den Ausbruchsbogen rückgewinnen, so muß man ihn mit dem Fortschreiten der Mauerung durch Stempel und Hilfshölzer ersetzen. Die Ausführung zeigt Abb. 87.

Die Ringbauweise System KUNZ wird vielfach in Verbindung mit der belgischen Tunnelbauweise angewandt; so können auch große Tunnelquerschnitte, wie sie Straßen- und Kanaltunnels bieten, bewältigt werden.

*e) Neue Vortriebsarten in gebrächem und nicht standfestem Gebirge*

Fortschritte in der Herstellung von Bergmannspfählen und Lehrbogen aus Stahl, im Bau von hochleistungsfähigen Geräten zum Auftragen von Spritzbeton, brauchbare Erfindungen von Betonzusätzen, Erweiterung

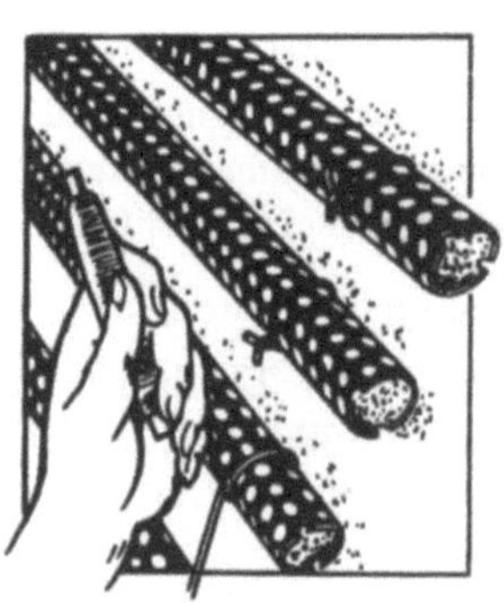

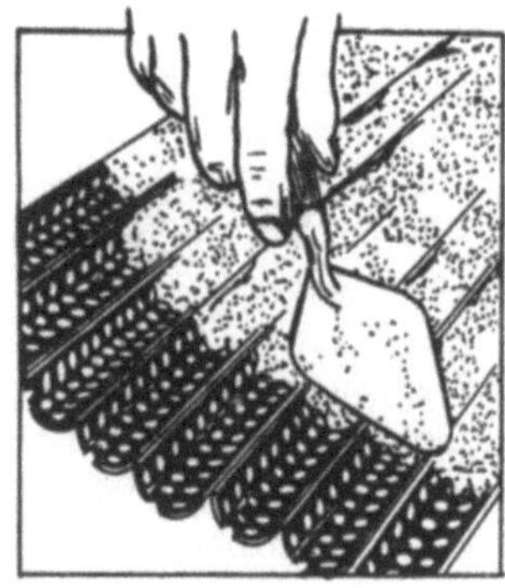

Abb. 88. Perforrohr       Abb. 89. Perforrohr, Mörtelfüllung

der Kenntnisse der Betontechnologie sowie die Methode der Felsnagelung ermöglichen neue Vortriebsarten, welche den bisher angewandten Verfahren vielfach überlegen sind.

Mit Ausnahme des *Messervortriebes,* dessen Beschreibung später folgt, wird bei den neuen Verfahren die bis jetzt übliche Tunnelrüstung aus Holz bzw. Stahl und Bergmannspfählen aus verschiedenen Baustoffen durch ein mehr oder weniger vollständiges Hilfsgewölbe aus Spritzbeton mit oder ohne zusätzliche Felsankerung, mit oder ohne Einbringung von Baustahlgittern und Stahllehrbogen ersetzt. Die klassische Tunnelrüstung mußte dem gesamten beim Vortrieb auftretenden Gebirgsdruck Widerstand leisten können und so gebaut sein, daß selbe auch imstande war, auch zusätzlichen Gebirgsdruck, wie er durch Abgleiten von Schichtpaketen ober der Firste oder Auflockerungsdruck auftreten kann, aufzunehmen.

Durch die Felsankerung ist es heute im gebrächen Gebirge möglich, ein Abgleiten von Schichtpaketen zu verhindern und so die Tunnelrüstung zu entlasten oder in günstigeren Fällen die Tunnelrüstung auf eine Felsankerung mit darunter angebrachtem Baustahlgitter zu beschränken. Eine einwandfrei durchgeführte Felsankerung kann unter günstigen Voraussetzungen die Herstellung einer endgültigen Stollenausmauerung entbehrlich machen.

Voraussetzung für eine wirksame Felsankerung ist die sichere Haftung der versetzten Ankerbolzen.

Wird ein Loch in den Fels gebohrt, dieses mit Zementmörtel angefüllt, so besteht wenig Sicherheit für ein sicheres Haften. Einerseits pflegt sich das Loch entweder schon vor Einbringung des Bolzens durch den Zementmörtel zu verlegen, man hat keine Gewißheit, ob der Mörtel bis in die Tiefe des Bohrloches reicht. Wird dann der Bolzen in das mit Mörtel erfüllte Loch eingebracht, so bleibt er alsbald entweder wegen Mörtelverlegung stecken oder er findet Hohlräume vor. Ein sicheres Haften ist ein Zufallstreffer.

Mittels der Performethode ist eine sichere Befestigung von Stahlbolzen im Gebirge gewährleistet.

Hier werden zwei perforierte Halbrohre mit schnellbindendem Mörtel gefüllt, die Hälften zu einem Rohr zusammengelegt und der Mörtel außen glattgestrichen. Das mit Mörtel erfüllte Rohr, welches einen um einige Millimeter kleineren Durchmesser als das Bohrloch hat, kann mühelos in das Bohrloch auf jede beliebige Tiefe eingeführt werden. Zwischen Perforrohr und Felswandung ist ein kleinerer leerer Raum. Wird nun ein Bolzen in das in das Bohrloch versenkte Perforrohr eingetrieben, so verdrängt der Bolzen den im Rohr befindlichen Mörtel, welcher durch die Löcher des Perforrohres austritt und sich an den Fels anschmiegt. Etwaiger Mörtelüberschuß tritt dann am Bohrlochmund aus. Durch die scharfkantigen Löcher des Perforrohres ist ausreichende Haftfestigkeit zwischen Rohr und Mörtel gegeben und der unter Druck austretende Mörtel haftet sehr gut an der Bohrlochwandung. Der Bolzen bzw. Anker sitzt vollkommen fest.

Die Felsankerung kann auch durch direkt im Bohrloch versetzte Expansionsanker erfolgen, jedoch ist die Eignung bei verschiedenen Gesteinsarten je nach Härte teilweise nicht befriedigend.

Mittels der Performethode ist es möglich, Felspartien, die infolge Klüftung abzustürzen drohen, mit dem festen Gebirge sicher zu verbinden. Gegen kleinere Abbröckelungen des Gesteins kann man Drahtnetze zum Schutze der Stollenmannschaft als Kopfschutz anbringen oder Baustahlgitter für einen späteren bewehrten Torkretputz sicher mit dem Gebirge verankern.

Wenn es sich bei einfachen Verhältnissen lediglich um die Herstellung eines Kopfschutzes oder Firstverzuges wie vorbeschrieben handelt, wird man die Drahtnetze oder Baustahlgitter unter Beachtung der vorhandenen Klüftung des Gebirges nach Gefühl mit gutem Erfolg versetzen können. Müssen hingegen größere Felspartien oder größere Hohlräume gesichert werden, muß die Verankerung des Gebirges wohl überlegt werden. Eine statistische Kluftmessung und sonstige eingehende

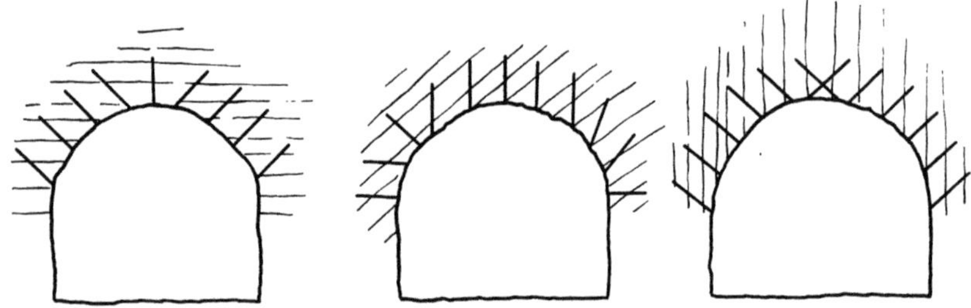

Abb. 90. Anordnung der Felsanker bei verschiedener Schichtung des Gebirges

Untersuchungen des Gebirges werden dann die Entscheidung bringen, wie und wo die Felsanker anzubringen sind, ob solche mit oder ohne Vor-

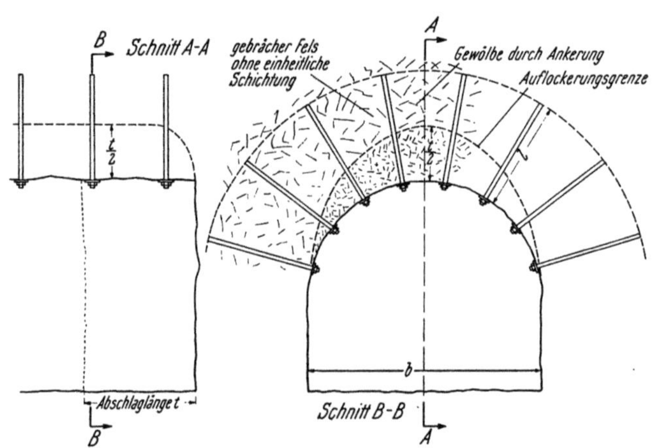


Abb. 91. Gewölbewirkung der Felsanker

spannung versetzt werden sollen. Bei schwierigeren und wichtigen Felssicherungen wird man am besten einen mit der Sache wohlvertrauten Ingenieurgeologen zu Rate ziehen.

Die Lage der Anker wird so gewählt, daß im Gebirge Gewölbewirkung erzielt wird. Bei annähernd waagrechter Schichtung liegen die Anker wie bei der Bewehrung eines Stahlbetonbalkens im Zuge der

Hauptspannungslinien. Auf die Schichtung und Klüftung des Gebirges ist daher wohlüberlegt Rücksicht zu nehmen, wie dies aus den Abb. 90 und 91 zu entnehmen ist[1].

Ist die Abschlagslänge $t$, so bildet sich erfahrungsgemäß über dem frisch ausgebrochenen Gebirgsraum ein annähernd parabolischer Auflockerungsraum, dessen Höhe $t/2$ beträgt. Damit Gewähr besteht, daß die Anker in das durch Sprengung ungestörte Gebirge reichen, wählt man die Länge der Anker gleich der Abschlagstiefe $t$. In Anpassung an die Breite des Tunnels $b$ ist die Ankerlänge mit $b/3$ bis $b/4$ festzulegen. Ist $b/3$ größer als $t$, so wird die Ankerlänge mit $b/3$ gewählt.

Ohne Berücksichtigung der Gewölbewirkung ergibt sich die Zahl der Anker je Quadratmeter Fläche mit

$$n = \frac{s \cdot l \cdot g}{Q_b};$$

dabei ist

$l$  die Ankerlänge,

$s$  Sicherheitsfaktor mit 2 angenommen,

$g$  spezifisches Gewicht des Felsens in $t/m^3$,

$Q_b$  Ankerbruchlast in Tonnen (durch Versuch ermittelt).

Mit der so errechneten Anzahl der Anker je Quadratmeter wird man sicher Gewölbewirkung erreichen.

Unter Berücksichtigung der zwischen den Ankern befindlichen Auflockerungskörper findet man einen Größtabstand der Anker voneinander mit 0,5 bis 0,67 t.

Über die Größe der Vorspannung der Anker können genaue Angaben nicht gemacht werden, sie wird von RABCEWICZ mit 3 bis 4 Tonnen je Anker vorgeschlagen.

Die Felsflächen zwischen den Ankern sind vor weiterer Ausbröckelung durch eine Spritzbetonschichte zu schützen. Ist das Gebirge kleinklüftig und zerrissen, ist in die Spritzbetonschicht ein Baustahlgitter einzubetten. Dieses Baustahlgitter schützt gleichzeitig die Stollenarbeiter vor herabbrechendem Gestein.

Wird das mittels Ankern im Fels befestigte Baustahlgitter unter Verwendung von Spritzbeton einbetoniert, so erhält man statt der Zimmerung ein Hilfsgewölbe, dessen Stärke und dessen Form unter Anpassung an den Ausbruch man beliebig wählen kann. Die Anwendung des Spritzbetons ist erforderlich, weil nur diese Art des Betons *ohne* Schalung ähnlich wie ein Mörtelanwurf bei Verputzarbeiten an den Felsen haftet und eine etwa erforderliche weitere Schicht sich einwandfrei mit vorhergehen-

---

[1] Vgl.: L. v. RABCEWICZ: Die Ankerung im Tunnelbau ersetzt bisher gebräuchliche Einbaumethoden. Schweizerische Bauzeitung, 75 (1957), Heft 9.

den Betonschichten verbindet, was bei gewöhnlichem Beton nur unter Anwendung besonderer Aufrauhungs- und Anbindemittel möglich ist und
wegen Umständlichkeit ausscheidet. Ein weiterer Vorteil des Spritzbetons ist, daß beim Auftrag der ersten Schicht noch etwa vorhandene lose
Felsteilchen mit abgetragen werden und eine spätere Ablösung der
Betonschicht vom Felsen solcherart vermieden wird.

Die endgültige Sicherung des Hohlraumes erfolgte je nach der Standfestigkeit des gebrächen Gebirges früher durch ein mehr oder weniger
starkes Verkleidungsmauerwerk, welches zwei Aufgaben hatte.
zu erfüllen hatte. Einerseits sollte der Hohlraum vor
herabbröckelndem Gestein gesichert werden, andererseits

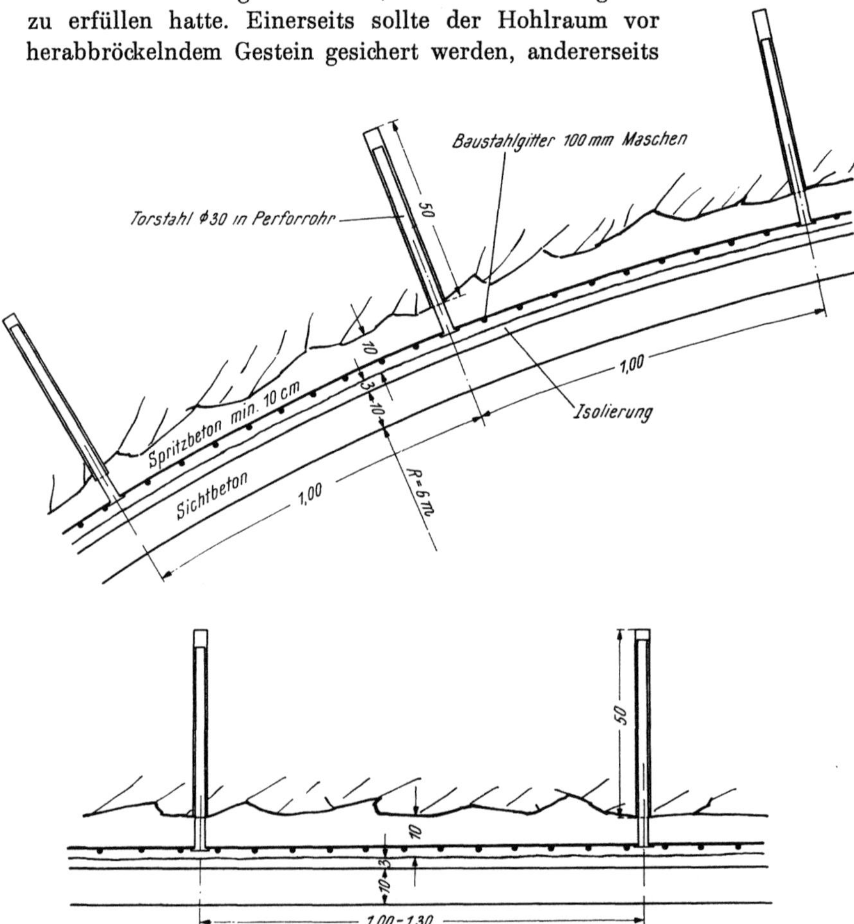


Abb. 92. Neuzeitliches Verkleidungstunnelmauerwerk. Baustahlgitter mit Per-
forankern befestigt schützt Mannschaft vor herabfallenden Steinen. Spritzbetonschicht verhindert Zermürbung des Gebirges durch Luft und Wasser. Isolierung
nach Bedarf, Sichtbeton erzielt glatte Tunnelwandung

sollte der Zutritt von Wasser und Luft an Gebirgen, welche für deren Wirkung anfällig waren, verhindert werden. Den gewünschten Erfolg erzielt man mit dem vorbeschriebenen Hilfsgewölbe aus Spritzbeton in der

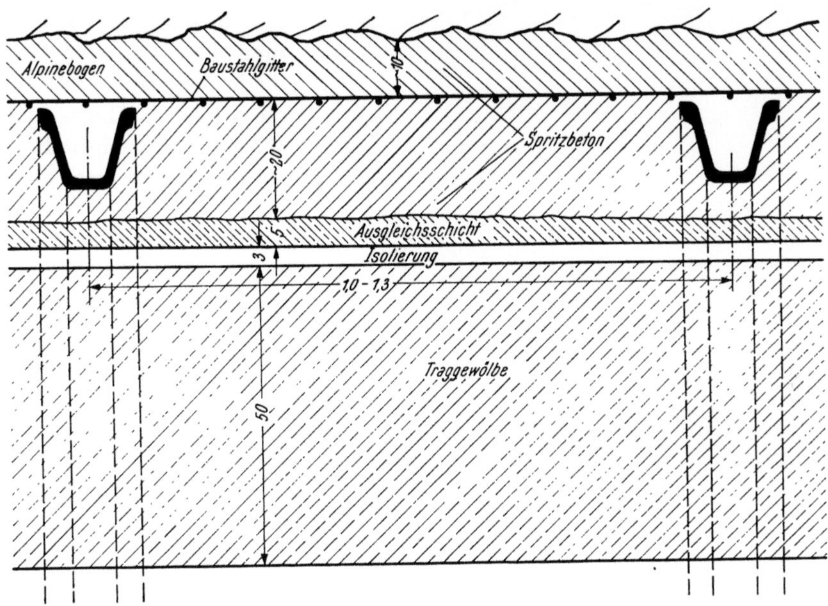


Abb. 93. Hilfsgewölbe, Spritzbeton mit Alpinebogen

Regel weit besser als mit dem früher üblichen Verkleidungsmauerwerk aus Bruchstein, gewöhnlichen Ziegeln, Klinkern oder Stampfbeton. Die vorbeschriebenen Arten des Verkleidungsmauerwerkes waren entweder von Haus aus undicht, sei es wegen der vielen Fugen im Steinmauerwerk, sei es, weil man früher mit gewöhnlicher Stampfarbeit und der unzulänglichen Betonzusammensetzung keinen dichten Beton herstellen konnte. In vielen älteren Tunneln ist das Verkleidungsmauerwerk mehr oder weniger im Laufe der Zeit beschädigt worden, leider wurde aber auch das dahinterliegende Gebirge durch Zutritt von Luft und Wasser so weit verschlechtert, daß es drückend wurde. Die Folge davon war, daß man schließlich unter großen Mühen später ein tragendes Gewölbe in die Tunnel einziehen mußte.

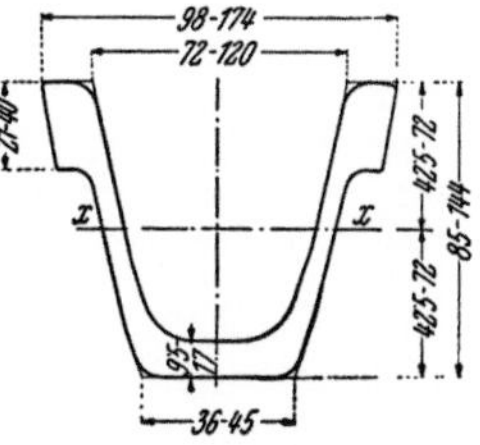

Abb. 94. Stahllehrbogenprofil

Bei Anwendung von Spritzbeton werden die angeführten Unzukömmlichkeiten mit Sicherheit vermieden, da der Spritzbeton von Haus aus sehr dicht wird und durch geeignete Kornwahl der Zuschlagstoffe sowie

Verwendung von geeigneten Zusätzen praktisch vollkommen dicht hergestellt werden kann. Spritzbeton sichert ausreichend vor dem Zutritt von Luft und Wasser zum Gebirge, was z. B. von besonderer Bedeutung bei den alpenländischen Philitten ist, da diese sehr für Luft- und Wasserzutritt empfindlich sind und dabei rasch drükend werden.

Bei Wasserstollen ist es auch möglich, das Verkleidungsmauerwerk durch Spritzbeton zu ersetzen, nur wird man wegen der größeren Rauhigkeit den Querschnitt etwas größer gestalten müssen.

Abb. 95. Hilfsgewölbe Spritzbeton mit Baustahlgitter und Alpinebogen
(Lichtbild Tauernkraftwerke AG, Salzburg)

Ist z. B. bei Straßentunneln aus Beleuchtungsgründen eine glatte Oberfläche erwünscht oder ist eine wasserdichte Abdekkung erforderlich, kommt auf die Verkleidung aus Spritzbeton noch ein Sichtbeton, den man zweckmäßig mit Stahlschalung einbringen wird.

Ist das Gebirge nur ganz kurzfristig standfest (z. B. wenig verfestigte glaziale oder fluviale Ablagerungen, „Sommerfrier“), wird das Hilfsgewölbe unter Verwendung von Stahlausbruchsbogen, welche die Baustahlgitter in ihrer Wirkung unterstützen, unter Verwendung von Spritzbeton hergestellt. Die neu-

Abb. 96. Herstellung des Hilfsgewölbes, Einspritzen des Baustahlgitters
(Lichtbild Tauernkraftwerke AG, Salzburg)

zeitlichen Stahlbogen haben glockenförmiges Profil und werden je nach
Stollenform in der Werkstätte oder am Einbauort gebogen. Das glocken-
förmige Profil gestattet in einfacher Weise eine Verstärkung der Rüstung,
indem zwei Bogen ineinandergeschachtelt werden. Die Stahlbogen blei-

Abb. 97. Bausenbergtunnel. Hilfsgewölbe in Spritzbeton mit Stahllehrbogen
Toussaint-Heintzmann

(Lichtbild Hochtief AG, Essen)

ben im Gebirge und werden zweckmäßig so angeordnet, daß sie als
Lehre für die Innenlaibung des Hilfsgewölbes dienen. Man erhält dann
ohne besonderen Aufwand eine Fläche, welche sich später leicht abiso-
lieren läßt.

Die Entwicklung von Stollenrüstungen aus Stahl wurde in erster
Linie vom Bergbau her vorgenommen, welcher besonders im Kohlenberg-
bau mit schwierigen Verhältnissen zu kämpfen hatte. Die beschriebenen
Stahlausbruchsbogen müssen nicht nur in statischer Hinsicht befriedigen,
sondern auch ohne Beeinträchtigung der Festigkeit kalt verformbar sein,

damit sie den jeweiligen Stollenformen ohne wirtschaftliche Verluste angepaßt werden können.

Nach der oben beschriebenen Art wurden in letzter Zeit mit Erfolg Gletschermoränen durchörtert, welche Gebirgsart früher nur mit Getriebezimmerung beherrscht werden konnte. Wesentlich für die Arbeit in kurzfristig standfestem Gebirge ist, daß neben dem Mineur, welcher den Hohlraum ausarbeitet, der Mann mit der Spritzdüse steht. Die Geräte für den Auftrag des Spritzbetons müssen so leistungsfähig sein, daß keine Unterbrechung des Spritzvorganges eintritt. Je schwieriger die Gebirgsverhältnisse sind, um so sorgfältiger muß die Betonzusammenstellung einschließlich von plastifizierenden und Schnellbinder-Zusätzen gewählt werden[1].

Tabelle 19 gibt Anhaltspunkte für die Anwendung von Spritzbeton und Ankerung.

Je drückender das Gebirge ist, um so kleiner müssen die Hohlräume sein, die man vor der ersten Spritzung aufmacht. Die vorbeschriebenen Verfahren wurden unter der Bezeichnung „Brunner Bergsicherungsverfahren" in Italien und in den USA patentiert.

Die Vorteile der beschriebenen Vortriebsmethode sind:

1. Keine Erzeugung von zusätzlichem Gebirgsdruck, der als Auflockerungsdruck bei Vortrieb in drückendem Gebirge bedeutende Werte annehmen kann.

2. Im Gegensatz zu den bisher gebräuchlichen Tunnelrüstungen, die wegen mehr oder weniger unzulänglichem Längsverband nur mangelhafte Standsicherheit hatten, ist das Hilfsgewölbe in dieser Hinsicht vollkommen einwandfrei.

3. Keine Behinderung der Schutterarbeit und keine Schwierigkeit der Verlegung von Leitungen aller Art, da der Hohlraum frei von jeglichem Holzeinbau ist.

4. Schutz des Gebirges vor Zutritt von Luft und Wasesr und damit bei vielen Gebirgsarten Vermeidung von Druckerscheinungen, hervorgerufen durch Zermürbung des Gebirges.

5. Erleichterung der Herstellung einer etwa erforderlichen wasserdichten Abdeckung und bedeutende Verbesserung der Qualität dieser Maßnahme.

---

[1] Vgl. E. Rotter, Kaprun: Anwendung von Spritzbeton. Schriftenreihe des Österreichischen Wasserwirtschaftsverbandes, Heft 35, 1958.

A. Zanon, Milano: Ausbruch von Autobahntunneln in ganz besonders schwierigen Bergarten. Geologie und Bauwesen, *26* (1961), Heft 2.

H. Lauffer: Die neuere Entwicklung der Stollenbautechnik. Österreichische Ingenieur-Zeitschrift, *3* (1960), Heft 1.

Tabelle 19. *Anwendungsbereich des Spritzbetonverfahrens und Ankerung*

| Gebirgsklasse, früher üblicher Einbau | Stehzeit für ungesicherte Spannweite | Spritzbeton | Felsankerung | Anmerkung |
|---|---|---|---|---|
| A standfest | beliebig lang | nicht erforderlich | nicht erforderlich | |
| B nachbrüchig, Kopfschutz | 6 Monate, 4,0 m | 2 bis 3 cm, nur Kalotte | fallweise | |
| C leicht gebräch, Firstverzug | 1 Woche, 3,0 m | 3 bis 5 cm, nur Kalotte, Baustahlgitter zweckmäßig | Ankerabstände 1,0 bis 1,5 m, Anker tragen Drahtnetz | Ankerwirkung gering, da für Netzbefestigung nur kurze Anker erforderlich |
| D gebräch, leichte Zimmerung | 5 Stunden, 1,5 m | 5 bis 7 cm, hauptsächlich Kalotte, Baustahlgittereinlage erforderlich | Ankerabstände 0,7 bis 1,0 m, hauptsächlich Kalotte | wie vor |
| E sehr gebräch, schwere Zimmerung | 20 Minuten, 0,8 m | 7 bis 15 cm, mit Baustahlgitter, Kalotte zur Gänze, Ulmen nach Bedarf | Ankerung als Dauerausbau, nur wenn Ankerköpfe halten, und behelfsmäßige Stützung der Kalotte | Ersatz der Zimmerung durch Spritzbetonhilfsgewölbe, Stahl- oder Stahlbetonpfähle verbleiben im Gebirge |
| F druckhaft, Getriebezimmerung ohne Brustverzug | 2 Minuten, 0,4 m | 15 bis 20 cm und darüber, Baustahlgittereinlage und verlorene Stahllehrbogen, Brustsicherung nach Notwendigkeit mit Spritzbeton | unmöglich | Spritzbetonhilfsgewölbe, bei Zimmerung verbleiben sowohl die Stahl- oder Stahlbetonpfähle als auch die Lehrbogen im Gebirge |
| G sehr druckhaft, Getriebezimmerung mit Brustverzug | 10 Sekunden, 0,15 m | kaum möglich | unmöglich | wie vor, statt Getriebezimmerung Messervortrieb |

15*

**Messervortrieb.** Der Messervortrieb ist ähnlich einem Schildvortrieb. Der wesentliche Unterschied besteht darin, daß der Messermantel aus Einzelteilen besteht, welche auch einzeln vorgetrieben werden und ihre Aussteifung gegen den Hohlraum erst später erfahren zum Unterschied beim Schildvortrieb, wo der Schild ein in sich geschlossener Baukörper ist. Der Schildvortrieb gestattet durch seine Bauweise die Verwendung von Druckluft, um Wassereinbrüchen zu begegnen, was beim Messervor-

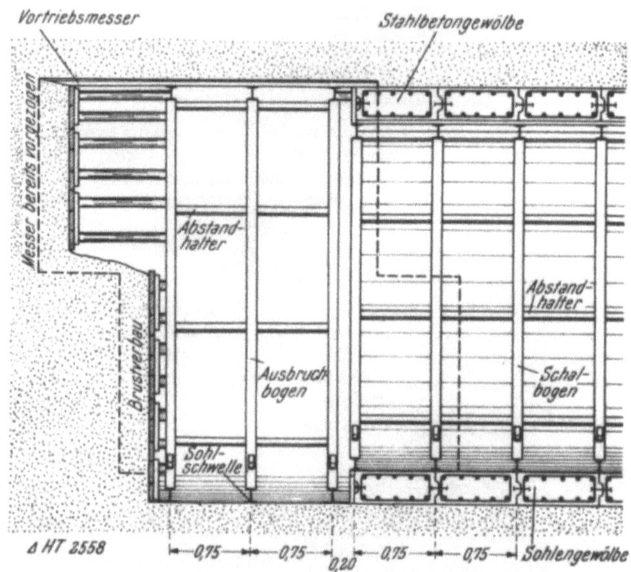


Abb. 98. Prinzipskizze für einen Messervortrieb
(Hochtief AG, Essen)

trieb nicht möglich ist und für welche Zwecke er auch nicht erfunden wurde. Wesentlich beim Messervortrieb ist, daß er bezüglich der Vortriebsleistung allein dem Schildvortrieb gleichwertig ist, das heißt, daß mit dieser Methode unter gleich ungünstigen Verhältnissen — Wasserverdrängung ausgenommen — mit bedeutend einfacheren Mitteln der gleiche Erfolg erzielbar ist.

Die Rüstung des Messervortriebes besteht aus dem Messermantel, der wiederum aus den einzelnen Vortriebsmessern gebildet wird. Die Vortriebsmesser sind Stahlbohlen von 2 bis zu 4 m Länge, die ähnlich wie Spundbohlen mit Schlössern ineinandergreifen. Zum Unterschied gegen den Schildvortrieb, wo der Schild als geschlossener Baukörper auf einmal vorgetrieben wird, werden die Messer einzeln mit geeigneten Hebelvorrichtungen vorgezogen. Die Messer finden einerseits ihre Unterstützung am letzten, vor der fertigen Mauerung liegenden Ausbruchsbogen, anderseits an einem Ausbruchsbogen, der sogleich nach Erreichen der geplanten und möglichen Vortriebslänge vor der Brust eingezogen wird. Die Messer verbleiben nicht im Gebirge. Nachdem keinerlei Pfändung erforderlich

Abb. 99. Messermantel
(Lichtbild Hochtief AG, Essen)

ist und damit keine Bewegung der Rüstung eintritt, wird auch beim Messervortrieb kein zusätzlicher Auflockerungsdruck erzeugt. Die Einzelheiten sind aus den Abbildungen zu entnehmen. Beim Messervortrieb folgt die Mauerung unmittelbar dem Vortrieb. Ist eine wasserdichte Abdeckung erforderlich, so wird man im Schutze des Messermantels zuerst ein Hilfsgewölbe machen, auf dessen Innenlaibung dann die Abdichtung aufgebracht wird.

Die Vorteile des Messervortriebes sind die gleichen wie bei den vor-

Abb. 100. Vortreiben der Messer
(Lichtbild Hochtief AG, Essen)

beschriebenen Vortriebsverfahren, der Messervortrieb wurde bis jetzt bei Vortrieben, wie sie für Kanal- und Wasserversorgungsanlagen gebraucht wurden, mit bestem Erfolg angewandt. Die ersten Messervortriebe wurden bei kleinen Querschnitten durchgeführt. Mit der Ausbildung des Messermantels mit biegungssteifen Einzelteilen und mit der Anwendung von mechanischen Vorrichtungen für das Vortreiben der Messer konnten auch größere Querschnitte bewältigt werden. Der Messervortrieb hat sich sehr gut bei Unterfahrungen von Verkehrswegen aller Art bei kleiner Überlagerung in gleichmäßigen Schotter- und Sandböden bewährt. In ungleichmäßigen Böden, wo z. B. im Schotter größere Findlinge eingelagert sind, ist es leicht möglich, vor dem Vorziehen der Messer die Findlinge zu sprengen, ein Vorteil gegenüber dem Schildvortrieb, wo das Anfahren von Findlingen große Schwierigkeiten verursacht[1].

### *f) Bodenverfestigungsverfahren*

Es gibt Bodenarten, welche mit Zimmerung allein nicht durchörtert werden können. Diese Bodenarten haben einen kleinen natürlichen Böschungswinkel. Der Bodenart entsprechend ist dann die Vortriebsart zu wählen.

Für alle *nicht* stark mit Lehm durchsetzten Gebirge eignen sich die Verfestigungsverfahren. Ist größerer Lehmanteil vorhanden, so versagen die Verfestigungsverfahren, da die Lehmeinschlüsse das Vordringen der dabei verwendeten Flüssigkeiten, Emulsionen oder Suspensionen verhindern. Dies gilt für alle Lehm- oder Schluffböden, welche in schwierigen Fällen allein mit Schildvortrieb, mit oder ohne Bodenentfeuchtung, bewältigt werden können.

Sämtliche angeführten Verfahren sind sehr teuer, der Übergang von einem Verfahren zum andern ist meist schwierig und dabei fast an der Grenze der technischen und wirtschaftlichen Möglichkeiten. Daraus erhellt, wie wichtig in solchen Fällen eine sorgfältige Bodenuntersuchung ist. Bei guter Kenntnis der Bodenverhältnisse wird man bei Eintreten der schwierigen Bodenverhältnisse sogleich mit einem Verfestigungsverfahren vorgehen, dabei im *ungestörten* Gebirge den Vortrieb machen. Ist man hingegen gezwungen, ohne Vorausschau etwa von der gewöhnlichen Zimmerungsmethode auf Verfestigungsmethoden überzugehen, hat man womöglich schon während des Vorgehens mit gewöhnlicher Zimmerung Sandeinbrüche und hohen Gebirgsdruck gehabt, wird die Verfestigung im gestörten Gebirge vor sich gehen und dabei besonders aufwendig und schwierig werden.

Die wichtigsten Verfestigungsverfahren sind: Zementmilchinjektion, Shellperm-Verfahren, Joostenverfahren und Gefrierverfahren.

---

[1] Vgl.: Hochtief-Nachrichten, Mitteilungen der Hochtief-Aktiengesellschaft für Hoch- und Tiefbauten, vorm. Gebr. Helfmann, *29*, September 1956.

α) **Zementmilchinjektion.** Diese verspricht nur Erfolg, wenn die Zusammensetzung des Gebirges genau bekannt ist und die Größe der zu verfestigenden Gebirgsräume beschränkt ist. Bei aller erzielbaren Mahlfeinheit des Zementes hat dieser auch mit Injektionshilfe ein meßbares Korn. Die Zementmilch dringt mit Sicherheit nur in beschränkte Räume ein, da in der Regel alsbald eine Verstopfung der Hohlräume durch das feine Zementkorn erfolgt. Anderseits verliert sich die Injektionsflüssigkeit unkontrolliert in etwa vorhandene Hohlräume, was zu großem, nutzlosem Zementverbrauch führt. Wie weit die Verfestigung durch Zementinjektion tatsächlich reicht, kann nur durch Versuch an möglichst gleichgearteten Verhältnissen annähernd festgestellt werden. Eine Zementinjektion auf eine größere Entfernung von der Stollenbrust ist im Erfolg sehr fraglich, selbst auf wenige Meter entfernt kann die Injektion schon versagen und kann die ganze Vortriebsart durch die Injektion oft verschlechtert werden. Es bilden sich gut verfestigte größere Klumpen, die im anschließenden, nicht verfestigten Gebirge schwimmen, die Klumpen müssen in mühsamer Schrämmarbeit gelöst werden, erschweren das Einbringen der Zimmerung, und vom Stehen der Stollenbrust oder der Ulmen ist keine Rede.

β) **Shellpermverfahren.** Wesentlich günstiger ist das Shellpermverfahren, bei welchem nacheinander zwei Bitumenemulsionen eingespritzt werden, wobei die erste Emulsion Bestandteile enthält, die ein frühzeitiges Wirken verhindern, während die zweite Emulsion erst die Bindung auslöst. Diese Emulsionen haben zwar auch Korn, dieses ist aber mit seiner Größe von 0,001 bis 0,002 mm so verschwindend, daß man einer reinen Flüssigkeitseinspritzung recht nahe kommt. Die Unannehmlichkeiten der Zementinjektion treten praktisch nicht auf.

γ) **Joostenverfahren.** Das Joostenverfahren ist ein chemisches Verfahren mit richtigen Flüssigkeiten, die noch leichter eindringen als die Emulsionen. Beim Joostenverfahren wird zuerst eine Lösung von Wasserglas und nachher eine Lösung von Chlorkalzium eingespritzt. Treffen die beiden Chemikalien aufeinander, bildet sich sofort ein Kieselsäuregel, welches sandigem Boden die Festigkeit mittelguten Konglomerates bis zu 100 kg/cm² erteilt. Durch sorgfältige Untersuchungen muß das Porenvolumen des zu festigenden Bodens festgestellt werden. Das Porenvolumen muß dann durch das Gel aus Chlorkalzium und Wasserglas angefüllt werden.

Man nimmt drei Teile Wasserglaslösung 35⁰ Bè und zwei Teile Chlorkalziumlösung 35⁰ Bè.

Bei gleichmäßigen Sandböden geschieht das Einbringen der Injektionsrohre (Lanzen) durch Rammen mit Preßluftrammgeräten, deren Wirkungsweise ähnlich der eines Preßluftbohrers ist. Das Ziehen der Lanzen erfolgt ebenfalls mit Preßluftgeräten, der Vorgang ist ähnlich jenem, wie man ihn beim Ziehen von Stahlspundwänden anwendet. Sind hingegen im Sand oder Geröll größere Findlinge eingebettet, so geschieht das Einbringen der Injektionsrohre mittels einer preßluftgetriebenen Bohrmaschine durch Drehbohrung. Die Type Nüsse-Gräver hat sich dabei gut bewährt[1].

Jeder erbohrte Findling, dessen Ausdehnung man leicht an dem dort anzutreffenden größeren Bohrwiderstand feststellen kann, bedeutet eine Störung des Verfestigungsverfahrens. Man muß da trachten, den Findling in verfestigtes Material einzubetten. Dies kann durch Verdichtung der Injektionsbohrlöcher erreicht werden. Ist die Körnung des Bodens gleichmäßig oder etwa der Sieblinie eines guten Betonzuschlagstoffes entsprechend, ist der Erfolg des Joostenverfahrens sehr gut. Die bereits erwähnten Findlinge, Lehm- oder Toneinschlüsse sowie der Übergang der Verwitterungsschwarte des anstehenden Felsens an die Sand- oder Geröllflur, zumal bei Auftreten von Glimmerhäuten und bei Phylliten, setzen die Wirkung der Verfestigung sehr herab.

Beim Gefrierverfahren, welches nur in wasserhaltigen Böden Erfolg verspricht, wird in die in ähnlicher Weise eingebrachten Injektionsrohre eine Gefrierflüssigkeit eingespritzt, welche die Bergfeuchte zum Gefrieren bringt. Die Zahl und die Entfernung der Rohre mit der Gefrierflüssigkeit werden durch Versuche bestimmt. Die Schwierigkeiten sind die gleichen wie beim Joostenverfahren. Der Nachteil des Gefrierverfahrens ist, daß im Gegensatz zum Joosten- und Shellpermverfahren *keine* dauernde Verfestigung des Gebirges eintritt, vielmehr die Gebirgsfestigkeit alsbald nachläßt und man sofort das endgültige Mauerwerk einbringen muß. Joosten- und Shellpermverfahren sind dem Gefrierverfahren vorzuziehen.

Für Lehm- und Schluffboden gibt es bis jetzt kein vollkommenes Verfestigungsverfahren. In solchem Gebirge bleiben als letzte Lösungen nur mehr der Schildvortrieb und die auf S. 226 ausgeführten Spritzbetonverfahren übrig. Lehm und Schluff verkleinert seinen natürlichen Böschungswinkel durch die Anwesenheit von Wasser. Hat man einen Fluß oder Meeresarm mit einem Tunnel zu durchörtern, so wird der etwa ober dem Tunnel anstehende Lehm oder Schluff ständig mit Wasser in Verbindung sein und wird es nicht gelingen, eine Minderung des Gebirgsdruckes zu erzielen. Anders liegt der Fall, wenn man Lehm- oder Schluffböden *oberhalb* der Oberfläche von Gewässern durchörtert.

---

[1] Vgl.: F. Slezak, Bauunternehmung Ed. Ast & Co., Graz, und H. Seelmeier, Technische Hochschule Graz: Die Bodenverfestigung im Bereiche des Rohrstollens beim Kraftwerk Schwarzach im Pongau. Baumaschine und Bautechnik, 7 (1960), Heft 5.

Lehm und Schluff sind wasserabstoßend. Die Durchfeuchtung des Lehmes, seine Verringerung des natürlichen Böschungswinkels braucht einige Zeit, wenn sie nur von der Oberfläche aus geschieht. In der Regel besorgen die Durchfeuchtung des Lehmes und Schluffes feinste, in diesen Böden verlaufende Adern von durchlässigem Sand. Unterbindet man die Zufuhr von Wasser durch diese Sandadern oder, noch besser, gelingt es, durch die Sandadern den Lehm zu entwässern, wird er seinen natürlichen Böschungswinkel erhöhen und die Druckerscheinungen werden zurückgehen. Dies wurde mit Erfolg durch die elektrische Bodenentfeuchtung erzielt.

Die elektrische Bodenentfeuchtung geht wie folgt vor sich:

In 10 m Entfernung befinden sich abwechselnd Gasrohre und Rohrbrunnen, welche bis auf 20 m Tiefe gerammt werden können. In den Rohrbrunnen befinden sich elektrisch angetriebene Kolbenpumpen, welche bis zu 0,5 m³/Std. Wasser fördern können.

Die Gasrohre und Rohrbrunnen sind so an eine Gleichstromquelle angeschlossen, daß die Pluspole an den Rohren, die Minuspole an den Brunnen liegen. Die Stromleitung erfolgt durch das Kapillarwasser. Der Feinboden selbst ist praktisch in der Regel Nichtleiter. Bei Stromfluß liefern die Pumpen Wasser, bei Stromlosigkeit versiegen die Pumpen. Die elektrische Bodenentfeuchtung verläuft wie die Elektrolyse, wobei nicht nur ein Transport der Ionen, sondern auch ein Wassertransport stattfindet.

Die vorangeführten Bodenverfestigungsverfahren sind vielfach durch Patente geschützt. Auch bei Ablauf der Patente ist es empfehlenswert, mit den Arbeiten nur Spezialunternehmungen zu betrauen, da alle Verfahren langjährige Erfahrungen und Sonderkenntnisse verlangen.

### g) Lehrbogen

Die hölzernen Lehrbogen bestehen in der Regel aus dreifach miteinander verschraubten oder vernagelten Bohlenlagen, die eine Stärke von 5 cm wie die Bergmannspfähle haben. Der zusammengeschraubte Lehrbogen hat dann eine Stärke von 15 cm und ist ein recht tragfähiges Bauglied.

Der Lehrbogen hat den Seitendruck des noch nicht abgebundenen Widerlagermauerwerkes und das Gewicht des Gewölbes aufzunehmen. Der Seitendruck des unfertigen Widerlagermauerwerkes ist bei Pump-Beton am größten, bei erdfeuchtem Stampfbeton etwas kleiner und wird bei Bruchstein- oder Quadermauerwerk praktisch gleich Null. Das Gewicht des Gewölbes ist in allen Fällen zur Gänze so lange vom Lehrbogen zu tragen, bis durch den Abbinde- und Schließungsvorgang das Gewölbe seine eigene Tragfähigkeit erreicht.

Stehen die Gespärre der Tunnelzimmerung genügend weit auseinander, so kann man das Gewölbe in schmalen Ringen so mauern, daß man das Gebirge nicht auf das Mauerwerk unter Auswechslung der Zimmerung abstützt. In diesem Falle braucht das Lehrbogengerüst nicht den Gebirgsdruck aufzunehmen, die einzelnen Lehrbogen können entweder schwächer gebaut werden oder weitere Abstände voneinander haben. Diese Art der Ausführung hat ihre Berechtigung, wenn man den Gewölberücken mit einer wasserdichten Abdeckung versehen will. Wird das Gebirge, wie vorhin geschildert, nicht auf den Lehrbogen unter Zwischenschaltung des Mauerwerks abgestützt, so kann man auch ordentlich die Dichtungsbahnen der Abdeckung anbringen. Im anderen Falle, wo das Gebirge auf das Mauerwerk abgestützt wird, kommen die notwendigen Stempel unfehlbar auf die Dichtungsbahnen zu stehen, die bei weitem nicht in der Lage sind, die dort auftretenden Drucke aufzunehmen. Jede Stelle, wo ein Stempel oder eine sonstige Absteifung auf der Dichtungsbahn gestanden ist, bedeutet eine Quelle von Undichtheiten; es bedarf sorgfältigster Arbeit und peinlicher Aufsicht, wenn die so entstandenen Dichtungsfehler ordentlich behoben werden sollen.

Die Regel ist indessen, daß mit Fortschreiten der Mauerung das Gebirge auf das Mauerwerk und damit auf den Lehrbogen abgestützt wird, so daß beim Gewölbeschluß der Lehrbogen den vollen Gebirgsdruck aufzunehmen hat. Bei der Ringbauweise System Kunz nimmt der Lehrbogen von Haus aus den vollen Gebirgsdruck auf.

Eine Berechnung der Lehrbogen stößt deswegen auf Schwierigkeiten, da man richtige Angaben über den Gebirgsdruck im vollausgebrochenen Profil, also in dem in allen Richtungen gestörten Gebirge noch viel weniger mit Sicherheit machen kann als im ungestörten, nicht durchörterten Gebirge. Vor allem ist eine sichere Beantwortung der Frage, ob bei erfolgter Durchörterung die eingetretenen Bewegungen des Gebirges vollkommen zur Ruhe gekommen sind oder nicht, völlig unmöglich und damit auch ein bindender Schluß auf die tatsächlich auf den Lehrbogen wirkenden äußeren Kräfte.

Die Entfernung der Lehrbogen ist durch die Tragfähigkeit der Schalung oder Lattung gegeben. Die Schalung wird selten stärker als 5 cm genommen, ebenso die Lattung bei Gewölben aus natürlichem oder künstlichem Stein. Aus diesem Grunde ergeben sich Lehrbogenentfernungen, welche zwischen 0,80 m und 1,30 m liegen.

An Stellen größeren Gebirgsdruckes stehen die tragenden Bauteile der Tunnelzimmerung näher beieinander, und damit ergibt sich in der Regel schon zwangsläufig auch eine engere Stellung der Lehrbogen, was ja den gegebenen Verhältnissen durchaus entspricht.

Bei standfestem Gebirge, oder wenn die Zimmerung bei nicht standfestem Gebirge durch ein Hilfsgewölbe aus Spritzbeton ersetzt ist, wie

Seite 222 beschrieben, sind verfahrbare Stahlschalungen sehr empfehlenswert. Die Schalung, aus Stahl- oder Aluminiumblechen bestehend, wird
mit den Lehrbogen aus I-Trägern zu einem selbsttragenden Bauwerk
zusammengebaut. Für jeden zu planenden Tunnelquerschnitt ist die Stahlschalung besonders zu entwerfen und zu berechnen. Die Belastung erfolgt
nur durch das Gewicht des nichtabgebundenen Betonmauerwerkes. Es

Abb. 101. Verfahrbare Stahlschalung

bleibt dem Geschick des Konstrukteurs überlassen, die Schalung so zu planen, daß wenigstens Teile wiederverwendbar sind. Hiefür sind Bau-
elemente nach Baukastensystem aus Rohrstücken mit den entsprechenden Verbindungsgliedern sehr geeignet.

Stahlschalungen geben glatte Oberflächen des Sichtbetons, was sehr
vorteilhaft ist. Bei Straßentunneln wird die Reinhaltung erleichtert und
die Beleuchtung verbessert, Triebwasserstollen haben durch die Glätte
bessere hydraulische Eigenschaften[1].

Einstürze infolge mangelhafter oder schlecht verteilter Lehrbogen
sind wenig bekannt. Dies kommt daher, daß der aufmerksame Baufüh-
rende schon durch das Verhalten der Zimmerung genügend Kenntnis
vom vorhandenen Gebirgsdruck bekommt, die Lehrbogen danach stellt
und unter Umständen für deren Verstärkung sorgt.

---

[1] Vgl.: Baurat h. c. Dipl.-Ing. HOPFGARTNER: Bau von Triebwasserstollen
größeren Querschnittes. Österreichische Bauzeitschrift, *11*, Heft 4.

H. FELBER, ingénieur, et R. H. LAMBERT, Dr. ingénieur: Le Tunnel de Grand
Saint Bernard. Etudes Routieres, Genève, Juli 1960.

## D. Mauerung

### 1. Allgemeines

Durchörtert der Stollen oder Tunnel Schutthänge oder sonstiges rolliges Gebirge, so wird man gut tun, die Ausmauerung so rasch als möglich dem Vortrieb folgen zu lassen. Dies ist zweckmäßig, weil anderseits die Gefahr besteht, daß das Holz durch Fäulnis zerstört wird und so seine Tragfähigkeit einbüßt. Überdies hat der Gebirgsdruck nicht Zeit, sich bei rascher Ausmauerung voll zu entwickeln. Die Entstehung von vermehrtem Gebirgsdruck ist in der Regel auf die unvermeidlichen Setzungen der Zimmerung zurückzuführen. Diese Setzungen werden um so stärker, je öfter man beim Einbau der Zimmerung einzelne Hölzer auswechseln muß. Ist das Gebirge einmal in Bewegung gekommen, so braucht es wesentlich größeren Bauaufwand, um den Gebirgsdruck zu meistern.

Die vorhin angeführte Regel, so rasch als möglich mit der Ausmauerung zu beginnen, gilt nicht für Gebirge, welche Bergschlagerscheinungen aufweisen. In bergschlaggefährdetem Gebirge würde man mit der sofortigen Ausmauerung gerade das Gegenteil des gewünschten Erfolges erreichen. In solchen Gebirgen muß man abwarten, bis sich ein neuer Gleichgewichtszustand eingestellt hat; dann kann man meist mit geringen Mauerwerkstärken eine vollkommen standfeste Tunnelröhre herstellen. Die Tendenz zu Bergschlägen merkt man spätestens beim Stollenvortrieb. Meist kann man sie schon an den schalenförmigen Anbrüchen des ober Tag anstehenden festen Felsens erkennen. Typische Beispiele dafür bieten die Granite Nordnorwegens, wo oft der ganze Berg mit Schichten, nicht unähnlich von Zwiebelschalen, von abgespaltenem Gestein bedeckt ist.

Die Ausführung des Tunnelmauerwerks erfolgt in einzelnen Abschnitten, „Ringen" genannt. Dabei werden bei größeren Querschnitten Widerlager und Gewölbe in gesonderten Arbeitsabschnitten ausgeführt. Die Länge der Ringe richtet sich nach der vorhandenen Tunnelrüstung, den dort verwendeten Hölzern und nach dem Gebirgsdruck. Gebräuchlich sind Ringlängen von 4, 5, 6 und 8 m. Über 8 m zu gehen ist nicht empfehlenswert, weil da die Ausbildung der Arbeitsfugen bereits Schwierigkeiten macht und die Arbeit an Übersichtlichkeit und damit an Güte verliert.

Bei Eisenbahn- und Straßentunnels erfolgt in der Regel keine besondere Bearbeitung der Ringfugen. Bei Betonmauerwerk wird das anschließende Mauerwerk einfach an den fertigen Ring anbetoniert, bei Bruchstein- und Quadermauerwerk wird die Ringfuge wie jede andere Mauerwerkfuge behandelt, nämlich ausgekratzt und mit fettem Zementmörtel verfugt.

In Wasserstollen bilden die Ringfugen eine unangenehme Quelle von Undichtigkeiten. Um diese auf ein erträgliches Maß zu beschränken, muß man den Beton der Fuge ordentlich aufrauhen und annässen, bevor man den nächsten Mauerwerkring anbetoniert. Durch Auspressen der Ringfugen mit fettem Zementmörtel unter hohem Druck trachtet man die Dichtigkeit der Ringfuge zu erhöhen. Die Fugen können auch verkittet werden. Die notwendigen Baustoffe liefert die chemische Industrie. Die Kitte sind auf trockenes Mauerwerk aufzubringen.

Ist eine Bewegung der Bauteile aus was immer für Gründen zu erwarten, so geschieht die Dichtung mit warm schweißbaren Dichtungsbändern. Vorbeschriebene Dichtungen werden angewandt, wenn man den Tunnel vollkommen trocken haben will.

Eine weitere Schwierigkeit bei der Ausführung des Tunnelmauerwerkes bildet der enge Arbeitsraum, der besonders einen ordentlichen Schluß des Gewölbes sehr erschwert. Bei allen in Bruchstein oder Quadern gemauerten Gewölben muß man auf guten Verband achten. Hat man festgestellt, daß der zur Verwendung kommende Beton starkes Schwinden zeigt und ist dies durch Verwendung anderer Zementmarken nicht zu verkleinern, kann man den Gewölbeschluß wie bei Bauten im Freien unter Vorspannen des Betons ausführen.

Als Mauerwerkstoffe kommen Beton, Mauerwerk aus natürlichen Steinen in Form von lagerhaften Bruchsteinen oder rein bearbeiteten Quadern sowie Klinker und Betonformsteine in Frage. Es ist klar, daß im Tunnelbau auf die Güte, Wetterbeständigkeit, Druckfestigkeit und einwandfreie mineralische Zusammensetzung der Baustoffe ganz besonderer Wert gelegt werden muß.

## 2. Quadermauerwerk

Quadermauerwerk aus guten, druckfesten, wetterbeständigen Steinen ist die beste, allerdings in der Regel auch teuerste Mauerungsart. Man verwendet sie dort, wo man künstlerische Wirkungen erzielen will (Portale), und überall dort, wo besonders starker Gebirgsdruck auftritt und man selben nicht durch ein Hilfsgewölbe abgefangen hat. Gut bearbeitetes Quadermauerwerk hat sehr kleinen Mörtelbedarf (80 l/m³) und hält bei guter Bearbeitung der Steine auch ohne Mörtel. Diese Eigenschaft macht sich dann besonders angenehm bemerkbar, wenn großer Wasserzudrang zum Mauerwerk vorhanden ist, den man nur teilweise abhalten kann. Diesfalls wird die Tragfähigkeit des Mauerwerkes bei teilweiser oder vollständiger Zerstörung des Mörtels nicht auf ein unerträgliches Maß verringert. Bei Verwendung von Quadermauerwerk kann man mit bestem Erfolg im Fortschreiten der Arbeit das Gebirge auf das Mauerwerk abstützen und ist in der Lage, einen Großteil des Rüstholzes rückzugewinnen. Dieser Vorteil kann so weitgehend sein, daß das Quadermauerwerk in Wettbewerb mit anderen Mauerwerksarten treten kann.

Wie vorhin erwähnt, ist Quadermauerwerk weitgehend unempfindlich gegen die Zerstörung der Mörtelfugen. Es ist daher auch gegen angreifende Tunnelwässer wenig empfindlich, vorausgesetzt, daß der verwendete Stein selbst den chemischen Wirkungen etwa angetroffener Wässer widerstehen kann.

Bei der Ausführung von Quadermauerwerk kann die gegen das Gebirge gerichtete Steinfläche auch unbearbeitet gelassen werden, ebenso braucht die Sichtfläche gegen das Innere des Tunnels nicht mit besonderer Sorgfalt angearbeitet zu werden. Genaue und maßgerechte Arbeit ist nur dort erforderlich, wo Mörtelfugen vorhanden sind.

Manche Gneise und auch Granite spalten so gut, daß die Ausführung von Quadermauerwerk gar nicht teuer kommt. In Nordnorwegen konnte Quadermauerwerk gegen Stampfbeton besser im Preis abschneiden, da die Zufuhr geeigneter Zuschlagstoffe schwierig, dafür gut spaltbarer Granit an Ort und Stelle in guter Beschaffenheit und ausreichender Menge vorhanden war.

### 3. Natursteinmauerwerk

Mauerung in Natursteinen kann Schichtmauerwerk oder rauhes Bruchsteinmauerwerk sein. Bei ersterem wird etwas sorgfältiger gearbeitet; die einzelnen Schichten des Mauerwerkes haben die gleiche Höhe. Überdies werden nicht nur die natürlichen Lagerfugen der Steine ausgenutzt, sondern auch die anderen Flächen roh bearbeitet. Das rauhe Bruchsteinmauerwerk nutzt nur die natürlichen Spaltflächen des Naturgesteines aus und wird ansonst nur roh gespitzt. Der Mörtelbedarf und die Mörtelfugen sind beim Schichtmauerwerk etwa 200 l/m$^3$, bei rauhem Bruchsteinmauerwerk 300 l/m$^3$.

Je größer die Mörtelfugen bei Natursteinmauerwerk sind, um so mehr ist das fertige Mauerwerk gegen Wasser und Gase empfindlich und mit um so weniger Sicherheit kann man beim Fortschreiten der Arbeiten mit der Abstützung des Gebirges auf das fertige Mauerwerk rechnen. Rauhes Bruchsteinmauerwerk wird mit gutem Erfolg für alle Verkleidungsquerschnitte verwendet, wo das Mauerwerk lediglich einen Schutz gegen das Loslösen von kleineren Gesteinsteilen bieten soll und ansonst keinen nennenswerten Gebirgsdruck aufnimmt. Auch im drückenden Gebirge wurde rauhes Bruchsteinmauerwerk mit Erfolg ausgeführt, nur mußte besondere Sorgfalt auf die Arbeit, besonders auf einwandfreie dichte Verfugung, verwendet werden. Ein Großteil der Tunnels der österreichischen Alpenbahnen ist in rauhem Bruchsteinmauerwerk ausgeführt.

### 4. Betonformsteine

Werden die Betonformsteine aus guten Ausgangsstoffen sorgfältig hergestellt, so sind sie bezüglich der Festigkeit und sonstigen Eigenschaften den Quadern aus natürlichen Steinen weitgehend ebenbürtig. Lediglich sind sie wie aller Beton gegen angreifende Wässer und Gase (Humussäure und schweflige Säure beim Dampfbetrieb) empfindlich.

Der Preis der Betonformsteine ist erheblich kleiner als der der Quadern aus Naturstein, vorausgesetzt, daß einwandfreie Betonzuschlagstoffe in ausreichender Menge billig beschafft werden können. Selbstverständlich dürfen auf allen Baustoffen keine übermäßigen Transportkosten liegen, damit die Formsteine konkurrenzfähig gegen Quadern bleiben. Bei entlegenen Baustellen in Nordnorwegen stellte sich Quadermauerwerk aus an Ort und Stelle gewonnenen, gut spaltbaren Graniten trotz sauberer Bearbeitung durch Steinmetze billiger als die Erzeugung von Betonformsteinen und Mauerwerk aus Beton, da sowohl der Zement als auch gute Zuschlagstoffe von weit her zugebracht werden mußten.

Der Mörtelbedarf ist bei Betonformsteinen der gleiche wie bei Quadern, auch sonst sind Betonformsteine wie Quadern zu verwenden und in den Arbeitsablauf einzugliedern.

## 5. Klinkermauerwerk

Hartgebrannte Klinker aus guten Ausgangsstoffen stellen schön maßhaltige, handliche Mauersteine dar. Nachdem die Einzelsteine in der Regel verhältnismäßig klein sind, steigt der Mörtelbedarf je Kubikmeter Mauerwerk auf 300 l/m³ und wächst entsprechend der Zahl der Fugen. Der Mörtel ist, wie schon erwähnt, gegen angreifende Wässer und Gase empfindlich; in der hohen Zahl der Fugen liegt damit die Schwäche des Klinkermauerwerkes. Überdies muß bei Klinkermauerwerk wegen der Kleinheit der Einzelsteine besonders sorgfältig auf guten Verband gesehen werden, was bei der Enge und Dunkelheit des Arbeitsraumes schwer überprüfbar ist. Bei den Tunnelbauten des vorigen Jahrhunderts waren Klinkergewölbe sehr beliebt, zumal bei den Bauten im deutschen Mittelgebirge. Indessen sind alle Klinkergewölbe, soweit sie in nassem Gebirge gelegen waren, mehr oder weniger erneuerungsbedürftig geworden. Dies hat seine Ursache in der meist mangelhaften wasserdichten Abdeckung dieser Gewölbe und vielfach auch darin, daß zur Bauzeit nur minderwertige Roman-Zemente für die Mörtelbereitung verwendet wurden. Heute findet man Klinkermauerwerk im Tunnelbau recht selten.

## 6. Betonmauerwerk

Wie im sonstigen Tiefbau, hat das Betonmauerwerk das Mauerwerk aus natürlichen Steinen auch im Tunnelbau vielfach verdrängt. Begünstigt wurde diese Entwicklung durch den Bau von Stollen, die lediglich der Wasserführung dienten und daher von Haus aus möglichst wasserdicht hergestellt werden mußten. Bei Verwendung von geeigneten Zuschlagstoffen, welche sorgfältig in ihrer Körnung nach den Sieblinien bestimmt werden, kann man weitgehend wasserdichten Beton herstellen. Die Forderung nach möglichster Wasserdichtheit des Betons hat die Ausführenden gezwungen, sich mit den Eigenschaften des Betons weitgehend

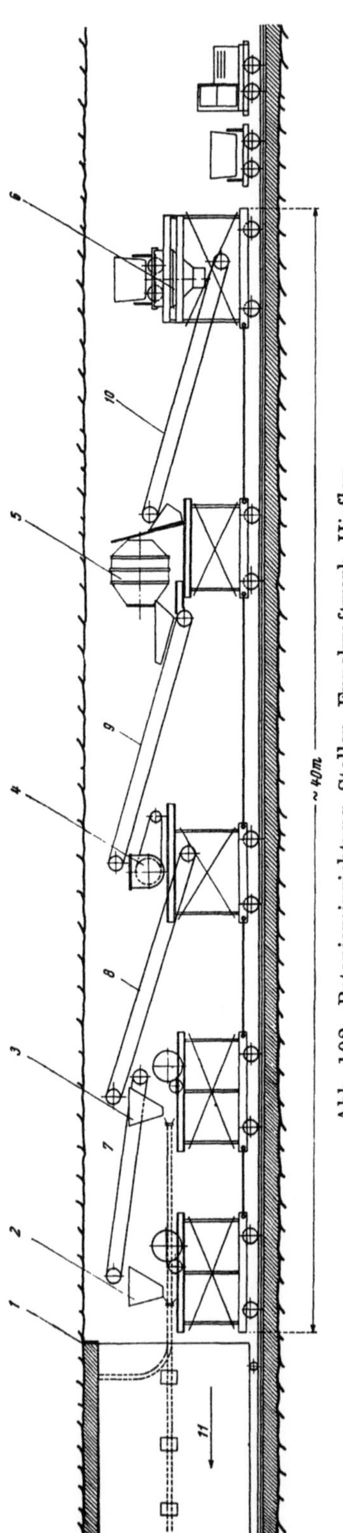

Abb. 102. Betoniereinrichtung Stollen Ennskraftwerk Hieflau

*1* Stirnschalung; *2* Betonpumpe; *3* Betonpumpe; *4* Rührwerk; *5* 1000-Liter-Mischer; *6* Aufzug und Aufgabewagen; *7* Förderband 5; *8* Förderband 3 und 4; *9* Förderband 2; *10* Förderband 1; *11* Betoniereinrichtung

zu beschäftigen. Wasserdichter Beton läßt auch in der Regel bezüglich der Festigkeitseigenschaften wenig zu wünschen übrig. Dort, wo der Beton nach den letzten Erkenntnissen der Baustoffkunde eingebracht und bereitet wurde, hat er sich auch durchaus bewährt.

Beton kommt als erdfeuchter bis weicher Stampfbeton und als Pumpbeton in Verwendung. Pumpbeton eignet sich für größere Querschnitte; die Wirtschaftlichkeit dürfte bei etwa *16 m² Ausbruchs- und 3 m² Betonquerschnitt* liegen. Bei kleineren Querschnitten sind die Auf- und Abbaukosten der Pumpanlage zu hoch, der Arbeitsraum zu eng.

Größten Wert für die Haltbarkeit und Tragfähigkeit jeglichen Betonmauerwerkes bildet eine ordentliche Verdichtung des eingebrachten Betons. Durch gewöhnliches Stampfen und Stochern, wie es beim Hochbau üblich ist (zumal unter kleinen Verhältnissen), erzielt man im Tunnelbau selten eine ordentliche Verdichtung des Betongutes. Dies hat seinen Grund im beengten Arbeitsraum und der mehr oder weniger schlechten Beleuchtung, welche sowohl die Arbeit als auch die Aufsicht erschwert. Eine gute Verdichtung erreicht man durch Innenrüttler. Bei größeren Stollenquerschnitten ist es sehr zweckmäßig, die Betoniereinrichtung und entsprechende Vorräte an Betonschotter in den

Stollen selbst zu verlegen. Man ist dadurch vor der Winterkälte geschützt und hat keine langen Transportwege.

## 7. Anschluß des Mauerwerkes an das Gebirge

Zwischen Mauerwerk und Gebirge darf kein Hohlraum sein. Würde man einen solchen zulassen, so könnte das Gebirge in den Hohlraum nachbrechen, damit in Bewegung kommen und unzulässigen Druck auf das Gewölbe und die Widerlager erzeugen.

Der Hohlraum zwischen dem planmäßigen Mauerwerk und dem Gebirge ist entweder mit Steinen satt auszupacken oder mit Magerbeton satt auszufüllen. Erstere Art bietet einen einfachen Weg, die Entwässerung des Gebirges hinter dem Mauerwerk zu erleichtern, und wird vielfach angewendet. Der Nachteil besteht darin, daß die vorhandenen Hohlräume in der Packung durch den Gebirgsdruck selbst zusammengedrückt werden und dadurch wieder Bewegung des Gebirges und zusätzlicher Gebirgsdruck mit allen schädlichen Folgen erzeugt werden kann. Diesen Nachteil vermeidet eine satte Ausfüllung des Hohlraumes zwischen planmäßigem Mauerwerk und Gebirge mit Magerbeton.

In drückendem Gebirge, wo man mit Getriebezimmerung vorgehen muß, ist die Auspackung des Hohlraumes mehr eine theoretische Forderung, da man die Pfähle in der Regel nicht rückgewinnen kann. Es schadet auch nichts, wenn diese mit Magerbeton einbetoniert werden. Dieser Vorgang ist besser als ein mehr oder weniger gelungener Rückgewinn der Pfähle, da bei diesem das Gebirge immer wieder Gelegenheit zu Bewegungen hat.

Es schadet auch nichts, wenn die Kappe der Zimmerung mit Magerbeton einbetoniert wird; dies ist mehr zu empfehlen als ein mehr oder minder mühsames Ausbauen der Kappe. Kann man hingegen die Kappe leicht rückgewinnen, so wird man sie selbstverständlich nicht im Berg belassen.

Je drückender das Gebirge ist, um so weniger wird man an der bereits eingebrachten Zimmerung rühren und um so mehr werden Holzteile miteinbetoniert werden. Geschieht dies so, daß das Holz überall satt von Beton umhüllt ist, wird man weit weniger zusätzlichen Druck haben als für den Fall, wo man sich krampfhaft bemüht, Holz rückzugewinnen. Meist ist in solchen Fällen der Holzrückgewinn ohnehin nur in Form von Abfall- und Brennholz möglich, daher der wirtschaftliche Gewinn meist in keinem Verhältnis zur angewandten Arbeit.

Neben reinem Beton-, Quader-, Formstein- und Klinkermauerwerk wurden auch mit gutem Erfolg Kombinationen angewandt. Eine solche Ausführung ist in Abb. 103 zu sehen. Man gewinnt dabei den Vorteil des billigen Betonmauerwerkes im Widerlager und den Vorteil des Gewölbes aus Quadern oder Formsteinen, der hauptsächlich darin gelegen ist, daß die Auswechslung der Zimmerung wesentlich leichter und sicherer vonstatten geht als bei reinem Betonmauerwerk. Die Fuge zwischen Beton- und Steinmauerwerk bildet eine Quelle von Undichtheiten, die für größere Drücke schwer zu beheben sind. Vorgenannte Bauweise scheidet daher für Druckstollen aus. Bei Freispiegelstollen, deren Betriebswasserstand über das Betonmauerwerk hinausreicht, muß das vom Wasser benetzte Mauerwerk einen wasserdichten Putz bekommen. Diesen stellt man vorteilhaft als Torkretputz in einer Stärke von 2,0 bis 2,5 cm her. Dieser Putz dichtet dann auch die Fuge zwischen Beton und Steinmauerwerk.

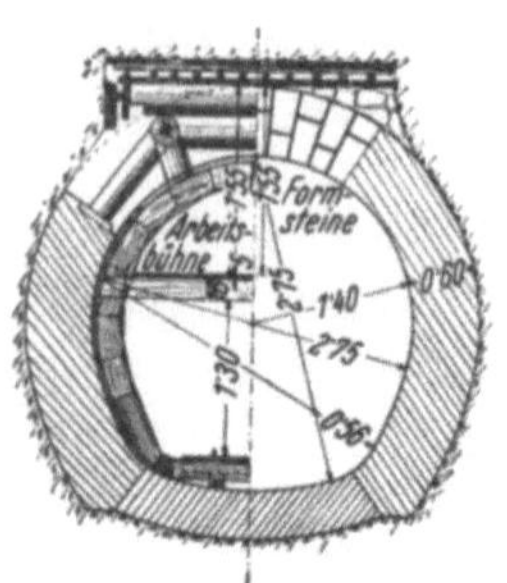


Abb. 103. Stollenausmauerung in Stampfbeton und Formsteinen

## 8. Mauerwerkstärken

Wie bei jedem Ingenieurbauwerk, sollen die Abmessungen der Bauwerksteile auf Grund einer statischen Berechnung ermittelt werden. Über die bei Gebirgstunneln angreifenden Kräfte und die Berechnung des Tunnelmauerwerkes geben die Ausführungen von KOMERELL: „Statische Berechnung von Tunnelmauerwerk" und das neue Buch von RABCEWICZ: „Gebirgsdruck und Tunnelbau" Aufklärung. Beide Verfasser mußten von bestimmten Annahmen ausgehen, welche, zumal bei vollkommen rolligem Gebirge und in der Nähe der Tunnelportale, nach dem jetzigen Stande der Wissenschaft einigermaßen der Wahrheit nahekommen. Tatsächlich gibt es aber alle nur möglichen Gebirgsbeschaffenheiten, bei denen man mit bestem Willen nicht annähernd das tatsächliche Verhalten und die vorhandenen Drücke angeben kann. Überdies tritt auch bei rolligem Gebirge, sofern die Überlagerung über der Tunnelröhre eine gewisse Größe erreicht, einige Verspannung im Material auf, so daß es völlig ungewiß bleibt, wie hoch etwa die Überlagerungshöhe in die statischen Berechnungen einzusetzen ist. Dabei ändert jede Ungleichmäßigkeit im Aufbau eines drückenden Gebirges die Verhältnisse ganz bedeutend; ebenso kann das Eindringen von Bergwasser in einen Hang die Verhältnisse sehr zu Ungunsten ändern.

Aus Vorgesagtem geht hervor, daß alle Annahmen für die statische Berechnung sehr unsicher sind. Man wird sichergehen, wenn man die ungünstigste Annahme macht und ohne Rücksicht auf eine etwa wachsende Überdeckungshöhe die Widerlager- und Gewölbestärken in denselben Abmessungen hält, wie sie sich in der Nähe des Tunnelmundes ergeben.

Einige Anhaltspunkte über die Wahl der Abmessungen des Tunnelmauerwerkes gibt auch das Verhalten der Zimmerung. Hat man bei den Vortriebsarbeiten die Zimmerung bis auf das äußerste ausgenutzt, d. h. die Zimmerung war so schwach bemessen, daß man deutliche Formänderungen wahrgenommen hat, so kann man das Tunnelmauerwerk so entwerfen, daß es etwa die dreifache Tragfähigkeit der vorerwähnten Zimmerung hat. Vielfach werden für verschieden stark angenommene Gebirgsdrucke von Haus aus entsprechende Tunnelregelquerschnitte angenommen, welche dann auf Grund des geologischen Gutachtens in die Preisberechnung eingeführt werden. Bestätigt das tatsächlich angefahrene Gebirge die Richtigkeit des geologischen Gutachtens, so tritt dann keine Änderung gegen die Annahmen der Preisberechnung ein und man paßt dem jeweilig angetroffenen Gebirge die Type des Mauerwerkes an. Man wird auf jeden Fall gut tun, das Fachschrifttum nach guten Ausführungen von Tunnelmauerungen für den vorliegenden Einzelfall durchzusehen. Vorzügliche Mauerungstypen finden sich in den Regelblättern der ehemaligen k. k. österreichischen Staatsbahnen.

Bei Stollen, welche der Wasserführung dienen, muß man die Verhältnisse bei vollem und leerem Stollen untersuchen. Für den leeren Stollen gelten die vorerwähnten Überlegungen. Ist aber der Stollen gefüllt, so muß der Innendruck berücksichtigt werden; für den Innendruck liegen die Verhältnisse vollkommen klar. Die Berechnung des gefüllten Stollens hat nachzuweisen, daß die Zugfestigkeit des Betons nicht überschritten wird, da sonst Risse entstehen würden, welche die Wasserdichtheit in Frage stellten. Vielfach hat man sich auf die Wasserdichtheit des Betons, besonders bei Druckstollen, nicht verlassen und hat, mit oder ohne Einrechnung der Erhöhung der Tragfähigkeit, Stahlbleche zur Dichtung des Betons eingebaut.

Auf eine Beschreibung der Ausführung der statischen Berechnung des Tunnelmauerwerkes wird hier verzichtet, da dies nur eine mehr oder weniger gelungene Wiederholung der Werke von KOMERELL und RABCEWICZ wäre.

## E. Baukosten bei Stollen- und Tunnelbauten im nicht standfesten Gebirge

Zum Unterschied von den Tunnelbauten im festen Fels, wo man auf Grund eines guten geologischen Gutachtens weitgehend Anhaltspunkte hat und die Verhältnisse recht klarliegen können, lassen sich bei Arbeiten im nicht standfesten Gebirge brauchbare, weitgehend allgemeingültige Angaben über Baustoffaufwand und Preise nur mit grober Annäherung machen. Ist das zu durchörternde Gebirge einheitlich, fehlen grobe Einschlüsse in Form von Felsblöcken oder verschütteten Bäumen, so verbilligt sich jeder Aufwand. Trifft das Gegenteil zu, so steigen alle Kosten bedeutend. Jegliche, wenn auch geringe zeitliche Standfestigkeit führt zur Verminderung des Bauaufwandes. In kurzfristig standfestem Gebirge kann man sich entweder alle oder doch einen Teil der Zumachebretter ersparen, kommt ohne Hilfstürstöcke aus und erhöht damit die Vortriebsgeschwindigkeit.

Wasserzudrang während der Vortriebsarbeiten erhöht in nicht standfestem Gebirge die Kosten wesentlich stärker, als dies bei standfestem Gebirge der Fall ist.

Zum Unterschied gegen die Verhältnisse im standfesten Gebirge werden die Kosten je Kubikmeter Vollausbruch bei rolligem Gebirge mit wachsendem Querschnitt größer. Der Rauminhalt der eingebauten Bergmannspfähle ist direkt proportional dem Umfang der Stollenlaibung.

Eine gerechte Preisfestsetzung, welche dem Unternehmer keine untragbaren Wagnisse aufbürdet, wird für verschiedene Gebirgsarten verschiedene Vortriebspreise rechnen und überdies für besondere Erschwernisse noch angemessene Zuschläge gewähren. Zu diesen Erschwernissen gehören: Durchfahren von Blockwerkstrecken, Wasserzudrang und etwa auftretende schädliche Gase. Der Wasserzudrang ist mit der Vergütung der etwa aufgewandten Pumpenstunden allein nicht vergütet, denn die ganze Vortriebsarbeit wird je nach der Wassermenge und des Ortes des Wasseraustrittes ganz verschieden erschwert werden.

Die Kosten, welche beim Vortrieb im rolligen Gebirge anfallen, setzen sich zusammen aus den

a) Kosten des Lösens und Abfahrens des rolligen Gebirges,
b) Kosten der Zimmerhäuer (Pölzmineure) und ihrer Gehilfen,
c) Kosten für Erschwernisse aller Art,
d) Kosten für Beleuchtung, Lüftung, Werkzeug usw. wie bei den Vortriebsarbeiten im standfesten Gebirge.

### 1. Lösen und Abfahren des rolligen Gebirges

Das Gebirge ist in der Regel sehr leicht zu lösen. Meist wird einfaches Werkzeug, wie Krampen, Schaufeln sowie Brechstangen, genügen. Das Werkzeug ist, wie bei allen sonstigen Stollenbauten, den beengten Platzverhältnissen anzupassen. Hat man Preßluft zur Verfügung, was immer dann zutreffen wird, wenn der Tunnel nach Durchörterung einer nicht standfesten Strecke festen Fels durchfährt, kommen auch leichte Pick- und Abbauhämmer zur Anwendung. Ist von Haus aus mit dem Auftreten von Blockwerk zu rechnen, muß man zur Erzielung eines guten Arbeitsfortschrittes die notwendigen Einrichtungen für die Maschinbohrung haben.

Die Schutterleistung kann wie im festen Gebirge angenommen werden. Wenngleich sich z. B. rolliger Sand und Schotter leichter als etwa sperriger Granit laden lassen, sind dafür die Stolleneinbauten im rolligen Gebirge wieder recht hinderlich, was die Leistungsfähigkeit trotz der guten Ladefähigkeit der Massen wieder auf denselben Stand herabdrückt.

Lademaschinen werden wenig ausgenützt, da die je Schicht anfallende Schuttmenge verhältnismäßig klein ist und überdies die Einbauten für das Arbeiten der Lademaschinen sehr hinderlich sind.

Die Schutterleistung ist bei Vortrieben im rolligen Gebirge niemals für die Schnelligkeit des Vortriebes ausschlaggebend, da die Arbeiten für die Einbauten ungleich mehr Zeit beanspruchen als die Abfuhr und das Aufladen der anfallenden Massen.

## 2. Kosten der Zimmerhäuer und ihrer Gehilfen

Die Zimmerhäuer haben nicht nur das Gebirge zu lösen; ihre Hauptarbeit besteht darin, den Bestand der Stollenröhre durch Einbauten aus Holz oder Stahl gegen Verbruch zu sichern. Die Arbeit der Zimmerhäuer wird dadurch erleichtert, daß nach Angaben der Mannschaft vor Ort in den Stollen bereits richtig abgelängte Rundhölzer geliefert werden. Ebenso sollen die Bergmannspfähle mit der richtigen Länge und auf einer Seite angeschärft der Mannschaft vor Ort zur Verfügung gestellt werden; von der Zimmerei soll zugleich für die Lieferung der notwendigen Keile gesorgt werden. Die Zufuhr der Stollenhölzer und sonstigen Einbaustoffe geschieht mit den von der Kippe rückkehrenden Wagen.

## 3. Kosten für Erschwernisse aller Art

In der Regel wird für alle Arbeiten unter Tag den Arbeitern eine Stollenzulage gewährt, die für alle Leute in Rechnung zu stellen ist, die regelmäßig in den Stollen einfahren. Ist Wasserzudrang vorhanden, so gebührt den Leuten, die vor Ort arbeiten und die sonst während der ganzen Schicht im Wasser ihre Arbeit verrichten, eine betrieblich festzusetzende Wasserzulage. Mit Wasser wird man in der Regel bei der Durchörterung von rolligem Gebirge zu rechnen haben. Meist wird Wasser an der Grenze zwischen den verschiedenen Schichten, etwa Hangschutt und festem Fels oder Schotter und Lehm, angetroffen werden.

## 4. Kosten für Beleuchtung, Lüftung usw.

Wie schon erwähnt, stellen sich diese Kosten wie bei den Vortriebsarten im festen Gebirge; es erübrigt sich daher eine Wiederholung der schon im ersten Hauptabschnitt dargelegten Verhälntisse.

## 5. Arbeiterbedarf

Die nachfolgende Tabelle 20 gibt den Arbeiterbedarf für den Vortrieb im rolligen Gebirge mit mittleren Verhältnissen an.

Dort, wo in Tabelle 20 etwa $\frac{1}{2}$ oder $\frac{1}{3}$ angegeben ist, bedeutet dies, daß eine bestimmte Arbeitergattung nicht voll ausgenutzt ist. Bei langsamem Fortschritt in sehr ungünstigem Gebirge wird die ganze Mannschaft, der das Abfahren des gelösten Gebirges obliegt, vom Lokführer über Bremser und Schlepper bis zur Kippe nicht voll ausgenutzt sein und leicht imstande sein, in verhältnismäßig kurzer Zeit, bei weitem nicht die ganze Schicht brauchend, das anfallende Haufwerk abzufahren.

Tabelle 20. *Schichtbesetzung im Tunnelbau im rolligen, nicht standfesten Gebirge*

| Arbeitsgattung und Ort | Polier | Drittelführer | Mineur | Hilfsmineur | Graben-rotte | | Gleisrotte | | Schlepper | Bremser | Kippe | | | Kompressor | Schmiede | | Elektriker | Lokführer |
|---|---|---|---|---|---|---|---|---|---|---|---|---|---|---|---|---|---|---|
|  |  |  |  |  | Mineur | Hilfsarb. |  |  |  |  |  |  |  |  |  |  |  |  |
|  |  | F | F | a | F | H | F | H | H | a | F | H | M | a | F | a | Fv | M |
| Richtstollenvortrieb bis etwa 4,2 m² | 1/3 | 1 | 1 | 1 | 1 | 2 | 1 | 1 | 2 | 1/2 | 1/2 | 1 | 1 | 1 | 1/3 | 1/3 | 1/3 | 1/2 |
| Firststollenvortrieb bis etwa 4 m² | 1/3 | 1 | 1 | 1 | — | — | — | — | 2 | 1/2 | 1/2 | 1 | — | — | 1/3 | 1/3 | — | — |
| Aufbrüche oder Firstschlitze | — | — | 1 | 2 | — | — | — | — | 1 | — | — | — | — | — | — | — | — | — |
| Kalottenniederbruch bis etwa 14 m² | 1/6 | 1 | 2 | 2 | — | — | — | — | 2 | 1/2 | — | 1 | — | — | 1/3 | 1/3 | 1/3 | 1/2 |
| Strossenabbau bis etwa 10 m² | 1/6 | 1 | 2 | 2 | — | — | — | — | 2 | 1/2 | — | 1 | — | — | 1/3 | 1/3 | 1/3 | 1/2 |
| Ausweitung auf Vollquerschnitte von 4 auf höchstens 12 m² ohne deutliche Arbeitsunterteilung | 1/3 | 1 | 2 | 2 | — | — | — | — | 2 | 1/2 | 1/2 | 1 | — | — | 1/3 | 1/3 | 1/3 | 1/2 |

Die Abkürzungen bedeuten:

F  Facharbeiter, z. B. vollkommen ausgebildeter Mineur oder Handwerker;
a  angelernter Arbeiter, Mineurhelfer, Schmiedhelfer usw.;
H  Hilfsarbeiter;
M  Maschinist;
Fv  Fachvorarbeiter, aufsichtsführender, vollkommen ausgebildeter Handwerker.

Sache der Bauleitung ist es, in diesem Fall die Leute anderweitig nutzbringend zu beschäftigen. Liegen zwei Tunnels nebeneinander, so wird dann umschichtig, einmal am einen, dann am anderen Tunnel das Haufwerk zur Kippe gebracht.

Bei Betrieb von Fensterstollen wird man die ganze Lademannschaft bei langsamem Fortschreiten des Vortriebes nicht ausnützen können. Gleichwohl müssen die Leute zur Verfügung stehen, um den Fluß der Arbeit nicht aufzuhalten. In solchen Fällen wird man sich überlegen, vom Lokbetrieb Abstand zu nehmen und Handförderung einzuführen. Sonst muß man zeitweises Nichtstun der Leute eben in Kauf nehmen. Etwas verbessert sich die wirtschaftliche Seite, wenn man zu solchen minderbeschäftigten Rotten Leute gibt, deren Leistungsfähigkeit ebenfalls eine minderwertige ist.

Die Zahlenwerte der Tabelle 20 erfahren kaum eine wesentliche Vermehrung, weder bei günstigen noch bei ungünstigen Verhältnissen; der enge Arbeitsraum gestattet es nicht, über eine gewisse Anzahl von Leuten vor Ort hinauszugehen.

Die in der Tabelle 20 angegebenen Mineure (Häuer) müssen bei Vortrieben im rolligen Gebirge Pölzmineure (Zimmerhäuer) sein; eine Ausnahme bildet nur der Mineur, der die Grabenrotte führt. Die Pölzmineure haben vielfach höheren Lohn als die sonstigen Mineure, da sie auch bedeutend mehr Kenntnisse und Erfahrungen als diese haben müssen.

Die Grabenrotte stellt auch in der Zeit, wo sie nicht mit Herstellen des Grabens und sonstigen Nebenarbeiten, wie Vorbereiten der Pölzungshölzer und dergleichen, beschäftigt ist, die Bohrerträger. Die Gleisrotte macht zur Zeit, wo sie nicht mit dem Vorstrecken des Stollengleises beschäftigt ist, Handlangerdienste bei den verschiedenen im Stollen anlaufenden Nebenarbeiten. Sie hilft dem Facharbeiter bei der Verlegung der Preßluft- und Bewetterungsrohre.

Der Facharbeiter der Gleisrotte führt gleichzeitig die Aufsicht über die Hilfskräfte. Der Facharbeiter an der Kippe führt die Aufsicht über den gesamten Transportbetrieb im Stollen.

In der Regel werden die Arbeiten, wie Vortreiben des Richtstollens, Ausbruch des Firststollens, Niederbruch der Kalotten und Strossen, räumlich getrennt, jedoch gleichzeitig ausgeführt. In diesem Falle ergibt sich die beste Ausnutzung der Arbeitskräfte.

Wird gleichzeitig an allen Arbeitsorten, wie First- und Sohlstollen, Kalotte und Strosse, gearbeitet, so sind die Angaben der Tafel sinngemäß zu addieren. Für ganz nahe nebeneinanderliegende Arbeiten wird man mit einer Aufsicht, also einem Drittelführer, das Auslangen finden. Hingegen werden Sohl- und Firststollen, wenn sie weiter auseinanderliegen, immer je einen Drittelführer brauchen.

Wird die Holz- und Stahlrüstung durch ein Hilfsgewölbe aus Spritzbeton ersetzt, so wird in der Regel die ganze Kalotte oder ein großer Teil derselben in einem und der Vollausbruch in einem zweiten Arbeitsgang abgebaut. Anhaltspunkte für die Schichtbesetzung gibt Tabelle 21.

Tabelle 21. *Schichtbesetzung bei Spritzbetonverfahren*

| Arbeitsgattung | Polier (F) | Drittelführer (F) | Mineur (a) | Hilfsmineur (a) | Nebenarbeit: Hilfsmineur (a) | Nebenarbeit: Hilfsarb. (H) | Förderrotte: Maschinist (H) | Förderrotte: Schlepper (H) | Förderrotte: Bremser (a) | Förderrotte: Lokführer (M) | Spritzbeton: Maschinist (M) | Spritzbeton: Hilfsarb. (H) | Kompressorwärter (F) | Schmied (F) | Elektriker (F) | Kippe (a) | Kippe (H) | Anmerkung |
|---|---|---|---|---|---|---|---|---|---|---|---|---|---|---|---|---|---|---|
| Kalottenausbruch und Sicherung mit Hilfsgewölbe | 1 | 1 | 2 | 1 | 1 | 1 | 1 | 1 | 1 | 1 | 2 | 2 | 1 | $^1/_2$ | $^1/_2$ | 1 | 1 | Bandförderer vor Ort |
| Vollausbruch, nur Kalotte gesichert | 1 | 1 | | | 1 | 1 | 1 | 1 | 1 | 1 | — | — | 1 | $^1/_2$ | $^1/_2$ | 1 | 2 | Lademaschine vor Ort |
| Vollausbruch, ganzer Querschnitt mit Spritzbeton gesichert | 1 | 1 | 2 | 1 | 1 | 1 | 1 | 1 | 1 | 1 | 2 | 2 | 1 | $^1/_2$ | $^1/_2$ | 1 | 2 | wie vor |

Abkürzungen wie Tabelle 20.

Die Tabellen 20 und 21 können keine allgemeingültige Annahmen machen; die Gesamtzahl der Arbeiter wird sich immer nach den örtlichen Verhältnissen zu richten haben.

## 6. Preisberechnung

Die Errechnung der angemessenen Preise bezüglich der Löhne erfolgt so, daß man für jede Arbeitsgattung den Mittellohn aller beteiligten Arbeitskräfte ermittelt; dabei sind auch die früher erwähnten Zuschläge zu berücksichtigen.

Der Mittellohn, multipliziert mit der Anzahl der Arbeiter und der Zahl der Arbeitsstunden (in der Regel acht Stunden) ergibt eine gewisse Lohnsumme. Dieser Lohnsumme steht eine Leistung gegenüber, aus der dann der Preis für den laufenden Meter Stollenausbruch errechnet wird.

Liegen Probebohrungen vor oder ist durch ein gutes geologisches Gutachten oder durch die augenscheinliche Ähnlichkeit mit bekannten Verhältnissen die Beschaffenheit des Gebirges genügend bekannt, so kann man auch mit einiger Sicherheit die angemessenen Preise bestimmen. Vor Überraschungen nach der angenehmen und noch mehr nach der unangenehmen Seite wird man bei Vortrieben im rolligen Gebirge niemals sicher sein.

Erfahrungswerte über die mögliche Schichtleistung können aus nachstehender Tabelle 22 entnommen werden (S. 250, 251). Diese Tabelle kann bei weitem nicht erschöpfend auf alle bei Vortrieben im nicht standfesten Gebirge auftretenden Schwierigkeiten Rücksicht nehmen. Die eingesetzten Schichtleistungen sind unter der Annahme gut eingearbeiteter, arbeitsfreudiger Arbeitsrotten aufgestellt. Minderwertige Arbeitskräfte können die Erfolgszahlen ganz bedeutend herabdrücken. Als Richt- (First-) Stollenquerschnitt wurden 4 m² angenommen. Unter dieses Maß herabzugehen, empfiehlt sich bei den als Förderstollen dienenden Röhren auf keinen Fall; im Firststollen kann man bis auf 3,6 m² herabgehen. Was man aber an Holz erspart, muß wieder durch Arbeitsbehinderung in der Enge des Raumes hereingebracht werden. In den Vortriebskosten ist ein Stollen von 3,6 m² Querschnitt nahezu gleich teuer wie ein solcher von 4,2 m², weil die Hauptarbeit, das Stellen der Geviere und Anarbeiten der zugehörigen Holzverbindungen, die gleiche ist. Lediglich um einige Pfähle werden mehr zu schlagen sein, wenn man einen größeren Querschnitt wählt, dafür gewinnt man aber bedeutend an Platz, was durch die geringere Behinderung die Arbeit wieder recht verbilligt.

Es ist selbstverständlich, daß man sich vor der Preisberechnung ein klares Bild über die Abbauweise macht. Der gewählte Einbau wird in Skizzen festgelegt und diese auch den Drittelführern ausgehändigt. Eine Änderung der Abbaumethode während des Vortriebes wird man nur unter ganz zwingenden Umständen machen, denn eine solche Umstellung gibt auf jeden Fall Leerlaufzeiten, deren Kosten meist uneinbringbar sind. Aus der Skizze des geplanten Einbaues ermittelt man auch den Holz- und Eisenbedarf für den laufenden Meter Vortrieb.

Je nach den Verhältnissen wird man auch mit einem mehr oder weniger großen Rückgewinn an den Einbaustoffen rechnen können, doch darf man sich davon nicht allzuviel versprechen. Nicht nur, daß die Einbauhölzer oft unverwendbar aus dem Stollen kommen, muß man auch mit einem bedeutenden Verlust an Eisenteilen (Klammern) rechnen, von denen manche ungesehen und auf ewige Zeiten in der Kippe verschwinden.

Für das Spritzbetonverfahren liegen nicht die jahrzehntelangen Erfahrungen vor, wie man selbe für die bisher gebräuchlichen Rüstungen erworben hat. Nach eigenen Erkundigungen und Erfahrungen, welche aber keineswegs als vollständig anzusehen sind, ergab sich, daß eine gut eingearbeitete Stollenmannschaft im Spritzbetonverfahren größere Schichtfortschritte erzielte als bei Vorgehen nach den bisher gebräuchlichen Zimmerungsarten.

Für den zu erwartenden Schichtfortschritt, welchen man für Kalottenvortrieb und Vollausbruch besonders berechnen muß, sind im wesentlichen zwei Fälle zu unterscheiden:

1. Das Gebirge muß durch Sprengarbeit gelöst werden.
2. Der Abtrag des Gebirges erfolgt durch Schrämmwerkzeuge aller Art.

Tabelle 22. *Mittlere Schichtleistung bei ver-*

| Nr. | Gebirgsart |
|---|---|
| 1 | Gebirge gleichmäßig, einige Zeit standfest, so daß keine Getriebezimmerung notwendig ist, wohl aber der ganze Querschnitt wegen späterer Ablösung verpfählt werden muß. Trocken |
| 2 | Wie 1, jedoch mit etwas Tropfwasser |
| 3 | Gebirge gleichmäßig, kurzfristig standfest, so daß wohl mit Getriebezimmerung gearbeitet werden muß, jedoch die Einziehung von Hilfstürstöcken unterbleiben kann. Trocken |
| 4 | Gebirge wie unter 3, jedoch mit Tropfwasser |
| 5 | Gebirge wie unter 3, aber mit bedeutendem Wasserzudrang |
| 6 | Gebirge gleichmäßig, keine Standfestigkeit vorhanden, Einziehen von Hilfstürstöcken bei der Getriebezimmerung notwendig. Trocken |
| 7 | Gebirge wie unter 6, jedoch mit Tropfwasser |
| 8 | Gebirge wie unter 6, jedoch mit bedeutendem Wasserzudrang |
| 9 | Gebirge ungleichmäßig, mit Blockwerkseinlagen, der Füllstoff so weit standfest, daß nur vereinzelt Hilfsbaue notwendig sind. Trocken |
| 10 | Gebirge wie unter 9, jedoch mit Tropfwasser |
| 11 | Gebirge hat Blockwerk in Schwimmsand gebettet, Getriebezimmerung mit Hilfsbauen erforderlich, teilweise Sprengarbeit unter Zimmerung erforderlich, trocken |
| 12 | Gebirge wie unter 11, jedoch mit Tropfwasser |
| 13 | Gebirge wie unter 11, jedoch mit bedeutendem Wasserzudrang |

* Vollausbruch in einem Zuge bedeutet, daß wohl von einem Richtstollen großen Querschnitten üblich,

Zu 1. Je nach der Standfestigkeit des Gebirges erfolgt die Sicherung entweder sogleich nach Fertigstellung des Ausbruches oder kann einige Zeit später erfolgen.

Soll die folgende Schichtmannschaft eine fertig ausgebrochene und gesicherte Strecke übernehmen, was auf jeden Fall sehr zweckmäßig ist, so ist die geplante Abschlagslänge so zu vermindern, daß außer der Bohr-, *schiedenen Stollenarbeiten und Gebirgsarten*

Schichtleistung in m

| Richtstollen Firststollen bis 4 m² | Kalottenniederbruch m² | | | | | Strossenabbau m² | | | | | Vollausbruch in einem Zuge* m² | | | |
|---|---|---|---|---|---|---|---|---|---|---|---|---|---|---|
| | 8 | 10 | 12 | 14 | 16 | 8 | 10 | 12 | 14 | 16 | 4 | 6 | 10 | 12 |
| 1,2 | 1,0 | 0,9 | 0,8 | 0,7 | 0,6 | 1,0 | 0,9 | 0,8 | 0,7 | 0,6 | 1,3 | 1,1 | 0,8 | 0,6 |
| 1,1 | 0,9 | 0,8 | 0,7 | 0,6 | 0,5 | 0,9 | 0,8 | 0,7 | 0,6 | 0,5 | 1,2 | 1,0 | 0,7 | 0,5 |
| 1,0 | 0,7 | 0,6 | 0,6 | 0,5 | 0,3 | 0,8 | 0,7 | 0,7 | | | | | | |
| 0,9 | 0,6 | 0,5 | 0,5 | 0,4 | 0,3 | 0,7 | 0,6 | 0,6 | 0,5 | | 0,7 | | 0,6 | |
| 0,7—0,6 | 0,5 | 0,4 | 0,3 | 0,3 | 0,2 | 0,6 | 0,5 | 0,5 | 0,4 | | 0,6 | | | 0,3 |
| 0,7—0,6 | 0,5 | 0,4 | 0,3 | 0,2 | 0,2 | 0,6 | 0,5 | 0,5 | | | | | | |
| 0,5 | 0,4 | 0,3 | 0,3 | 0,25 | 0,15 | 0,5 | 0,4 | 0,4 | 0,3 | | 0,5 | | 0,4 | |
| 0,3 | 0,2 | 0,2 | 0,15 | 0,15 | 0,10 | 0,3 | 0,2 | 0,3 | 0,2 | | 0,4 | | 0,3 | 0,15 |
| 0,4 | 0,4 | 0,3 | 0,3 | 0,2 | 0,2 | 0,5 | 0,4 | 0,4 | | | | | | |
| 0,2 | 0,1 | 0,08 | 0,07 | 0,07 | 0,06 | 0,1 | 0,08 | 0,07 | 0,06 | | 0,1 | | | 0,06 |
| 0,1 | 0,08 | 0,07 | 0,06 | 0,05 | 0,04 | 0,1 | 0,09 | | | | 0,03 | | 0,01 | |
| 0,05 | | | | 0,02 | | | | | | | | | | |
| 0,03—0,01 | | | | 0,01 | | | | | | | | | | |

ausgegangen wird, jedoch Kalotte und Strosse in einem Arbeitsgang, wie bei
ausgebrochen wird.

Schieß,- Lüfte- und Schutterzeit noch die Zeit übrig ist, welche für das
Aufbringen der Spritzbetonschicht erforderlich ist. Auf Grund der bekannten Maschinenleistungen und der sonstigen Betriebseinteilung wird
sich für jeden besonderen Fall ergeben, ob für den Schichtfortschritt die
Bohr- oder die Schutterleistung maßgebend ist. Einen Überblick hiezu
geben die Nomogramme 1 bis 9 (Abb. 54 bis 62 [S. 105 f]).

Mit der Stollenmannschaft laut Tabelle 21 kann man als Zeitaufwand für die Herstellung eines Quadratmeters Spritzbeton von 3 bis 5 cm Stärke 0,2 Stunden rechnen. Aus dem Umfang des auszubrechenden Stollenquerschnittes ergeben sich die Quadratmeter Spritzbeton je Meter Abschlagslänge. Man nimmt nun zuerst eine Abschlagslänge an, ermittelt aus dieser die für das Aufbringen des Spritzbetons erforderliche Zeit. Diese Zeit setzt man als konstanten Zeitverlust $v_k$ in die Berechnung des Schichtfortschrittes auf Grund der Bohr- oder Schutterarbeit ein. Durch Wiederholung der Durchrechnung kommt man dann auf die richtige Abschlagslänge. Abschlagslängen über die halbe kleinste Stollenabmessung kommen in vorliegendem Falle *nicht* in Frage.

Ist man sicher, daß die Nachbrüchigkeit des Gebirges so geringfügig ist, daß zur Sicherung der Stollenmannschaft die sofortige Anbringung der Spritzbetonschicht *nicht* notwendig ist, kann die Absicherung durch die Spritzbetonschicht in einem besonderen Arbeitsgang nachträglich erfolgen, wobei man aber auf keinen Fall allzu große Zeiträume verstreichen lassen wird. Erfolgen Spritzbetonauftrag und Stollenvortrieb in zwei Arbeitsgängen, so sind für jede Arbeit die Lohnkosten zu berechnen.

Zu 2. Erfolgt der Abtrag des Gebirges mit Schrämmwerkzeugen aller Art oder mittels der Spitzhacke, so ist die Herstellung des Hilfsgewölbes aus Spritzbeton für die Kostenberechnung die aufwendigste Arbeit. Der Abtrag der Massen und deren Abförderung geht ziemlich gleichzeitig mit der Herstellung des Hilfsgewölbes.

Je nach der Standfestigkeit des Gebirges ist die Stärke des Spritzbetons zu bemessen. Genaue Angaben können hiefür nicht gemacht werden, einen Anhaltspunkt gibt Tabelle 19. Je kürzer die Standfestigkeit des Gebirges ist, über welche Eigenschaft vor Ort niemals Zweifel bestehen werden, um so kleiner wählt man die Vortriebslänge. Bei geringer Gebirgsstandfestigkeit wird es auch vielfach vorkommen, daß der nachfolgenden Schicht kein vollkommen ausgebrochener und gesicherter Querschnitt übergeben wird, vielmehr werden sich die Arbeiten überschneiden.

Die mögliche Abbaulänge in der Kalotte möge am besten an einem Beispiel erläutert werden.

Die vorzutreibende Kalotte habe einen Umfang von 9 m, die Standfestigkeit des Gebirges läßt erwarten, daß mit einem Hilfsgewölbe von 20 cm Stärke mit Baustahlgittereinlage das Auslangen gefunden wird und in das Gewölbe in Entfernungen von 1,0 m Alpinebogen (siehe Abb. 94, Seite 223) zur Verstärkung eingelegt werden müssen.

Bei einer Leistung mit der Stollenmannschaft nach Tabelle 21 von 40 m² Spritzbeton von 3 bis 5 cm Stärke (entsprechen 0,2 Stunden/m²) sind für das Aufbringen der 20 cm starken Spritzbetonschichte vier Ar-

beitsgänge und für das Einlegen des Baustahlgitters ein weiterer gleich
großer Arbeitsgang erforderlich, der auch für das Einbringen der verlorenen Alpinebogen zu rechnen ist. Der mögliche Arbeitsfortschritt je
Schicht ergibt sich dann mit

$$\frac{40}{9.(4+1+1)} = 0,74 \text{ m.}$$

Diese Zahl wird man unter Berücksichtigung von unvorhergesehenen
Dingen auf den Wert von 0,70 abrunden. Muß die Brust durch Spritzbeton gesichert werden, ist hiefür ein weiterer Arbeitsgang erforderlich,
wodurch sich der Arbeitsfortschritt je Schicht noch mehr vermindert.

Bei Arbeiten in Tropfwasser kann man mit einer Leistungsminderung
von 10 bis 20 % rechnen. Größere Wassereinbrüche sind besonders in
Rechnung zu stellen und bei einer übersichtlichen Bauausschreibung in
besonderen Positionen zu bringen. Während der Beseitigung des Wasser-
einbruches ruht die Vortriebsarbeit, etwa überzählige Leute der Mannschaft vor Ort sind anderweitig zu beschäftigen.

Ist das Gebirge durch Sprengarbeit zu lösen, wird es in der Regel
ausreichend sein, nur die Kalotte durch Spritzbeton zu sichern. Für den
Vollausbruch sind dann die gleichen Überlegungen maßgebend, wie selbe
für den Vortrieb im standfesten Gebirge Geltung haben. Für den Schichtfortschritt beim Vollausbruch wird in der Regel die Schutterleistung maßgebend sein.

Bei geringer Standfestigkeit des Gebirges wird man auch den Querschnitt des Vollausbruches durch Spritzbeton sichern müssen. Bei kleiner
Standfestigkeit können auch an den Ulmen Baustahlgittereinlagen erforderlich sein, zu den seltenen Fällen wird gehören, daß die Alpinebogen
bis zur Tunnelsohle reichen müssen.

Der Schichtfortschritt im Vollausbruch ist nach den gleichen Überlegungen wie beim Kalottenvortrieb festzulegen. Ist der Vollausbruch
einmal gesichert oder auch dann, wenn eine solche Sicherung sich nur
auf kleinen Umfang beschränkt oder gar nicht gebraucht wird, ist der
Abtrag der restlichen Massen weitgehend von der Leistungsfähigkeit der
Schuttergeräte und der Förderungseinrichtungen abhängig.

### a) Berechnung der Lohnkosten beim Vortrieb
### in nicht standfestem Gebirge

Für jede Arbeitsgattung, sei es nun etwa der Vortrieb des Richtstollens in alter Rüstung oder der Kalottenvortrieb nach der Spritzbeton-
methode oder die Arbeiten des Vollausbruches, muß die Schichtbesetzung
nach Tabelle 20 oder 21 festgelegt werden und der Bruttomittellohnpreis
für die Schichtmannschaft, wie bei Vortrieb im standfesten Gebirge erläu-

tert wurde, errechnet und damit der Schichtlohn ermittelt werden. Hat man nach den früheren Ausführungen bzw. nach den Angaben der Tabelle 22 den Schichtfortschritt im Richtstollen mit $f_r$, in der Kalotte mit $f_k$, in den Strossen mit $f_s$ und im Vollausbruch mit $f_v$ errechnet, so sind die Lohnkosten je Meter Richtstollen $\dfrac{S_r}{f_r}$, je Meter Kalotte $\dfrac{S_k}{f_k}$, in den Strossen $\dfrac{S_s}{f_s}$ und im Vollausbruch $\dfrac{S_v}{f_v}$ je Meter Vortrieb gegeben. Dividiert man durch die jeweilige Fläche, erhält man die Lohnkosten für den Kubikmeter festen Gebirges.

Ohne Rücksicht auf die Sicherung, sei diese in Zimmerung oder Spritzbeton, ist für jede Gebirgsart, welche man erwarten kann, ein besonderer Vortriebspreis anzubieten. Eine einfache Unterteilung in standfesten und nicht standfestes Gebirge würde dem Unternehmer zuviel Wagnis aufbürden und gäbe eine ständige Quelle von Streitigkeiten. Spritzbeton ist nach Quadratmeter und Stärke, Baustahlgitter nach Quadratmeter, Ankerung nach Meter Anker einschließlich Bohrarbeit und Versetzen der Anker zu veranschlagen.

### *b) Berechnung der Stoffkosten*

Allgemeingültige Angaben, etwa in Form von Tabellen oder Schaubildern, können für die Stoffkosten in nicht standfestem Gebirge nicht gegeben werden, da selbe wie die Lohnkosten von zu vielen einzelnen Umständen abhängen. Es bleibt nichts anderes übrig, als für jeden besonderen Fall die Baustoffkosten zu ermitteln. Nachstehend zwei Beispiele für Getriebezimmerung und für Spritzbetonverfahren.

α) **Richtstollenvortrieb in Getriebezimmerung,** Lichtweite $2 \times 2$ m, Ausbruchsfläche 6,5 m², die Bergmannspfähle sichern das Gebirge auf eine Gesamtfläche von 7,2 m², je Arbeitsschicht wird ein Vortrieb von 1,0 m erreicht, es werden daher 6,5 m³ Massen gelöst.

Holz:

| | | |
|---|---|---|
| 2 Steher, je 2,0 m lang, Steher viermal verwendet | 1,000 m | |
| Kappe, 2,6 m lang, einmal verwendet | 2,600 m | |
| zusammen | 3,600 m | Rundholz |
| 3,6 m Rundholz, ⌀ 30 cm | 0,255 m³ | |
| Schwellen für Stollen | 0,065 m³ | |
| | 0,320 | |
| rund 10 % Verschnitt | 0,030 | |
| Rundholzbedarf | 0,350 m³ | |

Rundholzpreis in Österreich 1962 S 500,—/m³

| | |
|---|---|
| Rundholzkosten | S 175,— |

7,2 m² Bergmannspfähle, 0,05 m stark, viermal verwendet:

| | | |
|---|---|---|
| Schnittholz | 0,090 m³ | |
| 10 % Verschnitt einschließlich Keile | 0,010 m³ | |
| Schnittholzbedarf | 0,100 m³ | |
| Schnittholzkosten bei einem Preis von S 1100,—/m³ | | S 110,— |
| Kleineisen, Bauklammern, 8 kg zu S 6,— | | S 48,— |
| Kompressor. Motor 20 kW je 8 Stunden | 160 kWh | |
| Lüftung, Beleuchtung, Nebenbetriebe | 10 kWh | |
| Stromverbrauch je Schicht | 170 kWh | |
| Strompreis S 0,60, Stromkosten 170 × 0,60 | | S 102,— |
| Stoffkosten | | S 435,— |
| 16 % Zentralregie, Wagnis, Gewinn, Steuern | rund | S 70,— |
| Gesamtstoffkosten | | S 505,— |

Kosten je Quadratmeter gesicherter Fläche $\dfrac{505}{7,2}$ — rund S 70,—

Kosten je Kubikmeter gelöster Massen $\dfrac{500}{6,5}$ — rund S 77,—

β) **Kalottenvortrieb in Spritzbetonverfahren.** Ausbruchsfläche 10 m², Schichtleistung 0,8 m, je Schicht 8 m³ Massen gelöst, Umfang der Kalotte 8,0 m, Kalotte mit Spritzbeton, 20 cm Stärke, und Baustahlgitter gesichert. Aufzubringen sind $0,8 \times 8 \times 0,20 = $ rd. 1,30 m³ Spritzbeton. Obige Angaben entsprechen etwa der Gebirgsbeschaffenheit des Beispieles mit Getriebezimmerung.

Spritzbetonkosten je Kubikmeter:

| | |
|---|---|
| 350 kg Zement zu S 0,60 | S 210,— |
| 4 % von 350 kg Schnellbindezusätze zu S 10,—/kg, 14 kg | S 140,— |
| Sand und Riesel 1,8 m³/m³ unter Berücksichtigung des Rückprallverlustes zu S 80,—/m³ | S 144,— |

Stromkosten:

| | | | |
|---|---|---|---|
| Wasserbeschaffung | 10 kWh | | |
| Kompressor, Spritzen, Abtrag | 40 kWh | | |
| Lüftung | 30 kWh | | |
| Beleuchtung, Sonstiges | 10 kWh | | |
| Zusammen | 90 kWh | zu S 0,60 | S 54,— |
| Stoffkosten 1 m³ Spritzbeton | | | S 548,— |

Gerätekosten:

Die Sicherung mit Spritzbeton ist noch durch Gerätekosten belastet, welche bei der Getriebezimmerung nicht auftreten, und zwar Spritzgerät samt Zubehör und einen eigenen Betonmischer.

Für österreichische Verhältnisse ergibt sich:

| | |
|---|---|
| Neuwert von Spritzgerät und Zubehör | S 120 000,— |
| Betonmischer | S 25 000,— |
| Zusammen | S 145 000,— |

| | | |
|---|---|---|
| Abschreibung, Verzinsung | 2,0 % je Monat | |
| Reparatur | 1,4 % je Monat | |
| Zusammen | 3,4 % je Monat | |

| | |
|---|---|
| 145 000 × 0,034 = | S 4 930,— |
| 16 % Zentralregie, Wagnis, Gewinn von S 4930,— | S 572,— |
| Gerätekosten je Monat | S 5 502,— |

Bei 200 Arbeitsstunden je Monat je Stunde rd. S 28,—.

In 8 Stunden werden 1,30 m³ Spritzbeton erzeugt.

| | |
|---|---|
| Daher Gerätekosten je Kubikmeter $\frac{8,28}{1,30}$ = abgerundet S | 172,— |
| Gesamtkosten für 1 m³ Spritzbeton S | 720,— |
| Kosten von 1,30 m³ Spritzbeton rund S | 940,— |
| Dazu noch 9 m² Baustahlgitter zu S 20/m², 10 cm Übergriff gerechnet S | 180,— |
| ergibt Gesamtkosten der Sicherung S | 1 020,— |
| Das sind je Quadratmeter bei 8 m² gesicherter Fläche S | 127,— |
| bzw. bei 8 m³ gelöster Massen je Kubikmeter S | 127,— |

Vergleicht man die Kosten Getriebezimmerung und Spritzbetonverfahren, so stellen sich die Stoffkosten bei letzterem bedeutend höher. Nimmt man aber statt viermaliger nur eine zweimalige Verwendung der Steher und der Bergmannspfähle an, so ergibt sich:

| | | |
|---|---|---|
| 4,6 m Rundholz, ⌀ 30 cm | 0,33 m³ | |
| 10 % Verschnitt | 0,03 m³ | |
| Schwellen | 0,07 m³ | |
| Zusammen 0,43 m³ Rundholz zu S 500,— | | S 215,— |
| Bergmannspfähle samt Verschnitt 0,2 m³ Schnittholz zu S 1100,— | | S 220,— |
| Übrige Kosten wie früher | | S 150,— |
| Stoffkosten | | S 585,— |
| 16 % Regie usw. | rund | S 95,— |
| Gesamtstoffkosten | | S 680,— |
| je Quadratmeter | rund | S 95,— |

Der spätere Vorteil beim Vollausbruch, gegeben durch den von Einbauten freien Raum unter der Kalotte, wiegt die höheren Sicherungskosten durch Spritzbeton bedeutend auf. Rechnet man weiter den Holzverbrauch für den späteren Vollausbruch, wo bedeutende Mengen an Rundholz verbraucht werden, und in Anbetracht der Tatsache, daß die Sicherung des Richtstollens in Getriebezimmerung, auf den ganzen Ausbruch gesehen, ein verlorener Aufwand ist, so verschieben sich die Stoffkosten für die Sicherung sehr zugunsten der Spritzbetonbauweise. Mit der Sicherung der Kalotte durch ein Gewölbe aus Spritzbeton ist die Arbeit in der Kalotte abgeschlossen. Die Sicherung der Ulmen geschieht, falls notwendig, ebenfalls durch Spritzbeton, dessen Stärke meist erheblich kleiner als in der Kalotte sein wird. Die ganze Arbeit des Vollausbruches wird gegenüber Zimmerungsbauweise sehr verringert, da alle Arbeit in einem Raum frei von Einbauten vor sich geht. Das Spritzbetonverfahren ist im Endpreis der Zimmerungsbauweise überlegen, die sonstigen Vorteile wurden schon früher beschrieben.

Sehr reizvoll wäre es, eine Sammlung von bewährten Zimmerungen und Lehrbogen anzuschließen; es muß in der Richtung auf das Fachschrifttum verwiesen werden, in welchem man immer wieder bewährte Ausführungen findet. Anderseits sind die Stollenbauaufgaben so mannigfaltig, besonders in ihren Querschnitten, und damit der Zimmerung so verschieden, daß es sehr schwerfallen würde, eine richtige Auswahl zu treffen. Die grundlegenden Ausführungen der Zimmerungen und Lehrbogen sind früher angeführt worden. Das Anpassen der Zimmerung und besonders der Lehrbogen ist dann mehr dem baulichen Geschick des planenden Ingenieurs und seiner Handwerker anheimgestellt. Es schiene verfehlt, mit zu vielen Vorschriften und Rezepten das eigene schöpferische Schaffen der Bauleute der Praxis zu weitgehend einzuengen.

# Sonderkapitel des Tunnelbaues

## A. Lüftung der Straßentunnel

Mit Ausnahme der elektrisch angetriebenen Fahrzeuge, deren Zahl derzeit noch verschwindend klein ist, erzeugen die sonstigen Kraftfahrzeuge gesundheitlich schädliche Abgase, besonders Kohlenmonoxyd, deren Konzentration nach den heutigen medizinischen Erkenntnissen das Maß von 2 bis 3 ‰ nicht überschreiten darf. Wird dieses Maß eingehalten, so bleibt auch die sonstige Belästigung durch Rauch, Ruß und üble Gerüche in tragbarer Größe. Aus obigen Gründen müssen Straßentunnel größerer Länge, in welchen sich eine größere Zahl von Kraftfahrzeugen aufhält, belüftet werden.

### I. Natürliche Belüftung

Ein natürlicher Luftzug im Tunnel entsteht durch Luftdruckunterschiede an den beiden Portalen. Es sind dies:

a) Druckgefälle infolge verschiedener Lufttemperatur an den Portalen;
b) verschiedener barometrischer Luftdruck an den Portalen;
c) Winddruck auf die Portale.

Vorangeführte Einflüsse können groß oder klein, gleich oder entgegengesetzt gerichtet sein, sich also addieren oder gegenseitig aufheben. Der Erfolg einer natürlichen Belüftung ist daher vollkommen ungewiß. Es erübrigt sich daher, in die theoretischen Grundlagen der natürlichen Belüftung einzugehen. Tritt unter günstigen Umständen eine reichliche natürliche Belüftung in der Tunnelröhre ein, so wird man lediglich an Maschinenleistung der künstlichen Belüftung sparen können, was auch durchgeführt wird.

Die Versuche, den Rauch und die Abgase aus Eisenbahntunneln durch Entlüftungsschächte ohne Ventilatoren nach oben abzuführen, sind gescheitert. Die in den warmen Abgasen und dem Rauch befindliche Energie reicht nicht aus, um die Abgase sicher über Tag anzuheben, was um so aussichtsloser wird, je kälter die Außentemperatur ist. In diesem Falle bildet sich ein richtiger Kaltluftpfropfen im Schacht, dessen Anhebung bis ober Tag beträchtliche Energiemengen erfordert.

Es bedarf keiner besonderen Begründung, daß ein mehr oder weniger langes Stück eines Straßentunnels, bei welchem an den Portalen ein Austausch mit der Außenluft stattfindet, in Portalnähe natürlich belüftet wird. Das Stück des Tunnels, welches natürlich belüftet wird, Grenzlänge genannt, läßt sich berechnen und ist von folgenden Größen abhängig:

$L$ Tunnellänge in km,

$F$ Verkehrsquerschnitt in m$^2$,

$I$ Luftinhalt des Tunnels in m$^3$ . $I = 1000\, L \times F$,

$p$ mittlerer Wagenabstand $=$ Fahrzeuglänge $+$ Bremsabstand in Meter,

$v$ mittlere Fahrgeschwindigkeit in km/Std.,

$t$ mittlere Durchfahrtszeit in sec . $t = \dfrac{3600\, L}{v}$,

$z$ Zahl der gleichzeitig im Tunnel befindlichen Wagen (Tunnelfüllung)

$$z = \frac{2000\, L}{p} \text{ für beide Spuren, } z = \frac{1000\, L}{p} \text{ für eine Spur,}$$

$Q'$ C O-Anfall je Wagen in l/min,

C O C O-Menge, welche in der Durchfahrtszeit durch die Tunnelfüllung erzeugt wird oder Gesamt-C O-Anfall der im Tunnel befindlichen Fahrzeuge,

$f$ zulässige C O-Kozentration, 0,2—0,4 ‰, im folgenden Beispiel mit 0,22 ‰ angenommen.

Die von Kraftfahrzeugen ausgestoßene C O-Menge

$$CO = z \cdot t \cdot Q' = \frac{2000\, L}{p} \cdot \frac{3600\, L}{v}, \ \frac{Q'}{60 \cdot 1000} \quad \text{(Umrechnung auf m}^3\text{/sec)}$$
$$= \frac{120\, Q' \cdot L^2}{p \cdot v}$$

muß gleich der mit der zulässigen C O-Konzentration erfüllten Luftinhalt des Tunnels, also $1000\, F \cdot L \cdot f$ sein.

Aus diesen Gleichungen ergibt sich dann die Grenzlänge mit

$$L = \frac{f \cdot F \cdot p \cdot v}{120\, Q'}. \ ^{[1]}$$

Die Grenzlänge, das Stück, in welchem eine natürliche Selbstbelüftung des Tunnels eintritt, wächst, wie aus der Formel zu entnehmen ist, mit Vergrößerung der zulässigen Schadgaskonzentration, des Verkehrsquerschnittes, des Wagenabstandes, der Fahrgeschwindigkeit der Kraftfahrzeuge und mit der Verkleinerung der Schadgasmenge je Fahrzeug.

Die Schadgasmenge je Fahrzeug ist am größten, wenn bei hoher Motordrehzahl langsam gefahren wird, also bei Fahrten im ersten Gang. Dies

---

[1] Vgl.: H. H. Kress: Lüftungsentwurf für den Wagenbergtunnel. Schweizer Bauzeitung, *71*, Nr. 36 und 37.

tritt bei Kolonnenfahrten, was besonders bei Stadttunneln zu beachten ist, und bei Fahrten in Steigungen ein. Wird ein Tunnel zweispurig in entgegengesetzten Richtungen befahren, so muß man seinen Mittelwert des Schadgasanfalles zwischen Berg- und Talfahrt annehmen.

Nimmt man z. B. $f = 0,25$, $F = 42$ m², $p = 20$, $V = 20$ km/Std. und einen Schadgasanfall von 30 l/Min. an, so ergibt dies eine Grenzlänge von 293 m.

Bei Ermittlung der Grenzlänge nimmt man ungünstige Geschwindigkeiten und Wagenabstände an, da der Luftaustausch langsam vor sich geht.

Die ersten Ventilationsöffnungen der künstlichen Belüftung werden dann in der Entfernung der halben Grenzlänge vom Portal anzuordnen sein.

## II. Künstliche Belüftung

Für die Berechnung der Belüftung werden noch folgende Bezeichnungen eingeführt:

$\gamma$    Luftgewicht = rd. 1,3 kg/m³,

$h_d$    Druckverlust im Zuluftkanal,

$h_s$    Druckverlust im Abluftkanal,

$h_0$    Druckverlust in den Ein- und Ausblaseöffnungen; $h_d$, $h_s$ und $h_0$ in mm Wassersäule,

$v_1$    Luftgeschwindigkeit im Zuluftkanal $= \dfrac{Q}{F}$,

$v_2$    Luftgeschwindigkeit im Abluftkanal,

$L$    Kanallänge in m,

$F$    Fläche (in m²) des Kanals, $U$ Umfang des Kanals,

$R$    Profilradius, wie in Hydraulik $= \dfrac{F}{U}$,

$z$    $\dfrac{L-x}{L}$; $x$ Abstand des betrachteten Punktes vom Anfangspunkt,

$k$    Reibungsbeiwert für Wirbelbildung = 0,615,

$a$    Reibungsbeiwert 0,0035,

$b$    Reibungsbeiwert 0,0001236,

$c$    0,20 Reibungsbeiwert für Luftmengen bis 0,3 m³/sec, 0,25 für größere Mengen.

Aus den Abmessungen der geplanten Lüftungskanäle sind die Fläche, der Umfang und der hydraulische Radius zu ermitten. Aus der ermittelten Frischluftmenge und dem Luftkanalquerschnitt rechnet man $v_1$ und $v_2$. Frisch- und Abluftmenge sind einander gleich.

Frischluftmenge, welche in den Tunnel einzublasen ist:

Nach dem Bericht der Expertenkommission für Tunnellüftung an das Eid. Amt für Straßen- und Flußbau, veröffentlicht als Mitteilung Nr. 10

aus dem Institut für Straßenbau an der ETH, 130 S., 82 Abb., Zürich 1961, ist die notwendige Frischluftmenge in Normalkubikmeter pro Tunnelkilometer und Stunde

$$Q_f = \frac{10^6 \, Q_{co}}{C_{\text{zul.}}} \cdot {}^1$$

Diese Ziffer muß auf vorhandenen mittleren Barometerstand $B$ und mittlere Temperatur $T$ nach der Formel

$$Q = Q_0 \frac{B_0}{B} \cdot \frac{T}{T_0}$$

umgerechnet werden, wobei eine besonders ungünstige Kombination von Luftdruck und Temperatur zugrunde zu legen ist.

$B_0$ ist der Luftdruck 760 mm Quecksilbersäule, $B$ der maßgebende mittlere Luftdruck, $T$ die maßgebende Temperatur (absolut gemessen) und $T_0$ die Temperatur von $273^0$ K. $C$ zul. ist die zulässige CO-Konzentration mit 0,02 bis 0,025 %, das sind 200 bis 250 ppm, festgelegt.

Die Schadgasmenge $Q_{co}$ in $N$ m³/km . h wird nach der Formel

$$Q_{co} = M . G . q_{co} . f_h . f_f . f_d . f_r$$

berechnet. Dabei bedeutet:

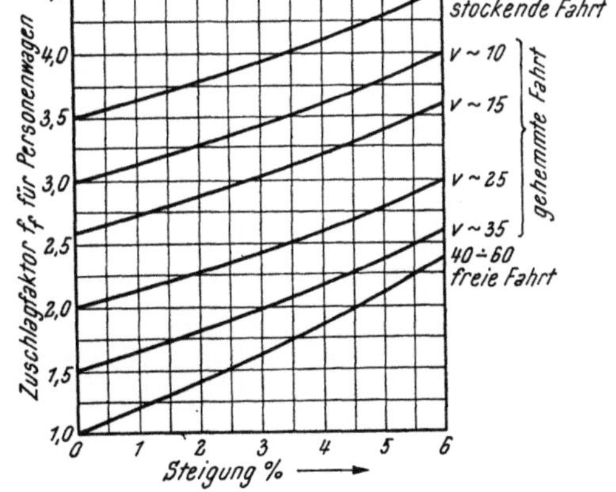


Abb. 104. Zuschlagsfaktor $f_f$ für Personenwagen für gehemmte Fahrt und Steigerungen

$M$ die Verkehrsmenge, die Zahl der Fahrzeuge je Stunde,

$G$ das durchschnittliche Wagengewicht,

$q_{co}$ die CO-Produktion in Normalkubikmeter pro Tonne Fahrzeugewicht auf 1 km Fahrt,

$f_h$ ein Zuschlag für die Seehöhe des Tunnels,

$f_f$ Zuschlag für Steigungen und gehemmte Fahrt,

$f_d$ Zuschlag für Dieselfahrzeuge, mit 1,1 vorgeschlagen,

$f_r$ Reservezuschlag, mit 1,1 vorgeschlagen.

Die Zuschlagsfaktoren für Personenkraftwagen sowie Last- und Gesellschaftswagen sind aus den bildlichen Darstellungen zu entnehmen.

---

[1] Vgl.: E. Schnitter: Die Lüftung der Autotunnel. Schweizerische Bauzeitung, *79* (1961), Heft 40.

Als Basiswerte für die C O-Produktion wurde für Personenwagen

$$Q_0 = 0,017\ N\ \mathrm{m}^3/\mathrm{t\,.\,km}$$

unter Annahme einer Geschwindigkeit von 40 bis 60 km/Std. und eines Benzinverbrauches von 7 Liter auf 100 km je Tonne Fahrzeuggewicht festgelegt.

Die Werte für Last- und Gesellschaftswagen mit Benzinmotor sind $Q_0$ 0,012 $N\ \mathrm{m}^3/\mathrm{t\,.\,km}$ unter Annahme von Geschwindigkeiten von 40 bis 50 km/Std. und einem Benzinverbrauch von 5 l/t . km.

Aus vorigen Ausführungen ist zu entnehmen, daß die Grundlage der Lüftungsberechnung eine gründliche Verkehrsprognose ist. Als Richtwerte wurden von der Expertenkommission angegeben:

Ideale Fahrspur, Geschwindigkeit 50 bis 60 km/Std., offen;

$M = 2000$ bis 3000 PKW/Std.;

mittleres Gewicht der Personenkraftwagen 1350 kg;

mittleres Gewicht der Last- und Gesellschaftswagen 4500 kg.

Die Formeln für $h_d$ Einblasen und $h_s$ Absaugen lauten[1]:

$$h_d = \gamma\,\frac{v_1^{\,2}}{2\,g}\cdot\left[\frac{a\,.\,L\,z^3}{3\,R} - \frac{1}{2}\,(1-k)\,z^2\right] + h_0,$$

$$h_s = \gamma\,\frac{v_2^{\,2}}{2\,g}\left[\frac{a\,.\,L\,z^3}{(3+c)\,R} + \frac{3\,z^3}{2+c}\right] + h_0.$$

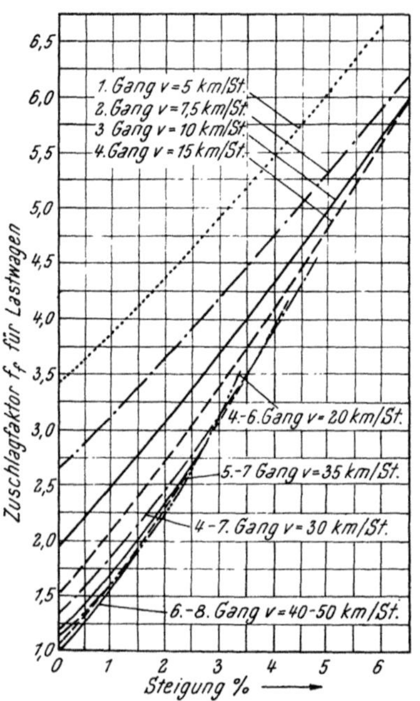


Abb. 105. Zuschlagsfaktor $f_f$ für Lastwagen in Steigung und bei gehemmter Fahrt

Bei der Berechnung der Druckhöhen $h_d$ und $h_s$ in Millimeter Wassersäule ist der Wert $x = 0$ zu setzen.

Zur vollständigen Formel für $h_d$ gehört noch ein Glied

$$\gamma\,\frac{b\,L\,z}{2\,g\,R^3}\quad\text{und}\quad\gamma\,\frac{b\,L\,z}{2\,g\,R^3\,(1+c)}\quad\text{für }h_s.$$

Diese beiden Glieder sind so klein und im Beiwert unsicher, daß man sie bei der Berechnung vernachlässigen kann.

---

[1] Vgl.: Andreae: Zur Frage der Lüftung langer Autotunnel. Schweizerische Bauzeitung, *111* (1938), Nr. 18.

Die Gesamtdruckhöhe setzt sich zusammen aus den Druckverlusten in den eigentlichen Luftkanälen und den Druckverlusten an den Ausblase- bzw. Absaugeöffnungen. Dazu kommt noch die Druckhöhe, welche zur Überwindung des Druckunterschiedes aus dem Temperaturgefälle zwischen Tunnelluft und Außenluft. Diese Berechnung ist dann aufzustellen, wenn die Frisch- und Abluftzuführung durch Schächte größerer Höhe erfolgt.

Die Formel für diesen Druckunterschied lautet

$$h_t = \gamma H \frac{\alpha\,(t_1 - t_2)}{1 + \alpha\,t_1},$$

wobei $H$ die Schachthöhe bedeutet.

$\alpha = \dfrac{1}{273}$ ; $t_1$, $t_2$ Außen- und Innentemperatur.

Die Berechnung der Druckunterschiede $h_0$ bei den Ausblasöffnungen und Absaugöffnungen erfolgt nach den gleichen Formeln wie bei den Hauptluftkanälen.

Die Ausblas- und Absaugöffnungen sind zweckmäßig gegeneinander zu versetzen. Als brauchbar haben sich kreisrunde Ausblas- bzw. Absaugöffnungen von 0,09 bis 0,16 m² in Entfernungen von 8 bis 10 m erwiesen. Größere Ausblasöffnungen mit größeren Abständen setzen den Lüfteeffekt herab. Kleinere Ausblasöffnungen in der damit verbundenen größeren Anzahl erhöhen die Druckverluste.

Die erforderliche Maschinenleistung in PS ist

$$N = \frac{Q \cdot h}{56,4}$$

bei 75 % Wirkungsgrad der Lüfter.

Nach der Richtung des Luftstromes bei der Belüftung unterscheidet man drei Arten:

1. Längsbelüftung,
2. Querbelüftung,
3. Halbquerbelüftung.

Zu 1. Die natürliche Belüftung ist eine Längsbelüftung, der Luftstrom verläuft in der Tunnelachse. Die gleiche Richtung hat der Luftstrom, wenn lediglich in der Achsrichtung des Tunnels Luft eingeblasen wird. Für die Entfernung des Lokomotivrauches und der Lokomotivabgase wurden seinerzeit Belüftungsanlagen System Saccardo im Tauern- und Dössentunnel der Linie Schwarzach-St. Veit—Spittal a. d. Drau errichtet. Die Saccardo-Anlage am Südportal des Tauerntunnels lieferte einen Luftstrom in Richtung Böckstein. Mit Aufnahme des elektrischen Betriebes wurde die Anlage abgetragen.

Eine Längslüftung in Straßentunneln kommt nur dann in Frage, wenn die Tunnelröhre nur in einer Richtung befahren wird. Ist der Tunnel in zwei Richtungen befahren, so schwächt der Verkehrsstrom, welcher gegen den Lüftungsstrom läuft, die Lüftewirkung bedeutend ab. Eine Umkehrung des Lüftestromes zwecks Anpassung an die Hauptverkehrsrichtung kommt nicht in Frage, da dies unwirtschaftlich ist und lüftungslose Zeitabschnitte geben würde.

Bei dem immer möglichen Fahrzeugbrand werden der Rauch und die Flammen den übrigen Verkehrsteilnehmern durch die Längslüftung entgegen- oder nachgetrieben, was wegen Panikgefahr sehr bedenklich ist.

Zu 2. Bei der Querlüftung bewegt sich der Lüftungsstrom quer zur Tunnelachse. Die Abgase der Kraftfahrzeuge sind bei gewöhnlicher Lufttemperatur etwas schwerer als die Luft, sinken also zu Boden. Im Augen-

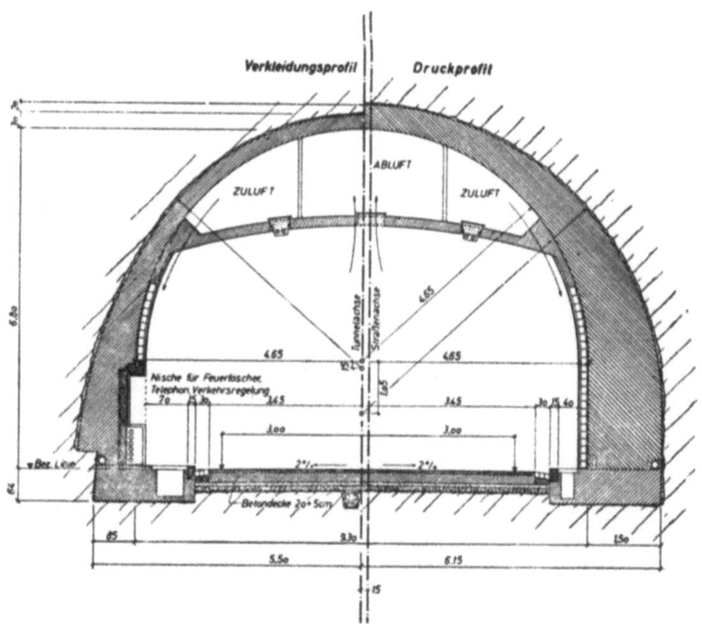


Abb. 106. Querschnitt Dürnsteintunnel (Wachauer Bundesstraße)

blick des Entstehens werden sie aber durch die heißen Auspufftöpfe so weit erwärmt, daß sie leichter als die Luft werden und daher aufsteigen. Unter Anpassung an diese Bewegung ist es daher richtig, von oben abzusaugen und die Frischluft in der Höhe der Fahrbahn eintreten zu lassen. Die Frischluft wird entweder in Kanälen unter oder seitlich der Fahrbahn geführt oder kann aus Frischluftkanälen ober der Fahrbahn mit Ausblasöffnungen ungefähr an den Kämpfern des Tunnelgewölbes zur Fahrbahn absinken. Die Abluftkanäle befinden sich immer ober der Fahrbahn.

Sowohl der Abluftkanal als auch die Frischluftkanäle wurden im Dürnsteintunnel mit 472 m Länge ober der Fahrbahn angeordnet. Der Lüfteeffekt ist vollkommen zufriedenstellend. Bei längeren Tunneln, deren Lüfteanlage nicht durch Schächte unterteilt ist, werden aber die Frischluftkanäle so groß, daß sie nicht mehr ober der Fahrbahn angebracht werden können. Die Anordnung, wie sie im Dürnsteintunnel und St. Bernhardtunnel getroffen wurde, erspart wesentliche Tiefbaukosten.

Zu 3. Bei dieser Lüftungsart wird entweder nur die Abluft von oben abgesaugt oder Frischluft von unten eingeblasen. Im ersten Falle muß von außen die Frischluft in die Tunnelröhre einziehen, im zweiten Falle die schlechte Luft aus der Tunnelröhre abziehen. Es ergibt sich neben der Luftströmung quer zur Achse auch eine solche in der Längsachse. Es sind daher, wenn auch abgeschwächt, die gleichen Nachteile wie bei einer reinen Längslüftung vorhanden. Eine Halbquerlüftung kommt daher nur bei einseitig gerichtetem Verkehrsstrom in der Richtung der Frischluft bei Sauglüftung und in Richtung der Abluft bei Frischluftlüftung in Frage und scheidet für längere Tunnel aus, besonders dann, wenn sie zweispurig befahren werden.

Wie aus der Formel zu entnehmen, ist die Maschinenleistung der Lüfteanlage proportional den erforderlichen Druckhöhen. Um zu kleinen Maschinenleistungen und damit zu tragbaren Betriebskosten zu kommen, wird man die Druckhöhen $h_d$ und $h_s$ klein halten.

Grob gesehen, wachsen die Druckhöhen mit dem Quadrat der Geschwindigkeit in den Luftkanälen, direkt mit der Länge der Lüftekanäle, und sind verkehrt proportional dem hydraulischen Radius der Kanäle. Zu den einzelnen Komponenten der Formel für $h_d$ und $h_s$ ist zu bemerken:

a) Luftgeschwindigkeit $v$.

$$v = \frac{Q}{F}.$$

$v$ wird am kleinsten, wenn $Q$ einen Kleinstwert, $F$ einen Größtwert erreicht.

Die Fläche der Luftkanäle wird man so wählen, daß eine Luftgeschwindigkeit von etwa 9 bis 12 m/sec herauskommt. Was unter 9 m/sec liegt, erfordert so große Luftkanäle, daß die Tiefbaukosten des Tunnels untragbar steigen. Luftgeschwindigkeiten über 12 m/sec lassen die erforderlichen Druckhöhen sehr stark und damit die Maschinleistungen und die Betriebskosten ansteigen. Bei glatten Luftkanälen wäre eine Luftgeschwindigkeit von 15 m/sec noch möglich. Die Glätte der Luftkanäle läßt aber so viel zu wünschen übrig, daß schon von Geschwindigkeiten über 12 m/sec ziemlich Wirbelbildung auftritt und der Wirkungsgrad der Ventilatoren absinkt.

Durch passende Formgebung wird man trachten, bei den Luftkanälen einen großen hydraulischen Radius zu erreichen.

Wird der Tunnel von beiden Seiten aus belüftet, so zerfällt der Tunnel in zwei Lüfteabschnitte von der halben Tunnellänge. Durch Abteufen von besonderen Lüfteschächten kann man die Lüfteabschnitte noch weiter unterteilen und kommt damit zu tragbaren Werten von $h_d$ und $h_s$. Lüfteschächte sind dann zweckmäßig, wenn der Tunnel keine zu große

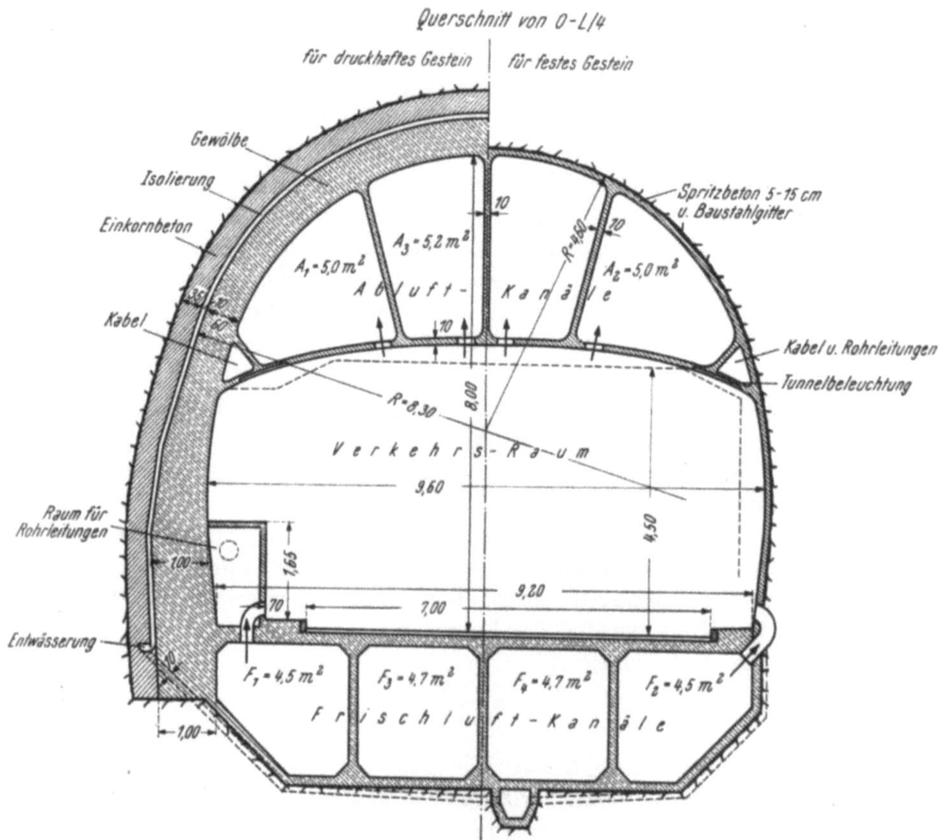


Abb. 107. Entwurf für einen belüfteten Straßentunnel

Überlagerung hat. Ist letzteres der Fall, so werden die Schächte sehr teuer oder bei Vergletscherung unmöglich und besteht zur schlechten Jahreszeit die Gefahr, daß keine Kontroll- und Instandsetzungsarbeiten an den Schächten vorgenommen werden können.

Ist die Abteufung von Lüfteschächten nicht tragbar, bleibt nichts anderes übrig, als für die weiteren Lüfteabschnitte Parallelkanäle zu den Kanälen des ersten Lüfteabschnittes zu führen. Diesfalls erreicht die Gesamtfläche aller Lüftekanäle den Wert der Verkehrsfläche. Es ist nicht möglich, einen beliebig langen Luftkanal zu bauen, denn bei großer Entfernung der Ausblasöffnungen von den Ventilatoren sinkt der Lüfteeffekt so stark ab, daß die gewünschte Verdünnung der Schadgase nicht mehr gewährleistet ist.

Aus vorangeführten Gründen kann es bei langen Tunneln vorkommen, daß man schließlich die Zahl der gleichzeitig im Tunnel befindlichen

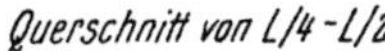


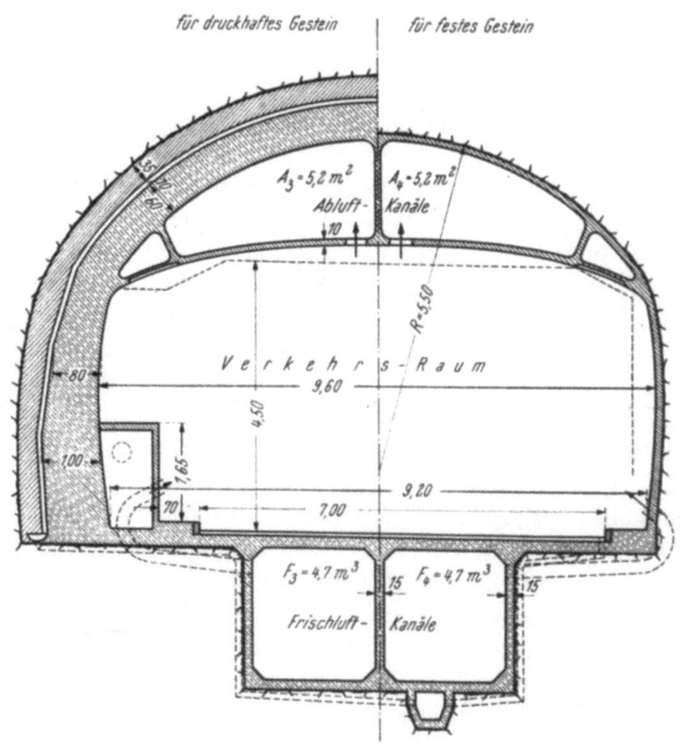


von rd. 5 km Länge ohne Lüfteschächte

Fahrzeuge herabsetzen muß. Ein solcher Tunnel ist dann nicht mehr freizügig befahrbar, was seinen Wert sehr herabmindert.

Die Ventilatoren, die in die Lüftekanäle selbst eingebaut sind, werden durch Geräte, welche den CO-Gehalt registrieren, automatisch gesteuert.

Die bisherigen Auslegungen der Lüftung der in Betrieb befindlichen Straßentunneln haben sich als reichlich erwiesen. Ein Fahren mit voller Maschinenleistung beschränkte sich auf seltene Einzelfälle bei besonderen Verhältnissen.

# B. Besonderheiten beim Bau von Triebwasserstollen und Druckschächten, Stollenpanzerung

## I. Einleitung, Allgemeines

Beim Bau von Triebwasserstollen und Druckschächten für Wasserkraftanlagen treten Forderungen und Schwierigkeiten auf, welche bei den sonstigen Felshohlbauten nicht so wesentlich in Erscheinung treten. Es sind dies die Forderungen vollständiger Wasserdichtheit, die Schwierigkeiten bei der Förderung der Schuttmassen und des Bohrvorganges in den stark geneigten Druckschächten sowie die Anzapfung von zu Speichern ausgebauten natürlichen Seen.

Der Querschnitt der Stollen ist in der Regel durch die darin zu fördernde Wassermenge gegeben, doch kommt es auch vor, daß solche Stollen als Transportwege für die Erschließung weiterer Baustellen benötigt werden. Hier richtet sich der Querschnitt nach der größten Abmessung etwa zu befördernder Gegenstände. Man lasse sich aber nicht verleiten, bei kleinen Wassermengen den Stollen zu kleine Abmessungen zu geben. Bei kleinen Querschnitten erhöhen sich die für die Lösung des Felsens notwendigen Bohrmeter und Sprengstoffmengen gegenüber größeren Querschnitten ganz bedeutend, die Schutterarbeit, die Unterbringung der Preßluft und Bewetterungsleitungen sowie alle sonstigen Arbeiten werden durch die beengten Raumverhältnisse so erschwert, daß per Saldo etwa ein Stollen von 4 m² Querschnitt gleich teuer kommt wie ein solcher mit 6 m².

Die Stollen, welche zur Förderung des Triebwassers dienen, sind entweder Freispiegel- oder Druckstollen bzw. Druckschächte. Durch den Betrieb der Kraftwerke kommt es dazu, daß ein und dieselbe Röhre abwechselnd als Freispiegel- oder Druckstollen wirkt. Unter einem Freispiegelstollen versteht man eine Röhre im Fels, die einen freien Wasserspiegel besitzt. Alle voll gefüllten Röhren sind Druckstollen. Stollen, welche zum Kraftabstieg dienen, werden Druckschächte genannt, wobei aber die Bezeichnung nicht ganz festliegt. In der Regel spricht man von Druckschächten, wenn die Röhre im Fels steiler als 20° geneigt ist.

## II. Wasserdichtheit der Druckstollen

Ist das anstehende Gebirge wasserdicht, welche Eigenschaft im Berginnern oft ausreichend vorhanden ist, bietet die Herstellung einer wasserdichten Triebwasserführung sowohl bei Freispiegel- als auch bei Druckstollen keine besonderen Schwierigkeiten. Hier genügt es, wenn man durch geeignete Schießverfahren keine weiteren Klüfte im Gebirge erzeugt und die Stollenwandungen durch einen Spritzbetonputz schützt.

Dieser Putz dient gleichzeitig zur Verminderung der Rauhigkeiten und ist für die klaglose Wasserführung notwendig.

Ist das Gebirge nicht wasserdicht, was in der Regel auf eine mehr oder weniger lange Strecke vom Stollenmund weg immer zutreffen wird, sind die Verhältnisse schwieriger. Bei Freispiegelstollen, an deren Sohle der Wasserdruck 0,1—0,3 atü selten übersteigen wird, kann mit den heutigen Kenntnissen der Betontechnologie immer ausreichende Wasserdichtheit erzielt werden. Anders sind die Verhältnisse bei Druckstollen und Druckschächten, wo Wasserdrücke bis zu 100 atü und darüber auftreten. Hier muß Sicherheit bestehen, daß die Wasserverluste möglichst klein sind. Anzustreben ist, daß überhaupt keine Wasserverluste auftreten. Abgesehen von dem durch Wasserverluste gegebenen Leistungsabfall im Kraftwerk können Wasserverluste aus Druckstollen noch sonstige recht unangenehme Begleiterscheinungen mit Entschädigungsforderungen der Anrainer auslösen.

Die Wasserdichtung kann auf drei Arten erreicht werden.

1. Herstellung von wasserdichtem Beton.

2. Herstellung von wasserdichtem Beton in Verbindung mit vorgespanntem Beton in der Stollenauskleidung.

3. Durch Auskleiden des Stollens mit Stahlblech, Stollenpanzerung genannt.

Zu 1. Bei kleinem Innendruck und entsprechend starkem Mauerwerk wird es gelingen, durch Wahl entsprechender Zuschlagstoffe und Betonzusätze einen wasserdichten Stollen zustande zu bringen. Bei welcher Grenze des Innendruckes diese Methode zweckmäßig ist, muß für den Einzelfall durch eine Berechnung der Wirtschaftlichkeit und durch Versuche ermittelt werden. Bei vollkommen standfestem Gebirge genügt ein Dichtbeton von 10 cm Stärke, um etwa einen Wasserdruck von 2 atü zu beherrschen. Bei nicht standfestem Gebirge muß die Mauerwerksstärke noch den Gebirgsdruck aufnehmen und ist durch die dadurch gegebene Abmessung der Ausmauerung wieder einige Gewähr gegeben, daß Wasserverluste vermieden werden. Bei Innendrücken über 2 atü wird die Sache mehr oder weniger fraglich. Diesfalls sind die Maßnahmen unter 2 und 3 zweckmäßig.

Zu 2. Durch den Innendruck in einem Rohr werden an der Außenseite des Rohres tangentielle Zugspannungen erzeugt, welche bei Betonbauweise zu untragbaren Rissen im Rohr und zu Wasserverlusten führen. Da die Zugfestigkeit des Betons verglichen zu seiner Druckfestigkeit sehr klein ist, kann man die Rissebildung im Beton durch Überlagerung einer Druckspannung durch Vorspannen des Betons vermeiden. Diese Vorspannung kann auf zwei Arten erreicht werden. Durch Vorspannung mit Rundstahlbewehrung oder durch Kernringbauweise.

## III. Ausführung der Vorspannung durch Rundstahlbewehrung

Diese Ausführung wurde nach Plänen der Firma Wayss & Freitag, Frankfurt am Main, mit gutem Erfolg beim Bau des Druckstollens Limbergsperre—Wasserschloß des Kraftwerkes Kaprun der Tauernkraftwerke

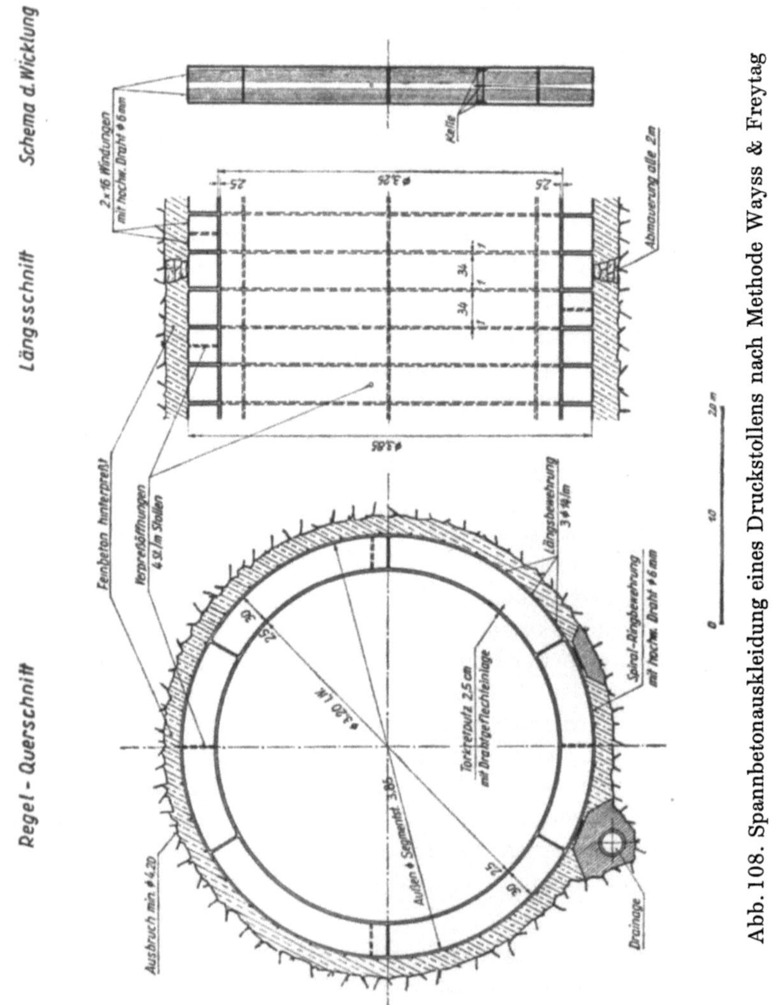


Abb. 108. Spannbetonauskleidung eines Druckstollens nach Methode Wayss & Freytag

A. G. ausgeführt. Dabei konnten Innendrücke bis zu 12 atü beherrscht werden. Das Stollenrohr wurde dabei aus einzelnen Ringen von 30 cm Länge hergestellt, welche Ringe wieder aus vorgefertigten sechs Stück Stahlbetonsegmenten zusammengebaut wurden. Eine besonders konstruierte Wickelmaschine brachte dann bei horizontaler Lage der Ringe die

Vorspannung aus hochwertigen Stahldrähten von 6 mm Durchmesser auf. Die Zahl der Wicklungen richtete sich dabei nach dem jeweils zu beherrschenden Druck und betrug maximal 32 Windungen.

Der fertig zusammengebaute Ring wurde nun aufgestellt und auf vorbereitete Betonschwellen im Stollen aufgestellt. Der Abstand der Ringe zwischen dem Stollenausbruch bei standfestem Gebirge bzw. der Stollenmauerung bei nicht standfestem Gebirge betrug 40 cm. Aus den einzelnen Ringen von 30 cm Länge wurde eine Röhre von 2 m Länge zusammengebaut und diese in Abständen von 2 m an das Gebirge bzw. die Stollenmauerung angemauert. Über die Außenlaibung der Ringe wurde noch eine leichte Bewehrung gelegt. Der Hohlraum zwischen Gebirge und Ring wurde mit Zementmörtel 1 : 3 ausgefüllt, wobei das größte Korn der Zuschlagstoffe 7 mm betrug. Die Einpressung erfolgte unter einem Druck von 6 atü. Nach Abbinden des Zementmörtels wurden die Einpreßöffnungen nochmals aufgebohrt und eine Nachinjektion mit Zementmilch zwecks Schließung etwa noch vorhandener Hohlräume und Fugen durchgeführt, jedoch war dabei die Aufnahme recht gering. Die Innenfläche des Rohres erhielt schließlich einen 2,5 cm starken, geschliffenen Torkretputz mit Drahtgeflechteinlage.

Bei der Kernringbauweise nach Dipl.-Ing. Dr. techn. Alois KIESER wird die Überlagerung der Druckspannung allein durch Einpressen von Zementmörtel in den Hinterpreßring, der sich zwischen Kernring und Tunnelauskleidung befindet, erreicht.

Die Stärke des Kernringes $d$ wird nach der Formel

$$d = \frac{p_z \cdot D_2}{2\,s_k}$$

berechnet.

Dabei wird bezeichnet:

$p_z$   zulässiger Druck in atü (kg/cm²),

$p_i$   größter zu erwartender Innendruck in atü (kg/cm²),

$p_z$   1,5 $p_i$,

$D_2$   Außendurchmesser des Kernringes,

$D_1$   Innendurchmesser des Kernringes,

$D_2$   $D_1 + d$,

$d$   muß vorerst probeweise angenommen werden.

$s_k$   Ringdruckspannung; diese wird mit 0,8 der Würfelfestigkeit des Betons $w_{28}$ angenommen.

Die Bemessung der Stärke des Kernringes wird ohne Rücksicht einer etwaigen Mitwirkung des Gebirges an der Aufnahme von Kräften im Kernring errechnet. Auch schlechtestes Gebirge ist bei ausreichender Überlagerung im Stande, die Kräfte, welche durch das Auspressen des Kernringes entstehen, aufzunehmen.

Der Enddruck, welcher bei der Hinterpressung des Kernringes aufgebracht wird, beträgt 1,5 $p\,i$.

Der Kernring kann sowohl aus guten Betonfertigteilen als auch in Stampfbetonmauerwerk hergestellt werden, wobei bei kleinen Stollenabmessungen der Bauweise mit Fertigteilen der Vorzug zu geben ist. In beiden Fällen muß für die Freihaltung des Raumes für den Hinterpreß-

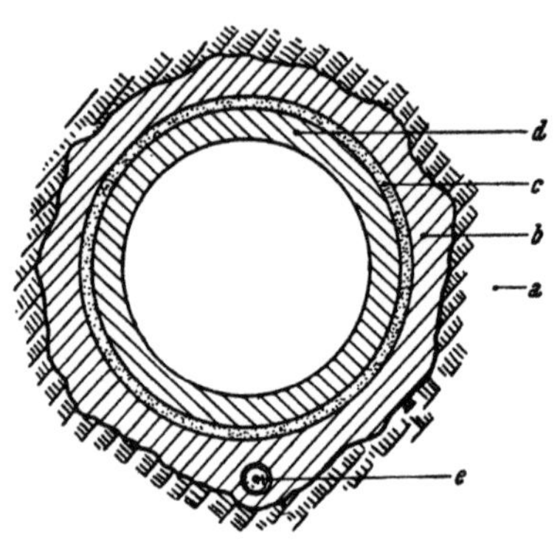



Abb. 109. Kernringbauweise
Dr. Kieser, Prinzipskizze

ring gesorgt werden. Dies geschieht bei der Verwendung von Betonfertigteilen, daß die Mauersteine Höcker und Randleisten haben. Bei Betonmauerwerk müssen entsprechende Distanzstücke eingemauert werden. Verwendet man Betonfertigteile, so müssen die notwendige Anzahl der Steine mit den erforderlichen Rohranschlüssen für die Injektion vorhanden sein. Bei Betonmauerwerk sind diese Anschlüsse im Zuge der Mauerung einzubringen.

Bei der Hinterpressung wird folgender Vorgang eingehalten: Zuerst wird in die Füllöffnungen Druckwasser eingelassen. Dies dient zur Anfeuchtung des Betons und zur Entfernung etwa vorhandener Unsauberkeiten.

Nach diesem Reinigungsvorgang wird die Füllung des Hinterpreßringes mit Grobmörtel durchgeführt. Der Grobmörtel, dessen Zusammensetzung jeweils festgelegt werden muß, besteht aus Sand von 3—5 mm Korngröße rund 40 Gewichtsteile, rund 10 Gewichtsteile Traß, 21 Gewichtsteile Wasser und 30 Gewichtsteile Zement. Die Einpressung des Grobmörtels geschieht mittels Druckluftgeräten durch eine untere Füllöffnung so lange, bis aus einer oberen Füllöffnung der Mörtelbrei austritt; damit ist Gewähr gegeben, daß der Hinterpreßring vollkommen mit Mörtel ausgefüllt ist. Der Grobmörtel bildet an allen wasserdurchlässigen Stellen einen Filter, welcher wohl Überschußwasser durchläßt, hingegen Sand und Zement zurückhält.

Nach Füllung des Hinterpreßringes erfolgt das Vorspannen desselben durch Einpumpen von reinem Zementbrei, der aus 1,5 kg Zement auf 1 Liter Wasser gemischt ist. Das Einpumpen des Zementbreis geschieht durch Hochdruckpumpen und wird so lange fortgesetzt, bis die Pumpen bei Druck $p_z$ längere Zeit zum Stillstand kommen. Schließlich werden die Anschlüsse der Druckpumpen abgestöpselt.

Je nach der Größe des Stollens ist die Anzahl der Öffnungen für die Einbringung des Mörtels und nachfolgende Vorspannung zu bestimmen, damit eine sichere Verteilung des Mörtels im Hinterpreßring gewährleistet ist.

Die Verwendung von Betonformsteinen hat den großen Vorteil, daß keine komplizierte Schalung für den Kernring unter Freihaltung des Raumes für den Hinterpreßring notwendig ist. Dieser Vorteil muß aber

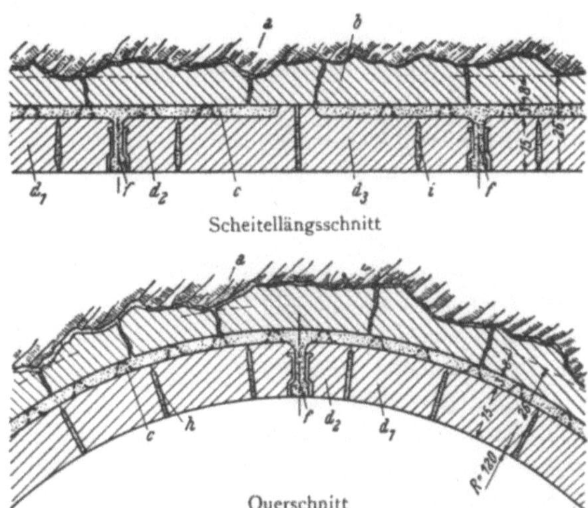



Abb. 110. Kernringbauweise mit Betonformsteinen

$a$ Gebirge; $b$ Gebirgsverkleidung; $c$ Hinterpreßring; $d_1$ Normalstein; $d_2$ Loch-stein, $d_3$ Zonenrandstein; $f$ Gasrohr mit Gewinde; $h$ Längsfugen; $i$ Ringfugen

dadurch erkauft werden, daß bei der Bauweise mit Betonfertigteilen den Injektionsarbeiten eine sorgfältige Dichtung aller Fugen vorangehen muß.

Abb. 111. Betonformsteine für Kernringbauweise

Zu 3. Berechnung der Stollenpanzerung.

Die Stärke einer Stollen- oder Druckschachtpanzerung kann nur dann einwandfrei festgelegt werden, wenn die Elastizitätseigenschaften des Gebirges bekannt sind. Die Elastizitätseigenschaften des Gebirges werden entweder an geeigneten Stellen im Stollen oder Druckschacht selbst oder in besonderen Versuchsstrecken ermittelt, wobei Bedacht zu nehmen ist, daß die geologischen Eigenschaften entweder als gleich zu betrachten sind oder daß sichere Schlüsse von der Versuchsstrecke auf den Stollen gemacht werden können.

Im Heft 2, 5. Jahrgang, der Österreichischen Ingenieur-Zeitschrift werden in der Arbeit von Harald L a u f f e r und Gerhard S e e b e r die Probleme der Stollenpanzerung ausführlich behandelt. Die Durchführung der Versuche für die Bestimmung der elastischen Eigenschaften des Gebirges werden dort eingehend beschrieben und zwei Bemessungstafeln gebracht, auf Grund welcher sowohl die Blechstärken von Stollenpanzerungen bestimmt werden können, als es auch möglich ist, die Stärke von Betonauskleidung mit oder ohne Vorspannung zu ermitteln.

Aus Montagegründen kann man nicht unter eine Blechstärke von 12 mm gehen. Es gibt daher Bereiche, wo die zulässige Spannung des Stahles nicht ausgenützt werden kann.

Gepanzerte Druckstollen und Schächte kommen nur im standfesten Gebirge in Frage. Ist das Gebirge druckhaft, muß eine richtig bemessene Stollenmauerung den Gebirgsdruck aufnehmen, wobei der Beton nach den heutigen Erkenntnissen der Betontechnologie praktisch wasserdicht hergestellt werden kann. Ist die Stollenauskleidung zu schwach oder fehlt selbe, würde auftretender Gebirgsdruck zu untragbaren Verbeulungen der Panzerung des leeren Stollens führen.

Sorgfältige Ausführung der Stahlpanzerung, Röntgen- oder Ultraschallkontrolle der Schweißnähte ist für die Sicherheit des Bauwerkes unbedingt erforderlich.

## IV. Stollenpanzerung, Baudurchführung

Die Panzerrohre werden in einzelnen Schüssen in dem Druckstollen bzw. Druckschacht eingebracht. Die Länge der Schüsse richtet sich nach den vorhandenen Gewichten, doch sollte man über 10 m nicht gehen, weil die Arbeit dann zu unhandlich wird. Bei kleinen Rohrabmessungen bietet die Einbringung der Rohre keine besonderen Schwierigkeiten. Beim Kraftabstieg des Kraftwerkes Schwarzach der Tauernkraftwerke waren aber Rohre mit einem Durchmesser von 4700 bis 5200 mm einzubringen, welche weder auf der Straße noch auf der Bahn als Vollrohre anlieferbar waren. Es blieb hier nichts übrig, als die Rohre als Halbschalen an die Baustelle zu führen und dort erst zusammenzuschweißen. Die Schweißung erfolgte durch die Lieferunternehmung der Rohre, Waagner-Biro A. G., Graz, in einer eigens errichteten Schweißwerkstätte, welche auch mit den notwendigen Transporteinrichtungen versehen war. Die Schweißung erfolgte unter genauer Kontrolle der Abmessungen durch elektrische Schweißautomaten. Die Güte der Schweißung wurde durch Ultraschall- und Röntgenmessung überprüft. Die Schweißung der einzelnen Schüsse vor Ort erfolgte von Hand aus.

Die Panzerrohre werden in die Stollen- bzw. Schachtröhre einbetoniert. Damit eine kraftschlüssige Verbindung gewährleistet ist, muß diese Arbeit mit großer Sorgfalt durchgeführt werden. Am besten eignet sich dafür Pumpbeton, dessen Kornzusammensetzung, Geschmeidigkeit und Verarbeitungsfähigkeit vorher im Labor sorgfältig abgestimmt werden muß. Ist der Beton auf längere Strecken zu pumpen, ist die Zwischenschaltung von Rührwerken unbedingt erforderlich, da sonst Gefahr der Entmischung des Betons und damit Nesterbildung besteht. Wie bei jedem Beton muß auch hier durch Einrütteln die notwendige Festigkeit gewährleistet sein. Rütteln macht in den unteren Teilen keine Schwierigkeiten, für die Bereiche in der Firste muß aber ein Mindestmaß an Arbeitsraum vorhanden sein, daß man die Rüttler wirksam eintauchen kann. Ein Rütteln des Panzerrohres selbst ist bei dessen Steife meist wirkungslos.

An den Rohrstößen und in der Firste sind Fugen unvermeidlich. Diese Fugen werden durch Zementmörteleinpressung mit etwa 4 bis 5 atü, Mischungsverhältnis 1 : 1, geschlossen. Ist der anschließende Fels klüftig, so werden die Klüfte und etwa noch vorhandene Lücken der Mörtelpressung durch weitere Verpressung mit Zementmilch mit etwas höherem Druck geschlossen.

## V. Besonderheiten bei der Schutterung

In Druckschächten geschieht die Förderung des Schuttes durch Schüttelrutschen, die entweder beim Schachtportal oder bei einem Fensterstollen enden. Auf jeden Fall ist es zweckmäßig, am Ende der Schüttelrutsche einen Silo anzulegen, von welchem dann die gewöhnlichen Stollenwagen gefüllt werden. Ein Beispiel dafür ist die Schuttförderung im Kraftabstieg vom Ausgleichsbecken zum Krafthaus Schwarzach der Tauernkraftwerke (Abb. 112).

Wie bei allen neuzeitlichen Stollenbauten erfolgt auch bei Triebwasserstollen die Schutterung heute ausschließlich mit Lademaschinen. Bei kleineren Querschnitten bewähren sich die verschiedenen preßluftgetriebenen Ladegeräte. Bei großen Querschnitten ist der Einsatz elektrisch angetriebene Großladegeräte, z. B. Distington Lader 100 PS, sehr zweckmäßig, weil bei den großen Förderleistungen der Preßluftantrieb unwirtschaftlich wird. Die Motoren des Distington Lader wurden durch Schleppkabel angespeist, die den Strom aus fahrbaren Umspannern 30 kV/6 kV entnahmen. Die Durchschnittsleistung dieses Laders beträgt im sperrigen Haufwerk 50 m³/Std.

Der größte in Europa gebaute Triebwasserstollen ist der Abflußtunnel des Kraftwerkes Stornorrfoss in Schweden. Dieser Tunnel hat

390 m² Querschnitt. Der Vortrieb erfolgte mit einem Firststollen von 160 m², der den vollen Querschnitt des oberen Tunnelteiles hatte, und nachfolgendem Vollausbruch auf das restliche Profil. Die Schutterung

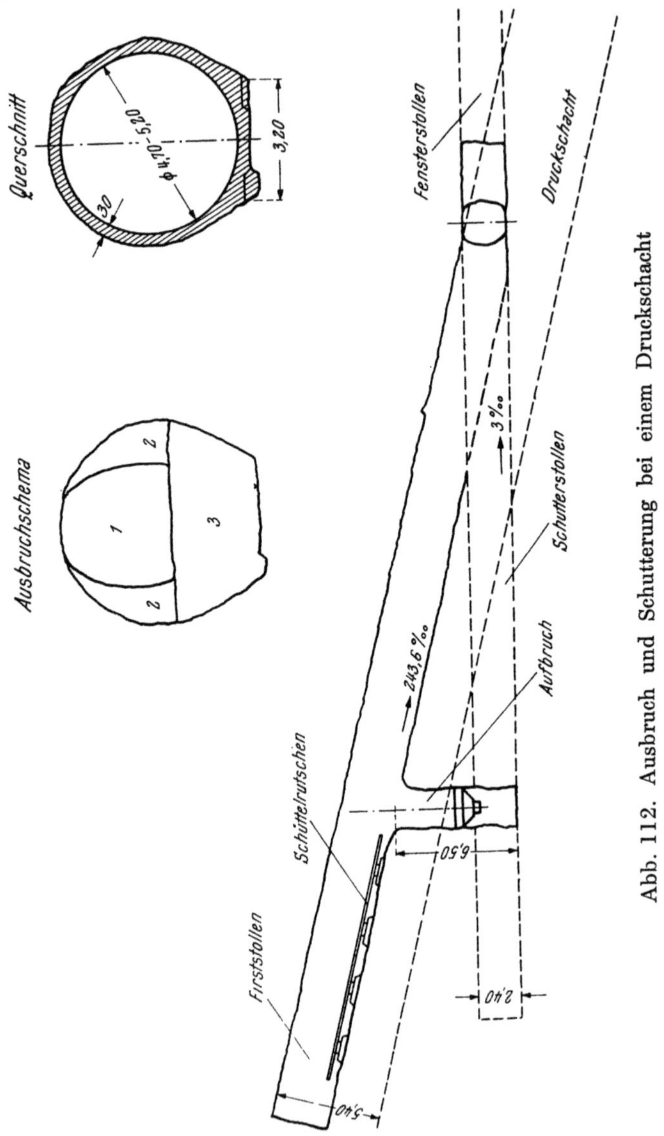



Abb. 112. Ausbruch und Schutterung bei einem Druckschacht

erfolgte durch große Dieselbagger, wie sie auch über Tag verwendet werden, die Förderung erfolgte gleislos auf Euclid-Lastwagen. Für die gleislose Förderung wurde durch Kiesschüttung eine Fahrbahn hergestellt.

Bei einer Tunnellänge von 4000 m wurde zur Verkürzung der Förderwege der Vortrieb von vier Angriffsorten ausgeführt. Die sich damit ergebenden Längen konnten auch bezüglich der Bewetterung beherrscht werden, was besonders in Anbetracht des Einsatzes der Dieselmaschinen von Bedeutung war.

## VI. Anzapfungen von Seen

Besondere Schwierigkeiten treten bei der Anzapfung eines natürlichen Sees durch einen Druckstollen auf. Die Wanne der natürlichen Seen ist in den seltensten Fällen eine reine Felswanne. In der Regel ist der Fels mit einer mehr oder weniger starken Schlamm- oder Geröllschicht überdeckt. Die Feststellung dieser Überdeckung gehört zu den wichtigsten Vorarbeiten, da von deren Ergebnis der weitere Arbeitsvorgang wesentlich beeinflußt wird.

Die Untersuchung des Seegrundes geschieht durch sorgfältige Probebohrungen. Bei Seen, welche im Winter zuverlässig zufrieren, wird man die Bohrung von der Eisoberfläche leicht durchführen können. Dies wurde z. B. bei der Überleitung des Weißsees zum Tauernmoosstausee der

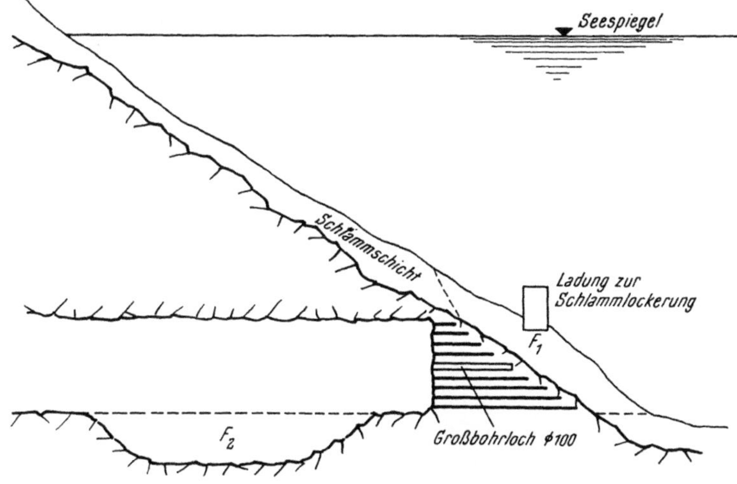


Abb. 113. Anzapfung eines natürlichen Sees. Rauminhalt der Auffangwanne $F_2$ größer als Sprengtrichter $F_1$

Stubachwerke der ÖBB mit bestem Erfolg durchgeführt. Die Versuchsbohrungen ergaben eine Schlammüberlagerung von 2 bis 3 m Stärke, darunter fand sich gesunder Granit, der auch im übrigen Verlauf des Stollens durchörtert wurde.

Bei den vorgefundenen und ähnlichen Verhältnissen ist die Anzapfung eines Sees verhältnismäßig einfach, wenn man beim Stollendurchschlag in den See gleichzeitig die darüber liegende Schlammschicht durch Sprengung beseitigt und für den Schlamm eine Auffangwanne schafft. Versäumt man letztere Vorsichtsmaßnahme, so kann niederbrechender Schlamm den Stollen wie mit einem Stöpsel verschließen. Diesen Verschluß dann wegzubringen, ist eine mühsame, oft aussichtslose Sache.

Ist man der Felsgrenze nahegekommen, wird man durch vorsichtiges Abbohren von langen Probelöchern auch vom Stollen aus die Seewand abtasten und danach die letzten Abschläge einrichten. Der Abschlag gegen den See wird dabei öfters länger als die sonst vorteilhaften Abschläge aus Sicherheitsgründen zu wählen sein. Diesfalls wird man die Methoden anwenden, welche Abschlaglängen *größer* als die halbe kleinste Stollenabmessung gestatten. Das sicherste, aber auch teuerste Verfahren dürfte da ein Einbruch mit Großbohrlöchern sein.

Beim erwähnten Beispiel der Anzapfung des Weißsees waren die Verhältnisse denkbar günstig. Der anstehende Granit war bis zur Schlammauflage sehr dicht, es konnte ein gewöhnlicher Abschlag ohne besonderen Einbruch gemacht werden, man hat zur Vorsicht lediglich die Lochzahl um ein Drittel vergrößert und alle Löcher stark mit Sprenggelatine überladen.

Wesentlich schwieriger gestalteten sich die Verhältnisse bei der Anzapfung des Achensees. An allen möglichen Orten für den Beginn des Druckstollens war die natürliche Seewanne ziemlich flach und durch Geröll und Seeschlamm gebildet, das standfeste Gebirge fing erst verhältnismäßig weit vom Ufer an.

Die Lösung wurde so gefunden, daß man den Druckstollen durch eine Röhre in den See hinaus verlängerte. Diese Röhre wurde durch Caissons gebildet, welche Mann an Mann standen und bis auf die notwendige Tiefe niedergebracht wurde. In der reinen Geröll- und Schlammdecke ging dies unter den gewöhnlichen Schwierigkeiten, welche bei jeder Caissonabsenkung anzutreffen sind. Besondere Schwierigkeiten machte natürlich die Abteufung des Caissons, der gröberes Blockwerk und schlechten Kalkfels durchfahren mußte. Der Durchbruch der Röhre durch die nebeneinander befindlichen Caissonwände erfolgte wie bei einem sonstigen Stollenbau bergmännisch, der ganzen Arbeit war schließlich ein voller Erfolg beschieden. Immerhin scheint der Fall nicht ausgeschlossen, daß besonders ungünstige Bodenverhältnisse die Anzapfung eines Sees überhaupt als aussichtslos erscheinen lassen.

## C. Rekonstruktion von Tunneln

Die Rekonstruktionsarbeiten an Tunneln sind so vielseitig, daß hierüber nur allgemeine Richtlinien gegeben werden können. Gibt es schon bei Tunnelneubauten kein allgemeingültiges Schema, so trifft dies erst recht bei Rekonstruktionsarbeiten zu.

Die Notwendigkeiten für Rekonstruktionsarbeiten sind im wesentlichen folgende:

a) Nicht mehr tragfähiges Tunnelmauerwerk, sei es nun in den Widerlagern oder im Gewölbe.

b) Übermäßiger, für den Bereich nicht mehr tragbarer Wasserzudrang.

c) Rekonstruktionsarbeiten im Zuge der Umstellung von Dampf- auf elektischen Betrieb bei Eisenbahnen.

## I. Nicht mehr tragfähiges Tunnelmauerwerk

Das Tunnelmauerwerk kann seine Tragfähigkeit aus folgenden Gründen verlieren:

1. Zerstörung des Mörtels durch Verwendung minder widerstandsfähiger Mörtelstoffe und sonstige Einflüsse.

2. Verwitterungs- und Zerstörungserscheinungen aller Art bei Naturstein- und Betonmauerwerk.

3. Auftreten von Gebirgsdruck, der zur Zeit der Erbauung nicht vorhanden war, zu schwaches Mauerwerk, das von Baubeginn an dem Gebirgsdruck nicht standhielt.

Vielfach wirken die vorgenannten Ursachen zusammen.

### 1. Zerstörung des Mörtels

Zur Zeit der Erbauung der Tunnel der Arlbergbahn stand nur Romanzement zur Verfügung. Dieser Zement ist gegen Wasser jeglicher Art nur wenig widerstandsfähig. Guter Portlandzementmörtel wird durch aggressives Wasser und wie alle Mörtelarten durch schwefelige Säure, wie sie im Rauch der Dampflokomotiven enthalten ist, zerstört.

### 2. Verwitterungs- und andere Zerstörungserscheinungen

Stampfbeton aus Portlandzement ist gegen aggressives Wasser und schwefelige Säure ebenso anfällig wie der Mörtel aus Portlandzement, desgleichen Naturstein, der entweder aus Kalk besteht oder stark kalkhältig ist. Gesunder Granit widersteht diesen Einflüssen, nicht aber der sonst gut zu vermauernde Konglomeratstein. Wasserzutritt löst bei letzterem die mineralische Verkittung und zerstört den Stein bei Frosteinwirkung.

### 3. Wirkung des Gebirgsdruckes

Das Auftreten von Gebirgsdruck, der beim Bau eines Tunnels nicht vorhanden war, ist eine vielfach festgestellte Erscheinung. Es waren z. B. die Phyllite, welche beim Bau von Tunneln durchörtert wurden, damals so standfest, daß man mit einem Verkleidungsmauerwerk das Auslangen zu finden glaubte. Durch die Zerstörung der Steine und des Mörtels konnten aber Luft und Wasser im Laufe der Zeit hinter das Mauerwerk zum Gebirge gelangen; der Phyllit verwandelte sich dadurch in eine lehmige Masse, welche zusätzlichen Gebirgsdruck erzeugte.

*Beispiele* hierfür sind der Hüttauertunnel der Bahnstrecke Bischofshofen–Selzthal und der Leideggtunnel der Bahnstrecke Salzburg–Wörgl.

Zusätzlich auftretender Gebirgsdruck äußert sich durch größere Schalenabbrüche im Mauerwerk und in bedenklichen Fällen durch meßbare Verformungen des Gewölbes, seltener durch Verformungen an den Widerlagern.

### a) Vorarbeiten

Diese richten sich nach den jeweiligen Gegebenheiten und der zu planenden Rekonstruktion. Die unerwünschten Erscheinungen beginnen in der Regel mit kleinen Schäden, welche im Laufe der Zeit sich vergrößern. Hat man die Schäden erkannt, dann wird man sogleich mit den notwendigen Untersuchungen beginnen, damit die weitere Planung zweckentsprechend vor sich gehen kann.

Das *Tunnelwasser* muß *chemisch untersucht* werden. Dabei ist festzustellen, daß Wässer, deren Beschaffenheit chemisch reinem Wasser nahekommt, sehr aggressiv sind und den Kalk aus den gewöhnlichen Kalk- und Portlandzementmörteln auslaugen. Besonders schädlich sind Gipswässer und solche, die schwefelige Säure enthalten.

Bei der Untersuchung des Bergwassers müssen die Wasserproben direkt aus dem Gebirge entnommen werden. Ein Wasser, welches etwa an einem Austritt aus dem Mauerwerk entnommen wird, kann durch den Durchfluß durch das Mauerwerk von diesem neutralisiert werden und ein zu gutes, aber falsches Ergebnis bringen (vgl. ETR, 11. Jg., Heft 5, 1962).

Im Bosrucktunnel zwischen den Bahnhöfen Spital am Pyhrn und Ardning werden derzeit zahlreiche Versuche durchgeführt, welche zur *Feststellung des geeigneten Bindemittels* für die dort umfangreichen Rekonstruktionsarbeiten dienen. Zu diesem Zwecke werden sämtliche in Österreich und Deutschland von der Industrie lieferbaren Zemente und Zusatzmittel erprobt, wobei die Betonproben mehrere Jahre in den Sohlkanal des Tunnels eingehängt werden, wo sie das dort fließende aggressive Wasser umspült. Die Versuche sind noch nicht abgeschlossen, es werden aber aller Voraussicht nach gewöhnliche und Hochofenzemente mit den Zusätzen der *Sika-Plastiment G. m. b. H.* die geeignetsten Bindemittel sein. Lafargezement hat sich erwartungsgemäß als vollkommen geeignet erwiesen, doch dürfte die Wirtschaftlichkeit nicht gegeben sein.

Zu den Vorarbeiten gehören auch Untersuchungen darüber, ob es möglich ist, etwa von außen in den Tunnel *eindringende Wässer durch Ableitung unschädlich zu machen*. Diesbezügliche Arbeiten werden ebenfalls im Bosrucktunnel durchgefüht, und beim Tauerntunnel versucht man auf der Nordseite durch sorgfältige Verbauung des Hierkarbaches, das Wasser vom Tunnel fernzuhalten.

*b) Wiederherstellung des Mörtels durch Verfugung, Erneuerung kleiner Mauerflächen*

Ist nur der Mörtel in den Fugen zerstört, sind die Mauerwerksteine aber noch gut, dann wird man die einfachste Rekonstruktionsarbeit in Form einer *Verfugung* durchführen.

Der verwitterte Mörtel ist dabei auf möglichst große Tiefe auszukratzen, und die Fugen sind sorgfältig von Ruß oder Öl zu reinigen, da sonst der neu eingebrachte Mörtel am Mauerwerk nicht haftet. Unter 10 cm Tiefe soll man beim Fugenauskratzen *nicht* gehen. Der neue Fugenmörtel muß ein fetter Portlandzementmörtel mit 300 bis 350 kg Portlandzement je Kubikmeter Fertigmörtel sein; als Sand wird reines Material bis 3 mm Korngröße genommen, wobei zu achten ist, daß die Feinstteile mit 0,02 mm Korngröße 2 % des Gemenges nicht übersteigen, da sonst eine innige Verbindung des Zementleimes mit dem Sand *nicht* gewährleistet ist.

Die Verfugung besorgten bis jetzt geeignete Maurer, welche den Mörtel mit dem Fugeneisen einbrachten. Dabei konnte vielfach nachträglich festgestellt werden, daß dort — statt der vollkommenen Ausfüllung der Fugen mit neuem Mörtel — größere Hohlräume waren.

Einwandfreien Erfolg erzielt man bei Verwendung von *Aliva*-Spritzbetonmaschinen, bei welchen der aus der Maschine unter Druck austretende Mörtel mit einer Fugenpistole, die Fugen restlos ausfüllend, eingebracht werden kann. Auf diese Weise vermag man noch Fugen oder Felsspalten bis 40 cm Tiefe zu füllen. Gut bewährt hat sich dabei die Beigabe von Sigunit-spezial der Sika-Plastiment G. m. b. H. oder gleichwertiger Zusätze.

*Sigunit-spezial* ist ein Schnellbindezusatz mit dichtenden Eigenschaften. Je 100 kg Portlandzement gibt man 2 bis 4 kg Sigunit bei. Die richtige Zusammensetzung wird durch Versuche ermittelt. Sie ist vom Zement, den Zuschlagstoffen und davon abhängig, wie weit ein Schnellbinden wegen allfälligen Wasserandranges erwünscht ist.

Etwa *vorgefundene Wasseraustritte* wird man mit einem schnellbindenden Sikamörtel zusammendrängen und die dann auftretende größere Wasserader nach der Schlauchmethode unschädlich in das Entwässerungssystem einleiten.

Sind einzelne Steine oder kleinere Flächen des Mauerwerkes durch Verwitterung oder sonstige Einflüsse beschädigt, dann können diese Stellen einzeln erneuert werden. Dies geschieht durch sogenannte Plomben, welche aus Stampfbeton bzw. aus in Zementmörtel verlegten Klinkern oder guten Betonformsteinen hergestellt werden.

Bei der Herstellung der Plomben bedient man sich einfacher Schalungen, welche in den gesunden Teilen des Mauerwerkes befestigt werden. Die Verankerung geschieht mit Hilfe von *Perforohren*.

### c) *Erneuerung von zusammenhängendem Mauerwerk*

Sind größere zusammenhängende Teile des Widerlager- oder Gewölbemauerwerkes zu erneuern, dann bleibt nur der Ausweg, diese Teile in
einzelnen Ringen in einem Zuge zu erneuern. Ist etwa aus Verformungen
des Mauerwerkes auf Gebirgsdruckerscheinungen zu schließen, so kommt
eine Einzelerneuerung von Steinen *nicht* in Frage.

Der einfachste Fall für die vollständige Erneuerung eines Tunnel-
ringes liegt dann vor, wenn der vorhandene Lichtraum es zuläßt, in die
bestehende Tunnelröhre eine zweite, kleinere Röhre einzuziehen. Dies
war z. B. bei der Erneuerung der alten Röhre des Semmeringtunnels der
Fall, wo in den doppelspurigen Tunnel eine einspurige neue Röhre eingezogen wurde. Eine solche Arbeit ist lediglich eine Organisationsfrage,
und es wird darauf nicht näher eingegangen.

α) **Erneuerung von einzelnen Widerlagerringen.** Ist das Gewölbe noch
gut und sind nur größere Schäden im Widerlagermauerwerk zu beheben,
dann können die Widerlager in ein-
zelnen schmalen Ringen erneuert
werden. Hiezu ist es notwendig, das
Gewölbe mit einem Stahlbetonbalken zu unterfangen.

In Kämpferhöhe wird durch vorsichtiges Entfernen der Steine oder
bei Betonmauerwerk durch Ausstem-
men ein Schlitz von etwa 30 cm
Höhe auf die volle Stärke des Ge-

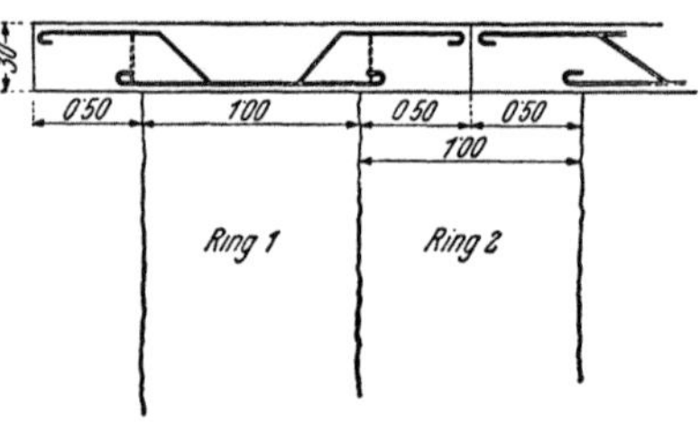

Abb. 114. Stahlbetonbalken zum Unterfangen des Gewölbes

wölbes hergestellt und dieses behelfsmäßig, soweit notwendig, mit Holz-
stempeln abgestützt.

Der Schlitz wird dann mit Beton ausgefüllt und eine Stahlbewehrung
eingelegt (Abb. 114). Für die Berechnung der Bewehrung nimmt man
als Belastung häufig das Gewicht des halben Gewölbes an. Der Schlitz
bzw. der dort eingebrachte Stahlbetonträger hat die doppelte Länge des
zu erneuernden Ringes. Die Untersicht des Balkens wird geschalt, oben
schließt er dagegen satt an das Gewölbe an.

Im Schutze des Stahlbetonträgers kann das beschädigte Widerlagermauerwerk abgetragen und wieder neu aufgemauert werden. Sind die
Widerlager auf beiden Seiten zu erneuern, so müssen im Zuge der Arbeit
die jeweils in Angriff genommenen Ringe gegeneinander versetzt
werden.

β) **Gewölbeerneuerung.** Die Gewölbeerneuerung bei einem in Betrieb
befindlichen Tunnel ist in der Regel eine recht schwierige Arbeit, sie wird
um so schwieriger, je beengter die Arbeitsräume und je stärker der
Gebirgsdruck ist.

Die Schwierigkeiten beginnen bei der unumgänglich notwendigen Einrüstung des bestehenden Gewölbes. Bei zweispurigen Eisenbahn- oder Straßentunneln ist die Sache noch verhältnismäßig einfach, da es immer möglich sein wird, auf die Länge der notwendigen Einrüstung einen einspurigen Verkehr einzurichten. In diesem Falle hat man also genügend Platz, die das alte Gewölbe unterstützenden Lehrbogen durch Holz- oder Stahlrüstungen so weit zu unterstützen, daß die Lehrbogen selbst bescheidene Dimensionen annehmen. Anders ist es bei einspurigen Tunneln. Bei den dort beschränkten Platzverhältnissen kommen nur Stahllehrbogen in Frage, die so zu bemessen bzw. so eng zu stellen sind, daß sie allein alle auftretenden Belastungen aufnehmen können.

Im *halbswegs standfesten Gebirge* und unter der Voraussetzung, daß nicht das Gewölbe durch Gebirgsdruck zerstört wurde, kann dieses im Schutze der vorbeschriebenen Einrüstung abgetragen und erneuert werden.

Nach Abtrag des alten Gewölbes wird man etwa vorgefundene Wasseraustritte auf wenige Stellen zusammendrängen und das Wasser mit der schon erwähnten Schlauchmethode in das bestehende Entwässerungssystem einleiten. Das freigelegte Gebirge wird man mit einer Schicht aus Spritzbeton abdecken, um weitere Abbröckelungen zu verhindern und ein sauberes Mauerwerk zu erreichen.

Im Bosrucktunnel wurde die wasserdichte Abdeckung durch Tafeln aus 1,5 mm starkem Schwarzblech hergestellt, welche gleichzeitig mit der Mauerung des Gewölbes hochgezogen wurde. Damit ersparte man sich den Ausbruch, welcher für die Herstellung der wasserdichten Abdeckung aus sonstigen Dichtungsbahnen einschließlich des erforderlichen Arbeitsraumes notwendig gewesen wäre.

Wird das Gewölbe im Betonmauerwerk erneuert, so ist dieses satt an die vorher mit Spritzbeton abgeglichene Oberfläche des Gebirges anzuschließen. Bei Steinmauerwerk sind etwa verbleibende Hohlräume durch Magerbeton auszufüllen.

Sind im selben Tunnelabschnitt auch die Widerlager zu erneuern, so wird man die Kämpfer des Gewölbes, wie schon erwähnt, als Stahlbetonbalken ausbilden. Die Stützweite dieses Balkens wird man aber hier größer wählen und sich auf diese Art eine Arbeitserleichterung durch die Ermöglichung größerer Abschnitte bei der Widerlagererneuerung schaffen. Die dadurch notwendige stärkere Bewehrung des Balkens ist wirtschaftlich vertretbar.

Bei *druckhaftem Gebirge* bleibt nichts anderes übrig, als sich von einem Firststollen aus die für die Gewölbeerneuerung und etwa notwendige wasserdichte Abdeckung erforderlichen Arbeitsräume zu schaffen.

Ist das Tunnelportal schadhaft und erneuerungsbedürftig und liegen die anderen Tunnelabschnitte, die zur Erneuerung kommen, in der Nähe des Portals, dann wird man, wenn ein Fensterstollen als Zugang zum Firststollen nicht tragbar ist, den Firststollen vom Portal aus auffahren. Dies hat den Nachteil, daß man zumindest für den Wendeplatz der Stollenfahrzeuge ein zusätzliches Gerüst braucht, das überdies ein Herabfallen von Gegenständen aller Art ausschließen muß. Wenn möglich, wird man daher den Firststollen als Fensterstollen auffahren, was bei Lehnentunneln, die nicht weit im Berginnern verlaufen, meist gut möglich sein wird und die ganze Baustelleneinrichtung vereinfacht.

Sind die Erneuerungsstellen so weit im Tunnelinnern, daß weder die Auffahrung vom Portal noch von einem Fensterstollen aus in Frage kommt, dann muß der Firststollen entweder durch ein Schlupfloch im Tunnelscheitel oder durch einen seitlichen Aufbruch erreicht werden. Welche Art hier zu wählen ist, richtet sich nach den örtlichen Gegebenheiten und dem Zustand des Tunnels; es wurden beide Methoden mit Erfolg angewandt. Bei kleiner Überlagerung und drückendem Gebirge kommt nur der seitliche Aufbruch in Frage.

Bei hölzerner Zimmerung geschieht die Herstellung des Arbeitsraumes am besten nach der österreichischen Tunnelbauweise. Dabei werden die Langruten zuerst auf das alte Gewölbe und später, nach dessen Abtragung, auf die Lehrbogen bzw. auf vorhandene Bockgerüste im Tunnelraum abgestützt. Durch entsprechende Aufsattelung der Lehrbogen wird dann die Unterlage für die Schalung des neuen Gewölbes geschaffen und dieses hernach aufgemauert. Ist das Gebirge stärker druckhaft, so kommt nur eine Mauerung aus Natursteinen oder Betonformsteinen in Frage, weil man auf dem nicht abgebundenen Beton nur unsicher die Auswechslung der Verstrebungen durchführen kann.

Bei der Auffahrung des Firststollens und erst recht bei der Schaffung des Arbeitsraumes wird man sich mit großem Vorteil der neuen Arbeitsmethode mit Spritzbeton bedienen. Durch dieses Verfahren schützt man das Gebirge gegen schädliche Einflüsse, die durch Zutritt von Luft und Wasser eintreten können, erspart sich die mit vielen Schwierigkeiten und Unzukömmlichkeiten verbundene mehrfache Umsprießung und hat vor allem einen freien Arbeitsraum, der sich beim Einbau einer wasserdichten Abdeckung sehr wohltuend auswirkt. Bei Holzeinbau wird der meist notwendige zweimalige Heißbitumenanstrich am Gewölberücken schon durch die im Wege stehenden Hölzer mangelhaft, die einzelnen Dichtungsbahnen müssen mit Übergriff verlegt werden und der Zusammenschluß der Dichtungsbahnen läßt auch bei sorgfältiger Arbeit fast immer zu wünschen übrig.

## II. Beseitigung eines für den Betrieb untragbaren Wasserandranges

Der Wasserzudrang zum Tunnel kann außer zerstörenden Einflüssen auf das Mauerwerk folgende, für den Betrieb untragbare Erscheinungen bringen:

1. Bei elektrischem Betrieb Überschläge an den Fahrleitungsisolatoren.

2. Gefährliche Eisbildung am Boden und Eiszapfenbildung an der Decke.

3. Begünstigung der Verrostung der Schienen und besonders ihrer Befestigungsmittel.

4. Bei nicht einwandfreier Entwässerung der Fahrbahn Gefahr von Frostauftrieben.

5. Schäden am Sohlkanal durch aggressive Wässer.

Die im folgenden geschilderten Arbeiten für die Abhaltung des Wassers gelten für die Punkte 1 bis 4.

Grundsätzlich sind zwei Methoden bei der Fernhaltung des Wassers vom Tunnelinnern zu unterscheiden:

a) Verdrängung des Wassers und Ableitung desselben in eine natürliche Drainage im Gebirge.

b) Verdrängung des Wassers und Ableitung desselben in das Entwässerungssystem des Tunnels.

Die Verdrängung des Wassers geschieht durch Aufbringen eines Zementmörtelputzes an der Innenseite der Tunnelwandung. Dies erfordert in der Regel wenigstens zwei Arbeitsgänge, wobei beim ersten Arbeitsgang nach der Reinigung der Wände eine Vordichtung und anschließend daran der eigentliche Dichtungsputz aufgebracht wird. Dem Zement wird dabei immer ein Dichtungsmittel beigegeben. Diesbezüglich dürfte die Sika-Plastiment G. m. b. H. die längste Erfahrung und in Österreich derzeit den besten Kundendienst haben.

Sechs geschickte Maurer können mit einer Spritzbetonmaschine in acht Stunden 40 m² Dichtungsputz herstellen.

Der Stoffbedarf ist je Quadratmeter: 60 kg Portlandzement, 2,8 kg Sigunit-spezial, 0,03 m³ Sand, Korngröße 0 bis 3 mm, 0,13 m³ Sand, Korngröße 3 bis 15 mm, 1 Stück Perforohr, 1 m² Baustahlgewebe.

Die endgültige Putzstärke beträgt 6 cm.

Voraussetzung für ein sicheres Haften des Putzes ist eine vollkommene Reinigung der zu dichtenden Flächen von allen Ruß- und Ölresten. Es geschieht am besten mit einem Sandstrahlgebläse und Nachwaschen mit heißem Wasser. Diese Arbeit gelingt bei Mauerwerk selten restlos, schon gar nicht aber bei klüftigem Fels. Wesentlich sicherer wird der Erfolg, wenn man den Putz statt von Hand aus mittels einer Spritzbetonmaschine aufträgt, da die ersten rückprallenden Mörtelteile auch Ruß- und Ölreste mitnehmen. Am besten wird man dem Putz einen Halt geben, wenn man in ihn ein Baustahlgitter einlegt, das seinerseits wieder nach der Perfomethode im Mauerwerk oder im Fels verankert ist. Dichtungsputze, bei denen man dies nicht oder nur teilweise befolgt hat, sind in wenigen Jahren unwirksam geworden.

Handelt es sich lediglich darum, das Wasser von der Fahrleitung und ihren Stützpunkten wegzubringen, so kann man dies mit Erfolg auch durch Anbringen eines Daches aus Well-Eternit erreichen (Abb. 115).

Diese Art der Trockenlegung ist unabhängig von etwa mehr oder weniger geglückten Reinigungsarbeiten, muß aber so ausgeführt werden, daß ein Abheben der Dachkonstruktion durch Frosteinwirkung sicher verhindert wird.

Durch die Anbringung eines Dichtungsputzes wird das Wasser von der trockenzulegenden Stelle verdrängt. Wird der ganze Tunnel mit einer solchen Dichtung versehen, dann muß das Wasser entweder in das Entwässerungssystem des Tunnels abgeleitet werden oder es muß seinen Weg in eine natürliche Drainage im Gebirge finden. Ob letztere Möglichkeit besteht, muß vor Arbeitsbeginn durch sorgfältige Untersuchung mit Sicherheit festgestellt werden.

Zur Erneuerung des Sohlkanals stehen folgende Möglichkeiten offen:

a) Herstellung in dünnfugigem, fugenarmem Quadermauerwerk aus Granitsteinen.

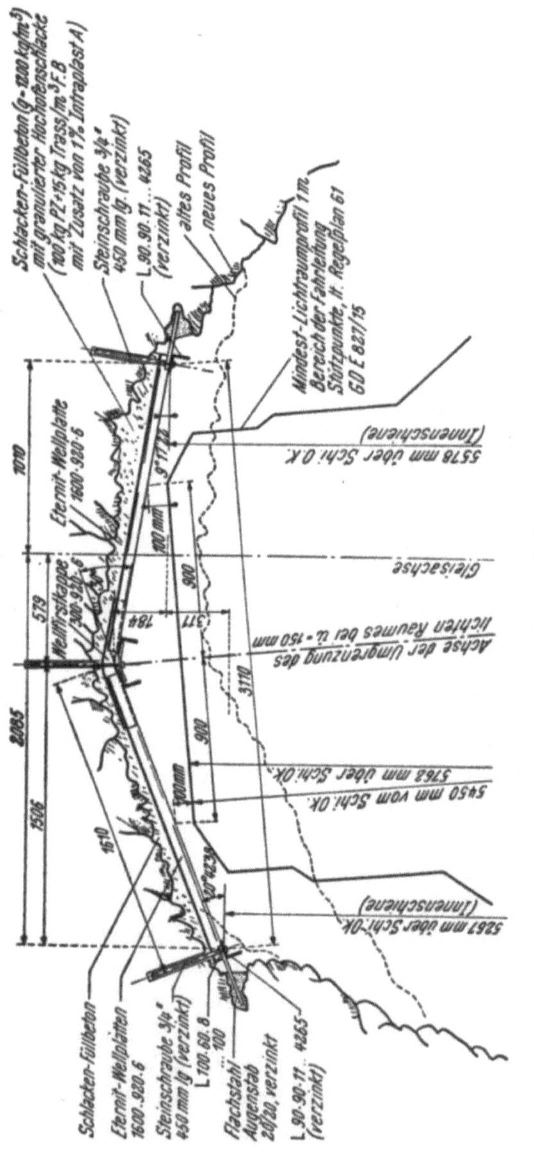


Abb. 115. Well-Eternitdach nach JAWORSKI

b) Einbau von Steinzeugrohren, welche zur Erhöhung der Tragfähigkeit in Beton- oder Stahlbetonmäntel eingebettet werden.

c) Versuche, einen widerstandsfähigen Betonbaustoff zu finden.

## III. Rekonstruktionsarbeiten
## für die Umstellung auf elektrischen Betrieb bei Eisenbahntunneln

Außer der schon beschriebenen Entwässerung ist es auch erforderlich, für die Stromabnehmer der Triebfahrzeuge den notwendigen lichten Raum zu schaffen, was unter Umständen große Mühe macht. Die Schweizer Bundesbahnen haben bei Einführung des elektrischen Betriebes nur in kleinem Umfange die Tunnel hierfür ausgebaut. Die elektrischen Triebfahrzeuge haben auch gegenüber jenen der Österreichischen Bundesbahnen einen bedeutend schmäleren Stromabnehmer. Dies hat zur Folge, daß auch auf der freien Strecke die Zick-Zack-Führung des Fahrdrahtes enger und der Abstand der Fahrleitungsmaste kürzer sein muß.

Kurze Zeit nach Aufnahme des elektrischen Betriebes auf der Arlbergbahn hatten auch die Österreichischen Bundesbahnen schmale, zusätzliche Stromabnehmer, doch entschloß man sich später, diese aufzulassen und einheitlich einen breiten Stromabnehmer zu verwenden, was einen Ausbau der Tunnel erforderte. Die Schwierig-

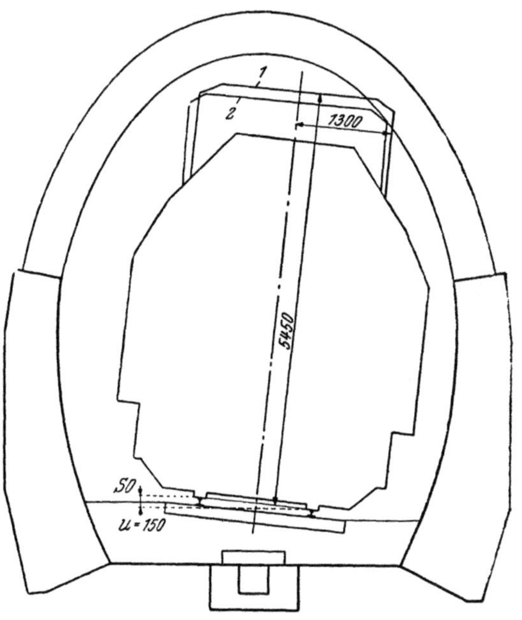



Abb. 116. Lichtraumprofil bei Tunnelrekonstruktionsarbeiten für die Umstellung auf elektrischen Betrieb

*1* Bügellage bei Regelüberhöhung $ü = 150$ mm und 45 cm Schotterbett — unzulässige Ausspitzung im Gewölbe; *2* Bügellage bei Mindestüberhöhung $ü = 122$ mm und 35 cm Schotterbett — Ausspitzung ganz geringfügig

keiten waren im Bereiche der Österreichischen Bundesbahnen nicht besonders groß, lediglich Tunnelstrecken mit Sohlgewölbe erforderten eine kostspielige Unterfangung der Widerlagermauern und die Erneuerung des Sohlgewölbes.

Nachdem man mit einer fahrbaren Lehre jene Stellen festgelegt hatte, wo auch das Mindestprofil für den elektrischen Betrieb nicht vorhanden war, fanden genaue Querschnittsaufnahmen statt, wozu die photogrammetrische Vermessung zu empfehlen ist. Man lasse sich nicht dazu verleiten, durch übermäßige Schwächung des Schotterbettes die Höhenlage

der Schienen so weit zu senken, daß der Lichtraum für den Stromabnehmer erreicht wird. Es kann vorkommen, daß dann die Schwellen auf den
ungleichmäßig dicken Abdeckplatten des Sohlkanals aus Naturstein zu
reiten beginnen, was eine äußerst schlechte Oberbaulage verursacht. In
der Regel ist das Schotterbett im Zuge der Erhaltungsarbeiten meist
höher als zur Zeit des Baues, man wird daher fast immer durch eine
Verringerung der Schotterbettstärke etwas erreichen. Auch die Verminderung der Überhöhung von Bogenaußenschienen auf die noch zulässige
Mindestüberhöhung bringt Erfolg.

Abspitzungen im Gewölbe zwecks Herstellung des Lichtraumes für
den Stromabnehmer sollen ein Zehntel der Gewölbestärke nicht überschreiten. Das Gewölbe etwa im Viertelpunkt abzuspitzen, ist eine sehr
bedenkliche Maßnahme (Abb. 116).

Vor Einführung des elektrischen Betriebes wird man gut tun, alle
in den nächsten Jahrzehnten etwa erforderlichen Erneuerungsarbeiten
gleich zu machen, denn Rekonstruktionsarbeiten in einem Tunnel mit
Fahrleitung gehören zu den mühsamsten Arbeiten und können oft nur
mit Betriebseinschränkungen durchgeführt werden.

Nun noch einige Beispiele für Tunnelinstandsetzungen:

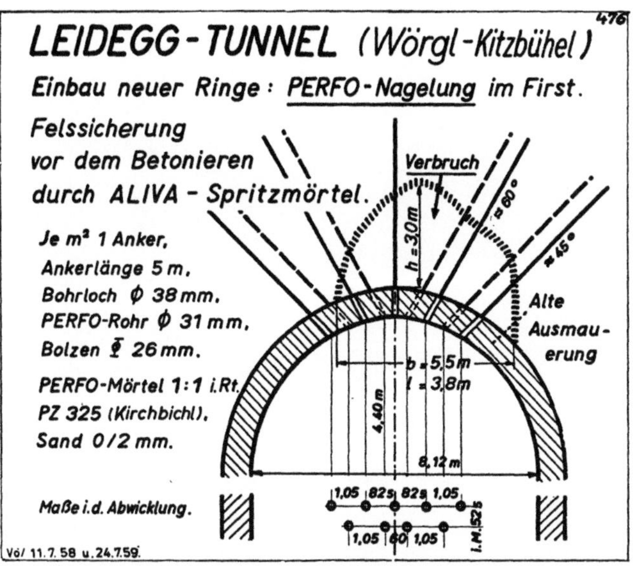


Abb. 117. Leideggtunnel, Strecke Wörgl–Kitzbühel. Instandsetzung und Sicherung eines größeren Nachbruches. Fächerförmig angeordnete Felsnagelung, Sicherung des Einbruches durch bewehrten Aliva-Spritzmörtel

(Siehe dazu „Neuere Methoden der Tunnelinstandsetzung", Dr. O. Drögsler.
Die Österreichische Bundesbahn im Wandel der Zeit, 1959/60, S. 36 und 37)

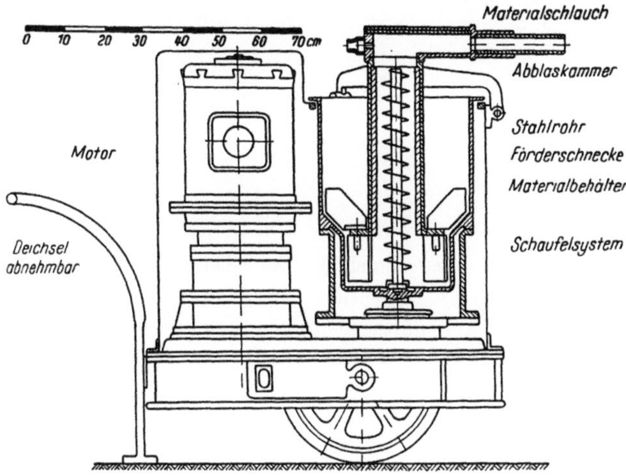


Abb. 118. Schema der Aliva-Mörtelspritze MS-2. Der Sand braucht nicht vor-
getrocknet zu werden, weil ihn die Maschine bis zu etwa 5 Gew.-% Eigenfeuchtig-
keit verarbeitet

Abb. 119. Lessachtunnel, Strecke Klagenfurt—Rosenbach
Gerüst für die Aliva-Spritzbetonarbeiten. Ersetzt wurden 10 bis 20 cm des alten,
porösen und durch Rauchgase zermürbten Betons

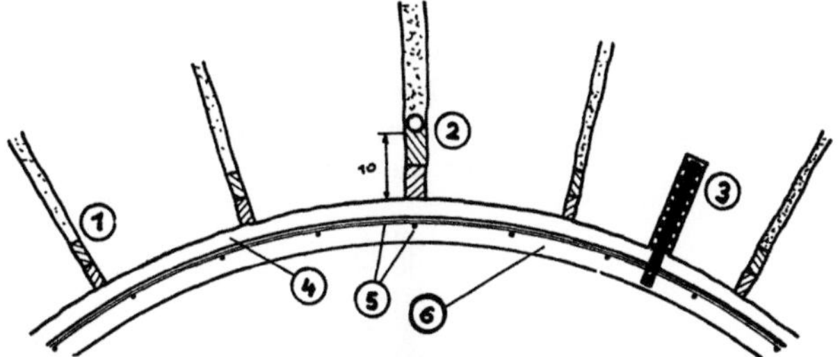

Abb. 120. Tunnelmauerwerk, durch vieljährigen Dampfbetrieb mit Sulfaten
verseucht

*1* Abdichtung feuchter Fugen, z. B. in zwei Lagen mit Sika-3-Mörtel 1 : 1 und
1 : 2 i. Rt.; *2* Entwässerungskanal, durch Ziehen eines Gummischlauches, mit
Sika-4 a-Zementteig hergestellt, wegen des Frostes 10 cm tief verlegt und durch
zwei Mörtellagen abgedeckt wie unter *1*; *3* Perfo-Dübel, z. B. Bohrloch 26 mm
Durchmesser, Perfo-Rohr 20 mm Durchmesser, Bolzen 18 mm Durchmesser,
Torstahl, Bohrlochtiefe 15 cm, Bolzen 20 cm lang mit Loch für den Bindedraht.
Mörtel für flottes Arbeiten mit Perfo-Sika (schnellbindend); *4* Aliva-Spritzmörtel, z. B. 2,5 cm dick, 1 : 2 i. Rt., Sand 0/7 mm laut Aliva-Sieblinie mit
Sigunit-normal zur Schnellbindung wegen Arbeit über Kopf. Bindemittel: Ferrari-
zement mit Traß zur Restkalkbindung; *5* Bewehrung; *6* Aliva-Spritzmörtel, z. B.
3,5 cm dick, 1 : 3 i. Rt., sonst wie unter *4*

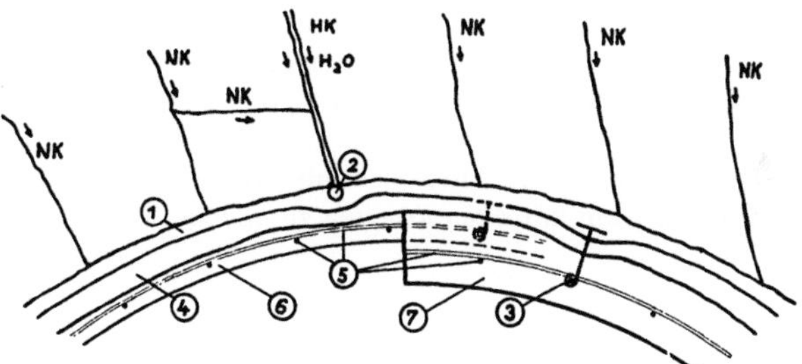


Abb. 121. Standfester Fels mit viel Kluftwasser

*HK* Hauptkluft; *NK* Nebenkluft; *1* Sika-4 a-Zementteig, z. B. 2 cm dick, von Hand
aufgebracht, um das Wasser der Nebenklüfte in die Hauptkluft zu drängen.
Wenn angreifende Wässer auftreten, wird ein niederkalkiger Zement mit Restkalkbindung durch ein Puzzolan verwendet, z. B. Ludescher HZ + 10 % steiri-
scher Traß. Die Vordichtung wird sofort eingestaubt, um allfällige Wasserdurch-
tritte zu sehen und gleichzeitig eine gute Haftfläche zu schaffen; *2* Kanal von
z. B. 20 mm Außendurchmesser, der Hauptkluft folgend, durch Ziehen eines
Gummischlauches unter dem schnell erhärtenden Sika-4 a-Zementteig gebildet,
führt das Kluftwasser an den gewünschten Ort; *3* Halter aus verzinktem Eisen-
draht gebogen, gleich auf der Vordichtung versetzt, um die Bewehrung später
aufhängen zu können; *4* erste Lage Aliva-Spritzmörtel, z. B. 2,5 cm dick, 1 : 2
i. Rt., Sand 0/7 mm laut Aliva-Sieblinie, Bindemittel wie unter *1*, Sigunit-spezial
als schnellbindendes Dichtungsmittel wegen der Arbeit über Kopf und damit

nasse Stellen bei geringerem Wasserandrang ohne Zementteig gedichtet werden können; *5* Bewehrung; *6* zweite Spritzmörtelschichte, z. B. 2,5 cm dick, wie unter *4*, aber 1 : 3 i. Rt.; *7* anstatt zweite Lage Spritzmörtel z. B. Spritzbeton, 10 cm dick, 1 : 4 i. Rt., Zuschläge 0/25 mm laut Aliva-Sieblinie, mit HZ + Traß und Sigunit wie unter *4*

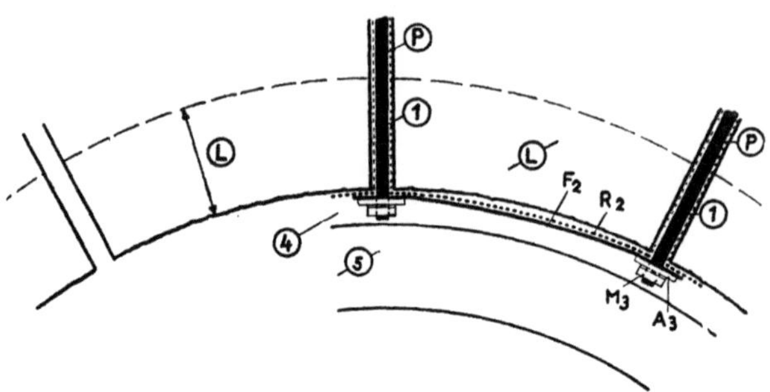

Abb. 122. Tunnel in teilweise zerrüttetem Fels

*L* Lockerzone (kleinklüftig); *P* Perfo-Anker; *1* Perfo-Anker, z. B. Bohrlochdurchmesser 38 mm, Perfo-Rohr-Durchmesser 31 mm, Bolzendurchmesser 26 mm, Bohrlochtiefe mindestens gleich der doppelten Lockerzonendicke. Bolzen vorgespannt, daher ein Viertel bis ein Drittel des Bohrloches mit schnellbindendem Perfo-Sika-Mörtel versehen, den Rest mit Plastiment-RD-Mörtel zwecks Verzögerung des Abbindens bis nach dem Vorspannen; *2* Rabitznetz *R* mit Flacheisen *F*; *3* Ankerplatte *A* samt Sprengring und Mutter *M*; *4* Aliva-Spritzmörtel, grob, z. B. 6 cm dick, 1 : 2,5 i. Rt., Sand 0/15 mm laut Aliva-Sieblinie, mit Sigunit-normal zwecks schneller Erhärtung zur Sicherung der Arbeit. Bindemittel: PZ 375 zur Erzielung hoher Anfangsfestigkeiten; *5* Aliva-Spritzbeton, z. B. 15 cm dick, 1 : 4 i. Rt., Sand 0/25 mm laut Aliva-Sieblinie. Wieder mit Sigunit-normal, um über Kopf flott in dickeren Schichten arbeiten zu können. Bindemittel wie unter *4*

## Muster eines Tunnelbuches

# Tunnelbuch

*Blatt 1*

Bauleitung: *Tömernes.*

Baulos.-Nr.: 7.

Tenvatn-Tunnel (Nr. 69), Betriebsort Süd;
km 83,787 bis km 89,288 = 5,501 km.

Baubeginn: *28. Januar 1944.*

Baubeendigung: *25. Juni 1946.*

Unternehmer: *Ingenieure Mayreder, Kraus & Co.*

Örtlicher Bauleiter der Bauherrschaft: *Dipl.-Ing. Mayer.*

Örtlicher Bauleiter der Bauunternehmung: *Dipl.-Ing. Müller.*

*Tunnelbuch Blatt 2*

### 1. Geräteeinsatz

#### A. Luftverdichter, Kompressoren.

| Nr. | Bauart und Lieferwerk | Antrieb | PS | m³/min | Eingesetzt | |
|---|---|---|---|---|---|---|
| | | | | | von | bis |
| *1304* | *Flottmann SOK* | *elektr.* | *100* | *12* | *28.1.44* | *25.6.44* |
| | *usw.* | | | | | |

Bemerkungen:

#### B. Windkessel

| Nr. | Bauart und Lieferwerk | Inhalt m³ | Eingesetzt | |
|---|---|---|---|---|
| | | | von | bis |
| *5344* | *Wassergasgeschweißt, M. A. N.* | *3,5* | *28. 1. 44* | *10. 10. 44* |

Bemerkungen:
Windkessel Nr. 5344 durch Steinschlag zerstört.

#### C. Bohrhämmer

| Nr. | Bauart, Lieferwerk | Luftverbrauch m³/min | Eingesetzt | | Bohrleistung m |
|---|---|---|---|---|---|
| | | | von | bis | |
| *1612* | *Flottmann At 18* | *1,8* | *28. 1. 44* | *30. 9. 44* | *4600* |
| *1613* | *Flottmann At 18* | *1,8* | *28. 1. 44* | *15. 12. 44* | *5600* |
| | *usw.* | | | | |

Bemerkungen:

*Tunnelbuch Blatt 3*

### D. Ventilatoren

| Nr. | Bauart, Lieferfirma | Antrieb | PS | m³/min | Eingesetzt | |
|---|---|---|---|---|---|---|
| | | | | | von | bis |
| 7445 | *Luttenventilator Siemens-Schuckert* | *elektr.* | *4* | *90* | *28.1.44* | *5.5.44* |
| 7450 | *Schleudergebläse Fröhlich-Klüpfer* | *elektr.* | *8* | *120* | *6.5.44* | *2.2.46* |
| | | | | | | |
| | | | | | | |

Bemerkungen:

### E. Lokomotiven

| Nr. | Bauart, Lieferfirma | Antrieb | PS | Eingesetzt | |
|---|---|---|---|---|---|
| | | | | von | bis |
| 1445 | *Deut-Humbold, Köln* | *Diesel* | *35* | *4.2.44* | *10.6.46* |
| 2416 | *Siemens-Schuckert, Wien* | *Akku* | *20* | *4.5.44* | *3.6.46* |
| | | | | | |
| | | | | | |
| | | | | | |

Bemerkungen:

### F. Pumpen

| Nr. | Bauart, Lieferfirma | Antrieb | PS | Eingesetzt | | Förderleistung |
|---|---|---|---|---|---|---|
| | | | | bis | von | |
| 2713 | *Escher-Wyß, Winterthur, Zentrifugalpumpe* | *elektr.* | *5* | — | — | |
| | | | | | | |
| | | | | | | |
| | | | | | | |

Bemerkungen:
Pumpen waren nur zur Reserve da; wurden nicht verwendet.

*Tunnelbuch Blatt 4*

### G. Lademaschinen

| Nr. | Bauart, Lieferfirma | Antrieb | Förder-leistung m³/Std. | Luft-ver-brauch | Eingesetzt | |
|---|---|---|---|---|---|---|
| | | | | | von | bis |
| 9756 | Baggerlader Atlas-Diesel, Stockholm | Luft | 9,5 | 8,5 | 15.2.44 | 6.3.46 |
| | | | | | | |
| | | | | | | |
| | | | | | | |
| | | | | | | |

Bemerkungen:

### H. Sonstige Baugeräte

| Nr. | Beschreibung, Lieferfirma | Antrieb | PS | Leistung | Eingesetzt | |
|---|---|---|---|---|---|---|
| | | | | | von | bis |
| | | | | | | |
| | | | | | | |
| | | | | | | |
| | | | | | | |

Bemerkungen:

### I. Luttenrohre

| Durchmesser mm | Geliefert lfd. m | Verbraucht lfd. m | |
|---|---|---|---|
| 600 | 2400 | 130 | |
| 400 | 400 | 30 | |
| | | | |
| | | | |

Bemerkungen:

*Tunnellbuch Blatt 5*

## J. Preßluftrohre

| An die Baustelle geliefert | | | Verbrauch | | |
|---|---|---|---|---|---|
| $\varnothing$ mm | lfd. m | | $\varnothing$ mm | lfd. m | |
| 150 | 2600 | | 150 | 120 | |
| 80 | 300 | | 80 | 24 | |
| | | | | | |

Bemerkungen:

## K. Wasserrohrleitungen

| An die Baustelle geliefert | Wertminderung nach Bauende |
|---|---|
| 2600 m $\varnothing$ 5/4 " | 15 % |
| | |
| | |

Bemerkungen:

## L. Stollenwagen und Kipper

| An die Baustelle geliefert | Wertminderung nach Bauende |
|---|---|
| 24 Stk. 60 Spur, 0,75 $m^3$ | 20 % |
| 20 „ „ „ 0,90 „ | 16 % |
| | |
| | |

Bemerkungen:

*Tunnelbuch Blatt 6*

### Leistungen im Sohlstollen

| Woche | Schichten | | | | | | | | | lfd. m | m³ | Kompressor Std. | Bohrlöcher | | Ventilator Std. | Lokomotive | |
|---|---|---|---|---|---|---|---|---|---|---|---|---|---|---|---|---|---|
| | Polier | Drittelführer | Schlosservorarbeiter | Mineure | Zimmerleute | Maschinisten | Schmiede | Angelernte Arbeiter | Bauhilfsarbeiter | | | | m | m/m³ | | Std. | km |
| 28. 1.— 4. 2. | | | | | | | | | | | | | | | | | |
| 5. 2.—12. 2. | | | | | | | | | | | | | | | | | |
| | | | | | | | | | | | | | | | | | |
| | | | | | | | | | | | | | | | | | |
| | | | | | | | | | | | | | | | | | |

### Noch Leistung Sohlstollen

| Woche | Pumpen | | Lademaschinen | | Sonstige Baugeräte | |
|---|---|---|---|---|---|---|
| | Std. | m³ | Schichten | m³ | | |
| 28. 1.— 4. 2. | | | | | | |
| 5. 2.—12. 2. | | | | | | |
| | | | | | | |
| | | | | | | |
| | | | | | | |

### Verbrauch in Sohlstollen

| Woche | Treibstoff | | Kohle | | | | Öl | | Sprengstoff | |
|---|---|---|---|---|---|---|---|---|---|---|
| | kg | kg/m³ | Schmiede | | Lokomotive | | kg | kg/m³ | kg | kg/m³ |
| | | | kg | kg/m³ | kg | kg/m³ | | | | |
| | | | | | | | | | | |
| | | | | | | | | | | |
| | | | | | | | | | | |

*Tunnelbuch Blatt 7*

Noch Verbrauch Sohlstollen

| Woche | Zündschnur | | Kapsel | | Bohrer | | | | |
| | m | m/m³ | Stk. | Stk./m³ | gewöhnliche | | | Stahlverbrauch | |
| | | | | | Nach-schärfen | Stk. | Stk. | kg/m³ |
| | | | | | | | | | |
| | | | | | | | | | |
| | | | | | | | | | |
| | | | | | | | | | |

Noch Verbrauch Sohlstollen

| Woche | Bohrer | | | |
| | Hartmetall | | | |
| | Schliffe | | Vollverbrauch | |
| | Stk. | Stk./m³ | Stk. | Stk./m³ |
| | | | | |
| | | | | |
| | | | | |

Sonstige Verbrauchsangaben

| Woche | |
| --- | --- |
| | |
| | |
| | |
| | |
| | |

# Literaturverzeichnis

## A. Bücher und Broschüren


Andreae, Chr.: Der Bau langer, tiefliegender Gebirgstunnel. Berlin: Springer, 1926.

Anweisung für Mörtel und Beton. AMB. Zentralblatt der Bauverwalung vereint mit Zeitschrift für Bauwesen, Jahrgang 56, Heft 34. Herausgegeben von der Deutschen Reichsbahn. Zweite amtliche Ausgabe. Berlin: Wilhelm Ernst & Sohn, 1936.

Foerster, M.: Taschenbuch für Bauingenieure. 5. Auflage. Berlin: Springer, 1928.

Fortschritte und Forschungen im Bauwesen. Heft 13 (Mai 1944). Berlin: Otto Elsner, Verlagsgesellschaft.

Die Hauptstufe Glockner-Kaprun. Festschrift der Tauernkraftwerke, September 1951. Herausgegeben von der Tauerkraftwerke A. G.. Salzburg.

Hütte, des Ingenieurs Taschenbuch. 26. Auflage. Berlin: Wilhelm Ernst & Sohn, 1936.

Internationale Fachtagung für Gebirgsdruckfragen im Bergbau und Tunnelbau. Leoben 1950. Wien: Urban Verlag, 1950.

Kieser, A.: Druckstollenbau. Wien: Springer, 1960.

Komerell, O.: Statische Berechnung von Tunnelmauerwerk. 2. Auflage. Berlin: Wilhelm Ernst & Sohn, 1940.

Rabcewiecz, L. v.: Gebirgsdruck und Tunnelbau. Wien: Springer, 1944.

Randzio, E. H.: Stollenbau. Berlin: Wilhelm Ernst & Sohn, 1927.

Rotter, E.: Anwendung von Spritzbeton. Schriftenreihe des Österreichischen Wasserwirtschaftsverbandes. Heft 35, 1958.

Rziha, F. v.: Lehrbuch der gesamten Tunnelbaukunst. Berlin: Wilhelm Ernst & Sohn, 1874.

Vorläufige Anweisung für Abdichtung von Ingenieurbauwerken (AIB). Deutsche Reichsbahngesellschaft. 2. Auflage. Berlin: Wilhelm Ernst & Sohn, 1933.

Weichelt, F.: Taschenbuch für den Sprengmeister. Berlin: Verlag der Deutschen Arbeitsfront, 1940.

Wiedemann, K.: Stollenbau. 3. Auflage. Berlin: Wilhelm Ernst & Sohn, 1943.

Stini, J.: Tunnelbaugeologie. Wien: Springer, 1950.


## B. Zeitschriften


Bericht der Expertenkommission für Tunnellüftung an das Eidgen. Amt für Straßen- und Flußbau. Veröffentlicht als Mitteilung Nr. 10 aus dem Institut für Straßenbau an der ETH Zürich.

Doll, Dipl.-Ing. Adalbert.: Schienenfahrbahn ohne Schwellen. Eisenbahntechnische Rundschau, 10. Jahrgang, Heft 12, 1961.

D r ö g s l e r, Dr. O.: Neuere Methoden der Tunnelinstandsetzung. Die Ö. B. B. im Wandel der Zeit, 1959/60.

F e l b e r, Ingénieur H. et Dr. Ingénieur R. H. L a m b e r t: Le tunnel du Saint Bernard. Etudes Routières, Genève Juli 1960.

F a b r i c i u s, O.: Betriebsversuche mit Ankerausbau im Braunkohlentiefbau. Geologie und Bauwesen, Jahrgang 23, Heft 1, 1957.

G s c h a i d e r, Dipl.-Ing. F. und Dipl.-Ing. H. H e r b e k: Die Bauausführungen des Kraftabstieges. Österreichische Zeitschrift für Elektrizitätswirtschaft, 12. Jahrgang, Heft 2, 1958.

H a h n, Dipl.-Ing. L.: Das Millisekundenschießen. Nobelhefte, herausgegeben vom sprengtechnischen Dienst der Dynamit Nobel A. G., Troisdorf, Köln. Heft 1, 1956.

H a h n, Dr. Ing. L. und Dr. W. C h r i s t m a n n: Untersuchungen über den Wirkungsmechanismus des Millisekundenschießens. Nobelhefte, 24. Jahrgang, Heft 1, 1958.

Hochtief-Nachrichten. Mitteilungen der Hochtief Aktiengesellschaft vorm. Gebr. Hoffmann, Essen, Rellingshauserstraße 57. Jahrgang 29. September 1956.

H o p f g a r t n e r, Dipl.-Ing. Baurat h. c.: Bau von Triebwasserstollen größeren Querschnittes. Österreichische Bauzeitschrift, 11. Jahrgang, Heft 4, 1956.

J o h n s s o n, Dipl.-Ing.: Über den Hartmetallverschleiß beim schlagenden Bohren. Mitteilungen der Gesellschaft zur Förderung der Forschung auf dem Gebiet der Bohr- und Schießtechnik, e. V. 11. Folge, Essen 1962.

K a s t n e r, H.: Zur Theorie des gepanzerten Druckschachtes. Schweizerische Wasser- und Energiewirtschaft, Jahrgang 41, 1949.

K o p p e n w a l l n e r, Dipl.-Ing. F.: Lichtschnittprofilmessung im Stollen. Geologie und Bauwesen, Jahrgang 25, Heft 1, 1959.

K r e s s, Dr.-Ing. H.-H.: Lüftungsentwurf für den Wagenbergtunnel. Schweizer Bauzeitung, 71. Jahrgang, Heft 36 und 37.

L a u f f e r, Dipl.-Ing. Dr. techn. H.: Die neue Entwicklung der Stollenbautechnik. Österreichische Ingenieurzeitschrift, 3. Jahrgang, Heft 1, 1960.

L a u f f e r, Dipl.-Ing. Dr. techn. H. und Dipl.-Ing. Dr. techn. G. S e e b e r: Bemessung von Druckstollen und Schachtauskleidungen auf Grund von Felsdehnungsmessungen. Österreichische Ingenieurzeitschrift, 5. Jahrgang, Heft 2, 1962.

M o r h e n n, E.: Oberbergamtsdirektor Bonn. Das Auffahren von Strecken im Steinkohlen- und Erzbergbau nach dem Parallelbohrverfahren. Nobelhefte, 22. Jahrgang, Heft 6, 1956.

M o r t z f e l d, W.: Zement, Mörtel, Beton und auf sie schädlich einwirkende Stoffe. Eisenbahntechnische Rundschau, 11. Jahrgang, Heft 5, 1962.

M ü l l e r, Dr.-Ing. L.: Der Mehrausbruch in Tunneln und Stollen. Geologie und Bauwesen, Jahrgang 24, Heft 3 und 4, 1959.

M ü l l e r, Dr.-Ing. L.: Eine Bohrlochsonde. Glück auf, Jahrgang 91, Heft 33 und 44, 1955.

N i e g i s c h, Betriebsdirektor, Bergassessor a. D. O.: Erfahrungen über das Abteufen von Gesenken mit einem Vorbohrloch von 610 mm Durchmesser. Nobelhefte, herausgegeben vom sprengtechnischen Dienst der Dynamit Nobel A. G., Troisdorf, Köln. 23. Jahrgang, Heft 3, 1957.

Raab, Prof. Dr.-Ing. F.: Die Schadgaskonzentration in Stollen und Tunneln. Eisenbahntechnische Rundschau, Heft 9, 1959.

Rabcewicz, Prof. Dr. techn. L. v.: Die Ankerung im Tunnelbau ersetzt bisher gebräuchliche Einbaumethoden. Schweizerische Bauzeitung, 75. Jahrgang, Heft 9, 1957.

Roza, L. und L. Sarosi: Eine neuartige wasserdruckhaltige Dichtung für Untertagebauten. Österreichische Ingenieurzeitschrift, 4. Jahrgang, Heft 10, 1961.

Schnitter, Dipl.-Ing. E.: Die Lüftung der Autotunnel. Schweizerische Bauzeitung, 79. Jahrgang, Heft 40, 1961.

Slezak, Dipl.-Ing. F., Bauunternehmung Ed. Ast & Co. und Prof. Dr. H. Seelmeier, Technische Hochschule Graz: Die Bodenverfestigung im Bereiche des Rohrstollens beim Kraftwerk Schwarzach im Pongau. Baumaschine und Bautechnik, 7. Jahrgang, Heft 5, 1960.

Sika-Nachrichten, Nr. 7, September 1958.

Zanon, A., Milano.: Ausbruch von Autobahntunnel in ganz besonders schwierigen Bergarten. Geologie und Bauwesen, Jahrgang 26, Heft 2, 1961.

Zanoskar, W.: Die Instandsetzung des Hüttauertunnels. Österreichische Bauzeitschrift, 7. Jahrgang, Heft 6, 1952.

Zahm, F. und H. Wudy: Zum Neubau der Wachaustraße. Österr. Ingenieurzeitschrift, 1. Jahrgang, Heft 12, 1958.

Zanoskar, W.: Rekonstruktion von Tunneln. Österreichische Ingenieurzeitschrift, Heft 12, Jahrgang 2, 1959.

Zanoskar, W.: Stollen für die Druckrohre des Kraftwerkes Schwarzach im Pongau unter der Tauernbahn. Österreichische Bauzeitschrift, 12. Jahrgang, Heft 9, 1957.

MIX
Papier aus verantwortungsvollen Quellen
Paper from responsible sources
FSC® C105338

If you have any concerns about our products,
you can contact us on
ProductSafety@springernature.com

In case Publisher is established outside the EU,
the EU authorized representative is:
**Springer Nature Customer Service Center GmbH
Europaplatz 3, 69115 Heidelberg, Germany**

Printed by Libri Plureos GmbH
in Hamburg, Germany